中国地理国情蓝皮书

(2020版)

Blue Book of National Geographic Conditions of China (2020)

主　编　刘纪平
副主编　董　春

测绘出版社
·北京·

内容简介

本书围绕资源、生态、公共服务、区域经济、城市发展等重大国计民生主题，以2015年第一次全国地理国情普查数据和2019年全国地理国情监测数据为基础，融合社会经济数据，从地理空间的视角，建立了地理国情统计分析方法，形成了描述我国地理国情总体状况的指标体系。面向新时代国家治理的紧迫需求，深入分析了我国地表自然资源分布与利用、地表生态格局、基本公共服务均等化、区域经济发展和城市建设的空间分布整体状况，客观对比了地域之间差异，在宏观尺度上反映了生态环境与经济发展的空间关系、自然要素与人文要素的耦合程度。

本书系统地反映2019年全国地理国情监测统计分析的结果，可为优化国土空间、建设生态文明、实施发展战略等提供基础资料和科学依据，也可为各级政府部门掌握国情、研究经济社会发展、进行宏观决策提供地理信息方面的参考材料；同时对各管理、科研、设计、教学等单位也有一定的参考价值。

图书在版编目（CIP）数据

中国地理国情蓝皮书：2020版 / 刘纪平主编．--北京：测绘出版社，2022.1

ISBN 978-7-5030-4404-5

Ⅰ.①中…　Ⅱ.①刘…　Ⅲ.①地理—国情—研究报告—中国　Ⅳ.①K92

中国版本图书馆CIP数据核字（2021）第272197号

中国地理国情蓝皮书（2020版）
Zhongguo Diliguoqing Lanpishu（2020）

责任编辑　刘　策　　**封面设计**　李　伟　　**责任印制**　陈姝颖

出版发行	测绘出版社	**电　　话**	010－68580735（发行部） 010－68531363（编辑部）
地　　址	北京市西城区三里河路50号	**网　　址**	www.chinasmp.com
邮政编码	100045	**经　　销**	新华书店
电子信箱	smp@sinomaps.com	**印　　刷**	北京建筑工业印刷厂
成品规格	184mm×260mm	**字　　数**	448千字
印　　张	20.75	**印　　次**	2022年1月第1次印刷
版　　次	2022年1月第1版	**定　　价**	216.00元
印　　数	001－800		

书　　号　ISBN 978-7-5030-4404-5
审 图 号　GS（2021）7178号
本书如有印装质量问题，请与我社发行部联系调换。

中国地理国情蓝皮书
（2020 版）

编委会

特别顾问 刘先林 王家耀 陈 军

主　　编 刘纪平

副 主 编 董 春

编 写 组（按姓氏笔画排序）

丁龙远 于荣花 万 勇 马卫春
王 苑 王 亮 王广州 王劲峰
王桂新 文学虎 亢晓琛 平新来
卢 刚 任 福 江曼琦 孙立坚
孙丽梅 苏世亮 杜 军 杜清运
李 胜 李克恭 杨 升 吴喜之
吴燕平 邱士可 何丽华 邹 滨
邹峥嵘 张 玉 张 坤 张亚峰
张进民 张志强 张耀波 陈向阳
武 芳 林 颢 罗 平 罗保卫
周峻松 孟苏菊 赵 荣 赵 薇
赵利华 赵培金 胡 晶 栗 斌
贾有良 徐开明 殷红梅 崔庆波
康风光 梁 琦 梁双陆 梁鸿彰
廖一兰 薛 领 戴 威 魏雪梅

编制单位

牵头单位

中国测绘科学研究院

参加单位（排名不分先后）

陕西测绘地理信息局

黑龙江测绘地理信息局

自然资源部黑龙江基础地理信息中心

四川测绘地理信息局

自然资源部第六地形测量队

自然资源部第三地理信息制图院

天津市规划和自然资源局

天津市测绘地理信息研究中心

江苏省自然资源厅

江苏省测绘工程院

安徽省测绘总院

安徽省基础测绘信息中心

山东省自然资源厅

湖北省自然资源厅

湖北省测绘成果档案馆

湖北省地理国情监测中心

云南省自然资源厅

云南省基础地理信息中心

甘肃省自然资源厅

甘肃省基础地理信息中心

青海省自然资源厅

青海省地理空间和自然资源大数据中心
青海省自然资源综合调查监测院
新疆维吾尔自治区自然资源厅
中国科学院地理科学与资源研究所
中国社会科学院人口与劳动经济研究所
北京大学
武汉大学
复旦大学
中国人民解放军战略支援部队信息工程大学
中国人民大学
南开大学
中南大学
中山大学
河南大学
云南大学
河南省科学院地理研究所
江苏省测绘研究所
中国自然资源报社

前 言

地理国情包含“山水林田湖草”等地表自然要素，以及铁路、道路、居民地与设施等人文要素，是基本国情的重要组成部分。2013 年至 2015 年，国务院部署开展了第一次全国地理国情普查，摸清了我国地理国情“家底”，为开展地理国情监测奠定了基础。自 2016 年以来，地理国情监测开始进入常态化新阶段。

基于第一次全国地理国情普查数据，中国测绘科学研究院组织编制出版了《中国地理国情蓝皮书（2017 版）》（以下简称 2017 版蓝皮书），综合分析了我国地表自然资源分布与利用、地表生态格局、基本公共服务均等化、区域经济发展和城市建设等方面的状况。随后又利用两期地理国情监测数据，编制出版了《中国地理国情蓝皮书（2018 版）》，更新了我国资源、生态、公共服务、区域经济和城市发展等方面的国情信息，增加了年际间的变化分析，为各级政府部门掌握国情国力、研究经济社会发展、进行宏观决策提供了翔实的依据和可靠的参照。

2018 年 3 月，自然资源部组建，为我国生态文明建设提供了重要的体制保障。地理国情信息作为生态文明建设的物质基础和基本要素，在国土空间开发、生态环境保护、资源节约集约利用、区域发展规划、生态文明制度体系建设等方面发挥着重大作用。集客观性、可视化、可比性和先进性于一体的地理国情监测，已成为保障自然资源管理工作、持续服务经济社会高质量发展和生态文明建设的有力支撑。为全面掌握我国地理国情信息变化情况，自然资源科技工作者创新运用测绘地理信息技术，持续推进基础性、专题性地理国情监测工作，探索研究自然资源的科学监测方法，取得丰硕成果。这本《中国地理国情蓝皮书（2020 版）》，便是研究成果的集大成者。

2020 版蓝皮书延续 2017 版、2018 版蓝皮书的内容框架与体例模式，以 2019 年地理国情监测[①]数据为支撑，结合地理国情普查数据，融合社会经济等专题数据，围绕自然资源、生态、公共服务、区域经济、城市发展等主题，系统分析我国地表资源禀赋与利用、地表生态格局、交通设施服务能力、基本公共服务均等化、区域经济发展和城市发展的整体状况和变化情况，在宏观尺度上反映生态环境与经济发展的关系、自然要素与人文要素的耦合程度，揭示各区域内资源与经济、社会、生态等要素在地理空间上相互作用、相互影响的内在关系。

---

① 地理国情监测范围未含香港特别行政区、澳门特别行政区和台湾省，因此以上区域未列入本书的分析范畴，特此说明。

全书共分为 8 章。第 1 章介绍了本书的编制基础、数据与方法、主要结论。第 2～8 章分别围绕地表资源禀赋、地表资源开发利用程度、地表生态格局、交通设施覆盖及服务能力、区位条件与经济发展空间格局、基本公共服务设施均等化、城市发展空间格局等 7 个主题，以文字为主、辅以统计图表和专题地图等多种形式，图文并茂地分析评价全国、省域、城市、城乡及国家战略发展区域的现实状况和变化情况，综合反映我国地理国情的空间分布特征。

在提升生态文明、建设美丽中国的时代背景下，《中国地理国情蓝皮书（2020 版）》的面世，对于及时、准确、全面地掌握地理国情信息，全面落实自然资源所有者职责和保护修复职责，科学制定和实施国家发展战略和规划，优化国土空间开发保护格局和各类资源配置，促进生态环境保护，满足生态文明建设需求，推动经济社会高质量发展、可持续发展等，具有重要价值和意义。

本书由中国测绘科学研究院负责策划、组织，联合国内 14 所高校和科研院所，以及 25 家中央和地方省级自然资源管理与事业单位共同完成。受编写人员水平和数据资料的限制，书中难免存在疏漏或不足，敬请读者批评指正。

目 录

第1章 绪 论

1.1 编制基础

中国共产党的十九届五中全会通过的《中共中央关于制定国民经济和社会发展第十四个五年规划和二〇三五年远景目标的建议》提出，“十四五”时期要“推动绿色发展，促进人与自然和谐共生”。这既是破解保护与发展突出矛盾的迫切需要、促进人与自然和谐共生的必然要求，更是事关中华民族永续发展和伟大复兴的重大战略问题。而进入新发展阶段，构建新发展格局，我国自然资源利用和生态保护还存在一些突出问题，如人均资源不足的基本国情尚未改变、资源粗放利用问题依然突出、资源过度开发导致生态系统退化形势依然严峻等①。

地理国情是基本国情的重要组成部分，通过表达各类地表自然和人文要素的地理位置、数量规模、空间分布及其相互关系等方面的信息，体现不同国土区域内地理要素的宏观性、整体性、综合性特征。开展地理国情监测，及时、准确、全面地掌握我国地理国情变化动态，对自然资源管理、生态环境保护、建设资源节约型和环境友好型社会等具有重要意义。2013 年至 2015 年，国务院部署开展了第一次全国地理国情普查，摸清了我国地理国情的“家底”。自 2016 年以来，地理国情监测工作转入常态化监测阶段，每年开展一次基础性地理国情监测，对地理国情普查成果进行年度更新，形成现势性强、精度高、覆盖全的地理国情“一张图”；同时，围绕国家重大战略以及相关部门业务管理需求，按需开展跨区域、多地联动的专题性地理国情监测。

“十四五”时期是我国全面建成小康社会、实现第一个百年奋斗目标之后，乘势而上开启全面建设社会主义现代化国家新征程、向第二个百年奋斗目标进军的第一个五年。围绕高质量发展这一“十四五”时期经济社会发展的主题，必须更加注重资源、环境和生态的协调，坚持“绿水青山就是金山银山”“山水林田湖草是生命共同体”理念，正确处理保护与发展关系，正确处理人与自然关系，全面提高资源利用效率。新形势下，自然资源管理、生态环境保护、国土空间开发、国家重大战略和工程的实施等，都对全面、准确、现势性强的地理国情信息提出了迫切需求。

---

① 自然资源部部长陆昊在《人民日报》署名文章：全面提高资源利用效率（深入学习贯彻党的十九届五中全会精神），2021 年 1 月 15 日第 9 版。

在此背景下，中国测绘科学研究院组织编纂出版了《中国地理国情蓝皮书（2020版）》（以下简称2020版蓝皮书）。该书是“中国地理国情蓝皮书”系列图书的第三本，旨在从整体综合视角和宏观尺度入手，围绕自然资源、生态、公共服务、区域经济、城市发展等主题，反映我国自然资源利用、地表生态格局、基本公共服务均等化、区域经济发展和城市建设的空间分布整体状况、地域差异和变化特征，揭示各区域内资源与经济、社会、生态等要素在地理空间上相互作用、相互影响的内在关系。

1.2 数据与方法

1.2.1 数据来源

2020版蓝皮书采用第一次全国地理国情普查成果（数据采集时点为2015年6月30日）和2019年基础性地理国情监测成果（数据采集时点为2019年6月30日）作为主要数据源，同时收集民政、国土、环保、建设、交通、水利、农业、统计、林业等领域相近时点的专题资料作为辅助数据。由于地理国情普查与常态化基础性监测的内容体系一致，各年度蓝皮书的内容和指标具有延续性与可比性，为开展地理国情变化分析奠定了完备的数据基础。

作为2020版蓝皮书的主要数据基础，地理国情监测数据包含了地表形态、地表覆盖、地理国情要素等数据类别。其中，地表形态反映了地表的地形及地势特征，包括高程、坡度、坡向和地貌类型，用于支撑地表资源空间分布、区域自然地理条件等方面的分析；地表覆盖反映了地表自然营造物和人工建造物的空间分布及其属性，包括种植土地、林草覆盖、房屋建筑（区）、铁路与道路、构筑物、人工堆掘地、荒漠与裸露地、水域等类型，是地表资源禀赋与开发利用、地表生态格局、城市发展空间格局等方面分析的直接数据源；而地理国情要素是具有较为稳定的空间范围或边界、具有或可以明确标识、有独立监测和统计分析意义的重要地物，包括城市、道路、设施和管理区域等人文要素实体，以及湖泊、河流、沼泽、沙漠等自然要素实体，用于支撑交通设施服务能力、生态格局分析、基本公共服务均等化、经济发展空间格局、城市发展空间格局等方面的分析。

作为对基础性地理国情监测数据的补充和完善，2020版蓝皮书采用权威部门公开出版的相近统计时点社会经济专题数据，来支撑人均拥有量、经济增长、产业优势等方面的分析。社会经济专题数据主要来源于以下资料：

（1）《中国统计年鉴（2016）》（数据统计时点为2015年底）、《中国统计年鉴（2020）》（数据统计时点为2019年底），中国统计出版社。

（2）《中国城市统计年鉴（2016）》（数据统计时点为2015年底）、《中国城市统计年鉴（2019）》（数据统计时点为2018年底），中国统计出版社。

（3）《中国城市建设统计年鉴（2015）》（数据统计时点为2015年底）、《中国城市建设统计年鉴（2018）》（数据统计时点为 2018 年底），中国统计出版社。

1.2.2 分析单元

2020 版蓝皮书统计分析单元延续 2017 版蓝皮书的划分方法，包括行政区划与管理单元、社会经济区域单元、自然地理单元、规则地理格网单元 4 类。

1. 行政区划与管理单元

包括全国单元、省级行政区划单元和地级及以上城市单元。

（1）省级行政区划单元包括 31 个省、自治区和直辖市（因数据暂缺，不含香港特别行政区、澳门特别行政区和台湾省）。

（2）城市单元。全国城市名录来源于《中国城市统计年鉴（2019）》中的地级及以上城市。本书中的城市范围指地级及以上城市市辖区（以下简称城市）。市辖区包括所有中心城区，不包括辖县和辖市的城区。为了保证城市指标的可比性、统计口径的一致性，本书以地级及以上城市市辖区为城市指标计算范围。

城市规模划分标准。立足国家资源环境承载力和城市化的国情，以城区常住人口为基本划分依据，参考《国务院关于调整城市规模划分标准的通知》（国发〔2014〕51 号），将中国城市划分为超大城市（城区常住人口 1000 万以上）、特大城市（城区常住人口 500 万以上 1000 万以下）、大城市（城区常住人口 100 万以上 500 万以下）、中等城市（城区常住人口 50 万以上 100 万以下）、小城市（城区常住人口 50 万以下）共五类七档，如表 1.1 所示。其中，城区常住人口 20 万以上 50 万以下的城市为Ⅰ型小城市，20 万以下的城市为Ⅱ型小城市；300 万以上 500 万以下的城市为Ⅰ型大城市，100 万以上 300 万以下的城市为Ⅱ型大城市。

表 1.1 2018 年地级及以上城市划分等级

城市等级		人口规模划分标准（万人）	城市	数量（个）
超大城市		≥1000	北京、天津、上海、广州、深圳、重庆	6
特大城市		500～1000	沈阳、南京、杭州、青岛、郑州、武汉、东莞、成都、西安	9
大城市	Ⅰ型	300～500	太原、大连、长春、哈尔滨、苏州、宁波、合肥、福州、厦门、济南、长沙、南宁、昆明	13
	Ⅱ型	100～300	石家庄、唐山、秦皇岛、邯郸、保定、大同、呼和浩特、包头、鞍山、抚顺、吉林、齐齐哈尔、大庆、无锡、徐州、常州、南通、连云港、淮安、盐城、扬州、温州、绍兴、台州、芜湖、淮南、泉州、南昌、赣州、淄博、枣庄、烟台、潍坊、济宁、泰安、临沂、德州、开封、洛阳、南阳、襄阳、株洲、衡阳、珠海、汕头、佛山、江门、惠州、柳州、海口、自贡、泸州、绵阳、南充、宜宾、贵阳、遵义、咸阳、兰州、西宁、银川、乌鲁木齐	62

续表

城市等级		人口规模划分标准（万人）	城市	数量（个）
中等城市		50～100	邢台、承德、沧州、廊坊、衡水、阳泉、长治、晋中、运城、临汾、乌海、赤峰、鄂尔多斯、本溪、丹东、锦州、营口、阜新、辽阳、盘锦、朝阳、葫芦岛、四平、鸡西、鹤岗、伊春、佳木斯、牡丹江、镇江、泰州、宿迁、嘉兴、湖州、金华、舟山、蚌埠、马鞍山、淮北、铜陵、安庆、滁州、阜阳、宿州、六安、莆田、漳州、景德镇、九江、宜春、抚州、上饶、东营、威海、日照、聊城、滨州、菏泽、平顶山、安阳、新乡、焦作、濮阳、许昌、深河、商丘、信阳、驻马店、黄石、十堰、宜昌、荆门、孝感、荆州、随州、湘潭、邵阳、岳阳、常德、益阳、郴州、永州、怀化、娄底、韶关、湛江、茂名、肇庆、阳江、清远、中山、潮州、揭阳、桂林、梧州、玉林、三亚、攀枝花、德阳、广元、遂宁、内江、乐山、眉山、达州、曲靖、拉萨、宝鸡、渭南、汉中、榆林、天水	111
小城市	Ⅰ型	20～50	张家口、晋城、朔州、忻州、吕梁、通辽、呼伦贝尔、巴彦淖尔、乌兰察布、铁岭、辽源、通化、白山、松原、白城、双鸭山、七台河、绥化、衢州、丽水、黄山、亳州、池州、宣城、三明、南平、龙岩、宁德、萍乡、新余、鹰潭、吉安、鹤壁、三门峡、周口、鄂州、黄冈、咸宁、张家界、梅州、汕尾、河源、云浮、北海、防城港、钦州、贵港、百色、贺州、河池、来宾、儋州、广安、雅安、巴中、资阳、六盘水、安顺、毕节、铜仁、玉溪、保山、昭通、普洱、日喀则、铜川、延安、安康、商洛、嘉峪关、白银、武威、张掖、平凉、酒泉、庆阳、定西、海东、石嘴山、固原、克拉玛依、哈密	82
	Ⅱ型	＜20	黑河、崇左、三沙、丽江、临沧、昌都、林芝、山南、那曲、金昌、陇南、吴忠、中卫、吐鲁番	14
合计				297

城区常住人口数等于城区人口数加上城区暂住人口数，来源于2015年、2018年中国城市建设统计数据。

2. 社会经济区域单元

党的十八大以来，我国在区域发展上形成了以京津冀协同发展、长江经济带发展、粤港澳大湾区建设、长三角一体化发展、黄河流域生态保护和高质量发展等五个重大国家战略为引领的区域协调发展新格局。本书使用京津冀地区、长江经济带、粤港澳大湾区、长江三角洲、黄河流域表示五个重大国家战略实施的区域（简称五大国家战略区)，与四大板块一同作为社会经济区域单元。各单元地理范围如表 1.2 所示。

表 1.2 社会经济区域单元

名称	地理范围
四大板块	东部地区（北京、天津、河北、上海、江苏、浙江、福建、山东、广东、海南 10 省份）、中部地区（山西、安徽、江西、河南、湖北、湖南 6 省份）、西部地区（内蒙古、广西、重庆、四川、贵州、云南、西藏、陕西、甘肃、青海、宁夏、新疆 12 省份）、东北地区（辽宁、吉林、黑龙江 3 省份）
长江经济带	上海、江苏、浙江、安徽、江西、湖北、湖南、重庆、四川、云南、贵州 11 省份全域
京津冀地区	北京、河北、天津 3 省份全域
粤港澳大湾区	广东省的广州、深圳、珠海、佛山、肇庆、惠州、东莞、中山、江门 9 地市
长江三角洲	上海、江苏、浙江 3 省份全域，安徽省的合肥、芜湖、马鞍山、铜陵、安庆、滁州、池州、宣城和淮南 9 城市
黄河流域	黄河流域界线包含和穿越的所有县级行政区，共涉及山西、内蒙古、山东、河南、四川、陕西、甘肃、青海、宁夏 9 个省份，444 个县级市、区、县、旗

3. 自然地理单元

自然地理单元涉及高程带和坡度带。

全国高程分级与 2017 版蓝皮书一致，按照＜50 米、50～100 米、100～200 米、200～500 米、500～800 米、800～1000 米、1000～1200 米、1200～1500 米、1500～2000 米、2000～2500 米、2500～3000 米、3000～3500 米、3500～5000 米、≥5000 米进行高程带划分。

全国坡度分级保持不变，按照 0°～2°、2°～3°、3°～5°、5°～6°、6°～8°、8°～10°、10°～15°、15°～25°、25°～35°、≥35°进行坡度带划分。

4. 规则地理格网单元

为体现自然和人文要素的空间分布特征，本书采用 3 km×3 km 规则地理格网作为统计单元，从地理视角展示分析地理国情信息统计指标。

1.2.3 内容与指标体系

2020 版蓝皮书围绕国家关注的资源利用、生态保护、城乡建设、公共服务等领域，确立了地表资源分布与利用、地表生态格局、区域经济潜能、基本公共服务设施均等化、城市发展五项主题内容，以地理国情监测数据为核心，结合现有相关领域专题信息，遵循针对性、层次性、实用性和综合性原则，构建了树状指标体系。该指标体系与 2018 版的指标体系基本一致，保持了不同版本指标之间具有可比性。2020 版蓝皮书的内容与指标体系如表 1.3 所示。

表 1.3　2020 版蓝皮书内容与指标体系

主题	内容	分析指标
地表资源分布与利用	地表资源分布	地表资源（种植土地、林草覆盖）空间分布指数，垂直分布指数，坡度分级指数
	地表资源占有量与覆盖度	地表资源（种植土地、林草覆盖、水域）人均拥有量，覆盖率
	地表资源变化量	地表资源（种植土地、林草覆盖、水域）变化率，变化强度
	地表资源丰度	种植土地丰度指数，林草覆盖丰度指数，水域丰度指数，地表资源综合丰度指数
	可复用及后备地表资源	低坡荒漠与裸露地构成比，盐碱地、废弃房屋建筑区、堆放物的占地比重
	地表开发现状	人工地表构成比，房屋建筑区、铁路与道路、构筑物、人工堆掘地等人工地表的占地比重
	建设用地开发强度	人工地表占地比重，人工地表人均拥有量，单位人工地表的第二、第三产业产值
地表生态格局	生态状况	自然生态空间覆盖率，水网密度，自然生态空间优势度，生境质量指数，水源涵养指数
	生态压力	人为干扰指数，植被受干扰指数，不透水地表占地比重，扬尘地表占地比重
	生态保护与绿色发展	房屋建筑区与水域面积，植被覆盖指数
区域经济潜能	交通网络覆盖	铁路网络密度，道路网络密度，等级公路网络密度，城市道路网络密度，乡村道路网络密度，路面人均占有量
	交通发展水平	机场拥有量，交通运输路网指数，交通优势度
	交通设施服务能力	高速公路服务覆盖率，长途汽车站服务覆盖率，火车站服务覆盖率
	自然地理条件	不同海拔国土面积占比，地貌形态构成，区域临海指数
	社会经济条件	区域经济联系隶属度，与主要经济中心相对距离指数，路网密度与地均国内生产总值（GDP）相关系数
	经济增长格局	经济密度指数，三大产业单位面积产值指数
	产业区位熵	第一产业区位熵，第二产业区位熵，第三产业区位熵

续表

主题	内容	分析指标
基本公共服务设施均等化	居民地数量	城乡居民地、城镇居住小区、行政村的数量及2015—2019 年变化
	基础教育设施均等化	中小学校区规模与分布，居民地至中小学校区距离，小学校区 500 米、2 千米、3 千米服务覆盖率，中学校区 1 千米、4 千米、8 千米服务覆盖率，小学校区 500 米、中学校区 1 千米服务重叠率，各指标 2015—2019 年变化
	医院配置均等化	医院规模与分布，居民地至医院距离，医院 1 千米、3 千米、5 千米服务覆盖率，居民地至二级医院距离，二级医院 15 千米、30 千米服务覆盖率，各指标 2015—2019 年变化
	社会福利机构均等化	社会福利机构规模与分布，居民地至社会福利机构距离，社会福利机构 1 千米、5 千米、15 千米服务覆盖率，各指标 2015—2019 年变化
城市发展	地表利用经济效益	地表开发强度，GDP 地理集中度，工矿企业分布指数，多层及以上独立房屋建筑构成比
	交通基础设施配置	道路占地比重，城市道路网密度，城市道路配比
	公共服务设施配置	小学校区 500 米服务覆盖率，中学校区 1 千米服务覆盖率，医院 1 千米服务覆盖率，福利机构 5 千米服务覆盖率
	生态空间状况	林草覆盖率，水域覆盖率，原生态地表覆盖率
	人工环境状况	不透水地表占地比重，垃圾堆放地分布指数，扬尘地表占地比重

1.3 主要结论

1.3.1 资源分布与利用

在资源占有量方面，2019 年全国每万人拥有种植土地、林草覆盖、水域面积分别为 11.44 平方千米、42.28 平方千米和 1.89 平方千米。从空间上来看，2019 年我国种植土地覆盖度东高西低，由东向西逐渐递减，人均拥有量与地区经济水平大致呈现负相关性关系，经济越发达，人均拥有量越少；林草覆盖度呈现西高东低的现象，人均拥有量较大的地区是西部地区；水域覆盖率高的地区则主要是东部、中部、东北和中部地区，以及西部地区的西藏、青海和新疆。从时间上来看，与 2015 年相比，2019 年全国种植土地、水域面积都有所增加，林草覆盖则有所减少，三者面积变化率分别为 0.17%、3.42%和−0.82%，每万人拥有的种植土地、林草覆盖面积分别减少了 0.19 平方千米、1.13 平方千米，每万人拥有的水域面积则增加了 0.03 平方千米。

在地表资源分布方面，2019 年全国种植土地空间分布指数总体呈现出由东至西逐渐递减的趋势，超过全国平均值的省份有 23 个，主要位于东北、东部和中部地区。我国种植土地垂直分布指数呈现随海拔升高而降低的规律。全国超过四分之三的种植土地分布在低海拔地区。我国种植土地坡度分级指数呈现随坡度升高而降低的规律，约三分之二种植土地分布在 5°以下较平坦地区，4.79%的种植土地分布为 25°以上陡坡地和极陡坡地。西部地区林草覆盖空间分布指数普遍较大。在 200～1000 米、1200～5000 米的低海拔、中海拔地区和高海拔地区林草覆盖分布程度较高。除西藏以外，其他省份林草覆盖坡度分级指数随坡度升高而升高。

在可复用及后备地表资源方面，2019 年全国低坡荒漠与裸露地面积为 109.16 万平方千米，主要分布在新疆、内蒙古、青海等省份。全国盐碱地占地比重为 0.78%，主要集中分布于西北地区、内蒙古西部及东北大兴安岭的低海拔区域。全国废弃房屋建筑区占地比重为万分之 0.14，具有北多南少、西多东少的特点。全国堆放物占地比重为 0.03%，主要分布在西北地区和环渤海地区。与 2015 年相比，2019 年全国后备地表资源总面积有所增加，主要是堆放物面积增加（146.06 平方千米），其中的低坡荒漠与裸露地面积、盐碱地面积、废弃房屋建筑区面积则分别减少了 0.80 平方千米、0.06 平方千米、42.99 平方千米。

在地表资源丰度方面，西部地区的西藏、内蒙古、青海、云南和宁夏，东北地区的黑龙江和吉林，东部地区的江苏和海南，中部地区的安徽和湖北，地表资源相对丰富，种植土地、林草覆盖、水域三类地表资源综合丰度指数大于全国平均水平。

在建设用地开发现状方面，2019 年全国人工地表面积为 35.63 万平方千米，其中房屋建筑区、构筑物、道路、人工堆掘地分别占 45.68%、20.86%、19.03%、14.43%。人工地表与区域的人口、经济发展水平呈现高度正相关关系，东部地区的地表开发水平整体高于西部地区。房屋建筑区密度地域差异明显，多层和低矮房屋建筑区占比都呈现为东高西低的特点，房屋建筑区密度与区域人口分布高度相关。铁路与道路占地比重也同样呈现明显的东高西低规律。构筑物占地比重较大的区域是东部和中部地区，东北、西部地区较小。人工堆掘地占地比重较大的省份主要集中于东部沿海和中部地区。与 2015 年相比，2019 年全国人工地表总面积增加了 14.00%，其中房屋建筑区、铁路与道路、构筑物、人工堆掘地分别增加了 6.28%、14.60%、21.72%、32.10%。

在建设用地开发利用方面，2019 年全国人工地表占地比重为 3.77%，每万人平均人工地表面积为 2.54 平方千米，单位人工地表第二、三产业产值为 2.57 亿元/平方千米。东部地区人工地表占地比重为 13.26%，土地开发强度大，每万人平均人工地表面积较小（2.27 平方千米），单位人工地表第二、三产业产值高（53.05 亿元/平方千米）。与 2015 年相比，2019 年全国人工地表占地比重增加了 0.47%，每万人拥有的人工地表面积增加了 0.27 平方千米，单位人工地表第二、三产业产值增加了 0.57 亿元/平方千米。

1.3.2 生态格局

在生态状况方面，与 2015 年相比，2019 年全国总体生态状况稳中趋好，水网密度、生境质量指数、水源涵养指数分别上升了 3.47 米/平方千米、1.95（相对值）、0.18（相对值），个别指标略有下降，自然生态空间覆盖率下降了 0.14 个百分点。地区之间存在一定差异，西南、西北地区的自然生态空间覆盖率略有下降；京津冀地区则有小幅上升，北京、天津、河北的自然生态空间覆盖率分别上升了 1.17 个百分点、0.77 个百分点和 0.90 个百分点。全国水网密度总体变化不大，自然生态空间优势度有所下降，降低了 0.15；全国生境质量、水源涵养稳中向好，生境质量指数、水源涵养指数分别上升了 1.95（相对值）、0.18（相对值），东北地区生境质量和水源涵养水平全国领先，其中黑龙江的生境质量指数和水源涵养指数分别为 99.88 和 99.51，高于全国平均水平（57.07 和 51.73），除东北地区外的全国其他地区水源涵养呈现“东高西低、南强北弱”的生态格局依然没有变化。

在生态压力方面，与 2015 年相比，2019 年全国总体人为干扰指数基本保持不变，但植被受干扰指数、不透水地表占地比重、扬尘地表占地比重都有不同程度的升高。2015—2019 年全国植被受干扰指数增加了 12.96%、不透水地表占地比重增加了 0.38%、扬尘地表占地比重增加了 0.08%。其中，一个比较突出的现象是东部经济发达地区的植被受干扰指数、不透水地表占地比重和扬尘地表占地比重等生态压力指标增速大于全国其他地区。总的来说，当前我国面临的生态压力主要来源于当地的生产活动，即人类活动而非自然环境变迁是当前一个时期我国生态压力的主要来源。

在生态保护与绿色发展方面，与 2015 年相比，2019 年全国 25 个重点生态功能区房屋建筑区、建筑工地面积均有不同程度下降，共减少了 2729.32 平方千米；水域面积则有不同程度增加，共增加了 1211.46 平方千米。从植被覆盖指数来看，全国总量上略有下降，下降了 0.75，但北京、上海等特大型城市的植被覆盖指数有所上升，区域间不平衡的发展状态对植被覆盖产生了差异性影响。

1.3.3 区域经济潜能

在交通设施覆盖及服务能力方面，2019 年全国铁路、道路、城市道路、乡村道路网络密度分别为 151.73 千米/万平方千米、2682.59 千米/万平方千米、454.97 千米/万平方千米、5449.94 千米/万平方千米，东部、中部和东北地区高于全国平均水平；全国交通运输路网指数为 0.35，东部地区最高（0.52），西部地区最低（0.20）。全国交通优势度均值为0.53，空间上呈现由东向西逐渐减弱的特点，17个省份交通优势度高于全国均值，其中14个在东部、中部地区；全国5千米半径高速公路服务覆盖率为15.98%，15个省份（东部8个、西部7个）超过全国值；全国1千米、5千米半径长途汽车站服务覆盖率分别是6.11%、36.70%，超过全国值的省份分别有17个、14个，前者主要为西部省份，后者主要为东部、西部省份；全国1千米、5千米半径火车站服务覆盖率分别是1.20%、17.02%，超过全国值的分别有13个、10个省份，地区差异不太明显。与2015年相比，2019年全国铁路和道路路网密度分别增加21.72千米/万平方千米、291.60千米/万平方千米，仍呈现“东部地区高、西部地区低”的特点；全国5千米半径高速公路服务覆盖率增加3.83%，全国1千米、5千米半径长途汽车站服务覆盖率分别增加1.08%、5.56%，全国1千米、5千米半径火车站服务覆盖率分别增加0.19%、2.91%。

在区位条件与经济发展空间格局方面，2019年我国东北、东部、中部、西部地区低海拔国土面积占比分别为98.27%、95.76%、84.28%、30.22%，基本呈现由东到西阶梯状递减的特征，且经济密度高值区主要集中分布在低海拔地区；2019年经济联系隶属度较强的省份主要是江苏（0.8140）、安徽（0.5176）、浙江（0.3804）等，主要位于东部、中部地区；2019年上海（37.33）、北京（14.87）、天津（8.18）等6个东部地区省份的经济密度指数高于全国均值（3.23）；江苏（9.43）、山东（7.35）、海南（7.13）等15个东部、中部省份单位面积第一产业产值指数高于全国均值（3.23），上海（31.82）、江苏（9.43）、天津（9.10）等8个东部省份单位面积第二产业产值指数高于全国均值（3.23），上海（41.60）、北京（19.03）、天津（7.96）等6个东部省份单位面积第三产业产值指数值高于全国均值（3.23）；2019年全国第一、第二、第三产业区位熵均值分别为1.25、0.96、1.00，分别有13个、19个、9个省份高于全国均值，三类区位熵最高的省份分别为黑龙江、福建和北京。与2015年相比，2019年全国经济联系隶属度均值增加0.06，其中中部地区增加最多，增量为0.10；全国路网密度与地均GDP相关系数增加0.02，其中中部、西部地区增加较多，增量均为0.05；西部地区单位面积第一产业产值指数整体增加最明显（增量为0.23），中部地区单位面积第二、第三产业产值指数整体增加较多（增量分别为0.26、0.15），西部地区次之。

1.3.4 基本公共服务

2019年，全国城乡居民地总量达到101.3万个，其中山东、四川、河北、河南等省份分布较多，海南、西藏、青海、宁夏等省份数量较少。与2015年相比，全国城乡居民地总量呈增长态势，城乡变化差异较大。其中城镇居住小区总量增长明显，增长幅度为28%；行政村总量减少，下降幅度为7%。

全国小学校区的数量为近30万所，较2015年增加1.46%，且地区之间分布仍不均衡。全国城乡居民地到最近小学校区的平均交通距离为1.81千米，与2015年相比呈减少趋势；位于小学校区500米交通距离服务半径内的城镇居住小区占比和行政村占比均在30%左右，城乡较为均衡；位于小学校区2千米交通距离服务半径内的城镇居住小区占比接近90%，较行政村占比高出30个百分点，城乡相差较大；近27%的行政村尚处于小学就学距离超过极限距离（3千米）的状况，而城镇居住小区不足5%，部分乡村地区小学就学过远问题仍较突出。

全国中学校区的数量为7万余所，较2015年下降近一成。全国城镇居住小区到最近中学校区的平均交通距离为1.66千米，行政村为8.10千米，城乡差距较大；位于中学校区1千米交通距离服务半径内的城镇居住小区占比达到46%，行政村不足5%，反映出城乡中学校区配置均等化水平差异较大。与2015年相比，中学校区数量减少导致全国城镇居住小区、行政村到最近中学校区平均交通距离均呈增加状态。

全国医院院区的数量超过3.8万所，较2015年大幅增加近24%。全国城镇居住小区到最近医院的平均交通距离约为4千米，行政村约为20千米，与2015年相比，城乡差距有所减少；位于医院5千米交通距离服务半径内的城镇居住小区占比达到80%，而行政村仅为12%，城乡高水平医疗服务覆盖不均衡现象仍然明显。

全国有等级社会福利机构院落的数量为3.6万余所，较2015年明显增加，增幅为17%。全国城镇居住小区到最近社会福利机构的平均交通距离为4.13千米，行政村为12.06千米，较2015年均有所缩短，但城镇地区缩短幅度大于乡村地区；位于社会福利机构不同服务半径内的城镇居住小区占比均明显高于行政村，城乡社会福利机构配置均等化水平差异较大。

综上，从全国居民地与公共服务设施空间耦合关系看，小学校区城乡配置相对较均衡，社会福利机构城乡配置有一定程度的不均衡，中学校区、医院城乡配置明显不均衡，空间均等化有待提高；从变化特征看，2015年至2019年全国小学校区、医院、社会福利机构等基础设施数量有所增加，城镇地区可达性改善幅度大于乡村地区，城乡发展不均衡状况较为明显。

1.3.5 城市发展

在地表利用经济效益方面，2019年全国地级及以上城市市辖区人工地表面积为11.36万平方千米，地表开发强度为11.82%，GDP地理集中度为1.74，多层及以上独立房屋建筑占房屋建筑（区）总面积比重为1.87%。与2015年相比，2019年全国城市地表开发强度下降0.80个百分点，降幅最大的是特大城市；GDP地理集中度略有下降，降幅最大的是特大城市；多层及以上独立房屋建筑构成比下降0.10个百分点，降幅最大的是特大城市。

在交通基础设施配置方面，2019年全国城市的道路占地比重为2%，城市道路网密度为268.68米/平方千米。与2015年相比，2019年全国城市的道路占地比重增长0.08个百分点，增幅最大的是超大城市；城市道路网密度下降了11.66%，降幅最大的是特大城市；快速路、主干路配比分别下降0.10个百分点、1.19个百分点，降幅最大的分别是特大城市、中等城市；次干路、支路、地铁配比分别增长0.69个百分点、0.14个百分点、0.50个百分点，增幅最大的分别是特大城市、大城市、特大城市。

在公共服务设施配置方面，2019年全国城市小学校区有7万余所，中学校区有2万余所，医院有2万余所，福利机构设施有1万余所，31.69%、49.35%、45.99%、

78.27%的居住小区位于小学校区（500 米）、中学校区（1000 米）、医院（1000 米）、福利机构（5000 米）交通距离服务范围内。与 2015 年相比，2019 年全国小、中学校区服务覆盖率分别降低 0.39 个百分点、0.12 个百分点，降幅最大的分别是中等城市、特大城市；医院服务覆盖率、福利机构服务覆盖率均增加 3.61 个百分点、3.60 个百分点，增幅最大的均是超大城市。

在生态空间状况方面，2019 年全国城市林草覆盖率为 48.14%，水域覆盖率为 4.62%，原生态地表覆盖率为 50.20%。小城市林草覆盖率最高，为 54.36%；特大城市水域覆盖率最高，为 9.57%；中等城市原生态地表覆盖率最高，为 55.34%。与 2015 年相比，2019 年全国城市林草覆盖率、水域覆盖率、原生态地表覆盖率均在下降，分别降低了 2.57 个百分点、0.28 个百分点、3.50 个百分点，降幅最大的分别是小城市、特大城市。

在人工环境状况方面，2019 年全国城市不透水地表占地比重为 10.25%，垃圾堆放物分布指数为 1.22，扬尘地表占地比重为 10.84%。与 2015 年相比，2019 年全国城市不透水地表占地比重下降 0.58 个百分点，降幅最大的是特大城市；垃圾堆放物分布指数与 2015 年基本持平，扬尘地表占地比重增加了 7.56 个百分点，增幅最大的是小城市。

第 2 章　地表资源禀赋

资源禀赋是指一个地区拥有各种资源的数量、质量、分布等方面的总体情况。自然资源是区域社会经济发展的物质基础，与区域社会经济发展的关系十分密切，自然资源的数量多寡影响区域生产发展的规模大小，自然资源的质量及开发利用条件影响区域生产活动的经济效益，自然资源的地域组合影响产业布局和产业结构。因此，一个地区的资源禀赋对该地区的经济发展有着至关重要的影响作用。

地表资源禀赋是指种植土地、林草覆盖、水域等地表资源的数量、质量、分布等方面的总体情况。本章以第一次全国地理国情普查数据和 2019 年地理国情监测数据为基础，结合专题统计数据，对我国各地区的种植土地、林草覆盖等主要地表资源的数量、空间分布以及可复用的后备地表资源的现状和变化情况进行了综合统计分析，可为制定和实施国家发展战略与规划、优化国土空间开发格局和各类资源配置，建设资源节约型和环境友好型社会，提供重要的参考信息。

2.1　地表资源分布

地表资源分布即地表资源在空间上差异性的表现。本节主要从地区、海拔、坡度等 3 个维度利用空间分布指数、垂直分布指数、坡度分级指数来反映种植土地、林草覆盖等地表资源的空间分布情况。

2.1.1　种植土地空间分布指数

种植土地是指经过开垦种植粮农作物以及多年生木本和草本作物，并经常耕耘管理、作物覆盖度一般大于 50%的土地。包括熟耕地、新开发整理荒地、以农为主的草田轮作地；各种集约化经营管理的乔灌木、热带作物以及果树、苗圃、花圃等土地。具体包括水田、旱地、果园、茶园、桑园、橡胶园、苗圃、花圃、其他经济苗木等 9 个二级类。

种植土地空间分布指数是区域内种植土地占全国比重与该区域面积占全国陆地面积比重的比例，反映种植土地在不同区域的分布状况。空间分布指数值越大，优势度越高，表明该区域内种植土地的分布程度越高。如果空间分布指数大于 1，表示种植土地在该区域内的分布属于优势分布。全国各地区种植土地空间分布指数见表 2.1 和图 2.1。

表 2.1　各地区种植土地空间分布指数及变化统计

地区	种植土地空间分布指数		变化量
	2019 年	2015 年	
北京	0.93	1.06	−0.13
天津	2.18	2.20	−0.02
河北	2.31	2.39	−0.08
山西	1.62	1.58	0.04
内蒙古	0.64	0.61	0.03
辽宁	2.39	2.38	0.01
吉林	2.50	2.50	0.00
黑龙江	2.29	2.27	0.02
上海	2.26	2.30	−0.04
江苏	2.81	2.91	−0.10
浙江	1.23	1.28	−0.05
安徽	2.71	2.75	−0.04
福建	0.90	0.91	−0.01
江西	1.27	1.28	−0.01
山东	3.09	3.18	−0.09
河南	3.03	3.07	−0.04
湖北	1.86	1.88	−0.02
湖南	1.48	1.49	−0.01
广东	1.17	1.18	−0.01
广西	1.39	1.42	−0.03
海南	2.94	2.93	0.01
重庆	1.67	1.69	−0.02
四川	0.93	0.95	−0.02
贵州	1.67	1.71	−0.04
云南	1.45	1.44	0.01
西藏	0.03	0.03	0.00
陕西	1.27	1.25	0.02
甘肃	0.80	0.79	0.01
青海	0.06	0.06	0.00
宁夏	1.62	1.57	0.05
新疆	0.32	0.30	0.02

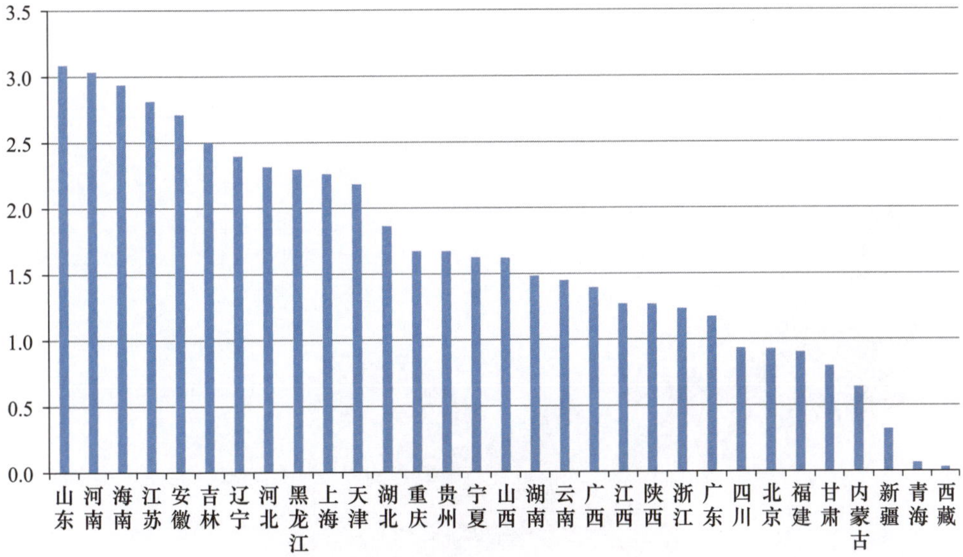

图 2.1 各地区种植土地空间分布指数

从全国看，种植土地空间分布指数较大的 5 个省份是山东、河南、海南、江苏、安徽，最大值为山东的 3.09；种植土地空间分布指数较小的 5 个省份是西藏、青海、新疆、内蒙古、甘肃，最小值为西藏的 0.03。

由图 2.1 可以看出，23 个省份的种植土地空间分布指数大于 1.00，主要分布在东北、东部、中部地区；其余 8 个省份的种植土地空间分布指数小于 1.00，主要分布在西部地区。种植土地空间分布指数大小总体上呈现出由东至西逐渐递减的趋势。

从种植土地的空间分布来看，见图 2.2[①]，东部地区的山东、河南、江苏、安徽等省份的种植土地聚集程度较高，该地区气候适宜、地势平坦。其次是东北地区，该地区土壤质量高，适宜大面积、机械化耕作。西部地区地广人稀，种植土地聚集程度较低，尤其是西藏、青海、新疆，主要受气候、地形、劳动力等条件的限制。

与 2015 年相比，因建设占用、生态退耕、农业结构调整等因素 18 个省份的种植土地分布指数有所降低，主要分布在长江以北的东部地区，降低较大的省份是北京、江苏、山东、河北、浙江；吉林、西藏、青海 3 个省份的种植土地分布指数基本不变；通过土地整治、农业结构调整等措施使其余 10 个省份的种植土地分布指数有所增加，增加较大的省份是宁夏、山西、内蒙古。

① 本书分级统计地图的统计单元包括规则地理格网、省级行政区域和城市定位点三种方式，每种单元的统计指标总体上采用等差分级方法，同时兼顾统计数据的数值分布特点、读者的认知习惯，通过相邻聚类分析，最终形成指标数值分级标准。

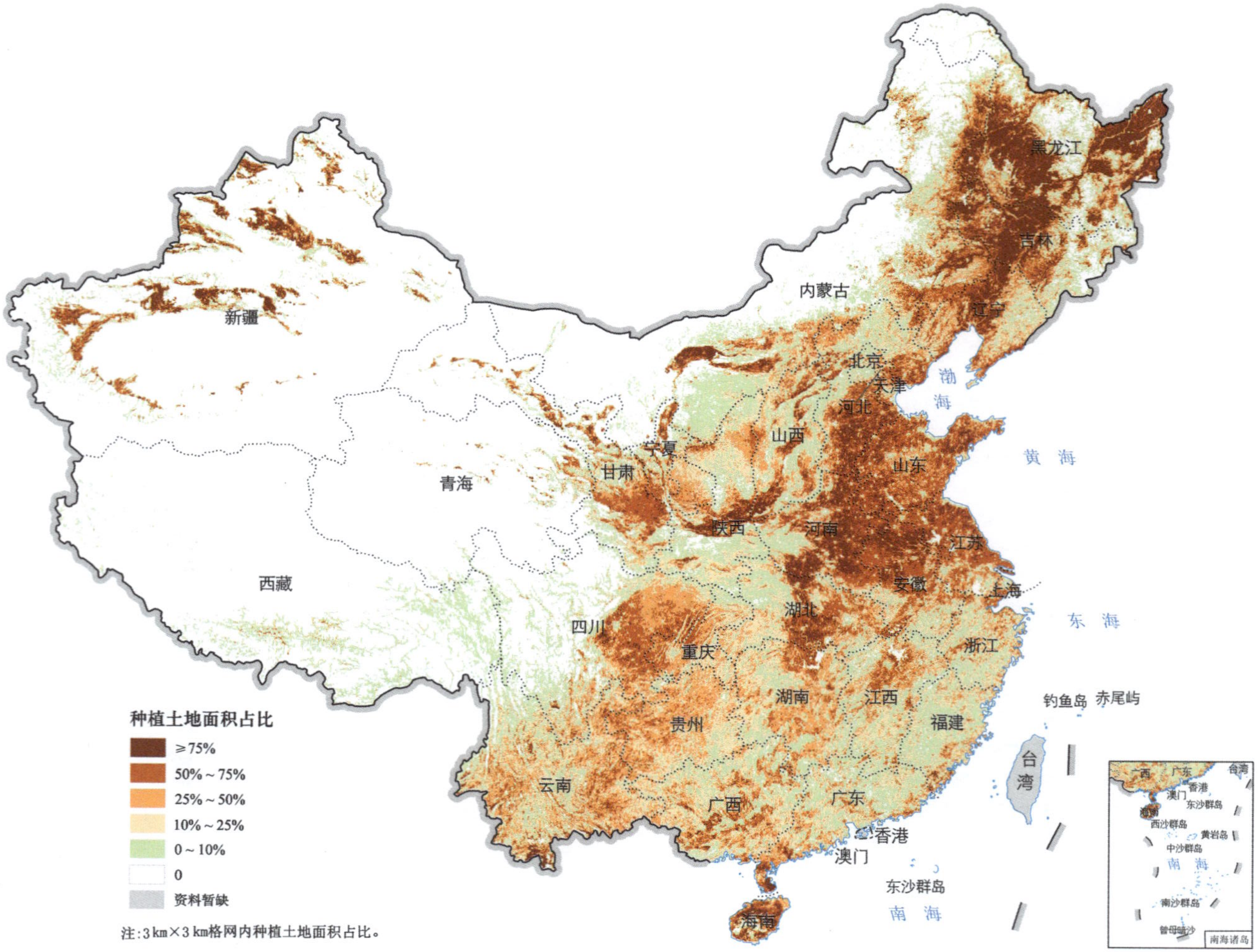

图 2.2　全国种植土地分布现状

2.1.2 林草覆盖空间分布指数

林草覆盖[①]是指实地被树木和草连片覆盖的地表。包括乔木林、灌木林、乔灌混合林、竹林、疏林、绿化林地、人工幼林、灌草丛、天然草地、人工草地等 10 个二级类。其中，天然草地又分为高覆盖度天然草地、中覆盖度天然草地、低覆盖度天然草地。

林草覆盖空间分布指数是区域内林草覆盖占全国比重与该区域面积占全国陆地面积比重的比例，反映林草覆盖在不同区域的分布状况。空间分布指数值越大，优势度越高，表明该区域内林草覆盖的分布程度越高。如果空间分布指数大于 1，表示林草覆盖在该区域内的分布属于优势分布。全国各地区林草覆盖空间分布指数见表 2.2 和图 2.3。

表 2.2 各地区林草覆盖空间分布指数及变化统计

地区	林草覆盖空间分布指数		变化量
	2019 年	2015 年	
北京	1.00	0.98	0.02
天津	0.36	0.40	−0.04
河北	0.74	0.73	0.01
山西	1.02	1.04	−0.02
内蒙古	1.19	1.19	0.00
辽宁	0.75	0.76	−0.01
吉林	0.83	0.83	0.00
黑龙江	0.90	0.91	−0.01
上海	0.26	0.25	0.01
江苏	0.23	0.24	−0.01
浙江	0.97	0.98	−0.01
安徽	0.58	0.59	−0.01
福建	1.21	1.20	0.01
江西	1.07	1.07	0.00
山东	0.38	0.38	0.00
河南	0.51	0.53	−0.02
湖北	0.88	0.88	0.00
湖南	1.03	1.03	0.00
广东	1.04	1.04	0.00
广西	1.11	1.11	0.00
海南	0.64	0.66	−0.02
重庆	1.00	1.01	−0.01
四川	1.23	1.22	0.01

① 林草覆盖包括草被覆盖度在 10%以上的各类草地，含林木覆盖度在 10%以下的灌丛草地和疏林草地。其中，低覆盖度草地是指监测年份覆盖度为 10%～20%的天然草地，或多年平均有草木生长的区域监测年份草被覆盖度达到 5%～20%的区域。此类草地水分缺乏，草被稀疏，牧业利用条件较差。

续表

地区	林草覆盖空间分布指数		变化量
	2019 年	2015 年	
贵州	1.05	1.05	0.00
云南	1.12	1.12	0.00
西藏	1.25	1.24	0.01
陕西	1.15	1.16	−0.01
甘肃	0.95	0.95	0.00
青海	1.27	1.26	0.01
宁夏	1.00	1.03	−0.03
新疆	0.74	0.74	0.00

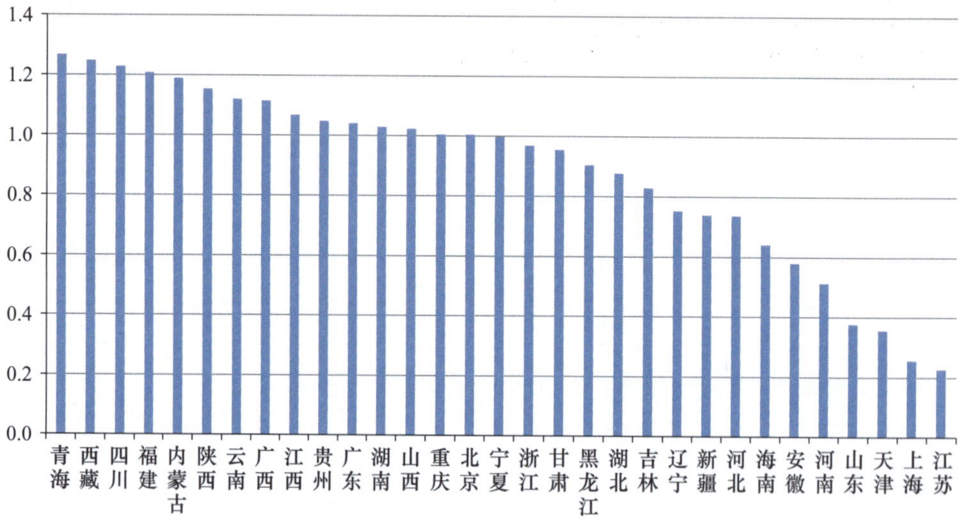

图 2.3　各地区林草覆盖空间分布指数

从全国看，林草覆盖空间分布指数较大的 5 个省份是青海、西藏、四川、福建、内蒙古，最大值为青海的 1.27；林草覆盖空间分布指数较小的 5 个省份是江苏、上海、天津、山东、河南，最小值为江苏的 0.23。

由图 2.3 可以看出，西部地区林草覆盖空间分布指数普遍较大。全国 16 个省份的林草覆盖空间分布指数大于 1.00，主要分布在西部地区；其余 15 个省份的林草覆盖空间分布指数小于 1.00，主要分布在东部、中部和东北地区。

从林草覆盖的空间分布来看，见图 2.4，西部地区林草覆盖面积大，聚集程度高。东部人口众多，土地开发程度高，林草覆盖面积小，林草覆盖聚集程度较低。

与 2015 年相比，内蒙古、吉林等 12 个省份的林草覆盖分布指数基本没有变化；因开垦种植、建设占用等因素 12 个省份的林草覆盖分布指数有所降低，降低较大的省份有天津、宁夏等；通过退耕还林还草、植树造林、绿化建设等措施使北京、四川、福建等 7 个省份的林草覆盖分布指数有所增加。

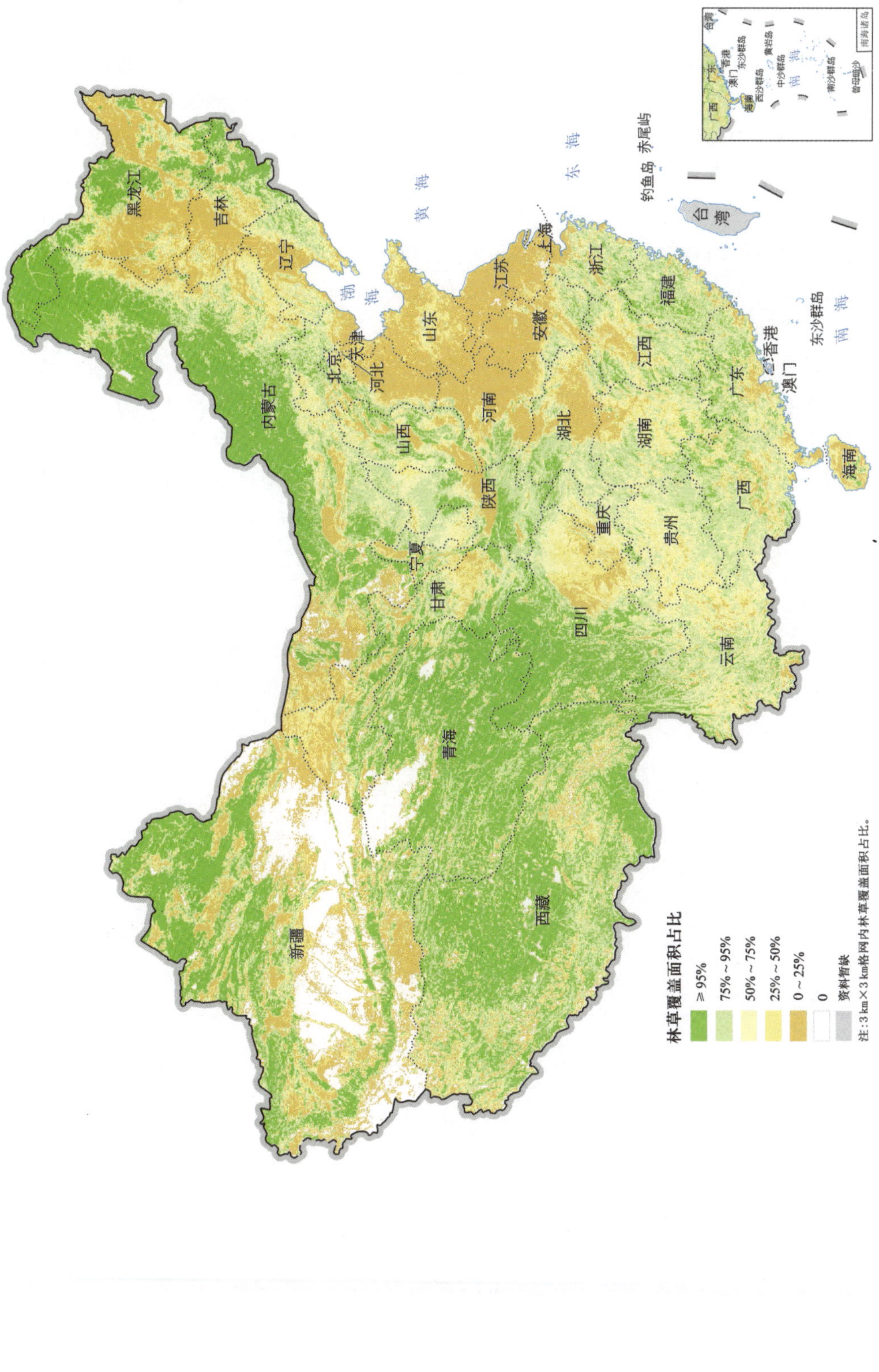

图 2.4 全国林草覆盖分布现状

2.1.3 种植土地垂直分布指数

种植土地垂直分布指数是区域内各高程分级范围内种植土地面积占区域面积比重与该高程分级面积占区域陆地面积比重的比例，反映种植土地在地形梯度上的分布状况。垂直分布指数值越大，优势度越高，该高程范围内种植土地的分布程度越高。如果垂直分布指数大于 1，表示种植土地在该高程带内的分布属于优势分布。

综合参考《中国 1∶100 万地貌图制图规范》《省级主体功能区划分技术规程》等资料，将全国海拔分为 14 个级别。在此基础上参考地理学中常用的海拔分区指标，综合形成宏观的低、中、高、极高海拔共 4 个区域。其中 1000 米和 3500 米两个海拔分级指标充分反映了我国地势的三级台阶总体趋势：3500 米是现代冰川和古冰川作用的下限，也是我国西北森林的上限；5000 米为现代雪线的平均海拔。

各地区种植土地的垂直分布情况见表 2.3。从全国看，78.47%的种植土地分布在低海拔区域（海拔 1000 米以下），21.22%分布在中海拔区域（海拔 1000～3500 米），0.31%分布在高海拔区域（海拔 3500～5000 米）。种植土地在低海拔地区分布程度较高，即在低海拔地区种植土地属于优势分布，尤其是海拔 500 米以下地区。种植土地垂直分布指数值随着海拔的升高而降低。种植土地在高海拔地区分布程度较低，只有 0.31%的种植土地分布在高海拔区域；极高海拔地区（海拔 5000 米及以上）则几乎没有分布；在 500 米以下的低海拔地区分布程度较高。

表 2.3 各地区种植土地垂直分布指数

地区	<50 米	50～100 米	100～200 米	200～500 米	500～800 米	800～1000 米	1000～1200 米	1200～1500 米	1500～2000 米	2000～2500 米	2500～3000 米	3000～3500 米	3500～5000 米	≥5000 米
北京	1.19	1.42	1.89	1.10	0.69	0.18	0.09	0.02	0.00	—	—	—	—	—
天津	1.01	1.22	0.71	0.63	0.05	—	—	—	—	—	—	—	—	—
河北	1.57	1.43	1.34	0.82	0.52	0.57	0.45	0.56	0.32	0.00	—	—	—	—
山西	—	—	—	2.11	1.77	1.34	1.12	0.61	0.32	0.02	—	—	—	—
内蒙古	—	8.06	4.73	3.65	0.93	0.42	0.67	0.42	0.85	0.15	—	—	—	—
辽宁	1.39	1.51	1.23	0.67	0.38	0.07	0.00	—	—	—	—	—	—	—
吉林	0.98	1.09	1.58	1.23	0.21	0.04	0.02	0.01	—	—	—	—	—	—
黑龙江	1.40	1.84	1.59	0.81	0.06	0.00	0.00	0.00	0.01	—	—	—	—	—
上海	1.00	—	—	—	—	—	—	—	—	—	—	—	—	—
江苏	1.01	0.83	0.23	0.04	0.04	—	—	—	—	—	—	—	—	—
浙江	1.64	1.60	1.06	0.66	0.50	0.30	0.26	0.12	0.01	—	—	—	—	—
安徽	1.29	0.99	0.43	0.28	0.23	0.11	0.02	0.00	0.00	—	—	—	—	—
福建	2.00	2.12	1.74	1.02	0.65	0.54	0.28	0.04	0.00	—	—	—	—	—
江西	2.04	1.59	1.03	0.54	0.17	0.08	0.05	0.02	0.02	—	—	—	—	—
山东	1.03	1.07	1.00	0.84	0.26	0.02	0.01	—	—	—	—	—	—	—
河南	1.33	1.31	1.09	0.67	0.40	0.19	0.11	0.04	0.00	—	—	—	—	—

续表

地区	<50 米	50～100 米	100～200 米	200～500 米	500～800 米	800～1000 米	1000～1200 米	1200～1500 米	1500～2000 米	2000～2500 米	2500～3000 米	3000～3500 米	3500～5000 米	≥5000 米
湖北	1.64	1.66	1.19	0.47	0.48	0.44	0.45	0.35	0.25	0.01	0.00	—	—	—
湖南	1.81	1.66	1.25	0.90	0.47	0.32	0.22	0.22	0.04	—	—	—	—	—
广东	1.66	1.57	0.95	0.42	0.24	0.09	0.03	0.01	—	—	—	—	—	—
广西	1.53	1.73	1.58	0.73	0.56	0.59	0.52	0.44	0.19	—	—	—	—	—
海南	0.97	1.35	1.39	0.84	0.11	0.06	0.02	0.00	—	—	—	—	—	—
重庆	—	—	0.48	1.50	1.01	0.74	0.55	0.37	0.15	0.04	0.01	—	—	—
四川	—	—	2.20	3.22	2.40	1.39	1.10	1.00	1.14	0.84	0.50	0.16	0.01	—
贵州	—	—	0.70	0.90	0.86	0.98	0.92	1.09	1.17	1.29	0.93	—	—	—
云南	—	1.33	2.36	1.62	2.06	1.65	1.20	1.11	1.17	0.84	0.42	0.13	0.00	—
西藏	—	85.41	35.89	7.19	3.57	2.26	2.25	1.64	1.92	1.19	2.67	3.56	1.43	0.00
陕西	—	—	0.14	2.32	1.80	1.18	0.94	0.56	0.43	0.00	0.00	—	—	—
甘肃	—	—	—	—	0.86	0.52	0.76	1.10	1.31	1.72	0.99	0.10	0.00	—
青海	—	—	—	—	—	—	—	—	24.42	16.11	3.50	2.55	0.05	—
宁夏	—	—	—	—	—	—	1.76	0.65	0.93	1.21	0.02	—	—	—
新疆	2.99	1.85	0.49	3.41	1.88	1.23	1.40	1.34	0.45	0.12	0.02	0.02	0.00	0.00

与 2015 年相比，全国种植土地面积增加了 0.27 万平方千米。全国低海拔地区的种植土地面积占比减少 0.30%，面积有所减少；中海拔地区、高海拔地区的种植土地面积占比分别增加 0.50%、0.01%。

海拔高度影响土地的水热条件。气温随海拔升高而降低；在一定范围内，降水量随海拔升高而增多，到极大值后，则随海拔升高而降低，从而导致不同海拔高度生态环境变化，影响农业生产上作物布局以及耕作制度等。海拔高度不同，植被、作物的生长季长短等也有明显不同，从而影响土地的适宜性和生产潜力。同时，人类活动的分布特征也影响着种植土地的分布。随着海拔的上升，自然环境恶化的可能性增大，人类活动必然减少。海拔大于 3000 米地区不宜人类居住；海拔 1000～3000 米地区居住的环境条件较差；绝大多数人居住在海拔低于 500 米的地区。

从地区分布看，东北地区、东部地区、中部地区的种植土地在 200 米以下的低海拔地区分布程度较高，西部地区的种植土地在 2500 米以下的低、中海拔地区分布程度较高。

2.1.4 林草覆盖垂直分布指数

林草覆盖垂直分布指数是区域内各高程分级范围内林草覆盖面积占区域面积比重与该高程分级面积占区域陆地面积比重的比例，反映林草覆盖在地形梯度上的分布状况。垂直分布指数值越大，优势度越高，该高程范围内林草覆盖的分布程度越高。如果垂直分布指数大于 1，表示林草覆盖在该高程带内的分布属于优势分布。

各省林草覆盖的垂直分布情况见表 2.4。从全国看，36.67%的林草覆盖分布在低海拔区域，35.23%分布在中海拔区域，21.78%分布在高海拔区域，6.32%分布在极高海拔区域。在200～1000米、1200～5000米的低海拔、中海拔和高海拔地区分布程度较高。

表2.4　各地区林草覆盖垂直分布指数

地区	<50米	50～100米	100～200米	200～500米	500～800米	800～1000米	1000～1200米	1200～1500米	1500～2000米	2000～2500米	2500～3000米	3000～3500米	3500～5000米	≥5000米
北京	0.57	0.56	0.70	1.21	1.36	1.53	1.55	1.57	1.56	1.54	—	—	—	—
天津	0.91	1.49	2.73	3.22	4.34	4.44	4.40	—	—	—	—	—	—	—
河北	0.31	0.30	0.55	1.22	1.57	1.56	1.69	1.60	1.85	2.12	2.16	—	—	—
山西	—	—	—	0.28	0.53	0.80	0.96	1.23	1.38	1.53	1.56	1.53	—	—
内蒙古	—	0.10	0.57	0.75	1.15	1.13	1.01	0.96	0.98	1.23	1.27	1.34	1.35	—
辽宁	0.35	0.48	0.83	1.44	1.74	2.05	2.11	2.09	—	—	—	—	—	—
吉林	0.51	0.72	0.47	0.79	1.73	1.89	1.91	1.92	1.91	1.26	1.01	—	—	—
黑龙江	0.57	0.35	0.51	1.17	1.72	1.76	1.77	1.76	1.76	—	—	—	—	—
上海	1.00	5.85	6.25	—	—	—	—	—	—	—	—	—	—	—
江苏	0.89	3.11	5.83	6.76	6.61	—	—	—	—	—	—	—	—	—
浙江	0.27	0.69	1.03	1.36	1.45	1.52	1.54	1.60	1.63	—	—	—	—	—
安徽	0.46	1.09	1.93	2.33	2.43	2.59	2.71	2.71	2.66	—	—	—	—	—
福建	0.26	0.61	0.78	1.05	1.16	1.19	1.26	1.31	1.30	1.32	—	—	—	—
江西	0.37	0.71	1.00	1.27	1.42	1.46	1.46	1.47	1.46	1.33	—	—	—	—
山东	0.73	0.81	1.19	1.96	3.57	4.00	4.01	4.05	2.92	—	—	—	—	—
河南	0.41	0.39	0.69	1.63	2.29	2.73	2.89	3.01	3.08	3.07	—	—	—	—
湖北	0.31	0.52	0.92	1.45	1.49	1.53	1.52	1.59	1.66	1.81	1.81	1.80	—	—
湖南	0.35	0.58	0.85	1.10	1.34	1.41	1.45	1.45	1.52	1.55	—	—	—	—
广东	0.47	0.85	1.12	1.37	1.44	1.49	1.51	1.52	1.48	—	—	—	—	—
广西	0.58	0.60	0.75	1.14	1.22	1.21	1.24	1.27	1.35	1.39	—	—	—	—
海南	0.81	0.61	0.55	1.39	2.35	2.42	2.47	2.49	2.49	—	—	—	—	—
重庆	—	—	0.34	0.69	1.05	1.21	1.31	1.40	1.50	1.57	1.58	—	—	—
四川	—	—	0.31	0.45	0.68	0.95	1.02	1.04	1.00	1.09	1.17	1.24	1.22	0.34
贵州	—	—	0.50	0.92	1.07	1.02	1.05	0.95	0.94	0.89	1.05	—	—	—
云南	—	0.30	0.31	0.66	0.56	0.77	0.94	0.97	0.92	1.08	1.26	1.36	1.27	0.01
西藏	—	0.60	0.91	1.17	1.23	1.25	1.25	1.26	1.26	1.26	1.21	1.18	1.07	0.87
陕西	—	—	0.22	0.31	0.70	0.96	1.05	1.17	1.24	1.38	1.34	1.04	0.80	—
甘肃	—	—	—	—	1.00	0.68	0.63	0.86	0.85	1.04	1.30	1.49	1.23	0.02
青海	—	—	—	—	—	—	—	—	0.63	0.88	0.46	0.87	1.15	1.02
宁夏	—	—	—	—	—	—	0.44	1.12	1.11	1.03	1.59	1.60	1.60	—
新疆	0.66	0.14	0.12	1.14	0.94	0.80	0.63	0.84	1.50	1.86	1.90	1.65	1.03	0.17

与2015年相比，全国林草覆盖面积减少了4.88万平方千米。全国低海拔、中海拔地

区的林草覆盖面积占比分别减少 0.16%、0.03%，低海拔减少的面积大于中海拔；高海拔地区、极高海拔地区的林草覆盖面积占比分别增加 0.16%、0.05%，面积变化较小。

从地区分布看，东北地区的林草覆盖在海拔 200～2500 米的低海拔、中海拔地区分布程度较高，东部地区的林草覆盖在海拔 100～3000 米的低海拔、中海拔地区分布程度较高，中部地区的林草覆盖在海拔 200～3500 米的低海拔、中海拔地区分布程度较高，西部地区的林草覆盖在海拔 2000～5000 米的中海拔、高海拔地区分布程度较高。

2.1.5 种植土地坡度分级指数

种植土地坡度分级指数是区域内各坡度分级范围内种植土地面积占区域面积比重与该坡度分级面积占区域陆地面积比重的比例，反映种植土地在不同坡度上的分布状况。种植土地坡度分级指数越大，表明种植土地在该坡度带上的分布程度越高。如果坡度分级指数大于 1，表示种植土地在该坡度带内的分布属于优势分布。

各地区种植土地坡度分级指数见表 2.5。从全国看，种植土地主要分布在坡度 5°以下较平坦的地区，占全国种植土地总面积的 67.04%，18.18%的种植土地分布在坡度 5°～15°的缓坡地，9.99%的种植土地分布在坡度 15°～25°的较缓坡地，种植土地的坡度分级指数值随着坡度的升高而降低。坡度的大小直接影响着地表物质和能量转换的规模与强度，与土壤侵蚀强度、耕作条件、灌溉条件等密切相关。在陡坡地进行开垦种植，容易引起水土流失，《中华人民共和国水土保持法》明确规定禁止在坡度 25°以上陡坡地开垦种植农作物。全国范围还有 4.79%的种植土地分布在坡度 25°以上的陡坡地、极陡坡地，从表 2.5 可以看出，坡度 25°以上的种植土地主要分布在西部地区。

表 2.5 各地区种植土地坡度分级指数

地区	0°～2°	2°～3°	3°～5°	5°～6°	6°～8°	8°～10°	10°～15°	15°～25°	25°～35°	≥35°
北京	1.30	2.60	2.78	2.83	2.75	2.51	1.89	0.85	0.24	0.06
天津	1.01	1.18	1.37	1.44	1.40	1.33	1.10	0.59	0.16	0.04
河北	1.50	1.31	1.24	1.17	1.08	0.93	0.67	0.31	0.11	0.04
山西	2.26	2.10	1.93	1.78	1.61	1.37	0.99	0.48	0.22	0.12
内蒙古	1.24	1.04	1.12	1.02	0.85	0.61	0.35	0.12	0.04	0.01
辽宁	1.51	1.63	1.54	1.37	1.17	0.90	0.55	0.20	0.06	0.02
吉林	1.55	1.22	1.07	0.90	0.74	0.55	0.32	0.11	0.03	0.01
黑龙江	1.54	0.98	0.66	0.45	0.35	0.25	0.17	0.07	0.02	0.01
上海	1.00	0.60	0.40	0.26	0.17	0.09	0.03	0.01	0.00	—
江苏	1.02	1.05	0.92	0.75	0.62	0.47	0.31	0.16	0.06	0.02
浙江	1.70	2.19	2.18	2.09	1.96	1.76	1.43	0.84	0.31	0.10

续表

地区	0°～2°	2°～3°	3°～5°	5°～6°	6°～8°	8°～10°	10°～15°	15°～25°	25°～35°	≥35°
安徽	1.32	1.26	1.08	0.88	0.74	0.60	0.47	0.28	0.13	0.06
福建	2.00	2.92	2.94	2.73	2.41	2.00	1.46	0.80	0.36	0.13
江西	2.22	2.32	1.98	1.66	1.39	1.09	0.73	0.36	0.16	0.06
山东	1.03	1.09	1.16	1.18	1.16	1.09	0.93	0.59	0.22	0.06
河南	1.29	1.19	1.14	1.05	0.96	0.83	0.62	0.28	0.07	0.01
湖北	1.70	1.93	1.77	1.57	1.37	1.13	0.85	0.49	0.23	0.09
湖南	2.00	2.32	2.06	1.81	1.59	1.34	1.02	0.57	0.22	0.07
广东	1.86	2.31	2.03	1.73	1.47	1.17	0.81	0.43	0.22	0.11
广西	2.43	2.61	2.34	2.04	1.74	1.40	1.00	0.63	0.39	0.15
海南	0.99	1.26	1.36	1.40	1.37	1.28	1.07	0.69	0.37	0.14
重庆	1.18	1.98	2.05	2.04	1.98	1.89	1.65	1.08	0.45	0.10
四川	1.92	2.30	2.44	2.42	2.31	2.13	1.77	1.01	0.35	0.10
贵州	1.56	2.03	2.02	1.94	1.85	1.73	1.50	1.05	0.61	0.27
云南	1.94	2.37	2.22	2.04	1.88	1.69	1.44	1.08	0.66	0.28
西藏	2.12	1.43	1.28	1.24	1.22	1.15	0.99	0.71	0.27	0.06
陕西	2.55	2.32	2.08	1.89	1.78	1.65	1.38	0.85	0.41	0.14
甘肃	0.93	0.62	0.72	0.90	1.14	1.50	1.96	1.58	0.57	0.15
青海	1.32	1.09	0.89	0.88	0.99	1.21	1.46	0.93	0.18	0.04
宁夏	1.49	0.85	0.85	0.89	0.93	0.97	1.00	0.71	0.24	0.05
新疆	2.14	0.32	0.19	0.15	0.12	0.09	0.05	0.01	0.00	0.00

与 2015 年相比，全国种植土地面积增加了 0.17%，平坡地和较平坡地外的坡度分级区的种植土地面积都有所增加。分布在坡度 5°以下较平坦地的种植土地面积占比减少了 0.27%，面积减少了 0.26 万平方千米；分布在坡度 5°～15°缓坡地、坡度 15°～25°较缓坡地、坡度 25°以上陡坡地的种植土地面积占比分别增加了 0.04%、0.16%、0.07%，面积分别增加了 0.12 万平方千米、0.28 万平方千米和 0.14 万平方千米。

从地区分布看，东北地区的种植土地优势分布在坡度 3°以下的区域，东部、中部地区的种植土地优势分布在坡度 10°以下的区域，西部地区的种植土地优势分布在坡度 2°以下以及坡度 5°～25°的区域。

2.1.6 林草覆盖坡度分级指数

林草覆盖坡度分级指数是区域内各坡度分级范围内林草覆盖面积占区域面积比重与该坡度分级面积占区域陆地面积比重的比例，反映林草覆盖在不同坡度上的分布状况。林草覆盖坡度分级指数越大，表明林草覆盖在该坡度带上的分布程度越高。如果坡度分级指数大于 1，表示林草覆盖在该坡度带内的分布属于优势分布。

各地区林草覆盖坡度分级指数见表 2.6，除西藏以外，其他省份林草覆盖坡度分级指数值随着坡度的升高而升高。从全国看，54.90%的林草覆盖分布在坡度 15°以下区域，主要分布在内蒙古、西藏、新疆、青海等地区；35.13%分布在坡度 15°～35°区域，主要分布在西藏、四川、云南、青海、新疆等地区；仅有 9.97%分布在坡度 35°以上区域，主要分布在西藏、四川、新疆、云南等地区。

表 2.6 各地区林草覆盖坡度分级指数

地区	0°～2°	2°～3°	3°～5°	5°～6°	6°～8°	8°～10°	10°～15°	15°～25°	25°～35°	≥35°
北京	0.55	0.44	0.47	0.53	0.62	0.75	0.99	1.33	1.51	1.56
天津	0.91	1.08	1.05	1.16	1.33	1.62	2.20	3.28	4.11	4.33
河北	0.38	0.69	0.80	0.92	1.03	1.20	1.48	1.84	2.03	2.10
山西	0.23	0.38	0.50	0.61	0.71	0.84	1.04	1.30	1.43	1.49
内蒙古	0.97	0.98	0.95	0.96	0.99	1.04	1.12	1.20	1.23	1.24
辽宁	0.32	0.38	0.54	0.75	0.96	1.23	1.58	1.92	2.06	2.08
吉林	0.47	0.82	0.97	1.13	1.28	1.45	1.66	1.83	1.90	1.90
黑龙江	0.57	1.06	1.29	1.44	1.51	1.58	1.65	1.71	1.75	1.74
上海	1.00	1.98	2.48	3.16	4.04	4.81	5.59	5.83	5.89	5.85
江苏	0.84	1.64	2.19	2.91	3.53	4.29	5.12	5.97	6.54	6.64
浙江	0.18	0.27	0.37	0.48	0.61	0.77	0.99	1.30	1.52	1.60
安徽	0.41	0.66	0.92	1.22	1.45	1.70	1.96	2.31	2.56	2.67
福建	0.19	0.22	0.33	0.47	0.61	0.76	0.94	1.13	1.23	1.28
江西	0.28	0.45	0.59	0.73	0.85	0.99	1.17	1.34	1.43	1.46
山东	0.73	0.84	0.90	1.02	1.17	1.42	1.89	2.78	3.64	3.91
河南	0.38	0.60	0.77	0.97	1.17	1.44	1.88	2.54	2.95	3.05
湖北	0.26	0.37	0.50	0.66	0.82	1.00	1.22	1.48	1.66	1.76
湖南	0.27	0.32	0.45	0.58	0.70	0.84	1.03	1.28	1.45	1.51
广东	0.31	0.47	0.60	0.74	0.87	1.02	1.19	1.36	1.45	1.49
广西	0.22	0.31	0.43	0.57	0.70	0.85	1.02	1.19	1.29	1.37
海南	0.72	0.67	0.60	0.59	0.65	0.81	1.10	1.61	2.03	2.30
重庆	0.17	0.25	0.30	0.35	0.42	0.50	0.67	1.02	1.35	1.53
四川	0.54	0.63	0.63	0.66	0.70	0.75	0.85	1.03	1.18	1.20
贵州	0.20	0.25	0.34	0.42	0.51	0.60	0.75	1.01	1.23	1.39
云南	0.15	0.28	0.41	0.52	0.62	0.72	0.84	1.01	1.17	1.29
西藏	0.97	1.17	1.16	1.13	1.11	1.07	1.03	0.97	0.90	0.87

续表

地区	0°～2°	2°～3°	3°～5°	5°～6°	6°～8°	8°～10°	10°～15°	15°～25°	25°～35°	≥35°
陕西	0.30	0.46	0.56	0.65	0.70	0.77	0.89	1.09	1.24	1.33
甘肃	0.80	0.89	0.80	0.75	0.77	0.81	0.89	1.12	1.36	1.43
青海	0.75	1.00	1.05	1.09	1.11	1.12	1.14	1.15	1.10	1.02
宁夏	0.66	1.02	1.04	1.04	1.05	1.07	1.10	1.26	1.47	1.56
新疆	0.89	0.86	0.83	0.85	0.92	1.05	1.23	1.38	1.28	1.19

与 2015 年相比，全国林草覆盖面积减少了 0.82%，各坡度分级区的林草覆盖面积也有所减少。分布在坡度 15°以下区域的林草覆盖面积占比减少了 0.2%，面积减少了 3.86 万平方千米；分布在坡度 15°～35°缓坡地的林草覆盖面积占比增加了 0.13%，面积减少了 0.93 万平方千米；分布坡度 35°以上陡坡地的林草覆盖面积占比增加了 0.09%，面积减少了 0.09 万平方千米。

从地区分布看，东北地区的林草覆盖优势分布在坡度 3°以上的区域，东部地区、中部地区和西部地区的林草覆盖优势分布在坡度 8°以上的区域。

2.2 地表资源占有量与覆盖度

地表资源占有量是指区域内资源的数量与占比情况。本节从地表资源人均拥有量、覆盖度等方面对地表资源占有量与覆盖区域的比例进行分析。

2.2.1 种植土地人均拥有量

种植土地人均拥有量是指在一个地区人均拥有的种植土地面积。值越大，表明该地区的种植土地人均拥有面积越大。

从全国看，见表 2.7 和图 2.5，种植土地每万人平均拥有量较大的 5 个省份是内蒙古、黑龙江、新疆、吉林、甘肃，最大值为内蒙古的 48.74 平方千米；种植土地每万人平均拥有量较小的 5 个省份是上海、北京、天津、广东、浙江，最小值为上海的 1.11 平方千米。

表 2.7 各地区种植土地每万人平均拥有量及变化统计 单位：平方千米

地区	种植土地每万人平均拥有量		变化量
	2019 年	2015 年	
北京	1.19	1.35	−0.16
天津	2.81	2.86	−0.05
河北	9.70	10.25	−0.55

续表

地区	种植土地每万人平均拥有量		变化量
	2019 年	2015 年	
山西	11.53	11.42	0.11
内蒙古	48.74	47.03	1.71
辽宁	13.71	13.53	0.18
吉林	30.08	29.40	0.68
黑龙江	46.83	45.51	1.32
上海	1.11	1.12	−0.01
江苏	6.03	6.30	−0.27
浙江	3.70	4.04	−0.34
安徽	10.10	10.59	−0.49
福建	4.69	4.89	−0.20
江西	7.68	7.89	−0.21
山东	8.10	8.51	−0.41
河南	8.83	9.06	−0.23
湖北	9.89	10.11	−0.22
湖南	7.69	7.85	−0.16
广东	3.06	3.26	−0.20
广西	11.24	11.80	−0.56
海南	17.89	18.48	−0.59
重庆	7.47	7.78	−0.31
四川	9.16	9.50	−0.34
贵州	13.76	14.39	−0.63
云南	19.35	19.73	−0.38
西藏	15.98	16.82	−0.84
陕西	11.37	11.44	−0.07
甘肃	21.68	21.83	−0.15
青海	12.02	11.89	0.13
宁夏	20.57	20.61	−0.04
新疆	34.71	35.48	−0.77

全国种植土地每万人平均拥有量为 11.44 平方千米，见图 2.5。13 个省份的种植土地人均拥有量高于全国平均水平，主要分布在东北、西北、西南地区；其余 18 个省

份的种植土地人均拥有量低于全国平均水平，主要分布在华北、中南、华东地区。

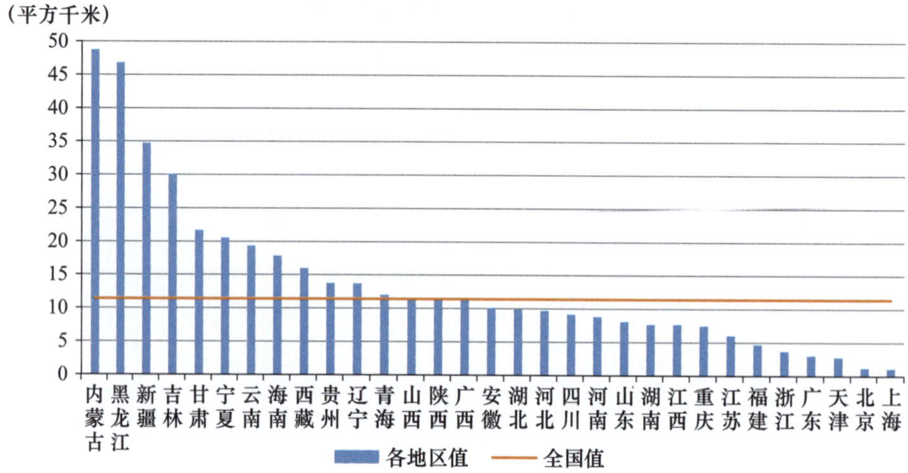

图 2.5　各地区种植土地每万人平均拥有量

从地域分布来看，种植土地人均拥有量与地区经济水平大致呈现负相关关系。经济发达地区，种植土地人均拥有量相对较少；经济落后地区，种植土地人均拥有量相对较多。

与 2015 年相比，全国种植土地面积增加了 0.17%（0.27 万平方千米），人口增加了 2543 万人，造成全国每万人拥有的种植土地面积减少了 0.19 平方千米。其中，见图 2.6，有 6 个省份的人均种植土地面积有所增加，按增加由多到少的顺序分别为内蒙古、黑龙江、吉林、辽宁、青海和山西，内蒙古每万人拥有的种植土地面积增加了 1.71 平方千米；其余 25 个省份的人均种植土地面积都有所减少，减少较多的为西藏、新疆、贵州、海南、广西、河北等省份，西藏每万人拥有的种植土地面积减少了 0.84 平方千米。

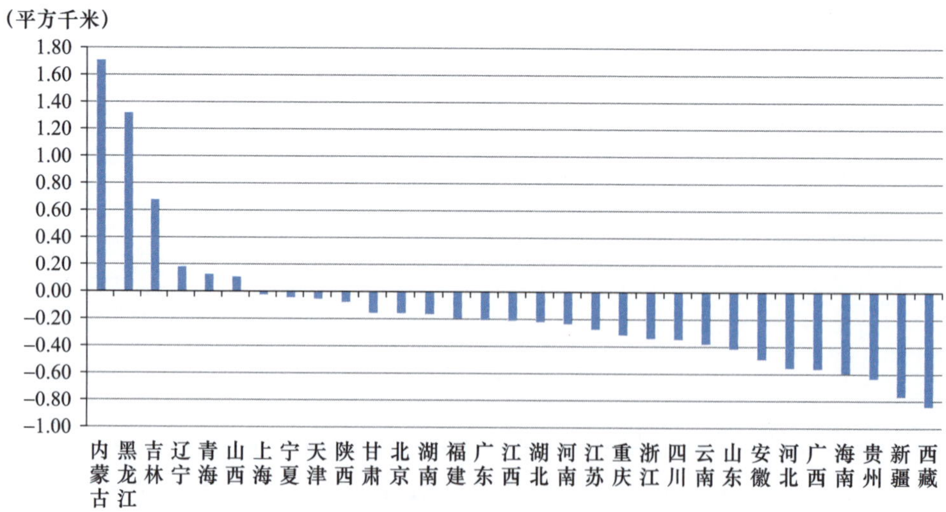

图 2.6　各地区种植土地每万人平均拥有量变化统计

2.2.2 林草覆盖人均拥有量

林草覆盖人均拥有量指一个地区人均拥有的林草覆盖面积。值越大，表明该地区的林草覆盖人均拥有面积越大。

从全国看，见表 2.8，林草覆盖人均拥有量较大的 5 个省份是西藏、青海、内蒙古、新疆、甘肃，每万人平均拥有量最大值为西藏的 2675.31 平方千米；林草覆盖人均拥有量较小的 5 个省份是上海、天津、江苏、山东、北京，每万人平均拥有量最小值为上海的 0.46 平方千米。

表 2.8 各地区林草覆盖每万人平均拥有量及变化统计 单位：平方千米

地区	林草覆盖每万人平均拥有量		变化量
	2019 年	2015 年	
北京	4.78	4.66	0.12
天津	1.69	1.94	−0.25
河北	11.41	11.65	−0.24
山西	26.87	28.10	−1.23
内蒙古	335.46	342.26	−6.80
辽宁	15.93	16.11	−0.18
吉林	36.80	36.27	0.53
黑龙江	68.22	68.04	0.18
上海	0.46	0.45	0.01
江苏	1.80	1.97	−0.17
浙江	10.76	11.50	−0.74
安徽	7.98	8.52	−0.54
福建	23.24	24.16	−0.92
江西	23.91	24.75	−0.84
山东	3.64	3.75	−0.11
河南	5.50	5.84	−0.34
湖北	17.19	17.65	−0.46
湖南	19.71	20.37	−0.66
广东	10.04	10.78	−0.74
广西	33.27	34.55	−1.28
海南	14.42	15.45	−1.03
重庆	16.55	17.40	−0.85

续表

地区	林草覆盖每万人平均拥有量		变化量
	2019 年	2015 年	
四川	44.58	45.67	−1.09
贵州	31.87	33.01	−1.14
云南	55.27	57.33	−2.06
西藏	2675.31	2897.36	−222.05
陕西	38.27	39.77	−1.50
甘肃	95.93	98.39	−2.46
青海	908.28	940.16	−31.88
宁夏	46.66	50.33	−3.67
新疆	298.72	321.81	−23.09

全国林草覆盖每万人平均拥有量为 42.28 平方千米。其中，9 个省份的林草覆盖人均拥有量高于全国平均水平，主要分布在西部地区和东北的黑龙江；其余 22 个省份的林草覆盖人均拥有量低于全国平均水平，主要分布在东部、中部地区和东北的吉林、辽宁。

从地域分布来看，林草覆盖人均拥有量较大的地区，主要集中在我国西部。除人口数量少外，西部地区的地理位置、地形条件、气候等因素导致了该地区林草覆盖面积大，使人均拥有量远高于其他地区。东部、中部地区的林草覆盖人均拥有量较小，主要是该地区林草覆盖面积小、人口数量多。

与 2015 年相比，全国林草覆盖面积减少了 0.82%（4.88 万平方千米），同时，人口增加了 2543 万人，造成全国每万人拥有的林草覆盖面积减少了 1.13 平方千米。其中，只有吉林、黑龙江、北京、上海等 4 个省份的人均林草覆盖面积有所增加；其余 27 个省份的人均林草覆盖面积都有所减少，减少较大的是为西藏、青海、新疆、内蒙古等西部地区的省份，西藏林草覆盖面积减少了 779.72 平方千米，人口增加了 27 万人，每万人拥有的林草覆盖面积减少了 222.05 平方千米。

2.2.3 水域人均拥有量

水域人均拥有量是指一个地区人均拥有的水域面积。值越大，表明该地区的水域人均拥有面积越大。

从全国看，见表 2.9，水域每万人平均拥有量较大的 5 个省份是西藏、青海、新疆、内蒙古、黑龙江，最大值为西藏的 163.36 平方千米；水域每万人平均拥有量较小的 5 个省份是北京、山西、陕西、上海、河北，最小值为北京的 0.17 平方千米。

表 2.9　各地区水域每万人平均拥有量及变化统计　　单位：平方千米

地区	水域每万人平均拥有量		变化量
	2019 年	2015 年	
北京	0.17	0.14	0.03
天津	0.95	0.92	0.03
河北	0.41	0.39	0.02
山西	0.25	0.23	0.02
内蒙古	2.97	2.88	0.09
辽宁	0.98	0.94	0.04
吉林	1.69	1.64	0.05
黑龙江	2.79	2.67	0.12
上海	0.34	0.30	0.04
江苏	2.42	2.30	0.12
浙江	0.97	0.97	0.00
安徽	1.64	1.62	0.02
福建	0.65	0.65	0.00
江西	1.74	1.64	0.10
山东	0.71	0.72	−0.01
河南	0.43	0.39	0.04
湖北	2.17	2.15	0.02
湖南	1.29	1.21	0.08
广东	0.87	0.90	−0.03
广西	1.08	1.07	0.01
海南	1.41	1.38	0.03
重庆	0.66	0.63	0.03
四川	0.80	0.76	0.04
贵州	0.46	0.43	0.03
云南	0.92	0.86	0.06
西藏	163.36	175.90	−12.54
陕西	0.33	0.32	0.01

续表

地区	水域每万人平均拥有量		变化量
	2019 年	2015 年	
甘肃	0.80	0.78	0.02
青海	37.60	38.70	−1.10
宁夏	0.93	0.85	0.08
新疆	14.17	14.78	−0.61

全国水域每万人平均拥有量为 1.89 平方千米。其中，7 个省份的水域人均拥有量高于全国平均水平，主要分布在西南地区的西藏，西北地区的青海、新疆、内蒙古，以及东北地区的黑龙江、东部地区的江苏、中部地区的湖北；其余 24 个省份的水域人均拥有量低于全国平均水平。

从地域分布来看，水域人均拥有量较大的地区是西藏、青海、新疆，这些地区海拔较高，分布着大面积的冰川与常年积雪，同时也是众多河流的发源地，水域面积较大，再加上人口数量少，使得水域人均拥有量远高于其他地区；其次是长江中下游地区，该地区水网密布、河道纵横、湖泊数量较多，水域面积较大，使得人均水域面积也相对较大。

与 2015 年相比，全国水域面积增加了 3.42%（0.88 万平方千米），全国每万人拥有的水域面积增加了 0.03 平方千米。其中，西藏、青海、新疆、广东、山东等 5 个省份的人均水域面积有所减少，西藏减少较多，每万人减少 12.54 平方千米；其余 26 个省份的人均水域面积都有所增加，增加较多的为江苏、黑龙江、江西、内蒙古等省份，江苏每万人拥有的水域面积增加了 0.12 平方千米。

2.2.4 种植土地覆盖度

种植土地覆盖度是指在一个地区内分布的种植土地面积与该地区国土面积的比值。

从全国看，见表 2.10 和图 2.7，种植土地覆盖度较大的 5 个省份是山东、河南、海南、江苏、安徽，最大值为山东的 52.23%；种植土地覆盖度较小的 5 个省份是西藏、青海、新疆、内蒙古、甘肃，最小值为西藏的 0.47%。

表 2.10 各地区种植土地覆盖度及变化统计

单位：%

地区	种植土地覆盖度		变化量
	2019 年	2015 年	
北京	15.68	17.90	−2.22
天津	36.90	37.21	−0.31

续表

地区	种植土地覆盖度		变化量
	2019 年	2015 年	
河北	39.15	40.48	−1.33
山西	27.43	26.69	0.74
内蒙古	10.80	10.31	0.49
辽宁	40.52	40.30	0.22
吉林	42.33	42.34	−0.01
黑龙江	38.82	38.34	0.48
上海	38.22	38.85	−0.63
江苏	47.60	49.13	−1.53
浙江	20.85	21.61	−0.76
安徽	45.88	46.45	−0.57
福建	15.25	15.37	−0.12
江西	21.47	21.57	−0.10
山东	52.23	53.82	−1.59
河南	51.37	51.85	−0.48
湖北	31.53	31.81	−0.28
湖南	25.11	25.15	−0.04
广东	19.83	19.93	−0.10
广西	23.56	23.92	−0.36
海南	49.72	49.60	0.12
重庆	28.32	28.51	−0.19
四川	15.77	16.04	−0.27
贵州	28.31	28.84	−0.53
云南	24.53	24.42	0.11
西藏	0.47	0.45	0.02
陕西	21.43	21.11	0.32
甘肃	13.49	13.34	0.15
青海	1.05	1.00	0.05
宁夏	27.50	26.50	1.00
新疆	5.37	5.13	0.24

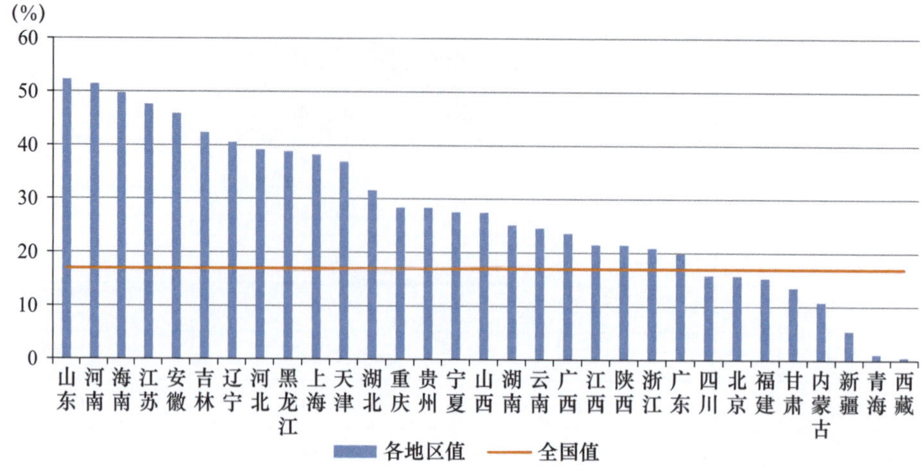

图 2.7　各地区种植土地覆盖度

全国种植土地覆盖度为 16.93%，见图 2.7。23 个省份的种植土地覆盖度高于全国平均水平，主要分布在东部、中部、东北地区；其余 8 个省份的种植土地覆盖度低于全国平均水平，主要分布在西部地区。

整体来看，种植土地覆盖度地域分异规律与种植土地空间分布指数的地域分异规律大致相同，东高西低，逐渐递减。东部人口众多，为满足生活基本需求，大面积开垦荒地，进行耕作，种植土地覆盖度高；西部地区劳动力匮乏，加上气候、地形等条件的限制，种植土地覆盖度低。

与 2015 年相比，全国种植土地覆盖度增加了 0.03%。其中，见图 2.8，有 12 个省份的种植土地覆盖度有所增加，增加较多的为宁夏、山西、内蒙古、黑龙江等省份，宁夏种植土地覆盖度增加了 1.00%；其余 19 个省份的种植土地覆盖度都有所减少，减少较多的为北京、山东、江苏、河北等东部地区的省份，北京种植土地覆盖度减少了 2.22%。

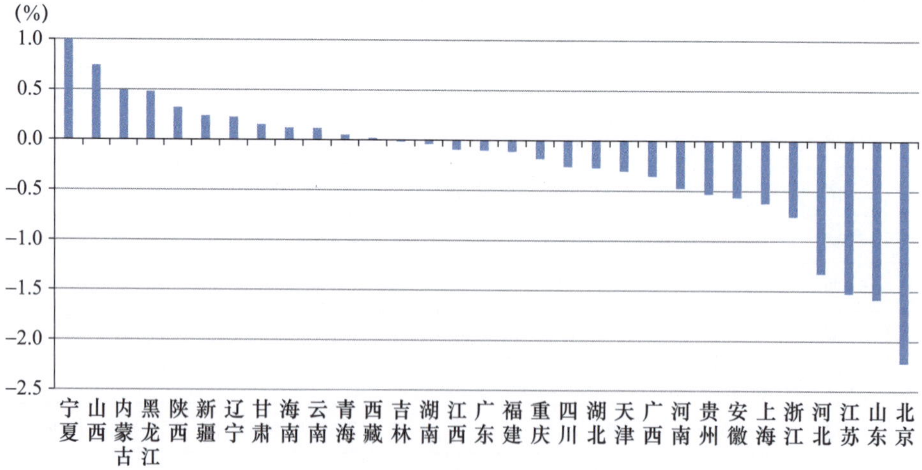

图 2.8　各地区种植土地覆盖度变化统计

五大国家战略区种植土地覆盖度见表 2.11。京津冀地区与长江三角洲种植土地覆盖度相近，覆盖度较高，长江经济带居中，粤港澳大湾区与黄河流域相近，覆盖度较低。除了黄河流域外，其余国家战略区种植土地覆盖度都高于全国平均水平。与 2015 年相比，黄河流域种植土地覆盖度有所增加，增加幅度低于全国增加平均水平，其余 4 个区域都有所降低，京津冀地区种植土地覆盖度减少最多。五大国家战略区种植土地分布见图 2.9～图 2.13。

表 2.11 五大国家战略区种植土地覆盖度及变化统计 单位：%

地区	种植土地覆盖度		变化量
	2019 年	2015 年	
长江经济带	25.85	26.14	−0.29
京津冀地区	37.25	38.59	−1.34
粤港澳大湾区	17.22	17.55	−0.33
长江三角洲	35.86	36.49	−0.63
黄河流域	16.28	16.03	0.25

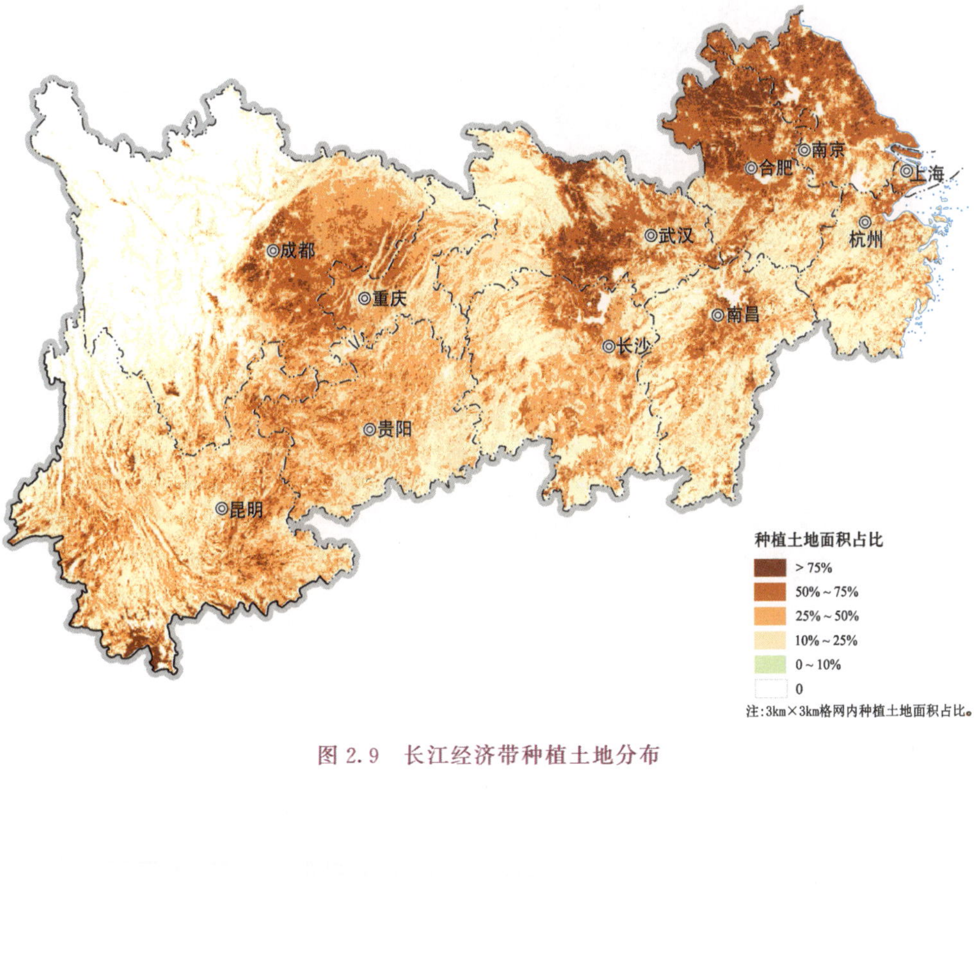

图 2.9 长江经济带种植土地分布

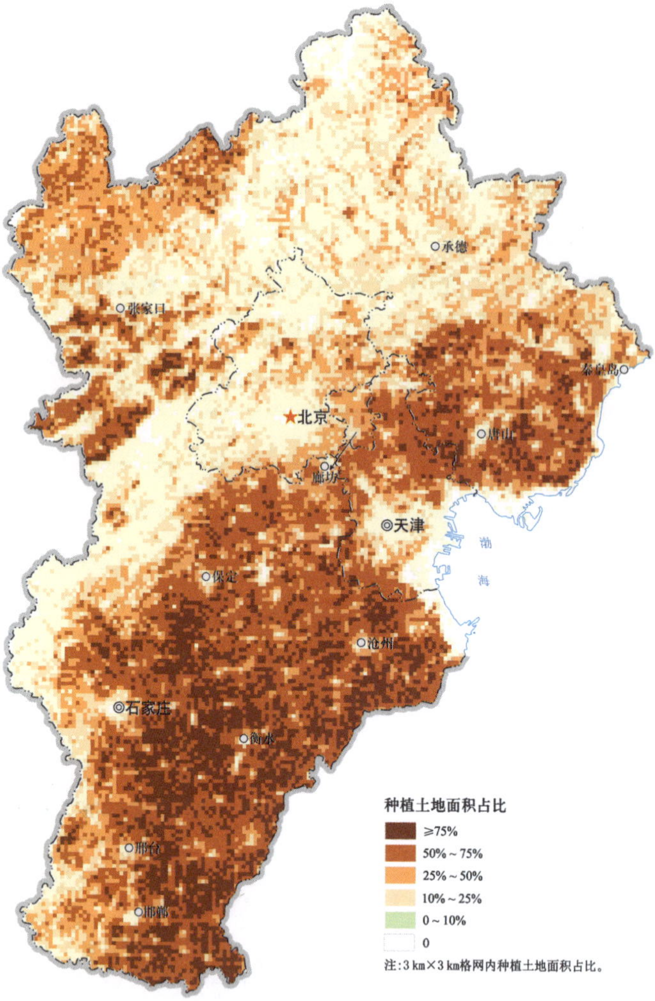

图 2.10　京津冀地区种植土地分布

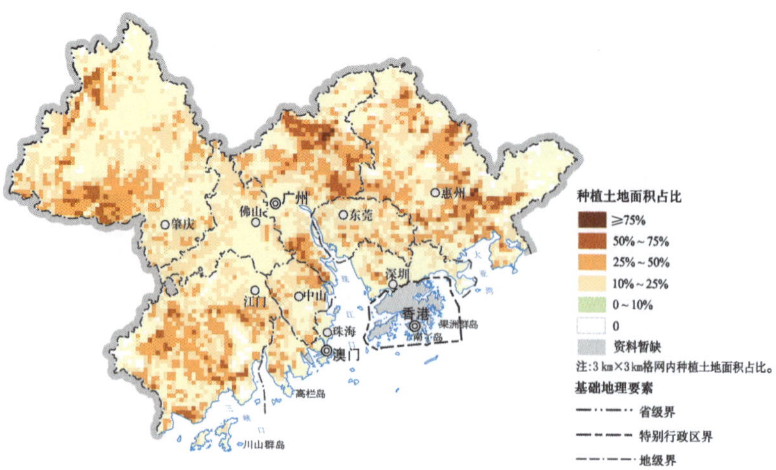

图 2.11　粤港澳大湾区种植土地分布

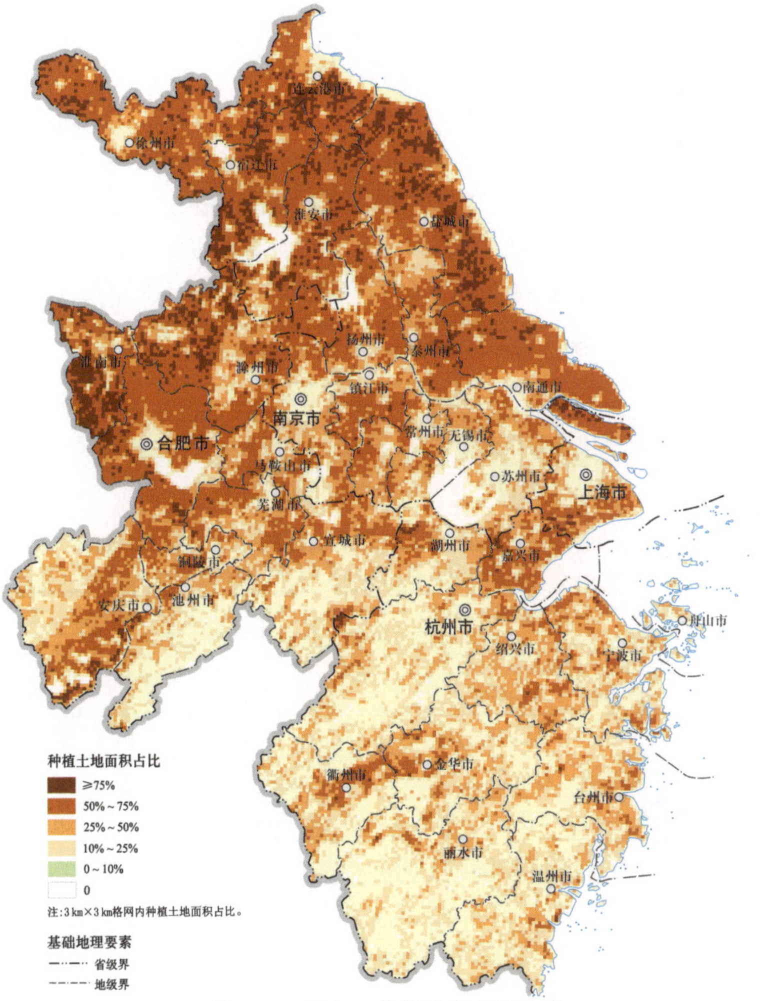

图 2.12　长江三角洲种植土地分布

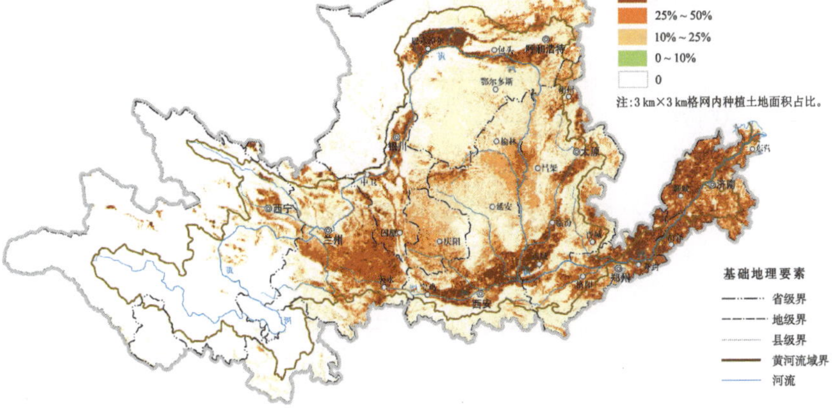

图 2.13　黄河流域种植土地分布

2.2.5 林草覆盖度

林草覆盖度是指在一个地区内分布的林草覆盖面积与该地区国土面积的比值。

从全国看，见表 2.12 和图 2.14，林草覆盖度较大的 5 个省份是青海、西藏、四川、福建、内蒙古，最大值为青海的 79.24%；林草覆盖度较小的 5 个省份是江苏、上海、天津、山东、河南，最小值为江苏的 14.18%。青海林草覆盖的类型主要是天然草地，其面积占林草覆盖面积的 89.97%；在天然草地中，低覆盖度草地面积占了 19.96%。

表 2.12 各地区林草覆盖度及变化统计 单位：%

地区	林草覆盖度		变化量
	2019 年	2015 年	
北京	62.76	61.70	1.06
天津	22.24	25.31	−3.07
河北	46.05	46.00	0.05
山西	63.93	65.69	−1.76
内蒙古	74.34	75.00	−0.66
辽宁	47.06	47.96	−0.90
吉林	51.80	52.23	−0.43
黑龙江	56.55	57.31	−0.76
上海	16.01	15.70	0.31
江苏	14.18	15.39	−1.21
浙江	60.57	61.52	−0.95
安徽	36.25	37.35	−1.10
福建	75.54	75.96	−0.42
江西	66.81	67.68	−0.87
山东	23.49	23.71	−0.22
河南	32.02	33.42	−1.40
湖北	54.81	55.55	−0.74
湖南	64.37	65.22	−0.85
广东	65.11	65.86	−0.75
广西	69.75	70.05	−0.30
海南	40.08	41.46	−1.38
重庆	62.78	63.75	−0.97
四川	76.81	77.08	−0.27
贵州	65.57	66.17	−0.60
云南	70.06	70.94	−0.88
西藏	78.02	78.08	−0.06
陕西	72.16	73.38	−1.22

续表

地区	林草覆盖度		变化量
	2019 年	2015 年	
甘肃	59.70	60.13	−0.43
青海	79.24	79.35	−0.11
宁夏	62.38	64.72	−2.34
新疆	46.20	46.55	−0.35

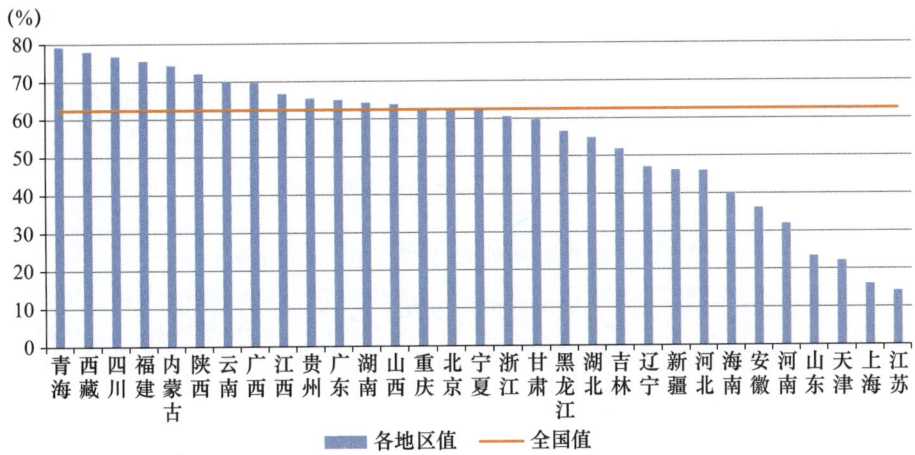

图 2.14 各地区林草覆盖度

全国林草覆盖度为 62.56%，见图 2.14。15 个省份的林草覆盖度高于全国平均水平，主要分布在西南、西北、内蒙古、长江中下游以南地区；其余 16 个省份的林草覆盖度低于全国平均水平，主要分布在东部、东北地区。

整体来看，林草覆盖度地域分异规律与林草覆盖空间分布指数的地域分异规律大致相同。西部地区地广人稀，林草覆盖度普遍较大。东部地区人口众多，土地资源紧张，林草覆盖度较小。

与 2015 年相比，全国林草覆盖度减少了 0.53%。其中，见图 2.15，北京、上海、河北 3 个省份的林草覆盖度有所增加，北京增加了 1.06%；其余 28 个省份的林草覆盖度都有所减少，减少较多的为天津、宁夏、山西等省份，天津林草覆盖度减少了 3.07%。北京新增的林草覆盖主要来源为种植土地，天津减少的林草覆盖主要去向为种植土地、人工堆掘地和水域。

五大国家战略区林草覆盖度见表 2.13。黄河流域林草覆盖度最高，长江三角洲最低。黄河流域、长江经济带林草覆盖度高于全国平均水平，其余 3 个区域林草覆盖度低于全国平均水平。与 2015 年相比，5 个区域林草覆盖度都有所减少，京津冀地区减少最少，低于全国减少平均水平，其余 4 个区域减少程度都高于全国减少平均水平，长江三角洲林草覆盖度减少最多。黄河流域林草覆盖类型中天然草地面积占了林草覆盖面积的 58.51%；在天然草地中，低覆盖度草地面积占了 7.61%。五大国家战略区林草覆盖度分布见图 2.16～图 2.20。

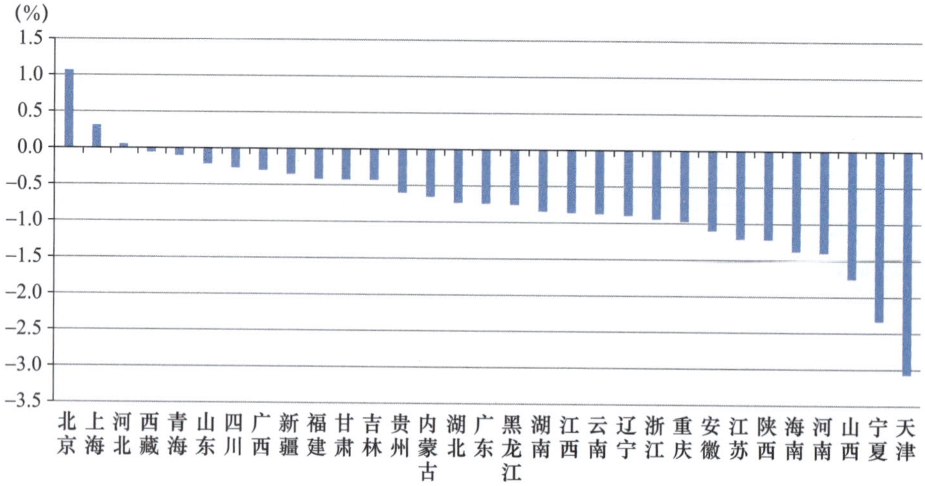

图 2.15　各地区林草覆盖度变化统计

表 2.13　五大国家战略区林草覆盖度及变化统计　　单位：%

地区	林草覆盖度		变化量
	2019 年	2015 年	
长江经济带	62.97	63.70	−0.73
京津冀地区	46.01	46.05	−0.04
粤港澳大湾区	58.10	58.84	−0.74
长江三角洲	37.65	38.94	−1.29
黄河流域	72.34	73.15	−0.81

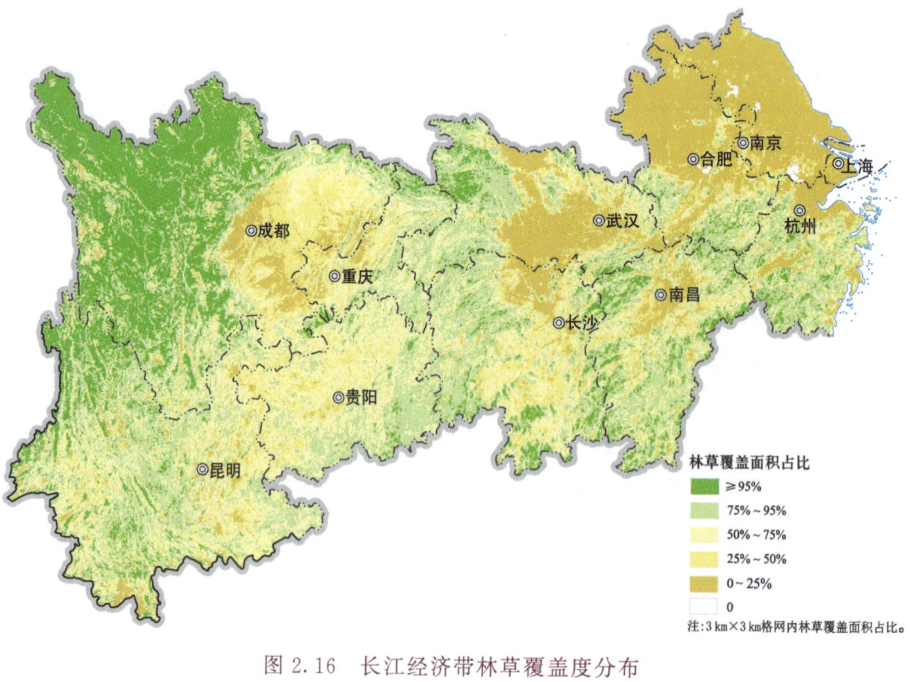

图 2.16　长江经济带林草覆盖度分布

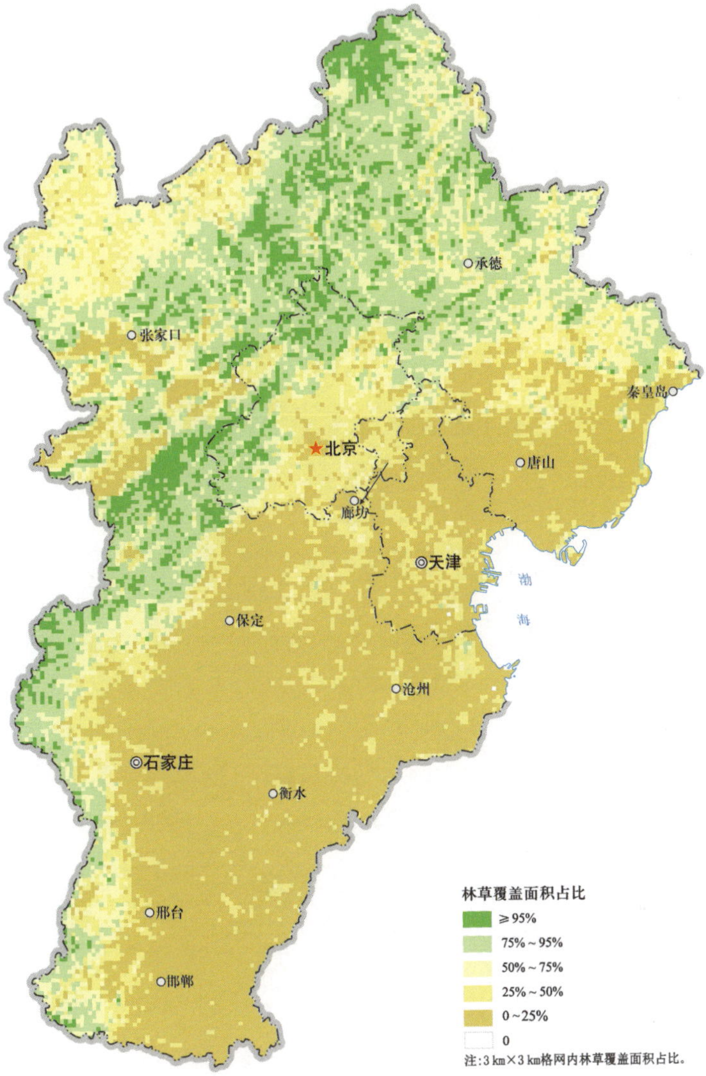

图 2.17　京津冀地区林草覆盖分布

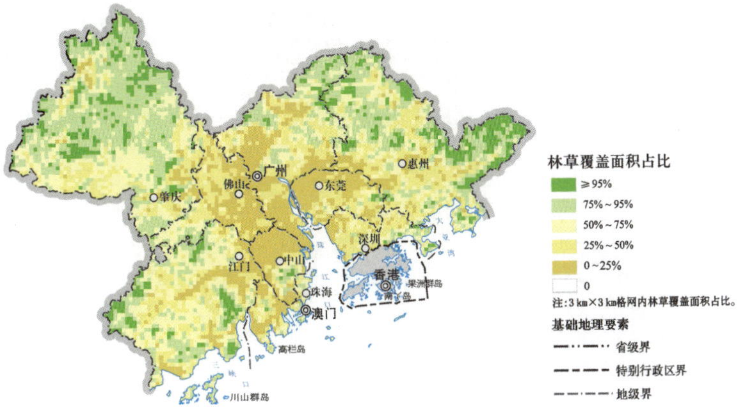

图 2.18　粤港澳大湾区林草覆盖分布

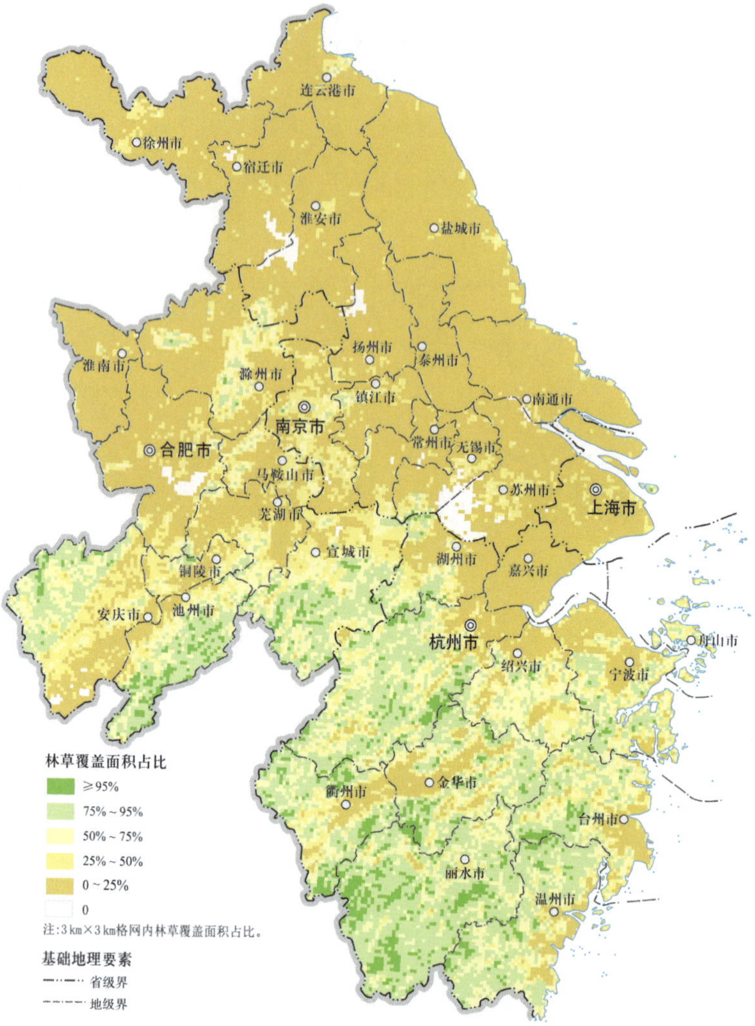

图 2.19　长江三角洲林草覆盖分布

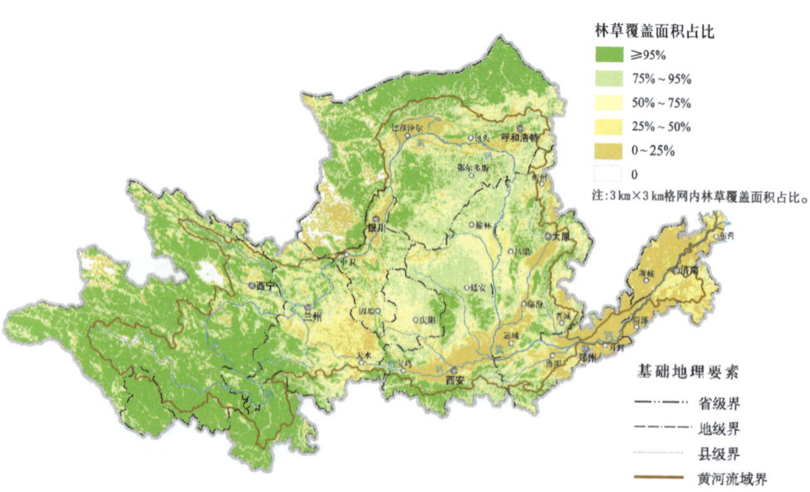

图 2.20　黄河流域林草覆盖分布

2.2.6 水域覆盖率

水域覆盖率指在一个地区内分布的水域面积与该地区国土面积的比值。

从全国看，见表 2.14 和图 2.21，水域覆盖率较大的 5 个省份是江苏、天津、上海、安徽、湖北，最大值为江苏的 19.12%；水域覆盖率较小的 5 个省份是甘肃、山西、陕西、内蒙古、贵州，最小值为甘肃的 0.50%。

表 2.14 各地区水域覆盖率及变化统计 单位：%

地区	水域覆盖率		变化量
	2019 年	2015 年	
北京	2.24	1.86	0.38
天津	12.53	11.99	0.54
河北	1.66	1.52	0.14
山西	0.59	0.54	0.05
内蒙古	0.66	0.63	0.03
辽宁	2.89	2.79	0.10
吉林	2.38	2.36	0.02
黑龙江	2.31	2.25	0.06
上海	11.55	10.50	1.05
江苏	19.12	17.94	1.18
浙江	5.45	5.17	0.28
安徽	7.44	7.12	0.32
福建	2.13	2.05	0.08
江西	4.87	4.47	0.40
山东	4.55	4.55	0.00
河南	2.53	2.25	0.28
湖北	6.92	6.77	0.15
湖南	4.20	3.88	0.32
广东	5.64	5.50	0.14
广西	2.27	2.17	0.10
海南	3.92	3.70	0.22
重庆	2.51	2.32	0.19
四川	1.37	1.28	0.09
贵州	0.95	0.87	0.08
云南	1.17	1.06	0.11
西藏	4.76	4.74	0.02
陕西	0.62	0.58	0.04
甘肃	0.50	0.48	0.02
青海	3.28	3.27	0.01
宁夏	1.24	1.09	0.15
新疆	2.19	2.14	0.05

全国水域覆盖率为 2.80%，见图 2.21。14 个省份的水域覆盖率高于全国平均水平，主要分布在长江中下游地区，以及西藏、青海等地区；其余 17 个省份的水域覆盖率低于全国平均水平，主要分布在中部地区和西部地区。

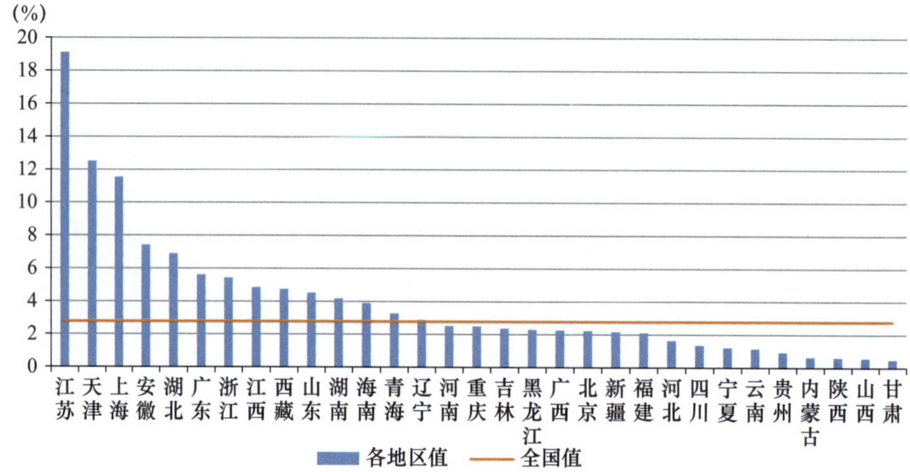

图 2.21　各地区水域覆盖率

从地域分布来看，水域覆盖率高的地区主要分布在东部、东北、中部地区，以及西部地区的西藏、青海。

与 2015 年相比，全国水域覆盖率增加了 0.10%。其中，见图 2.22，仅山东水域覆盖率略有减少；其余 30 个省份的水域覆盖率都有所增加，增加较多的为江苏、上海、天津等省份，江苏水域覆盖率增加了 1.18%。江苏新增的水域主要来源为种植土地、林草覆盖。

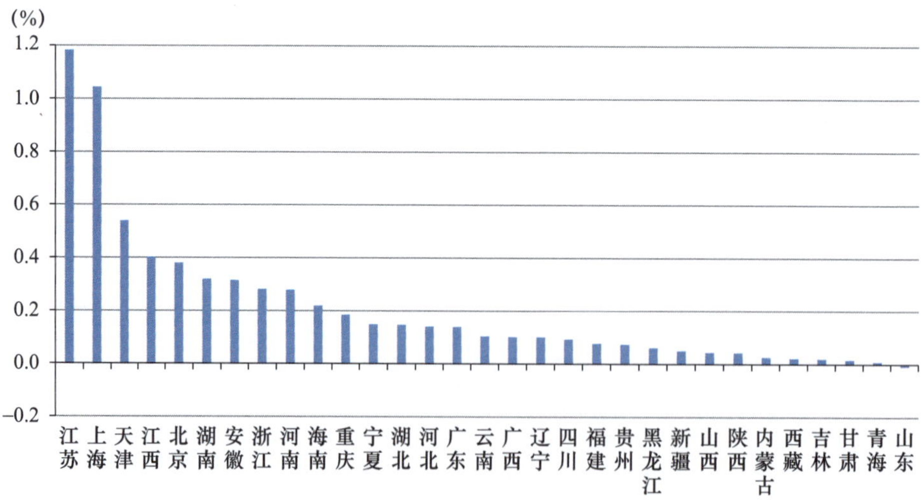

图 2.22　各地区水域覆盖率变化统计

五大国家战略区水域覆盖率见表 2.15。长江三角洲水域覆盖率最高，黄河流域最低。长江三角洲、粤港澳大湾区、长江经济带高于全国平均水平，黄河流域、京津冀地区低于全国平均水平。与 2015 年相比，5 个区域水域覆盖率都有所增加，黄河流域增加最少，低于全国增加平均水平，其余 4 个区域增加程度都高于全国增加平均水平，长江三角洲水域覆盖率增加最多。五大国家战略区水域分布见图 2.23～图 2.27。

表 2.15 五大国家战略区水域覆盖率及变化统计 单位:%

地区	水域覆盖率		变化量
	2019 年	2015 年	
长江经济带	3.97	3.73	0.24
京津冀地区	2.30	2.12	0.18
粤港澳大湾区	9.14	9.00	0.14
长江三角洲	11.64	11.02	0.62
黄河流域	1.43	1.38	0.05

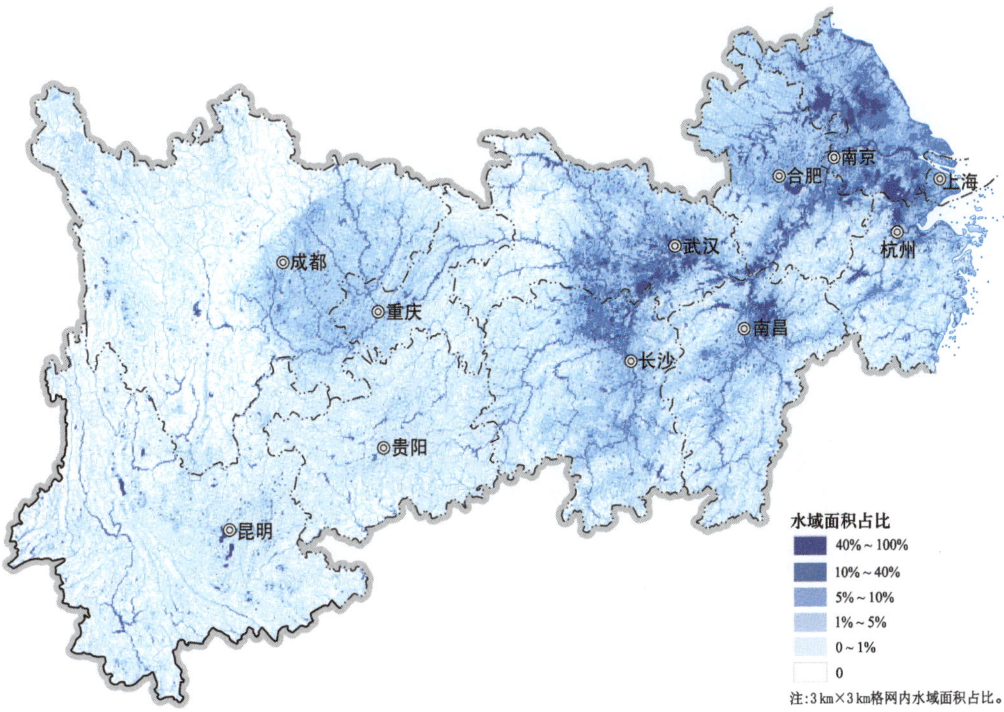

图 2.23 长江经济带水域分布

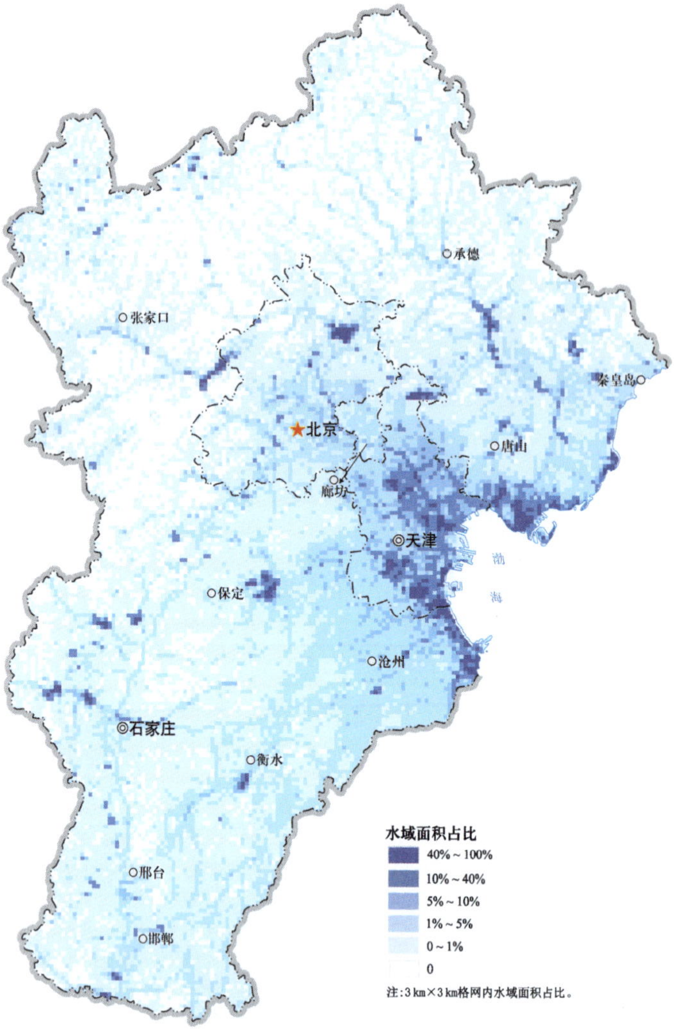

图 2.24　京津冀地区水域分布

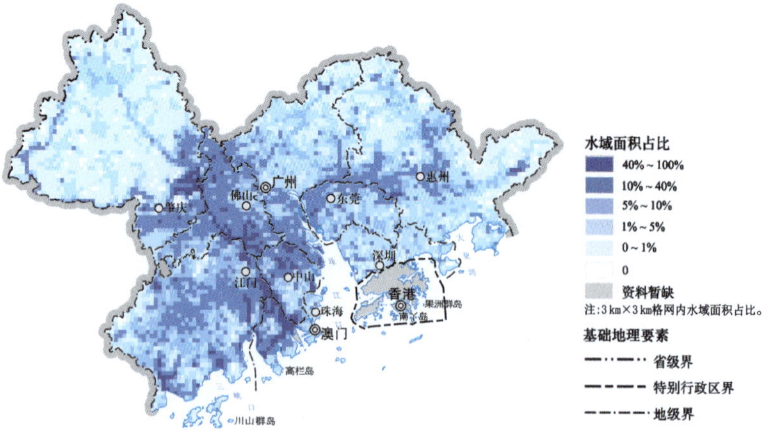

图 2.25　粤港澳大湾区水域分布

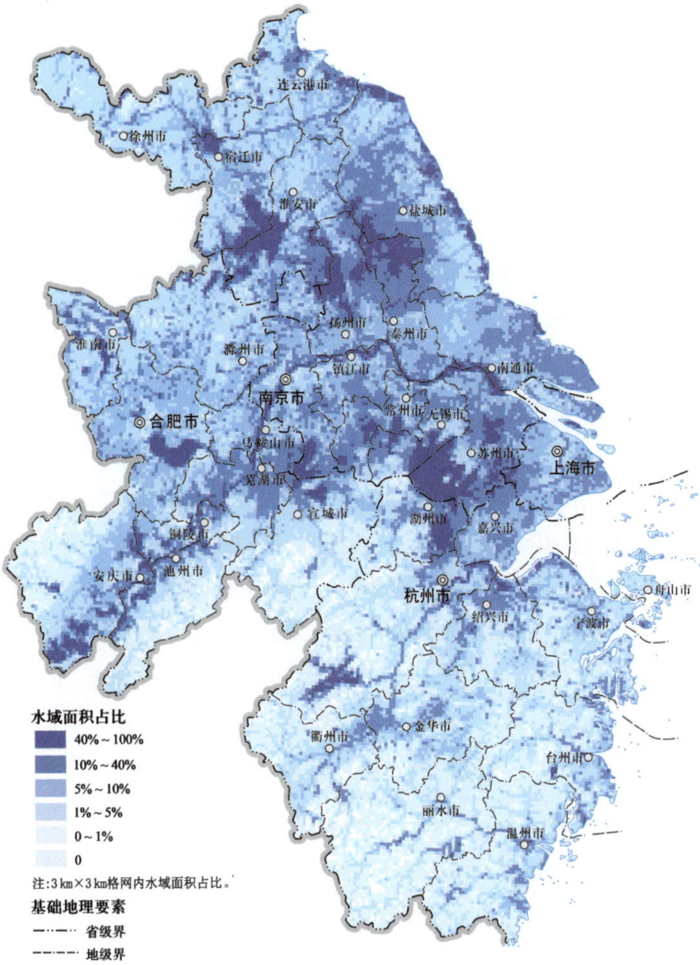

图 2.26　长江三角洲水域分布

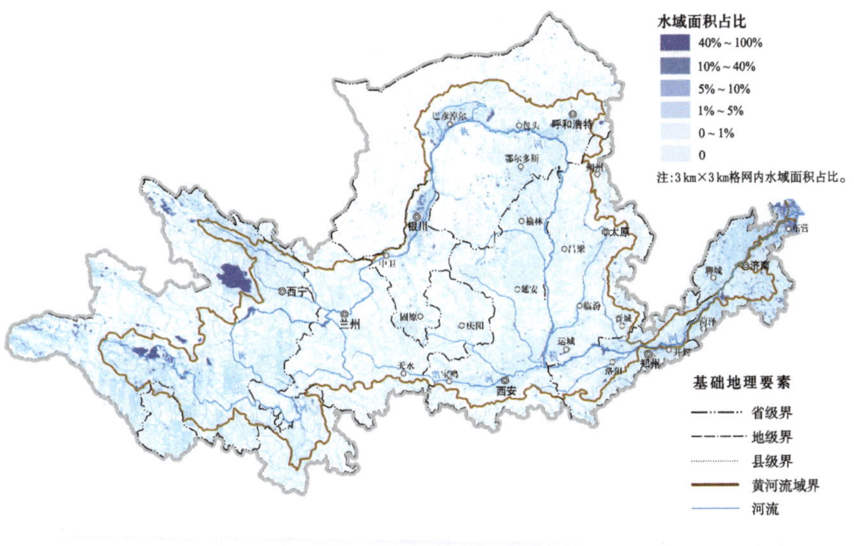

图 2.27　黄河流域水域分布

2.3 可复用及后备地表资源

可复用及后备地表资源是指在当前技术条件下，能够通过开发、复垦、整理等措施改变成为种植土地、林草覆盖等地表资源的未利用地、毁损废弃地等，反映区域内可用于复垦以及未利用的、可供将来用来建设的土地资源情况。本节中可复用及后备地表资源主要包括低坡荒漠与裸露地、盐碱地、废弃房屋建筑区和堆放物。

2.3.1 低坡荒漠与裸露地构成

荒漠指气候干旱、地表缺水及岩石裸露或地面被砂砾覆盖的自然地理景观。依据《中国生态系统》的分类方法，荒漠包括有植被荒漠和无植被荒漠两种。地理国情普查中有植被荒漠地表植被覆盖度低于10%（含植被覆盖度5%～10%的荒漠草地）；无植被荒漠主要以沙漠、戈壁、石山、高山岩屑、风蚀裸地等为主，具体包括盐碱地表、泥土地表、沙质地表、砾石地表和岩石地表等类型。

全国荒漠与裸露地面积为131.97万平方千米，主要分布在西部地区的新疆、西藏、内蒙古、青海、甘肃等省份，见图2.28。与2015年相比，荒漠与裸露地面积减少了0.56万平方千米，变化分布见图2.29。

低坡荒漠与裸露地构成是指一个地区内坡度低于25°的不同坡度带荒漠与裸露地面积与该坡度带面积的比值。

各地区低坡荒漠与裸露地构成见表2.16。全国低坡荒漠与裸露地面积为109.16万平方千米，占全国荒漠与裸露地面积的82.72%，其中67.92%的荒漠与裸露地分布在坡度5°以下区域，主要在新疆、内蒙古、青海等省份。东北、东部、中部地区坡度2°以下的荒漠与裸露地面积占比较高。与2015年相比，全国低坡荒漠与裸露地面积减少了0.80万平方千米，其中，坡度5°以下荒漠与裸露地面积减少了0.47万平方千米，占全国低坡荒漠与裸露地面积减少总面积的59%。

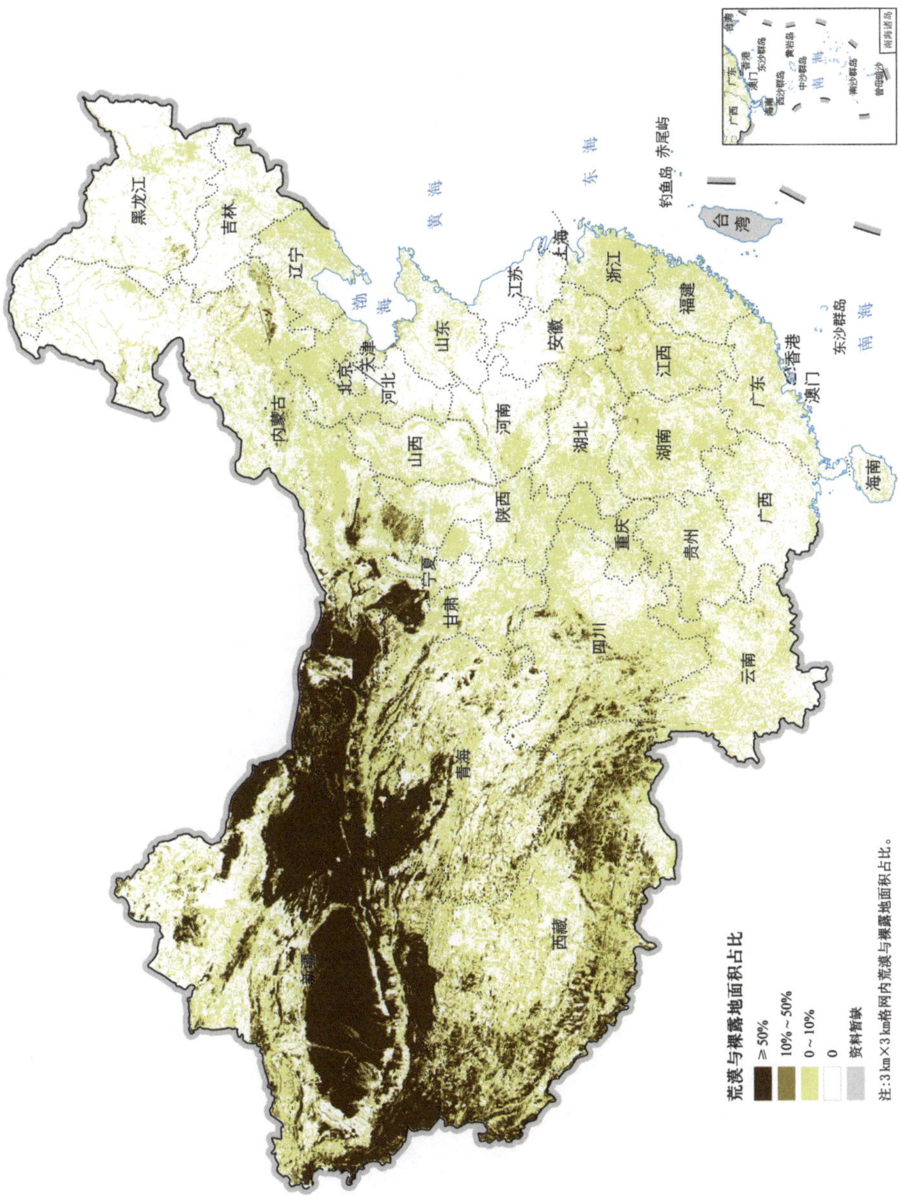

图 2.28 全国荒漠与裸露地分布

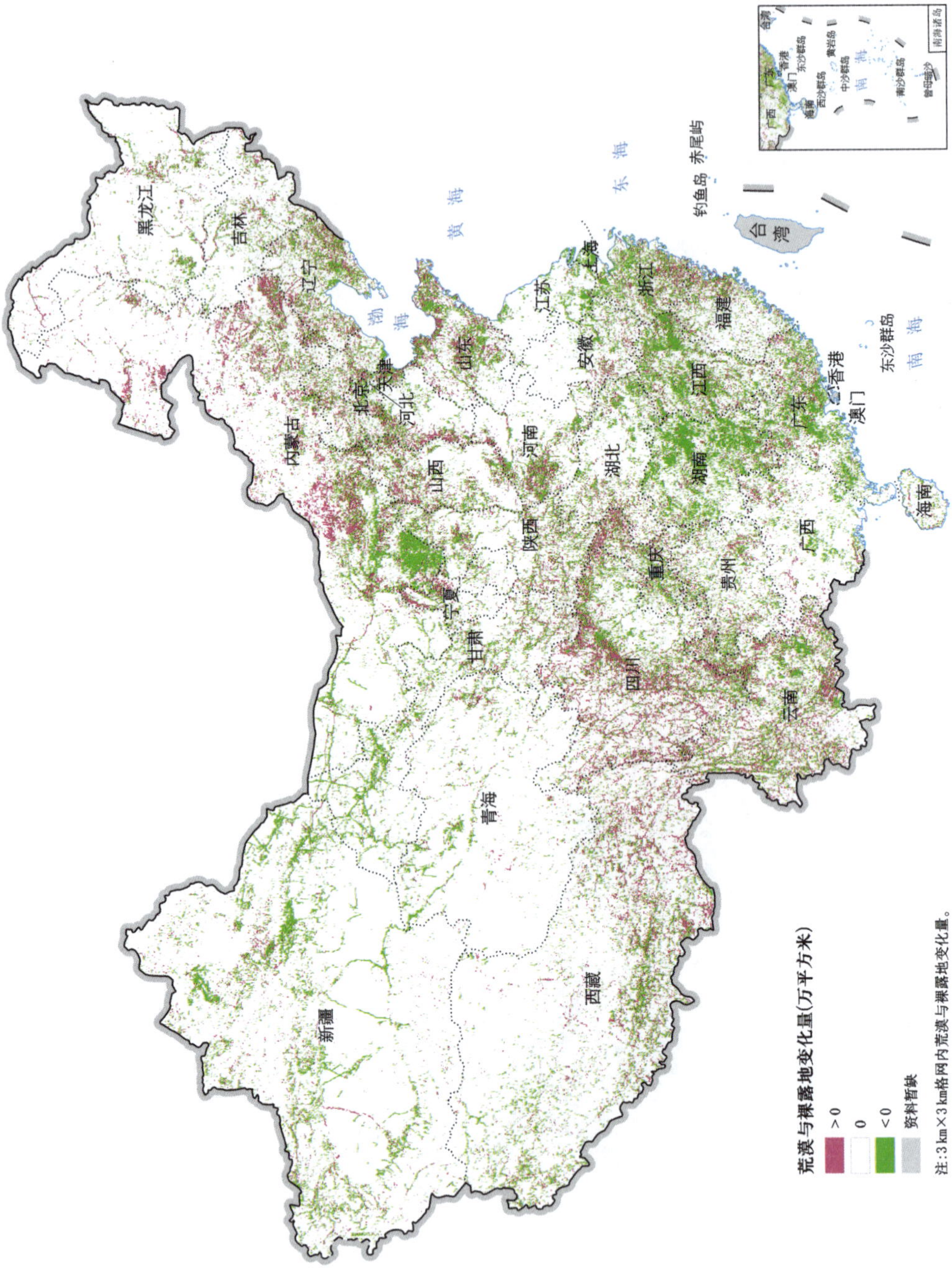

图 2.29　全国荒漠与裸露地变化分布

表 2.16 各地区低坡荒漠与裸露地构成

单位:%

地区	0°~2°	2°~3°	3°~5°	5°~6°	6°~8°	8°~10°	10°~15°	15°~20°	20°~25°
北京	0.05	0.27	0.32	0.35	0.38	0.37	0.34	0.30	0.28
天津	1.11	0.62	0.57	0.39	0.29	0.26	0.23	0.21	0.16
河北	0.54	0.86	0.87	0.79	0.69	0.56	0.40	0.28	0.24
山西	0.53	0.61	0.69	0.64	0.55	0.44	0.32	0.23	0.19
内蒙古	11.01	14.21	15.83	16.53	16.19	14.96	12.52	9.55	8.13
辽宁	1.07	0.84	0.64	0.49	0.38	0.28	0.19	0.12	0.10
吉林	0.29	0.14	0.12	0.10	0.08	0.07	0.05	0.04	0.05
黑龙江	0.40	0.07	0.05	0.04	0.03	0.02	0.02	0.02	0.03
上海	0.25	0.88	1.04	1.75	3.21	6.41	3.06	3.41	1.67
江苏	0.05	0.02	0.03	0.04	0.06	0.09	0.17	0.34	0.44
浙江	0.57	0.72	0.83	0.89	0.90	0.85	0.64	0.40	0.27
安徽	0.22	0.18	0.22	0.26	0.28	0.28	0.24	0.16	0.12
福建	1.07	0.68	0.69	0.66	0.58	0.48	0.33	0.21	0.17
江西	1.69	0.55	0.59	0.63	0.64	0.59	0.46	0.30	0.21
山东	0.51	0.10	0.08	0.08	0.09	0.11	0.18	0.32	0.56
河南	0.33	0.56	0.61	0.61	0.58	0.55	0.49	0.40	0.33
湖北	0.76	0.33	0.31	0.32	0.32	0.31	0.26	0.19	0.15
湖南	1.20	0.42	0.36	0.31	0.27	0.23	0.18	0.13	0.10
广东	0.24	0.20	0.23	0.26	0.25	0.23	0.18	0.13	0.11
广西	0.29	0.17	0.15	0.14	0.12	0.11	0.08	0.05	0.04
海南	0.40	0.10	0.09	0.10	0.10	0.10	0.08	0.06	0.05
重庆	1.34	0.70	0.54	0.45	0.42	0.37	0.31	0.24	0.19
四川	1.54	1.29	1.23	1.29	1.37	1.50	1.69	1.99	2.44
贵州	1.80	0.73	0.49	0.37	0.30	0.24	0.18	0.13	0.11
云南	0.95	0.75	0.71	0.67	0.64	0.61	0.52	0.43	0.43
西藏	6.79	5.68	6.61	8.25	10.06	12.44	15.87	19.67	22.89
陕西	1.19	1.04	1.22	1.27	1.18	0.96	0.59	0.30	0.19
甘肃	34.71	34.99	38.89	39.25	35.20	27.81	17.45	10.58	8.93
青海	28.79	17.76	13.71	10.94	9.34	7.89	6.70	6.48	7.70
宁夏	2.00	3.77	4.14	3.89	3.22	2.18	1.04	0.38	0.24
新疆	43.71	57.37	58.87	57.55	53.87	47.43	39.04	33.02	32.51

2.3.2 盐碱地占地比重

盐碱地指表层裸露物以盐碱为主的地表。盐碱地占地比重是指一个地区内盐碱地面积与该地区国土面积的比值。

盐碱地占地比重较大的 5 个省份是青海、新疆、内蒙古、西藏、甘肃，最大值为青海的 6.22%，见表 2.17。

表 2.17 各地区盐碱地占地比重及变化统计 单位：%

地区	盐碱地占地比重		变化量
	2019 年	2015 年	
北京	—	—	—
天津	—	—	—
河北	0.01	0.01	0.00
山西	0.00	0.00	0.00
内蒙古	0.15	0.15	0.00
辽宁	0.00	0.00	0.00
吉林	0.00	0.00	0.00
黑龙江	0.06	0.07	−0.01
上海	—	—	—
江苏	0.01	0.00	0.01
浙江	—	—	—
安徽	0.00	—	—
福建	0.00	—	—
江西	0.00	—	—
山东	0.01	0.00	0.01
河南	0.00	—	—
湖北	—	—	—
湖南	—	—	—
广东	—	—	—
广西	0.00	0.00	0.00
海南	0.00	—	—
重庆	—	—	—
四川	0.00	0.00	0.00

续表

地区	盐碱地占地比重		变化量
	2019 年	2015 年	
贵州	0.00	—	—
云南	0.00	0.00	0.00
西藏	0.14	0.14	0.00
陕西	0.01	0.01	0.00
甘肃	0.13	0.13	0.00
青海	6.22	6.25	−0.03
宁夏	0.08	0.07	0.01
新疆	1.62	1.65	−0.03

从图 2.30 可以看出，盐碱地主要集中分布于西北地区、内蒙古西部及东北大兴安岭的低海拔区域。青海准噶尔盆地与新疆塔里木盆地东部分布着大量的盐碱地，其面积约占全国盐碱地的 90%。盐碱地在我国中东部地区分布较少，主要分布在江苏、山东、广西等部分滨海盐渍区。

青海柴达木盆地、新疆塔里木盆地和吐鲁番盆地，有大面积、成片分布的盐碱地，土壤含盐量高，影响作物的正常生长，这也是这些地区种植土地覆盖度小的原因之一。

与 2015 年相比，全国盐碱地面积减少了 0.06 万平方千米。其中，青海、新疆、黑龙江的盐碱地占地比重有所减少，青海、新疆减少最多，分别减少了 0.03%；宁夏、山东、江苏的盐碱地占地比重有所增加，分别增加了约 0.01%。

2.3.3 废弃房屋建筑区占地比重

废弃房屋指人口整体迁移、无人居住、废弃的农村地区连片房屋建筑区。废弃房屋建筑区占地比重是指一个地区内废弃房屋面积与该地区国土面积的比值。

从全国看，见表 2.18 和图 2.31，废弃房屋建筑区占地比重较大的 5 个省份是宁夏、山西、北京、河北、山东，最大值为宁夏的万分之 2.79；废弃房屋建筑区占地比重较小的 5 个省份是上海、福建、海南、西藏、湖南。

全国废弃房屋建筑区占地比重为万分之 0.14。10 个省份的废弃房屋建筑区占比大于全国平均水平，主要分布在我国北方地区（除吉林、黑龙江），以及西北地区；其余 21 个省份的废弃房屋建筑区占比小于全国平均水平，主要分布在我国南方地区、青藏高原地区。

废弃房屋建筑区分布具有北方多于南方、西部多于东部的特点。主要的分布区域在内蒙古中东部地区，包括呼和浩特周边及赤峰、通辽等地，其次为北京、河北、山西周边沿天津—北京—大同铁路一线分布，以及宁夏沿包兰铁路线与兰新铁路线至陇海线北侧地区，西南部主要分布于四川中部，珠江三角洲也有零星分布。

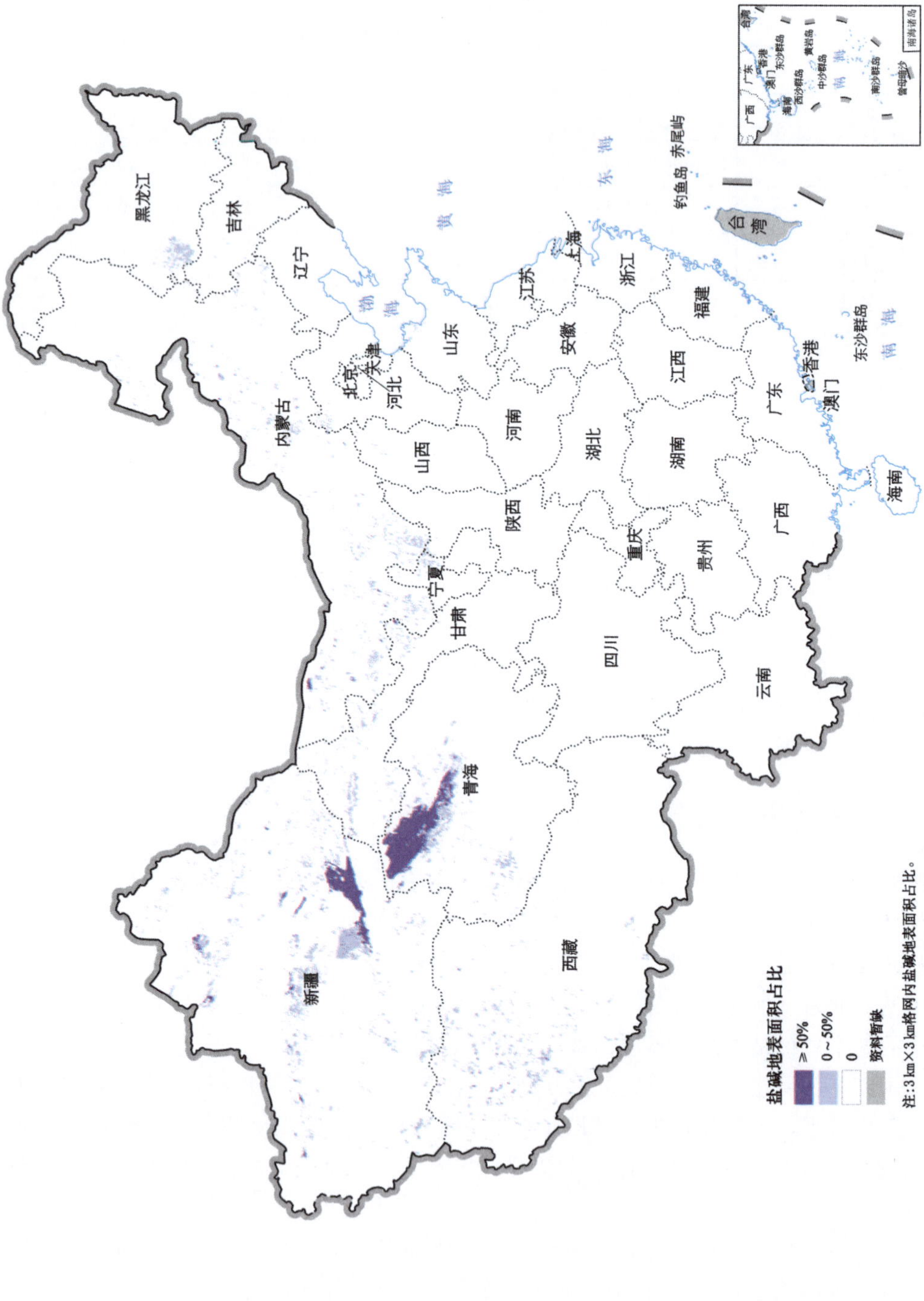

图 2.30 全国盐碱地分布

与2015年相比，全国废弃房屋建筑区面积减少了24%，全国废弃房屋建筑区占地比重减少了万分之0.05。其中，云南、吉林、西藏的废弃房屋建筑区占地比重有所增加，云南增加了万分之0.03；其余28个省份的废弃房屋建筑区占地比重有所减少或没有变化，减少较大的为天津、山西、北京、河南等省份，天津废弃房屋建筑区占地比重减少了万分之0.56。

表2.18 各地区废弃房屋建筑区占地比重及变化统计 单位：10^{-4}

地区	废弃房屋建筑区占地比重		变化量
	2019年	2015年	
北京	0.55	0.72	−0.17
天津	0.22	0.78	−0.56
河北	0.44	0.51	−0.07
山西	1.10	1.29	−0.19
内蒙古	0.19	0.29	−0.10
辽宁	0.20	0.28	−0.08
吉林	0.08	0.06	0.02
黑龙江	0.04	0.06	−0.02
上海	0.00	0.00	0.00
江苏	0.03	0.05	−0.02
浙江	0.05	0.11	−0.06
安徽	0.07	0.09	−0.02
福建	0.02	0.03	−0.01
江西	0.12	0.22	−0.10
山东	0.29	0.30	−0.01
河南	0.07	0.21	−0.14
湖北	0.08	0.13	−0.05
湖南	0.03	0.06	−0.03
广东	0.10	0.22	−0.12
广西	0.06	0.11	−0.05
海南	0.02	0.04	−0.02
重庆	0.12	0.23	−0.11
四川	0.11	0.17	−0.06
贵州	0.10	0.11	−0.01
云南	0.12	0.09	0.03

续表

地区	废弃房屋建筑区占地比重		变化量
	2019 年	2015 年	
西藏	0.02	0.02	0.00
陕西	0.17	0.29	−0.12
甘肃	0.30	0.36	−0.06
青海	0.10	0.16	−0.06
宁夏	2.79	2.82	−0.03
新疆	0.07	0.09	−0.02

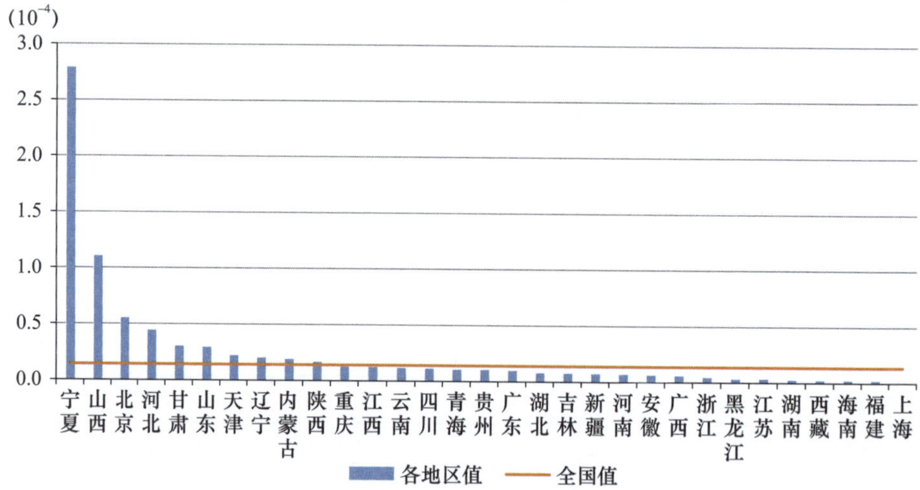

图 2.31　各地区废弃房屋建筑区占地比重

2.3.4　堆放物占地比重

堆放物是指人工长期堆积的各种矿物、尾矿、弃渣、垃圾、砂土、岩屑等（人工堆积物）覆盖的地表，包括尾矿堆放物、垃圾堆放物、其他堆放物。堆放物占地比重是指一个地区内堆放物面积与该地区国土面积的比值。

从全国看，见表 2.19 和图 2.32，堆放物占地比重较大的 5 个省份是河北、山西、辽宁、北京、宁夏，最大值为河北的 0.16%；堆放物占地比重较小的 5 个省份是西藏、黑龙江、浙江、海南、青海。

全国堆放物占地比重为 0.03%。19 个省份的堆放物占地比重大于或等于全国平均值，主要分布在西北地区、环渤海地区；其余 12 个省份的堆放物占地比重小于 0.03%，主要分布在青藏高原、南方地区。

与 2015 年相比，全国堆放物面积增加了 5.17%（146.06 平方千米），全国堆放物占地比重基本没有变化。其中，上海、吉林、山西、河南、江西、辽宁等 6 个省份的堆放物占地比重有所增加，上海增加了 0.02%；北京、宁夏、天津、山东、福建、浙江、海南等 7 个省份的堆放物占地比重有所减少，北京减少了 0.09%；其余 18 个省份的堆放物占地比重基本没有变化。

表 2.19　各地区堆放物占地比重及变化统计　　单位：%

地区	堆放物占地比重		变化量
	2019 年	2015 年	
北京	0.10	0.19	−0.09
天津	0.05	0.07	−0.02
河北	0.16	0.16	0.00
山西	0.16	0.15	0.01
内蒙古	0.04	0.04	0.00
辽宁	0.14	0.13	0.01
吉林	0.03	0.02	0.01
黑龙江	0.01	0.01	0.00
上海	0.04	0.02	0.02
江苏	0.02	0.02	0.00
浙江	0.01	0.02	−0.01
安徽	0.02	0.01	0.01
福建	0.03	0.05	−0.02
江西	0.03	0.02	0.01
山东	0.04	0.06	−0.02
河南	0.04	0.03	0.01
湖北	0.02	0.02	0.00
湖南	0.02	0.02	0.00
广东	0.02	0.02	0.00
广西	0.02	0.02	0.00
海南	0.01	0.02	−0.01
重庆	0.03	0.03	0.00
四川	0.02	0.02	0.00
贵州	0.03	0.03	0.00
云南	0.03	0.03	0.00

续表

地区	堆放物占地比重		变化量
	2019 年	2015 年	
西藏	0.00	0.00	0.00
陕西	0.03	0.03	0.00
甘肃	0.04	0.04	0.00
青海	0.01	0.01	0.00
宁夏	0.09	0.14	−0.05
新疆	0.03	0.03	0.00

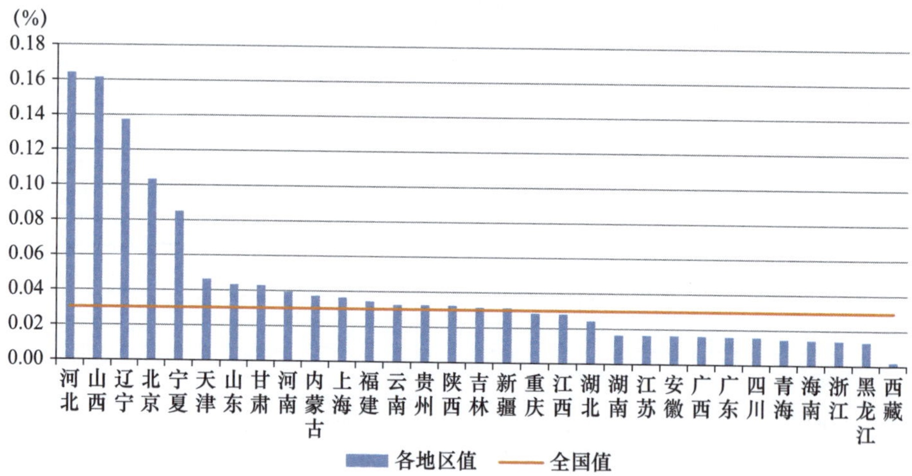

图 2.32　各地区堆放物占比

2.4　地表资源变化

地表资源变化量是指区域内 2015 年至 2019 年种植土地、林草覆盖、水域等资源的数量变化情况。本节从资源变化率、变化强度等方面对地表资源变化量进行分析。

2.4.1　种植土地变化率

种植土地变化率是指某一时段内种植土地面积净变化量占开始时段种植土地面积的百分比，反映某一时段内种植土地面积的变化情况。种植土地变化率大于 0，表明相对开始时段种植土地面积增加；反之表明种植土地面积减少。

从全国看，见表 2.20 和图 2.33，种植土地增加变化率较大的 5 个省份是内蒙古、新疆、青海、宁夏、西藏，最大值为内蒙古的 4.81%；种植土地减少变化率较大的

5 个省份是北京、河北、浙江、江苏、山东，最大值为北京的 12.42%。

表 2.20 各地区种植土地变化率

单位：%

地区	种植土地变化率
北京	−12.42
天津	−0.84
河北	−3.28
山西	2.77
内蒙古	4.81
辽宁	0.63
吉林	−0.02
黑龙江	1.26
上海	−0.68
江苏	−3.10
浙江	−3.21
安徽	−1.22
福建	−0.68
江西	−0.43
山东	−2.75
河南	−0.92
湖北	−0.86
湖南	−0.16
广东	−0.49
广西	−1.50
海南	0.37
重庆	−0.65
四川	−1.66
贵州	−1.85
云南	0.47
西藏	2.79
陕西	1.52
甘肃	1.09

续表

地区	种植土地变化率
青海	4.53
宁夏	3.78
新疆	4.61

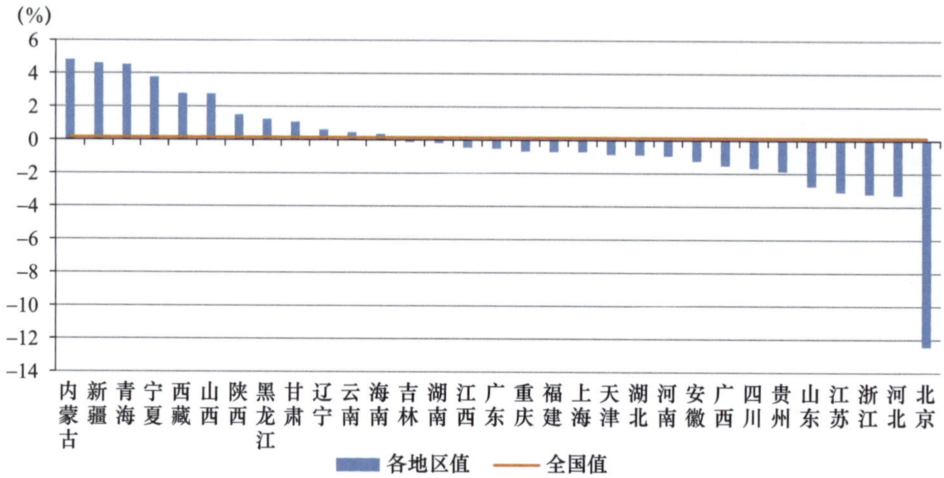

图 2.33　各地区种植土地变化率

2015 年至 2019 年，全国种植土地变化率为 0.17%，变化率和变化量分别参见图 2.33 和图 2.34。12 个省份的种植土地变化率大于 0，都大于全国平均值，种植土地面积有所增加，主要分布在西部、东北地区；其余 19 个省份的种植土地变化率小于 0，种植土地面积有所减少，主要分布在东部、中部地区。

2015 年至 2019 年，五大国家战略区种植土地变化率见表 2.21。黄河流域种植土地面积有所增加，增加幅度高于全国增加平均水平，其余 4 个区域种植土地面积都有所减少，京津冀地区种植土地减少的幅度最大。五大国家战略区种植土地变化分布见图 2.35～图 2.39。

表 2.21　五大国家战略区种植土地变化率　　单位：%

地区	种植土地变化率
长江经济带	−1.08
京津冀地区	−3.48
粤港澳大湾区	−1.76
长江三角洲	−0.60
黄河流域	1.59

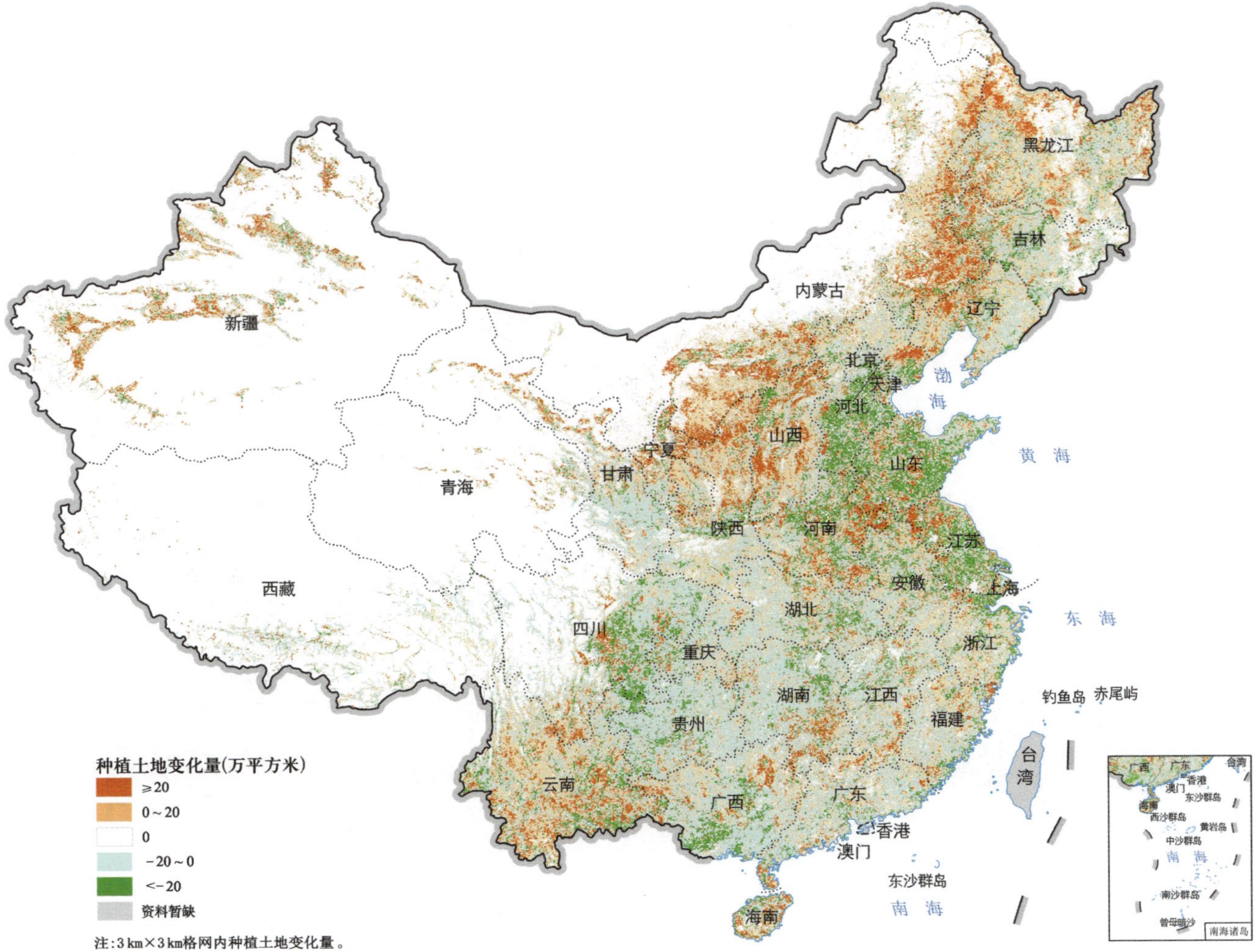

图 2.34 全国种植土地变化量分布

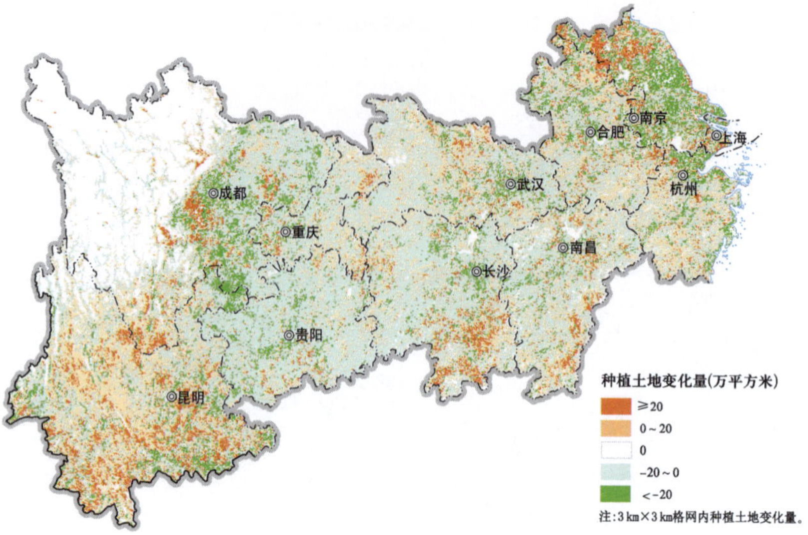

图 2.35　长江经济带种植土地变化量分布

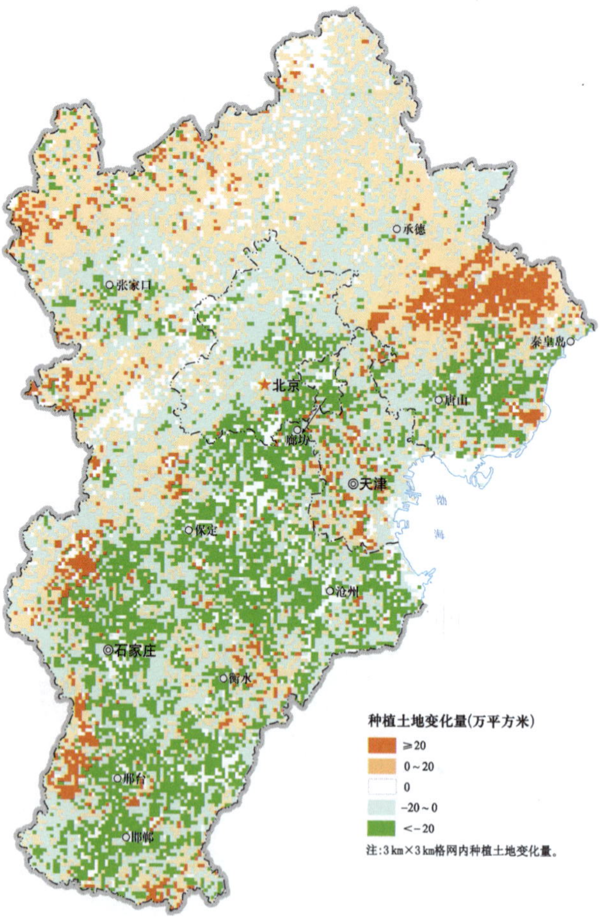

图 2.36　京津冀地区种植土地变化量分布

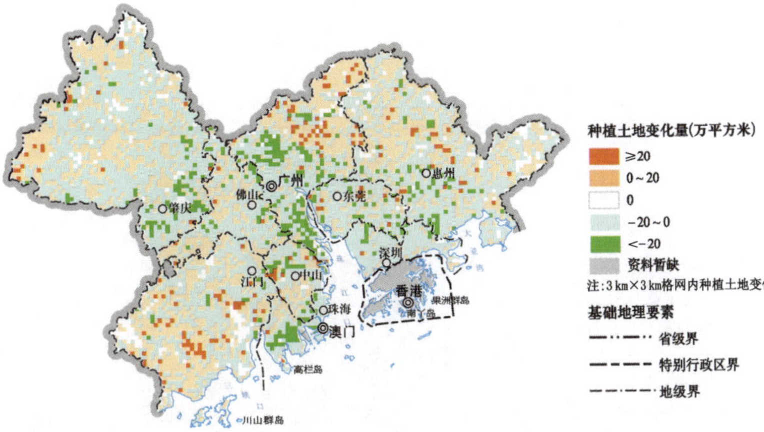

图 2.37 粤港澳大湾区种植土地变化量分布

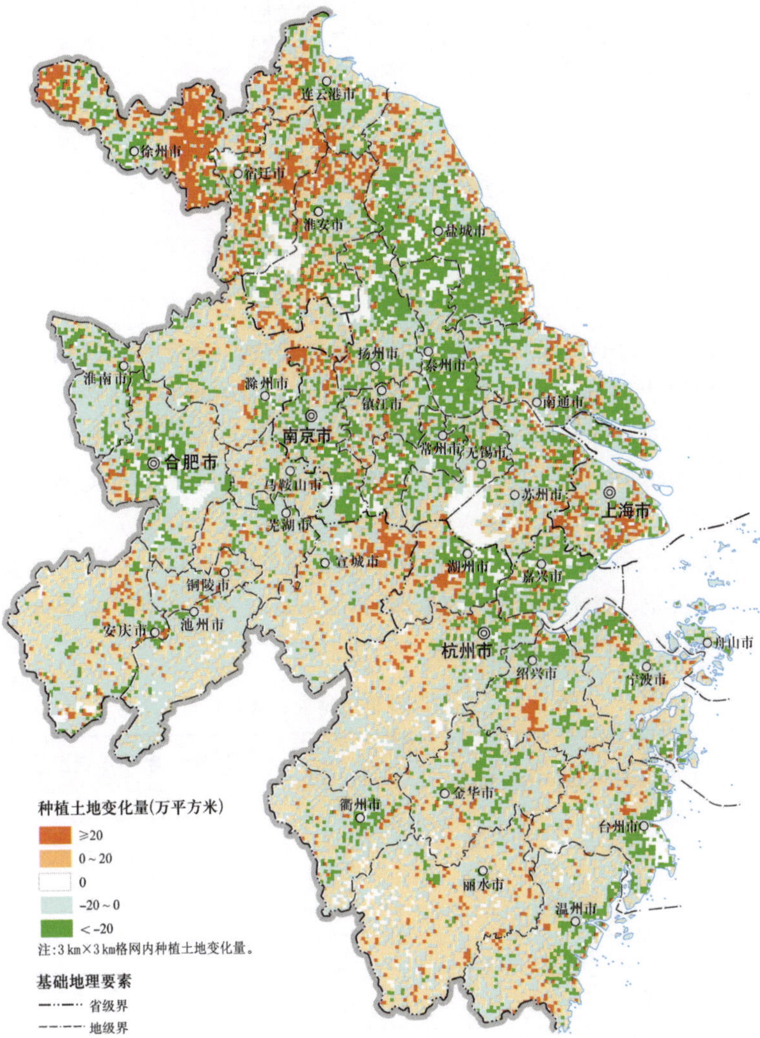

图 2.38 长江三角洲种植土地变化量分布

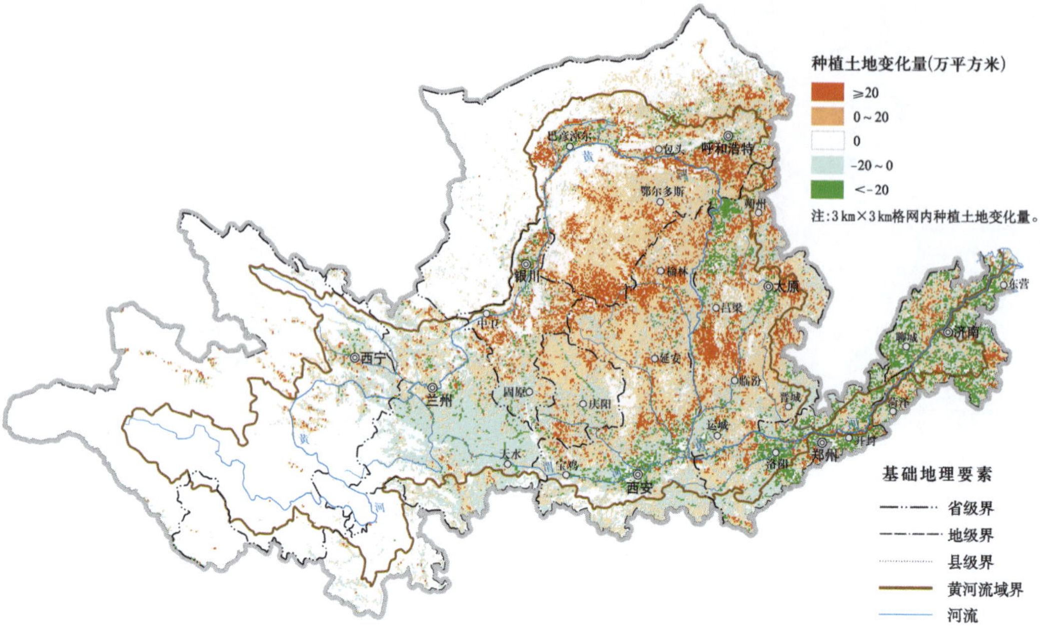

图 2.39　黄河流域种植土地变化量分布

2.4.2　种植土地变化强度

种植土地变化强度是指某一时段内种植土地与其他地表覆盖类型相互转化面积的总和占开始时段种植土地面积的百分比，反映某一时段内种植土地变化的剧烈程度。值越大，表明该地区的种植土地与其他地表覆盖类型之间的转入、转出频繁，种植土地变化较为剧烈；值越小，表明该地区的种植土地与其他地表覆盖类型之间结构较为稳定，种植土地变化小。

从全国看，见表 2.22 和图 2.40，种植土地变化强度较大的 5 个省份是北京、上海、江苏、山东、西藏，最大值为北京的 24.06%；种植土地变化强度较小的 5 个省份是甘肃、贵州、黑龙江、湖北、安徽，最小值为甘肃的 4.25%。

表 2.22　各地区种植土地变化强度　　单位：%

地区	种植土地变化强度
北京	24.06
天津	13.95
河北	11.36
山西	12.29

续表

地区	种植土地变化强度
内蒙古	11.36
辽宁	7.22
吉林	6.91
黑龙江	4.82
上海	18.78
江苏	16.10
浙江	14.19
安徽	6.43
福建	11.66
江西	7.34
山东	15.62
河南	10.13
湖北	5.67
湖南	8.67
广东	8.51
广西	9.58
海南	10.89
重庆	7.04
四川	9.98
贵州	4.72
云南	13.58
西藏	15.45
陕西	10.75
甘肃	4.25

续表

地区	种植土地变化强度
青海	9.38
宁夏	12.36
新疆	8.73

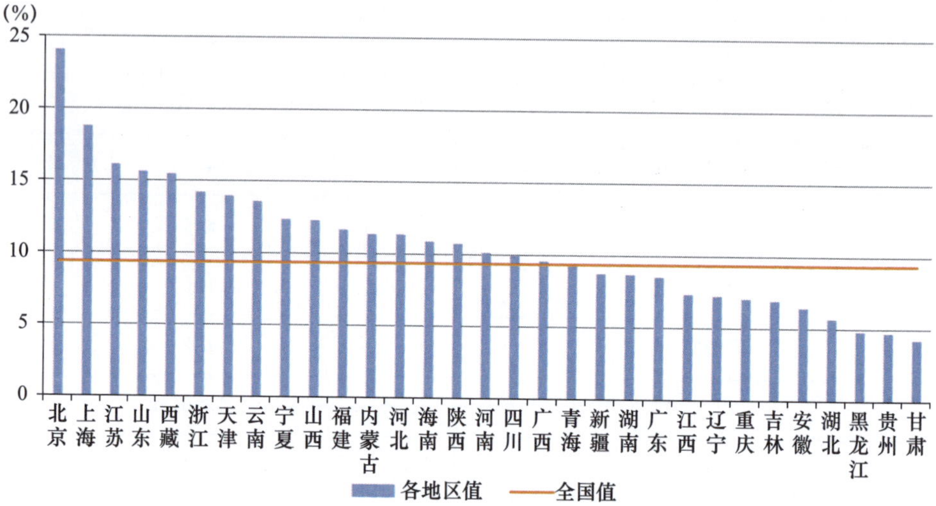

图 2.40　各地区种植土地变化强度

2015 年至 2019 年，全国种植土地变化强度为 9.36%，见图 2.40 和图 2.41。19 个省份的种植土地变化强度大于全国平均值，主要分布在东部、部分西部地区以及中部地区的山西、河南；其余 12 个省份的种植土地变化强度小于全国平均值，主要分布在东北、中部地区和西部地区的新疆、贵州、甘肃。

2015 年至 2019 年，全国种植土地面积总变化量为 14.97 万平方千米。其中，新增 7.62 万平方千米，减少 7.35 万平方千米，净增加 0.27 万平方千米。全国新增种植土地的主要来源为林草覆盖，约占 87%；其次为建设用地，约占 10%。全国流失的种植土地主要转化为林草覆盖占 52%，建设用地占 40%（包括构筑物占 15%，人工堆掘地占 12%，房屋建筑区占 9%，铁路与道路占 4%），水域占 7%，荒漠与裸露地占 1%。

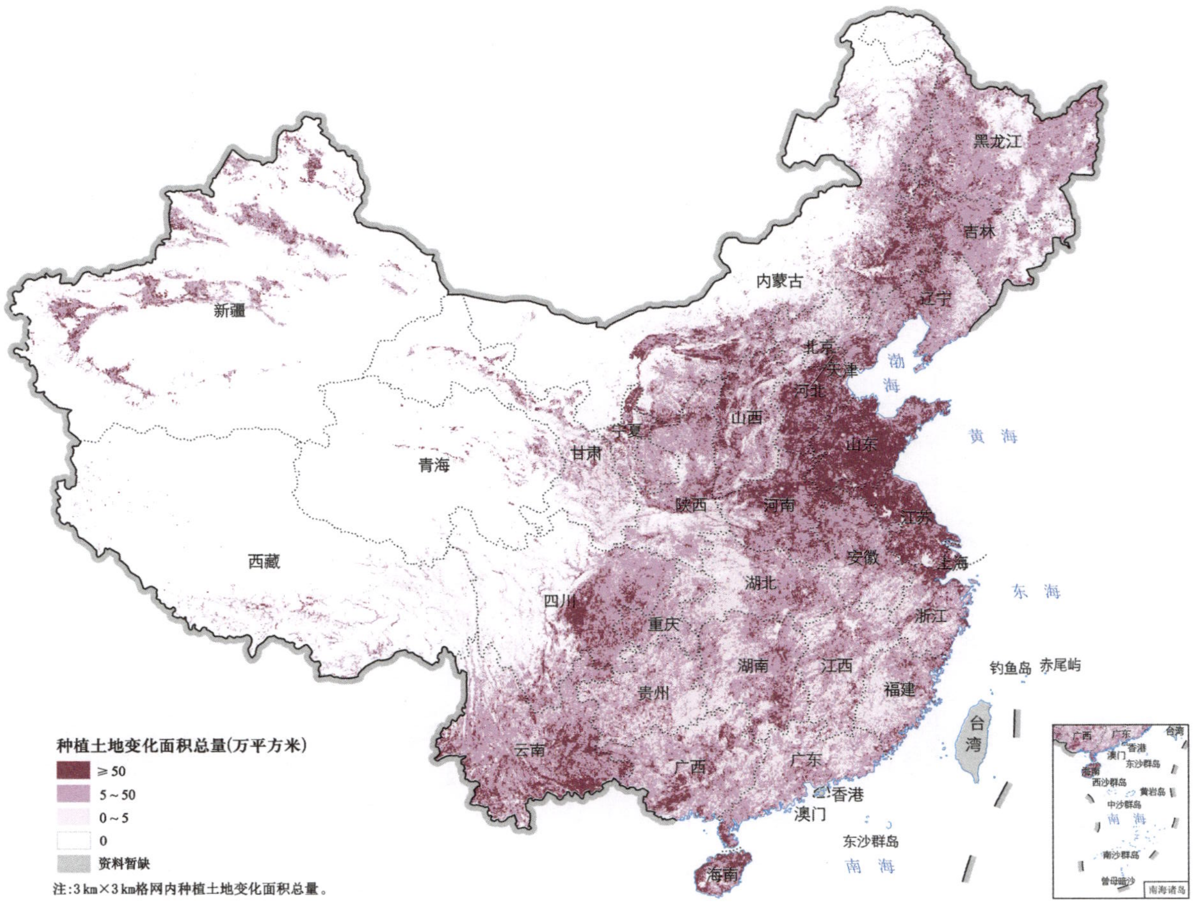

图 2.41　全国种植土地变化面积总量分布

2.4.3 林草覆盖变化率

林草覆盖变化率是指某一时段内林草覆盖面积净变化量占开始时段林草覆盖面积的百分比，反映某一时段内林草覆盖面积的变化情况。林草覆盖变化率大于 0，表明相对开始时段林草覆盖面积增加；反之表明林草覆盖面积减少。

从全国看，见表 2.23 和图 2.42，除上海、北京、河北外，其余 28 个省份林草覆盖面积都在减少，减少变化率较大的 5 个省份是天津、江苏、河南、宁夏、海南，最大值为天津的 12.13%。

表 2.23 各地区林草覆盖变化率 单位：%

地区	林草覆盖变化率
北京	1.72
天津	−12.13
河北	0.11
山西	−2.67
内蒙古	−0.87
辽宁	−1.80
吉林	−0.83
黑龙江	−1.33
上海	2.95
江苏	−7.87
浙江	−1.24
安徽	−2.96
福建	−0.45
江西	−1.28
山东	−0.74
河南	−4.19
湖北	−1.33
湖南	−1.30
广东	−1.09
广西	−0.41
海南	−3.22
重庆	−1.53
四川	−0.34
贵州	−0.91
云南	−1.23
西藏	−0.08
陕西	−1.67
甘肃	−0.71

续表

地区	林草覆盖变化率
青海	−0.13
宁夏	−3.61
新疆	−0.75

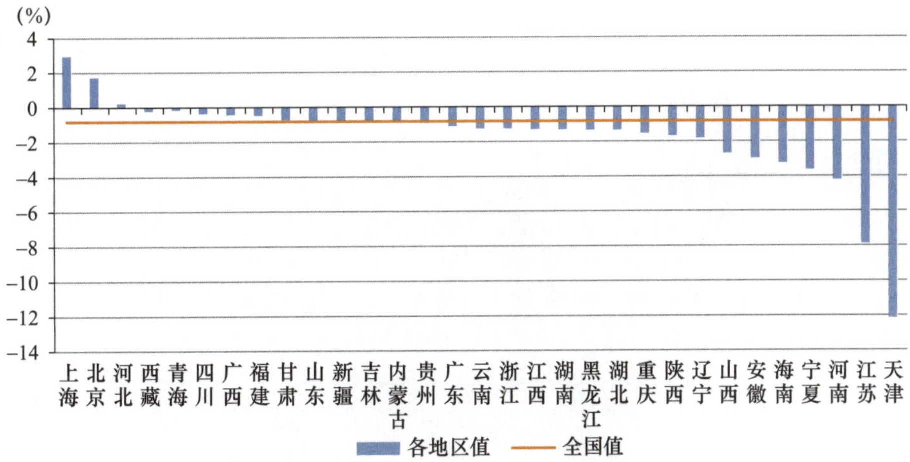

图 2.42 各地区林草覆盖变化率

2015 年至 2019 年，全国林草覆盖变化率为−0.82%，见图 2.42 和图 2.43。全国除上海、北京、河北外，28 个省份的林草覆盖变化率小于 0。其中，8 个省份大于全国平均值，林草覆盖面积减少程度低于全国平均值，主要分布在部分西部、东部地区；其余 20 个省份的林草覆盖面积减少程度高于全国平均值，主要分布在东部、中部地区，天津变化率最大，为−12.13%。

2015 年至 2019 年，五大国家战略区林草覆盖变化率见表 2.24。五大国家战略区林草覆盖面积都有所减少，京津冀地区减少幅度最小，低于全国减少幅度的平均水平，其余 4 个区域减少幅度都高于全国减少幅度的平均水平，长江三角洲林草覆盖减少幅度最大。五大国家战略区林草覆盖变化量分布见图 2.44～图 2.48。

表 2.24 五大国家战略区林草覆盖变化率 单位：%

地区	林草覆盖变化率
长江经济带	−1.13
京津冀地区	−0.10
粤港澳大湾区	−1.15
长江三角洲	−2.18
黄河流域	−1.11

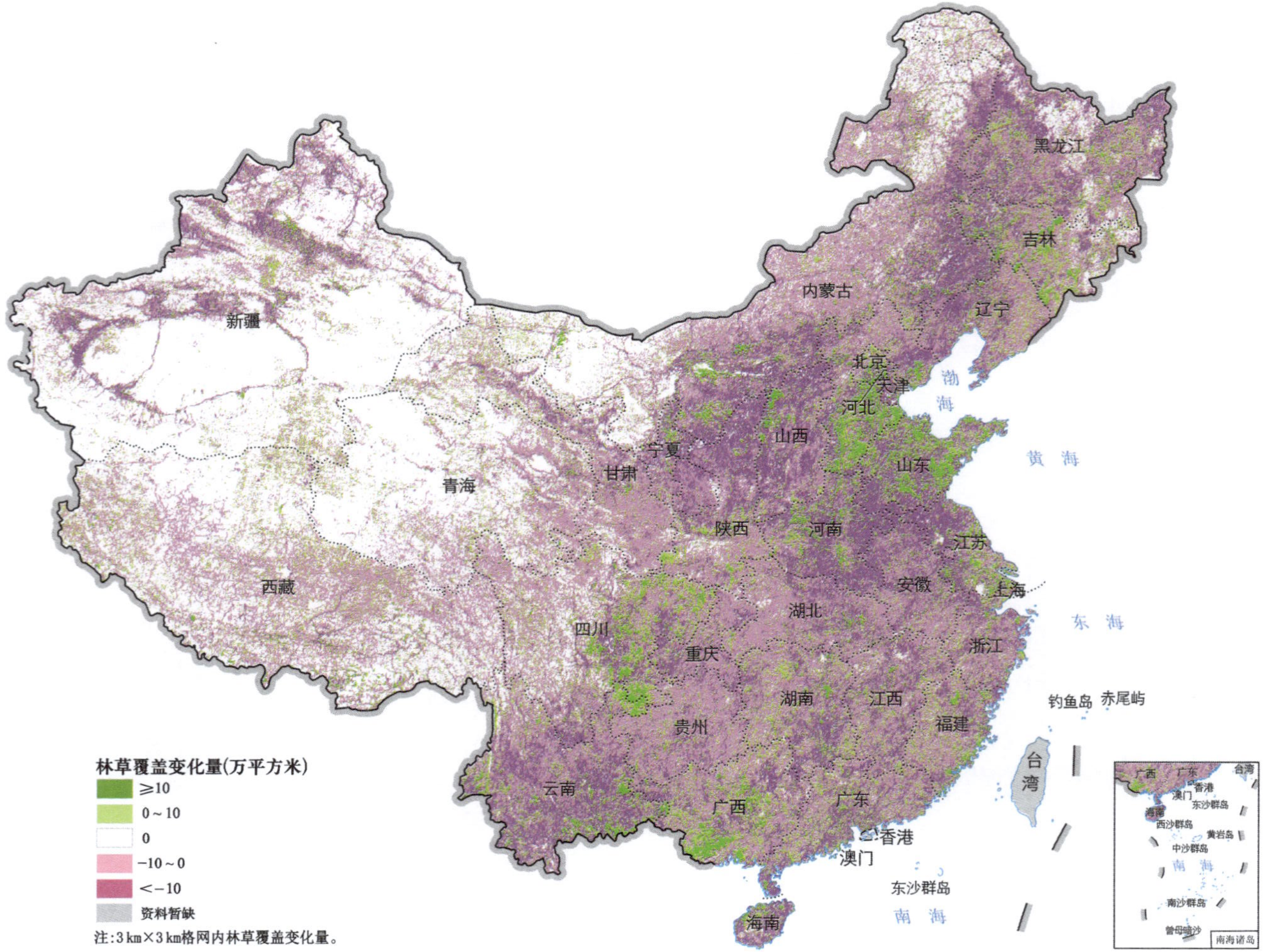

图 2.43　全国林草覆盖变化量分布

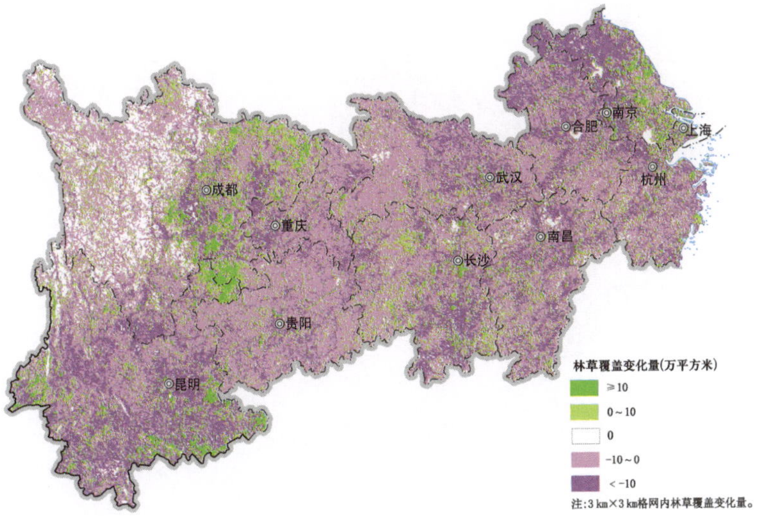

图 2.44 长江经济带林草覆盖变化量分布

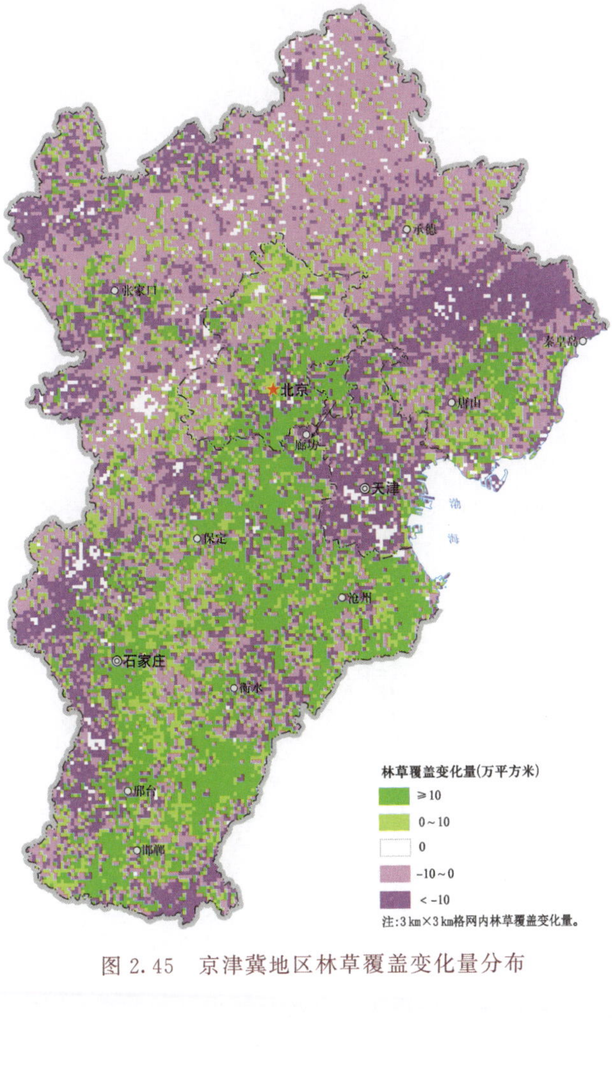

图 2.45 京津冀地区林草覆盖变化量分布

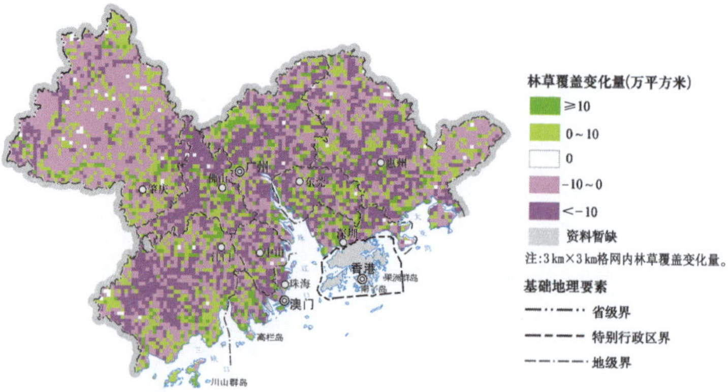

图 2.46　粤港澳大湾区林草覆盖变化量分布

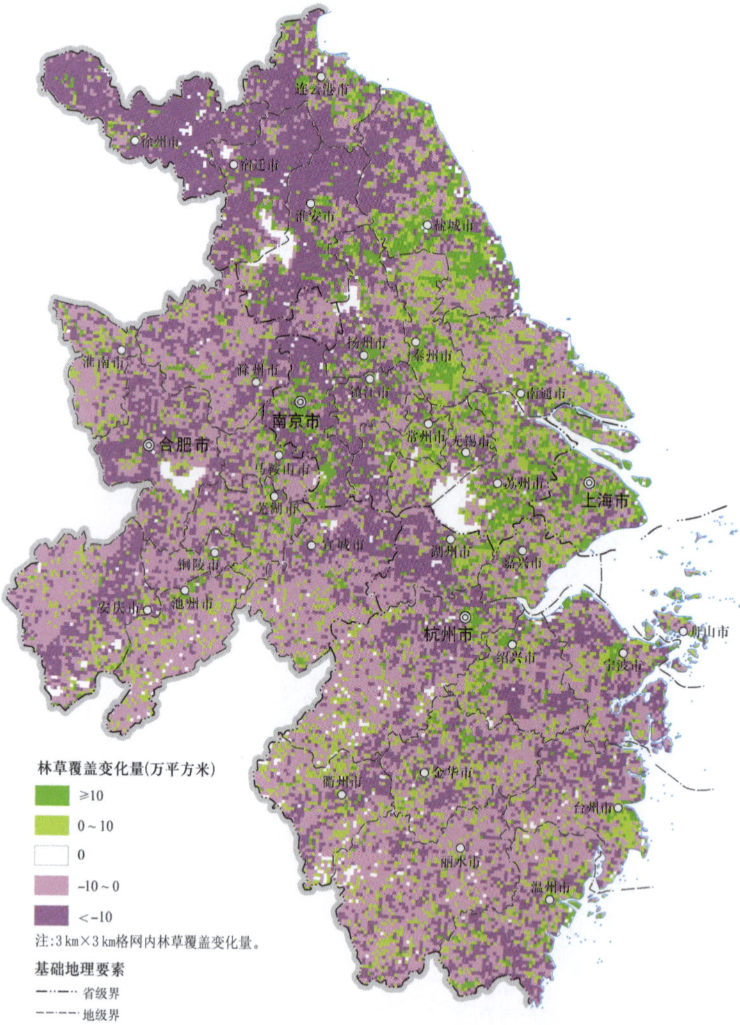

图 2.47　长江三角洲林草覆盖变化量分布

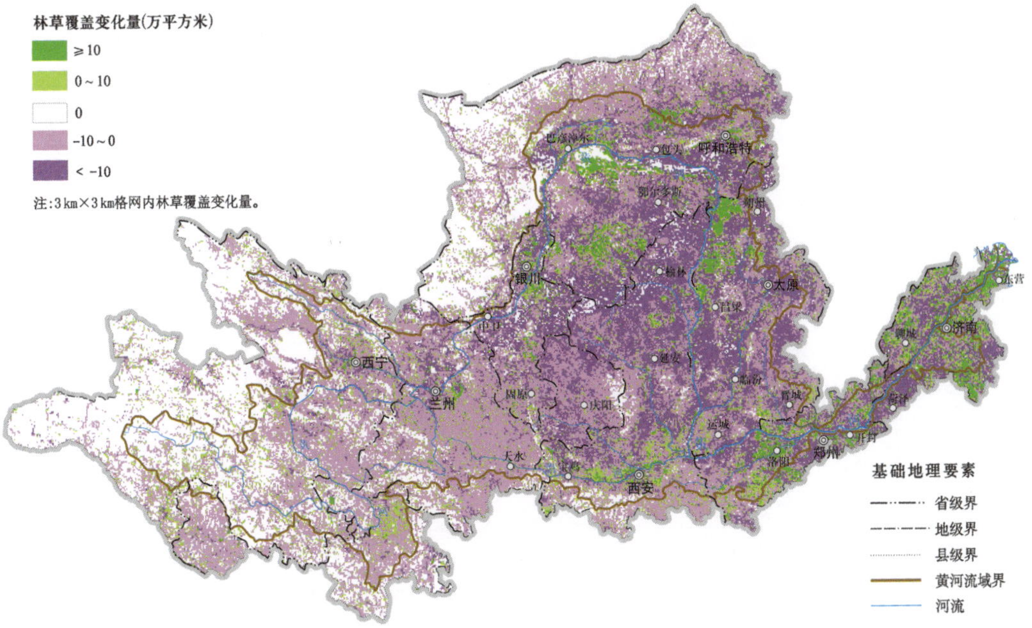

图 2.48　黄河流域林草覆盖变化量分布

2.4.4　林草覆盖变化强度

林草覆盖变化强度是指某一时段内林草覆盖与其他地表覆盖类型相互转化面积的总和占开始时段林草覆盖面积的百分比，反映某一时段内林草覆盖变化的剧烈程度。值越大，表明该地区的种植土地与其他地表覆盖类型之间的转入、转出频繁，林草覆盖变化较为剧烈；值越小，表明该地区的林草覆盖与其他地表覆盖类型之间结构较为稳定，林草覆盖变化较小。

从全国看，见表 2.25 和图 2.49，林草覆盖变化强度较大的 5 个省份是上海、江苏、山东、天津、河南，最大值为上海的 43.15%；林草覆盖变化强度较小的 5 个省份是青海、西藏、甘肃、新疆、贵州，最小值为青海的 0.24%。

表 2.25　各地区林草覆盖变化强度　　单位：%

地区	林草覆盖变化强度
北京	11.12
天津	40.79
河北	10.37
山西	5.95

续表

地区	林草覆盖变化强度
内蒙古	2.19
辽宁	5.83
吉林	5.59
黑龙江	3.29
上海	43.15
江苏	42.19
浙江	4.44
安徽	7.06
福建	3.02
江西	3.40
山东	40.93
河南	14.69
湖北	3.25
湖南	4.00
广东	4.49
广西	3.64
海南	14.56
重庆	3.44
四川	2.17
贵州	1.92
云南	4.68
西藏	0.36
陕西	3.41
甘肃	1.14

续表

地区	林草覆盖变化强度
青海	0.24
宁夏	7.74
新疆	1.22

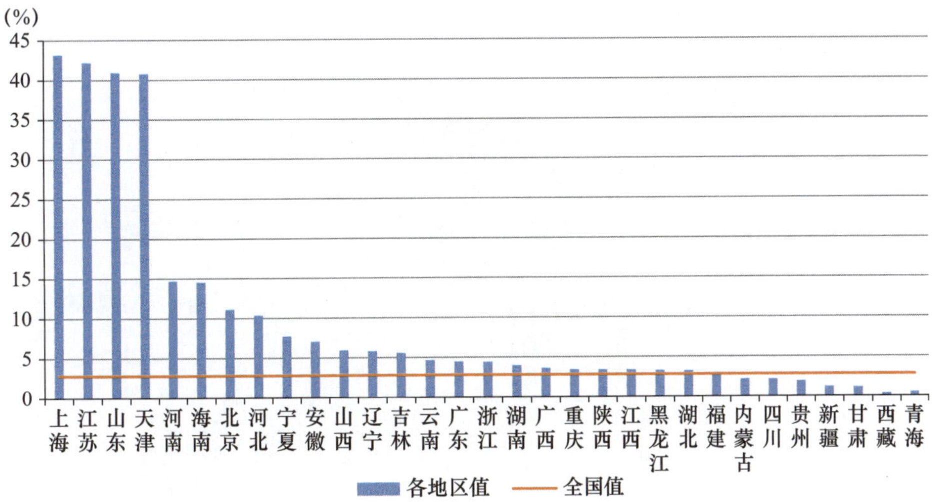

图 2.49 各地区林草覆盖变化强度

2015 年至 2019 年，全国林草覆盖变化强度为 2.85%，见图 2.49。24 个省份的林草覆盖变化强度大于全国平均值，主要分布在东部、中部、东北地区以及西部地区的宁夏、云南、广西、重庆、陕西；其余 7 个省份的林草覆盖变化强度小于全国平均值，主要分布在西部地区。

2015 年至 2019 年，全国林草覆盖面积总变化量为 16.98 万平方千米，见图 2.50。其中，新增 6.05 万平方千米，减少 10.93 万平方千米，净减少 4.88 万平方千米。全国新增林草覆盖的主要来源为种植土地和建设用地，分别占 64%和 25%；其次为荒漠与裸露地和水域，分别占 7%和 4%。全国流失的林草覆盖主要为种植土地占 60%，建设用地占 31%（包括人工堆掘地占 13%，构筑物占 8%，房屋建筑区占 6%，铁路与道路占 4%），水域占 6%，荒漠与裸露地占 3%。

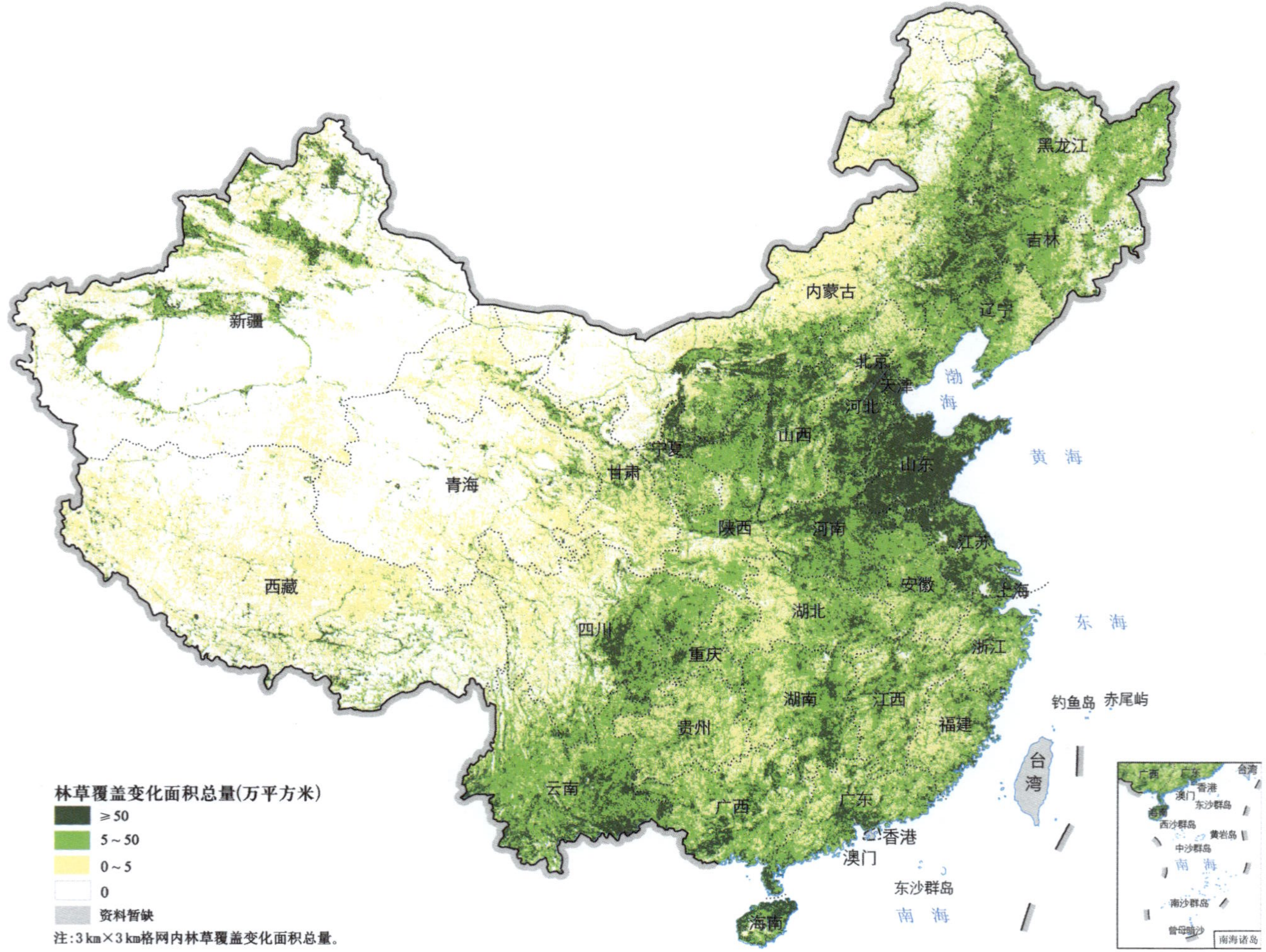

图 2.50　全国林草覆盖变化面积分布

2.4.5 水域变化率

水域变化率是指某一时段内水域面积净变化量占开始时段水域面积的百分比，反映某一时段内水域面积的变化情况。水域变化率大于 0，表明相对开始时段水域面积增加；反之表明水域面积减少。

从全国看，见表 2.26 和图 2.51，全国 31 个省份的水域面积都有所增加，增加变化率较大的省份是北京、宁夏、河南、上海，最大值为北京的 20.59%；增加变化率较小的省份是山东、青海、西藏、吉林，最小值为山东的 0.12%。

表 2.26 各地区水域变化率

单位：%

地区	水域变化率
北京	20.59
天津	4.50
河北	9.14
山西	9.13
内蒙古	4.24
辽宁	3.86
吉林	0.92
黑龙江	2.80
上海	11.01
江苏	6.63
浙江	5.86
安徽	4.48
福建	3.72
江西	8.95
山东	0.12
河南	12.41
湖北	2.26
湖南	8.27
广东	2.52
广西	4.69
海南	6.22
重庆	7.87
四川	7.59
贵州	8.82
云南	9.83
西藏	0.49
陕西	7.23

续表

地区	水域变化率
甘肃	4.01
青海	0.44
宁夏	13.71
新疆	2.55

2015 年至 2019 年，全国水域变化率为 3.42%，见图 2.51 和图 2.52。23 个省份的水域变化率大于全国平均值，即水域面积增加程度高于全国平均值，北京增加变化率最大，为 20.59%；山东、青海、西藏、吉林、湖北、广东、新疆、黑龙江等 8 个省份的水域面积增加程度低于全国平均值，山东增加变化率最小，为 0.12%。

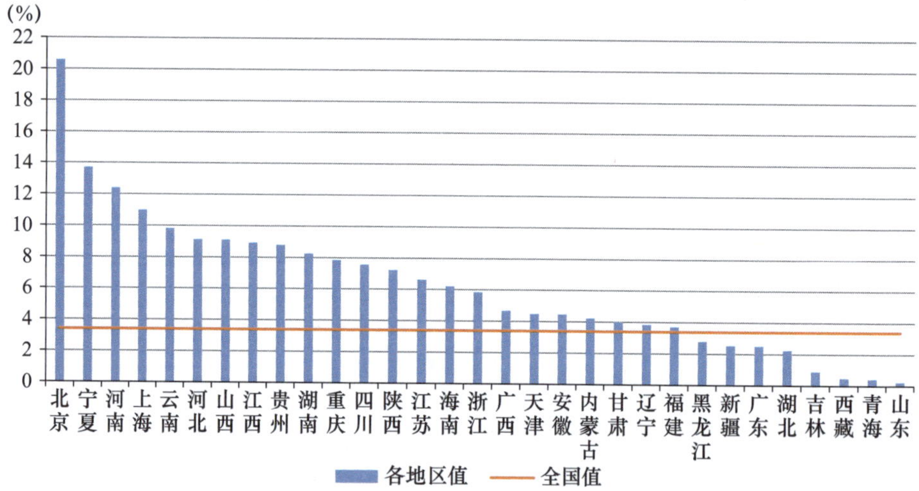

图 2.51 各地区水域变化率

2015 年至 2019 年，五大国家战略区水域变化率见表 2.27。五大国家战略区水域面积都有所增加。京津冀地区、长江三角洲、长江经济带增加幅度高于全国增加幅度的平均水平，京津冀地区增加幅度最大；黄河流域、粤港澳大湾区增加幅度低于全国增加幅度的平均水平，粤港澳大湾区增加幅度最小。五大国家战略区水域变化量分布见图 2.53～图 2.57。

表 2.27 五大国家战略区水域变化率

单位：%

地区	水域变化率
长江经济带	6.34
京津冀地区	8.46
粤港澳大湾区	1.68
长江三角洲	6.87
黄河流域	3.30

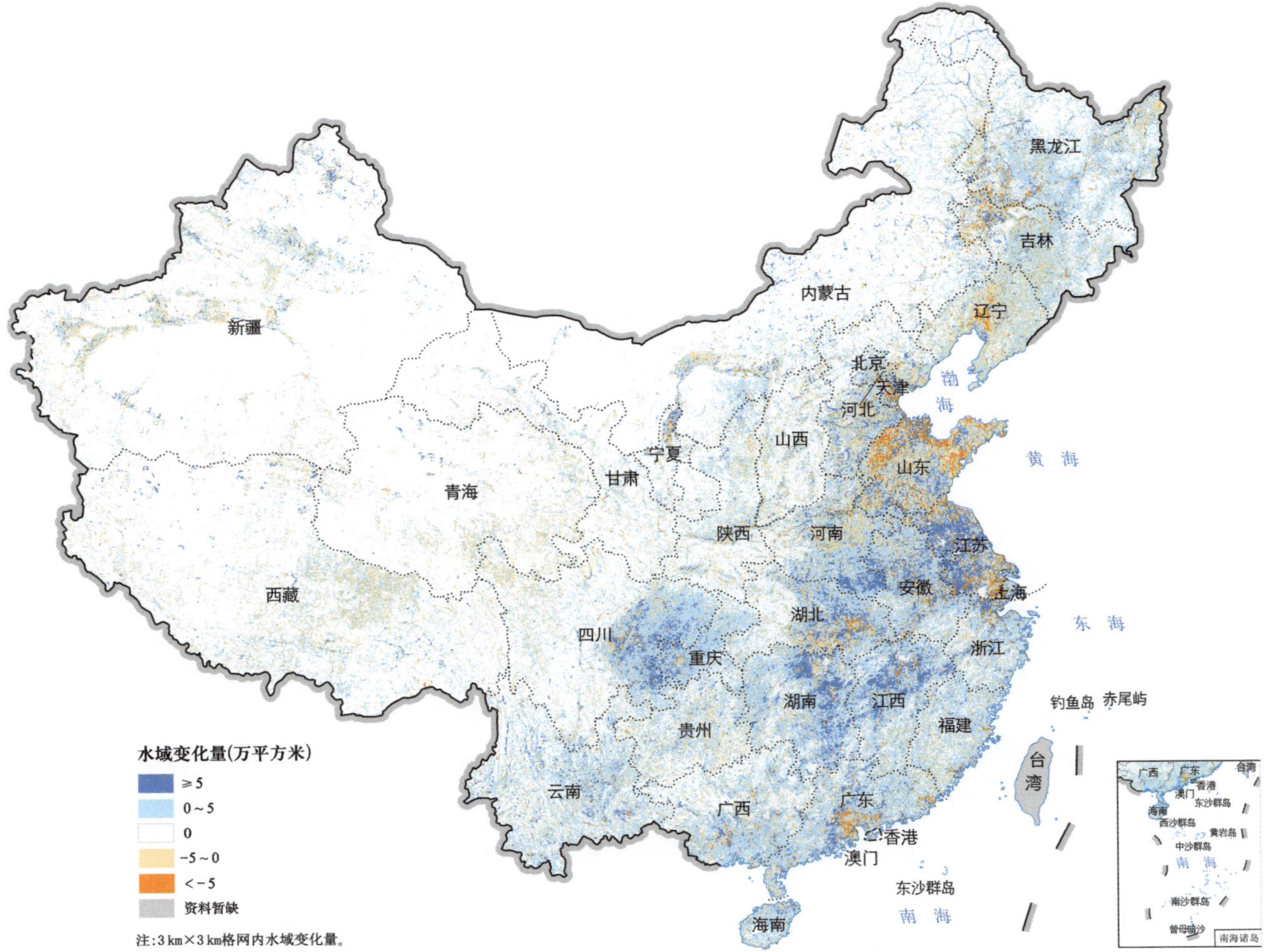

图 2.52　全国水域变化量分布

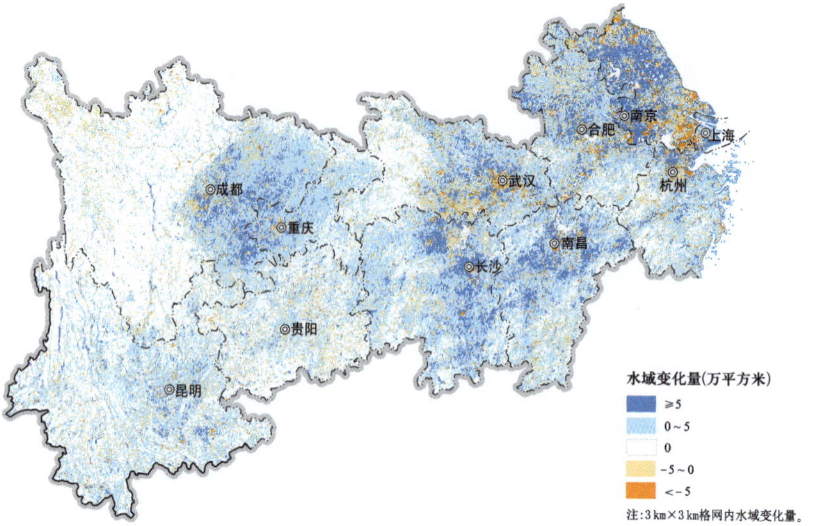

图 2.53　长江经济带水域变化量分布

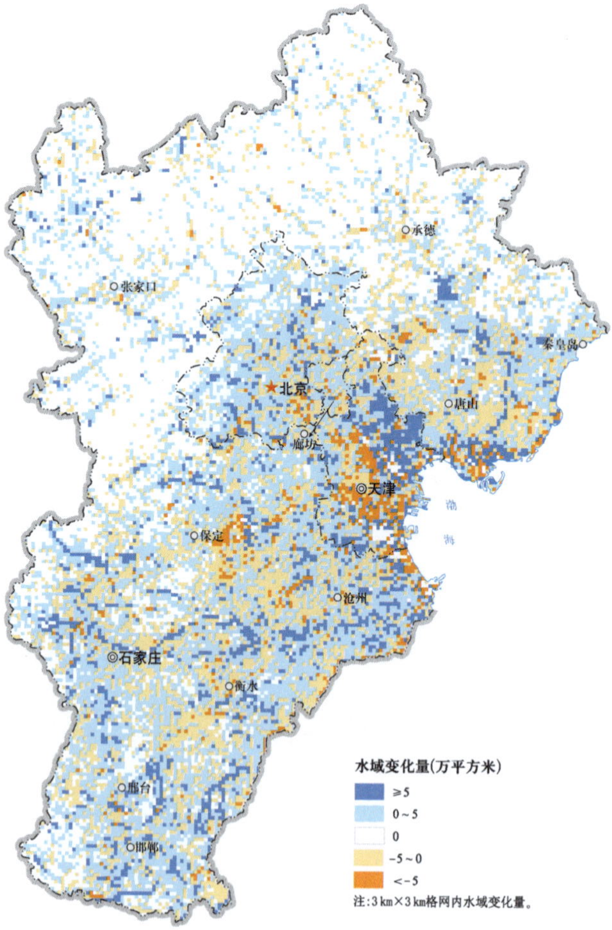

图 2.54　京津冀地区水域变化量分布

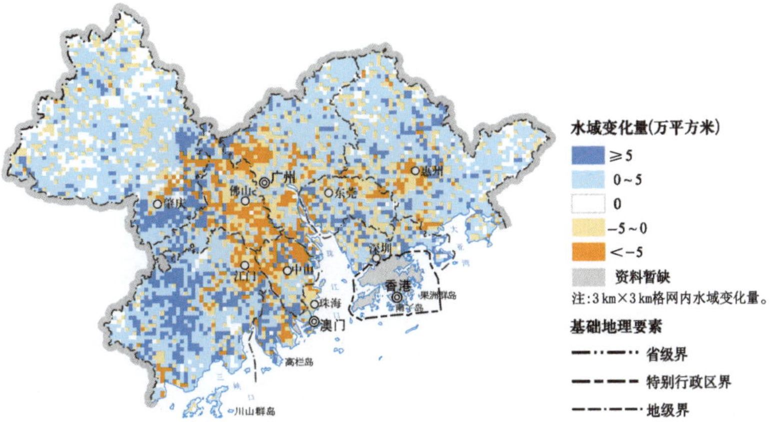

图 2.55 粤港澳大湾区水域变化量分布

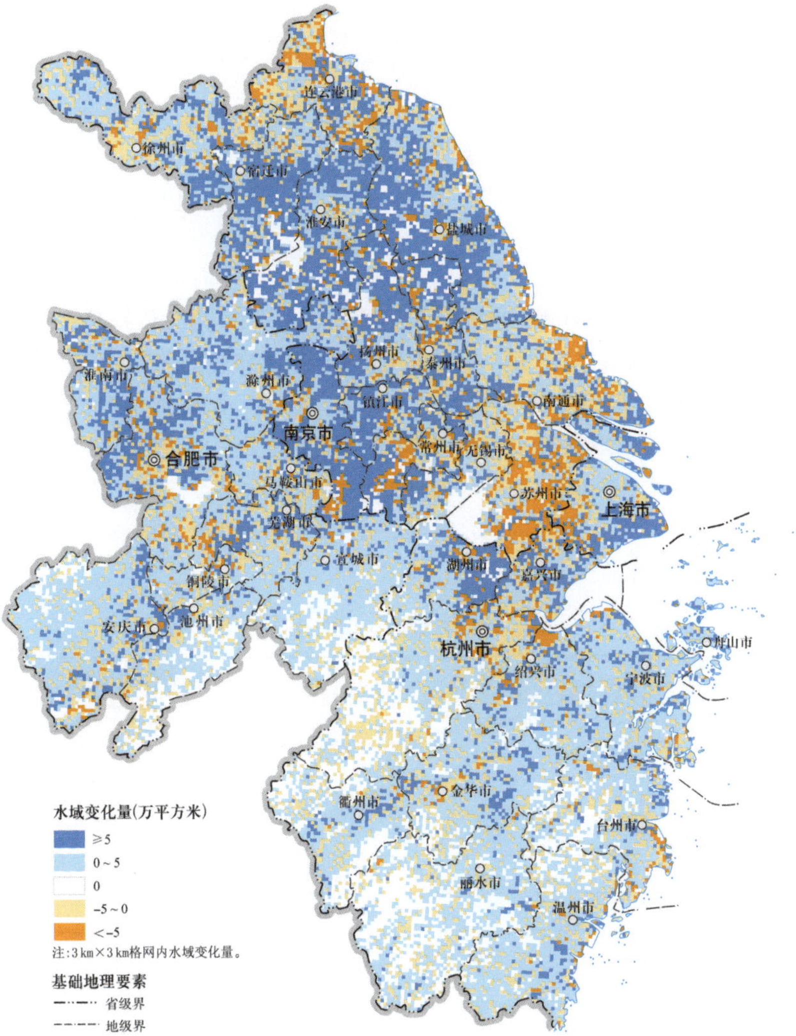

图 2.56 长江三角洲水域变化量分布

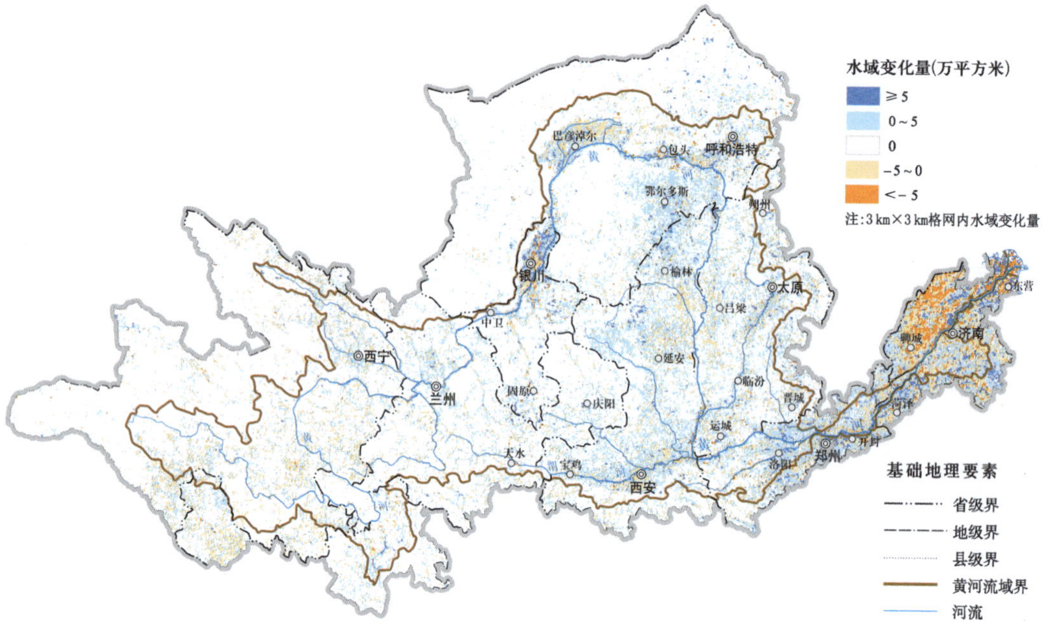

图 2.57 黄河流域水域变化量分布

2.4.6 水域变化强度

水域变化强度是指某一时段内水域与其他地表覆盖类型相互转化面积的总和占开始时段水域面积的百分比，反映某一时段内水域变化的剧烈程度。值越大，表明该地区的水域与其他地表覆盖类型之间的转入、转出频繁，水域变化较为剧烈；值越小，表明该地区的水域与其他地表覆盖类型之间结构较为稳定，水域变化较小。

从全国看，见表 2.28 和图 2.58，水域变化强度较大的 5 个省份是山东、宁夏、北京、天津、河北，最大值为山东的 40.78%；水域变化强度较小的 5 个省份是西藏、青海、新疆、甘肃、湖北，最小值为西藏的 0.74%。

表 2.28 各地区水域变化强度　　单位：%

地区	水域变化强度
北京	34.20
天津	32.57
河北	28.62
山西	25.28
内蒙古	10.06
辽宁	13.10
吉林	13.33
黑龙江	9.41
上海	27.06

续表

地区	水域变化强度
江苏	17.73
浙江	15.41
安徽	9.34
福建	13.53
江西	13.04
山东	40.78
河南	23.49
湖北	6.55
湖南	12.16
广东	10.99
广西	9.90
海南	13.55
重庆	11.61
四川	13.35
贵州	11.96
云南	15.15
西藏	0.74
陕西	20.03
甘肃	6.05
青海	0.85
宁夏	36.25
新疆	3.18

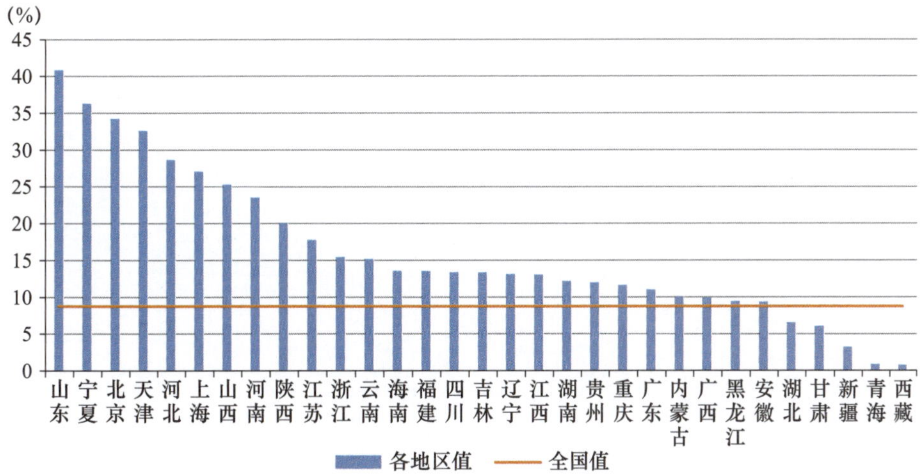

图 2.58 各地区水域变化强度

2015 年至 2019 年，全国水域变化强度为 8.77%，见图 2.58 和图 2.59。26 个省份的水域变化强度大于全国平均值；西藏、青海、新疆、甘肃、湖北等 5 个省份的水域变化强度小于全国平均值，主要分布在西部地区。

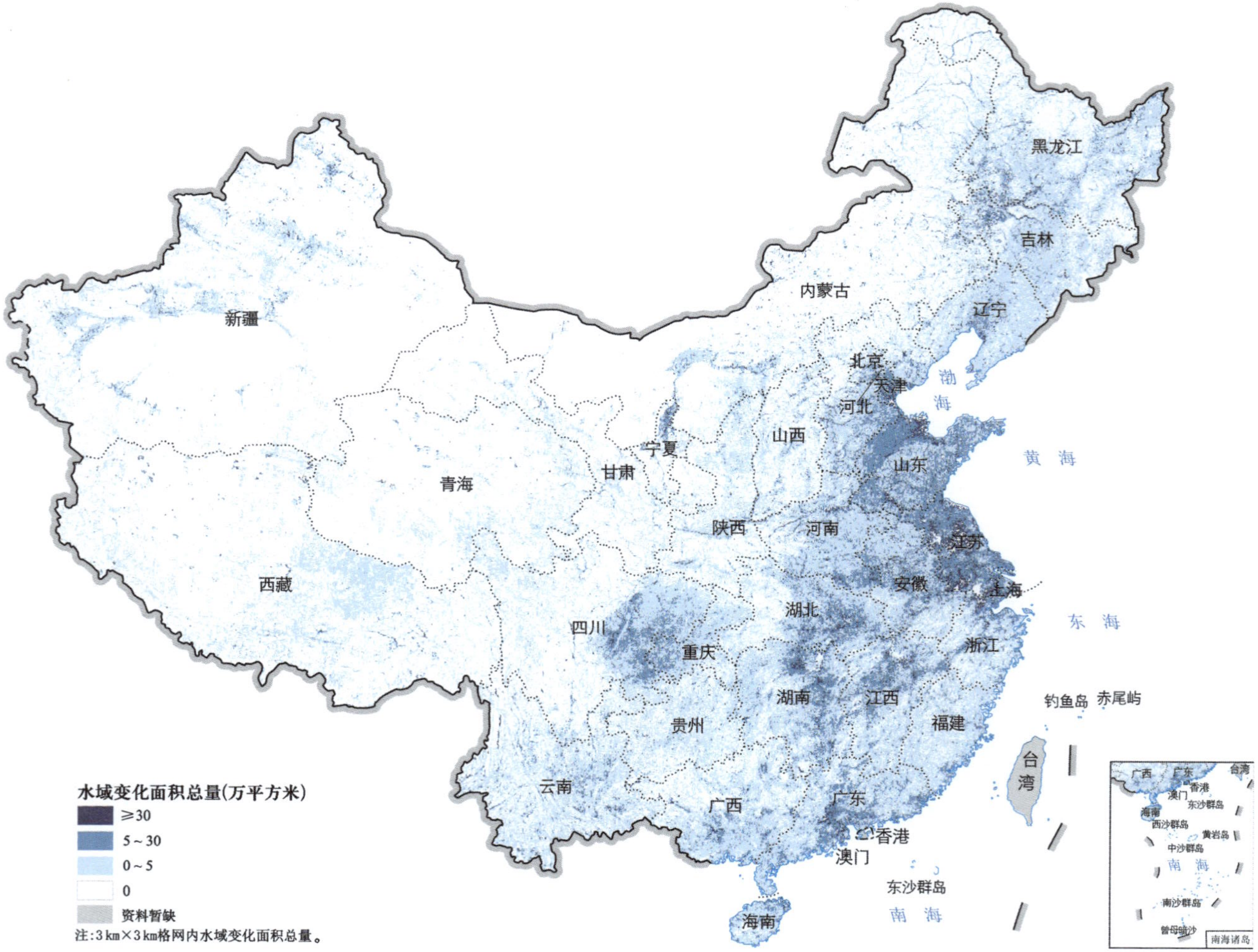

图 2.59　全国水域变化面积总量分布

2015 年至 2019 年，全国水域面积总变化量为 2.3 万平方千米。其中，增加 1.59 万平方千米，减少 0.71 万平方千米，净增加 0.88 万平方千米。全国新增水域的主要来源为林草覆盖、种植土地和荒漠与裸露地，分别占 41%、33%和 14%。全国流失的水域主要为林草覆盖占 41%，建设用地占 28%（包括人工堆掘地占 15%，构筑物占 9%，房屋建筑区占 2%，铁路与道路占 2%），种植土地占 22%，荒漠与裸露地占 9%。

2.5 地表资源丰度

资源丰度通常是指自然资源的丰富程度，既可指单项资源的丰度，也可指某类资源组合的丰度，又可指某个国家或地区内各种自然资源的总体丰度。资源丰度的大小与组合情况必然会影响到当地的经济发展、产业结构和能源结构。本节采用地均、人均两个指标对全国 31 个省份的种植土地、林草覆盖、水域等地表资源进行横向比较，描述 31 个省份的种植土地丰度指数、林草覆盖丰度指数、水域丰度指数和地表资源综合丰度指数。

2.5.1 种植土地丰度指数

种植土地丰度指数是指一个地区内地均种植土地、人均种植土地归一化后的平均值，反映全国 31 个省份种植土地的相对丰富程度。

全国种植土地丰度指数为 0.398，各地区种植土地丰度指数见表 2.29、图 2.60。全国有 14 个省份的种植土地丰度指数大于全国平均水平，分布在东北地区，东部地区的海南、山东、江苏、河北，西部地区的内蒙古、宁夏、云南、贵州、新疆，以及中部地区的河南、安徽，最大值为黑龙江的 0.850；青海、北京、西藏等 17 个省份的种植土地丰度指数小于全国平均水平，最小值为青海的 0.120。

表 2.29 各地区种植土地丰度指数及变化统计

地区	种植土地丰度指数		变化量
	2019 年	2015 年	
北京	0.148	0.166	−0.018
天津	0.370	0.363	0.007
河北	0.464	0.474	−0.010
山西	0.370	0.358	0.012
内蒙古	0.600	0.592	0.008
辽宁	0.519	0.508	0.011
吉林	0.709	0.700	0.009
黑龙江	0.850	0.838	0.012
上海	0.365	0.360	0.005

续表

地区	种植土地丰度指数		变化量
	2019 年	2015 年	
江苏	0.507	0.512	−0.005
浙江	0.224	0.230	−0.006
安徽	0.533	0.534	−0.001
福建	0.180	0.181	−0.001
江西	0.272	0.271	0.001
山东	0.573	0.581	−0.008
河南	0.573	0.568	0.005
湖北	0.392	0.392	0.000
湖南	0.307	0.305	0.002
广东	0.207	0.206	0.001
广西	0.329	0.336	−0.007
海南	0.652	0.649	0.003
重庆	0.336	0.335	0.001
四川	0.232	0.237	−0.005
贵州	0.402	0.410	−0.008
云南	0.424	0.427	−0.003
西藏	0.156	0.171	−0.015
陕西	0.310	0.306	0.004
甘肃	0.342	0.346	−0.004
青海	0.120	0.122	−0.002
宁夏	0.465	0.456	0.009
新疆	0.400	0.418	−0.018

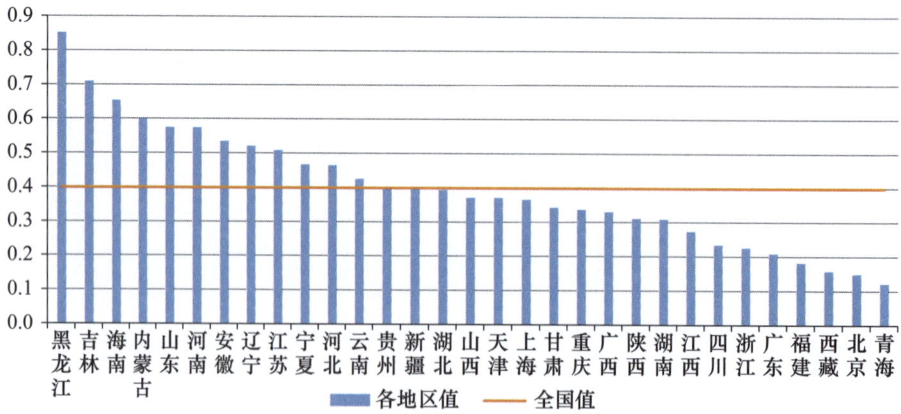

图 2.60　各地区种植土地丰度指数

与 2015 年相比，见图 2.61，全国有 15 个省份的种植土地丰度指数有所增加，分布在东北地区，西部地区的宁夏、内蒙古、陕西、重庆，中部地区的山西、河南、湖南、江西，以及东部地区的天津、上海、海南、广东，增加最大值为山西、黑龙江的 0.012；湖北基本没有变化；北京、新疆、西藏等 15 个省份的种植土地丰度指数有所减少，减少最大值为北京、新疆的 0.018。

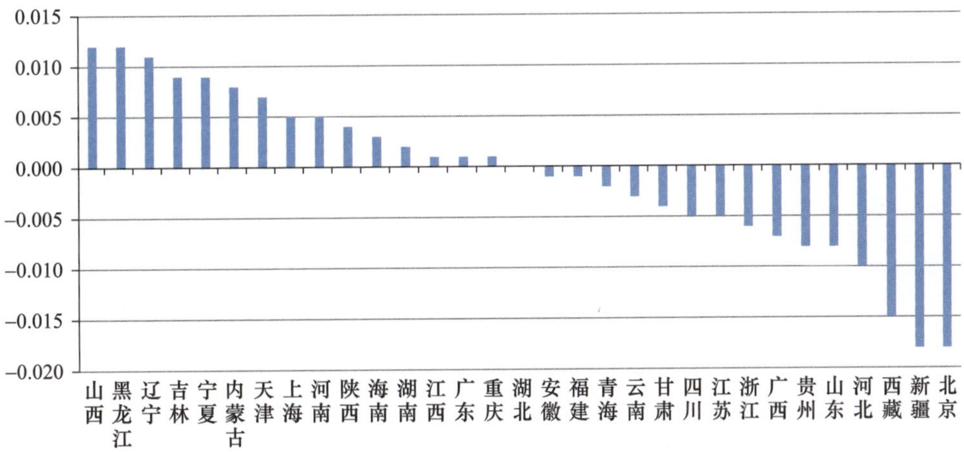

图 2.61 各地区种植土地丰度指数变化统计

2.5.2 林草覆盖丰度指数

林草覆盖丰度指数是指一个地区内地均林草覆盖、人均林草覆盖归一化后的平均值，反映全国 31 个省份林草覆盖的相对丰富程度。

全国林草覆盖丰度指数为 0.346，各地区林草覆盖丰度指数见表 2.30、图 2.62。全国有 18 个省份的林草覆盖丰度指数大于全国平均水平，分布在西部地区的西藏、青海、内蒙古、四川、陕西、云南、广西、贵州、宁夏、重庆、甘肃，东部地区的福建、广东、北京、浙江，以及中部地区的江西、湖南、山西，最大值为西藏的 0.991；江苏、上海、天津等 13 个省份的林草覆盖丰度指数小于全国平均水平，最小值为江苏的 0.0002（表 2.30 中该数据四舍五入为 0.000）。

表 2.30 各地区林草覆盖丰度指数及变化统计

地区	林草覆盖丰度指数		变化量
	2019 年	2015 年	
北京	0.374	0.363	0.011
天津	0.062	0.078	−0.016
河北	0.247	0.241	0.006
山西	0.387	0.398	−0.011
内蒙古	0.525	0.525	0.000

续表

地区	林草覆盖丰度指数		变化量
	2019 年	2015 年	
辽宁	0.256	0.257	−0.001
吉林	0.296	0.294	0.002
黑龙江	0.338	0.339	−0.001
上海	0.014	0.002	0.012
江苏	0.000	0.000	0.000
浙江	0.358	0.363	−0.005
安徽	0.171	0.173	−0.002
福建	0.476	0.478	−0.002
江西	0.409	0.413	−0.004
山东	0.072	0.066	0.006
河南	0.138	0.142	−0.004
湖北	0.315	0.317	−0.002
湖南	0.389	0.393	−0.004
广东	0.393	0.396	−0.003
广西	0.433	0.433	0.000
海南	0.202	0.206	−0.004
重庆	0.376	0.381	−0.005
四川	0.490	0.490	0.000
贵州	0.401	0.403	−0.002
云南	0.440	0.444	−0.004
西藏	0.991	0.990	0.001
陕西	0.453	0.460	−0.007
甘肃	0.368	0.367	0.001
青海	0.670	0.662	0.008
宁夏	0.379	0.394	−0.015
新疆	0.302	0.299	0.003

与 2015 年相比，见图 2.63，全国有 9 个省份的林草覆盖丰度指数有所增加，分布在东部地区的上海、北京、河北、山东，西部地区的青海、新疆、西藏、甘肃，以及东北地区的吉林，增加最大值为上海的 0.012；广西、内蒙古、江苏、四川这 4 个省份基本没有变化；天津、宁夏、山西等 18 个省份的林草覆盖丰度指数有所减少，减少最大值为天津的 0.016。

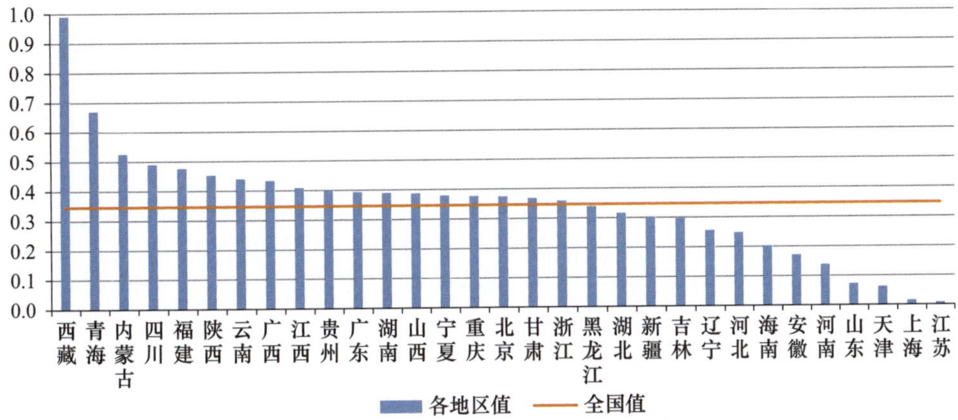

图 2.62　各地区林草覆盖丰度指数

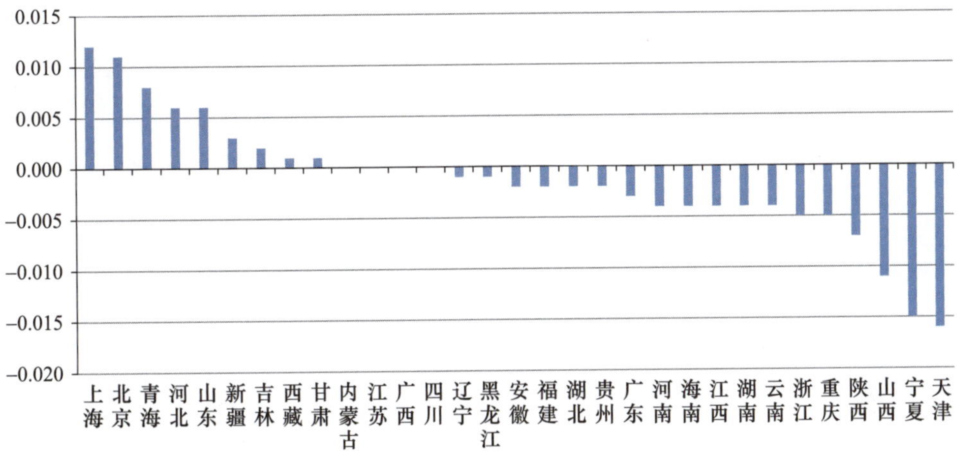

图 2.63　各地区林草覆盖丰度指数变化统计

2.5.3　水域丰度指数

水域丰度指数是指一个地区内地均水域、人均水域归一化后的平均值，反映全国 31 个省份水域的相对丰富程度。

全国水域丰度指数为 0.118，各地区水域丰度指数见表 2.31、图 2.64。全国有 10 个省份的水域丰度指数大于全国平均水平，分布在西部地区的西藏、青海，东部地区的江苏、天津、上海、广东、浙江，以及中部地区的安徽、湖北、江西，最大值为西藏的 0.615；甘肃、山西、陕西等 21 个省份的水域丰度指数小于全国平均水平，最小值为甘肃的 0.002。

表 2.31　各地区水域丰度指数及变化统计

地区	水域丰度指数		变化量
	2019 年	2015 年	
北京	0.047	0.040	0.007
天津	0.325	0.332	−0.007
河北	0.032	0.031	0.001
山西	0.003	0.002	0.001
内蒙古	0.013	0.012	0.001
辽宁	0.067	0.068	−0.001
吉林	0.055	0.058	−0.003
黑龙江	0.057	0.058	−0.001
上海	0.297	0.287	0.010
江苏	0.507	0.506	0.001
浙江	0.135	0.137	−0.002
安徽	0.191	0.194	−0.003
福建	0.045	0.047	−0.002
江西	0.122	0.119	0.003
山东	0.110	0.118	−0.008
河南	0.055	0.051	0.004
湖北	0.178	0.186	−0.008
湖南	0.103	0.100	0.003
广东	0.140	0.146	−0.006
广西	0.050	0.051	−0.001
海南	0.096	0.096	0.000
重庆	0.055	0.054	0.001
四川	0.025	0.025	0.000
贵州	0.013	0.012	0.001
云南	0.020	0.019	0.001
西藏	0.615	0.622	−0.007
陕西	0.004	0.003	0.001
甘肃	0.002	0.002	0.000
青海	0.189	0.190	−0.001
宁夏	0.022	0.020	0.002
新疆	0.088	0.089	−0.001

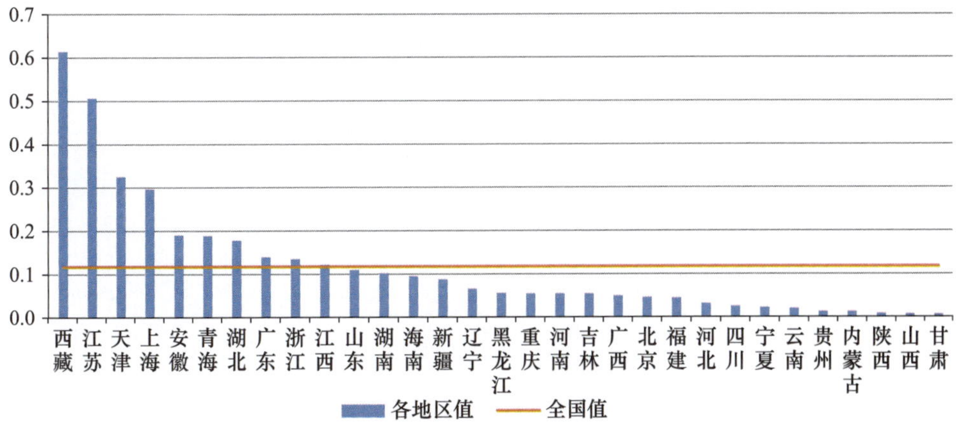

图 2.64 各地区水域丰度指数

与 2015 年相比，见图 2.65，全国有 14 个省份的水域丰度指数有所增加，分布在东部地区的上海、北京、河北、江苏，中部地区的河南、江西、湖南、山西，以及西部地区的宁夏、云南、重庆、贵州、四川、内蒙古，增加最大值为上海的 0.010；四川、甘肃、海南这 3 个省份基本没有变化；湖北、山东、西藏、天津等 14 个省份的水域丰度指数有所减少，减少最大值为湖北、山东的 0.008。

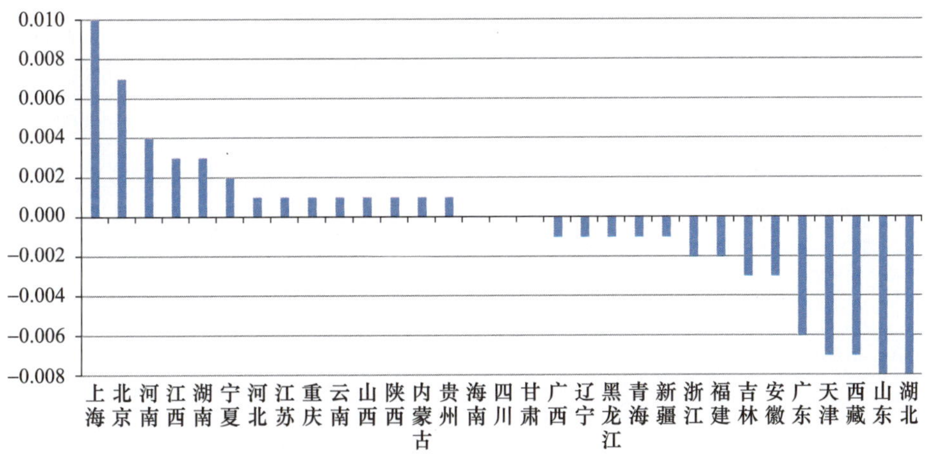

图 2.65 各地区水域丰度指数变化统计

2.5.4 地表资源综合丰度指数

地表资源综合丰度指数是指一个地区内种植土地丰度指数、林草覆盖丰度指数、水域丰度指数的平均值，反映全国 31 个省份地表资源的相对丰富程度。

全国地表资源综合丰度指数为 0.287，各地区地表资源综合丰度指数见表 2.32、图 2.66。全国有 11 个省份的地表资源综合丰度指数大于全国平均水平，分布在西部地区的西藏、内蒙古、青海、云南、宁夏，东北地区的黑龙江、吉林，东部地区的江苏、海南，中部地区的安徽、湖北，最大值为西藏的 0.587；20 个省份的地表资源综合丰度指数小于全国平均水平，最小值为北京的 0.190。

表 2.32　各地区地表资源综合丰度指数及变化统计

地区	地表资源综合丰度指数		变化量
	2019 年	2015 年	
北京	0.190	0.189	0.001
天津	0.252	0.258	−0.006
河北	0.248	0.249	−0.001
山西	0.253	0.253	0.000
内蒙古	0.379	0.376	0.003
辽宁	0.281	0.278	0.003
吉林	0.353	0.351	0.002
黑龙江	0.415	0.412	0.003
上海	0.225	0.217	0.008
江苏	0.338	0.340	−0.002
浙江	0.239	0.243	−0.004
安徽	0.298	0.300	−0.002
福建	0.234	0.235	−0.001
江西	0.268	0.268	0.000
山东	0.252	0.255	−0.003
河南	0.255	0.254	0.001
湖北	0.295	0.298	−0.003
湖南	0.266	0.266	0.000
广东	0.247	0.249	−0.002
广西	0.271	0.273	−0.002
海南	0.316	0.317	−0.001
重庆	0.256	0.257	−0.001
四川	0.249	0.251	−0.002
贵州	0.272	0.275	−0.003
云南	0.295	0.297	−0.002
西藏	0.587	0.594	−0.007
陕西	0.256	0.256	−0.000
甘肃	0.237	0.238	−0.001
青海	0.326	0.325	0.001
宁夏	0.289	0.290	−0.001
新疆	0.263	0.269	−0.006

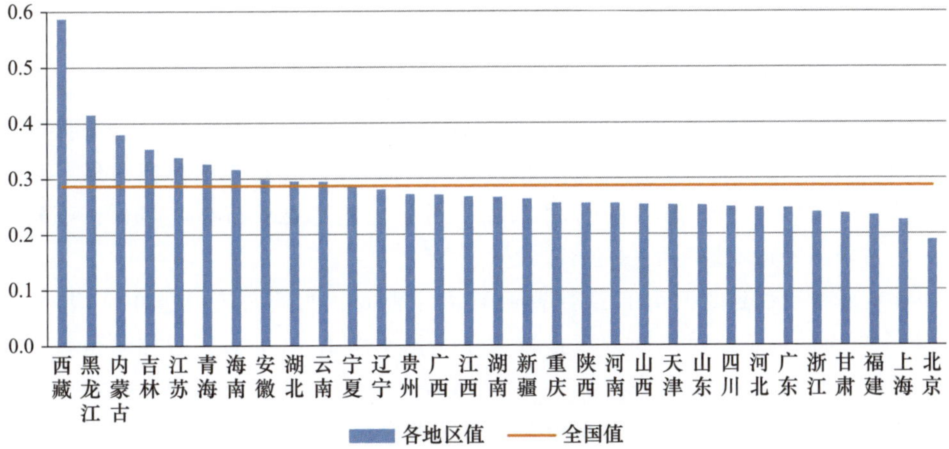

图 2.66 各地区地表资源综合丰度指数

与 2015 年相比，见图 2.67，全国有 8 个省份的综合丰度指数有所增加，分布在东部地区的上海，东北地区，西部地区的内蒙古、青海，中部地区的河南，东部地区的北京，增加最大值为上海的 0.008；山西、江西、湖南、陕西这 4 个省份基本没有变化；西藏、新疆、天津等 20 个省份的地表资源综合丰度指数有所减少，减少最大值为西藏的 0.007。

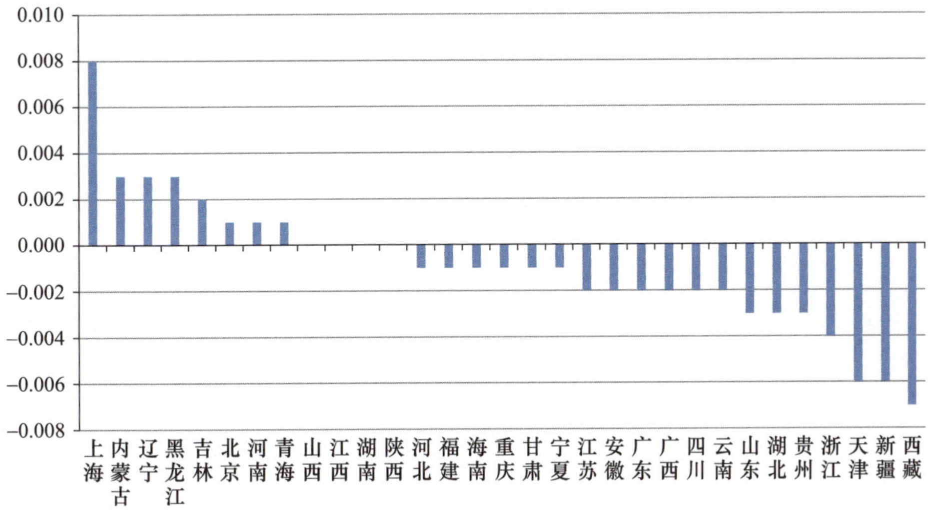

图 2.67 各地区地表资源综合丰度指数变化统计

2.6 本章小结

本章从地表资源分布、地表资源占有量与覆盖度、可复用及后备地表资源等方面通过相关指标对地表资源禀赋进行了综合分析，分析结果如下所述。

1. 地表资源分布方面

全国种植土地空间分布指数大小总体呈现出由东至西逐渐递减的趋势，23 个省份的种植土地空间分布指数大于全国平均值。种植土地垂直分布指数值随着海拔的升高而降低。78.47%的种植土地分布在低海拔区域，21.22%分布在中海拔区域。种植土地的坡度分级指数值随着坡度的升高而降低。种植土地主要分布在坡度 5°以下较平坦的地区，占全国种植土地总面积的 67.04%。

西部地区林草覆盖空间分布指数普遍较大，青海、西藏、四川排在全国前三位，全国 16 个省份的林草覆盖空间分布指数大于全国平均值。36.67%的林草覆盖分布在低海拔区域，35.23%分布在中海拔区域，21.78%分布在高海拔区域，6.32%分布在极高海拔区域。全国 54.90%的林草覆盖分布在坡度 15°以下区域，35.13%分布在坡度 15°～35°区域，仅有 9.97%分布在坡度 35°以上区域。除西藏以外，其他省份林草覆盖坡度分级指数值随着坡度的升高而升高。

2. 地表资源占有量与覆盖度方面

全国种植土地每万人平均拥有量为 11.44 平方千米。种植土地人均拥有量与地区经济水平大致呈负相关性。全国种植土地覆盖度为 16.93%，种植土地覆盖度东高西低，由东向西逐渐递减。与 2015 年相比，全国每万人拥有的种植土地面积减少了 0.19 平方千米，全国种植土地覆盖度增加了 0.03%。

全国林草覆盖每万人平均拥有量为 42.28 平方千米，林草覆盖度为 62.56%。与 2015 年相比，全国每万人拥有的林草覆盖面积减少了 1.13 平方千米，全国林草覆盖度减少了 0.53%。

全国水域每万人平均拥有量为 1.89 平方千米，水域覆盖率为 2.80%。与 2015 年相比，全国每万人拥有的水域面积增加了 0.03 平方千米，全国水域覆盖率增加了 0.10%。

3. 可复用及后备地表资源方面

全国低坡荒漠与裸露地面积为 109.16 万平方千米，占全国荒漠与裸露地面积的 82.72%，盐碱地占地比重为 0.78%，废弃房屋建筑区占地比重为万分之 0.14，堆放物占地比重为 0.03%。与 2015 年相比，全国低坡荒漠与裸露地面积减少了 0.80 万平方千米，盐碱地面积减少了 0.06 万平方千米，废弃房屋建筑区面积减少了 42.99 平方千米，堆放物面积增加了 146.06 平方千米。

4. 地表资源变化方面

与 2015 年相比，全国种植土地面积增加了 0.27 万平方千米，变化率为 0.17%，种植土地面积增加的省份主要分布在西部、东北地区；全国种植土地变化强度为 9.36%，东部、部分西部地区以及中部地区的山西、河南变化强度大于全国平均值，东北、中部地区和西部地区的新疆、贵州、甘肃变化强度小于全国平均值。

与 2015 年相比，全国林草覆盖面积减少了 4.88 万平方千米，变化率为－0.82%，全国除上海、北京、河北外 28 个省份的林草覆盖变化率小于 0；全国林草覆盖变化强度为2.85%，东部、中部、东北地区以及西部地区的宁夏、云南、广西、重庆、陕西的变化强度大于全国平均值。

与2015年相比，全国水域面积增加了0.88万平方千米，变化率为3.42%，山东、青海、西藏、吉林、湖北、广东、新疆、黑龙江等8个省份的水域面积增加程度低于全国平均值；全国水域变化强度为8.77%，西藏、青海、新疆、甘肃、湖北等5个省份的水域变化强度小于全国平均值。

5. 地表资源丰度方面

全国有11个省份的地表资源综合丰度指数大于全国平均水平，分布在西部地区的西藏、内蒙古、青海、云南、宁夏，东北地区的黑龙江、吉林，东部地区的江苏、海南，以及中部地区的安徽、湖北。

全国有14个省份的种植土地丰度指数大于全国平均水平，分布在东北地区，东部地区的海南、山东、江苏、河北，西部地区的内蒙古、宁夏、云南、贵州、新疆，以及中部地区的河南、安徽。

全国有18个省份的林草覆盖丰度指数大于全国平均水平，分布在西部地区的西藏、青海、内蒙古、四川、陕西、云南、广西、贵州、宁夏、重庆、甘肃，东部地区的福建、广东、北京、浙江，以及中部地区的江西、湖南、山西。

全国有10个省份的水域丰度指数大于全国平均水平，分布在西部地区的西藏、青海，东部地区的江苏、天津、上海、广东、浙江，以及中部地区的安徽、湖北、江西。

第3章 地表资源开发利用程度

国土空间是我们赖以生存和发展的家园。国土空间的开发与利用，一方面有力地支撑了国民经济的快速发展和社会进步，另一方面也反映了人类对自然资源环境的改造和影响。国土空间开发过程中，一些地区出现了绿色空间减少过多、工矿建设占用空间偏多、城市建设空间和工矿建设空间单位面积产出较低、城市空间利用效率不高等空间结构不合理、空间利用效率低的问题。今后一个时期，是我国全面建设小康社会的关键时期，也是工业化城镇化快速推进、空间结构急剧变动的时期，研究如何合理利用有限资源、提高国土空间利用效率比其他任何时候都更加紧迫。

本章通过开展建设用地开发现状、房屋建筑区密度、开发强度的分析，为地表资源的可持续利用和节约集约利用提供数据支撑。

3.1 建设用地开发现状

房屋建筑区、铁路与道路、构筑物和人工堆掘地是建设用地的主要组成部分。本节主要从人工地表的构成以及房屋建筑区、铁路与道路、构筑物和人工堆掘地的占地比重等方面反映建设用地的开发现状。

3.1.1 人工地表构成比

人工地表包括第一次全国地理国情普查内容指标中的房屋建筑区、铁路与道路、构筑物、人工堆掘地。人工地表构成比是指一个地区内房屋建筑区、铁路与道路、构筑物、人工堆掘地分别与人工地表面积的比值。人工地表相对自然地表而言，能够较好地反映人类活动的区域分布及其特征变化。

各地区人工地表的构成见表3.1。从全国看，见图3.1，房屋建筑区面积最大，占人工地表总面积的45.68%，铁路与道路面积和构筑物面积相近，分别占19.03%和20.86%，人工堆掘地面积最小，占14.43%。除了天津、西藏、青海、新疆外，其余省份都是房屋建筑区面积占比最大，天津、青海、新疆3个省份构筑物面积占比最大，西藏铁路与道路面积占比最大。

表 3.1 各地区人工地表构成比

单位:%

地区	房屋建筑区面积构成比	铁路与道路面积构成比	构筑物面积构成比	人工堆掘地面积构成比
北京	41.15	18.92	21.11	18.82
天津	29.74	15.04	34.92	20.30
河北	52.58	11.60	23.66	12.16
山西	39.74	17.81	23.02	19.43
内蒙古	22.66	27.30	26.75	23.29
辽宁	45.34	13.07	26.66	14.93
吉林	38.37	23.22	25.66	12.75
黑龙江	33.56	26.90	28.92	10.62
上海	57.74	16.31	14.74	11.21
江苏	53.39	19.17	19.32	8.12
浙江	49.74	17.96	18.42	13.88
安徽	50.92	17.35	18.10	13.63
福建	51.02	16.30	17.11	15.57
江西	51.57	19.45	12.50	16.48
山东	51.80	13.72	26.63	7.85
河南	60.93	13.63	14.21	11.23
湖北	47.14	19.26	17.05	16.55
湖南	58.59	18.75	9.55	13.11
广东	51.95	17.88	17.03	13.14
广西	52.01	19.72	13.60	14.67
海南	42.38	20.08	23.87	13.68
重庆	46.87	25.95	11.28	15.90
四川	54.79	22.42	12.42	10.37
贵州	43.36	25.08	10.37	21.19
云南	40.81	27.13	18.00	14.06
西藏	23.24	43.92	20.12	12.72
陕西	43.76	18.51	22.25	15.48
甘肃	33.55	19.88	28.17	18.40
青海	17.09	19.75	50.64	12.52
宁夏	33.84	18.78	28.75	18.63
新疆	24.32	22.22	28.48	24.98

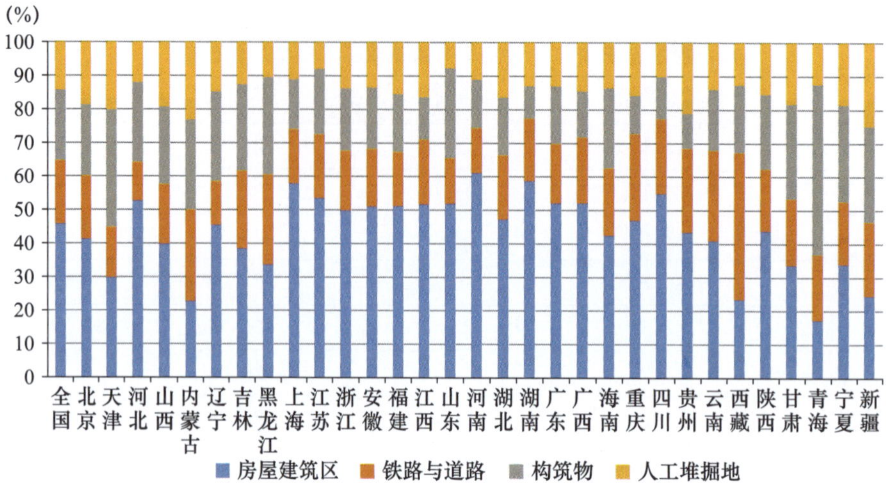

图 3.1　全国及各地区人工地表构成比

与 2015 年相比，人工地表的总面积增加了 14％（4.4 万平方千米），4 类人工地表的面积都有不同程度的增加，其中人工堆掘地、构筑物面积增加比例较高，分别增加了 32％和 22％，铁路与道路面积增加了 15％，房屋建筑区面积增加了 6％。从构成比变化来看，只有房屋建筑区面积构成比减少了 3.36％，铁路与道路、构筑物、人工堆掘地的面积构成比都有所增加，分别增加 0.08％、1.31％、1.97％。

由图 3.2 可以看出，全国各地区人工地表空间分布不均，呈现东密西疏的特征，区域差异明显。华北地区南部和华东地区北部的人工地表分布较多，呈现团状和片状空间分布；其次是华中、华南和西南地区，呈现不连续片状空间分布；而西北和华北地区北部的人工地表分布较少，呈零星状分布。

3.1.2　房屋建筑区占地比重

房屋建筑区是指城镇和乡村集中居住区域内，被连片房屋建筑遮盖的地表区域。其中，多层房屋建筑区是指层数在 4 层及以上，或楼高 10 米以上，或在高分辨率遥感影像上有明显阴影的房屋建筑为主的区域；低矮房屋建筑区是指层数在 1～3 层，或楼高 10 米以下，或在高分辨率遥感影像上无明显阴影的房屋建筑为主的区域。房屋建筑区占地比重为一个地区内房屋建筑区面积与该地区国土面积的比值。

从图 3.3 可以看出，全国房屋建筑区空间分布不均，整体上东密西疏，区域差异明显。华北地区南部和华东地区北部的房屋建筑区最为密集，呈现片状空间分布；其次是华中、华南和西南地区，呈现不连续片状空间分布；而西北和华北地区的房屋建筑区较为稀少，呈现零星状空间分布。

从全国看，见表 3.2 和图 3.4，房屋建筑区占地比重较大的 5 个省份是上海、江苏、山东、河南、天津，最大值为上海的 19.62％；房屋建筑区占地比重较小的 5 个省份是西藏、青海、新疆、内蒙古、黑龙江，最小值为西藏的 0.05％。

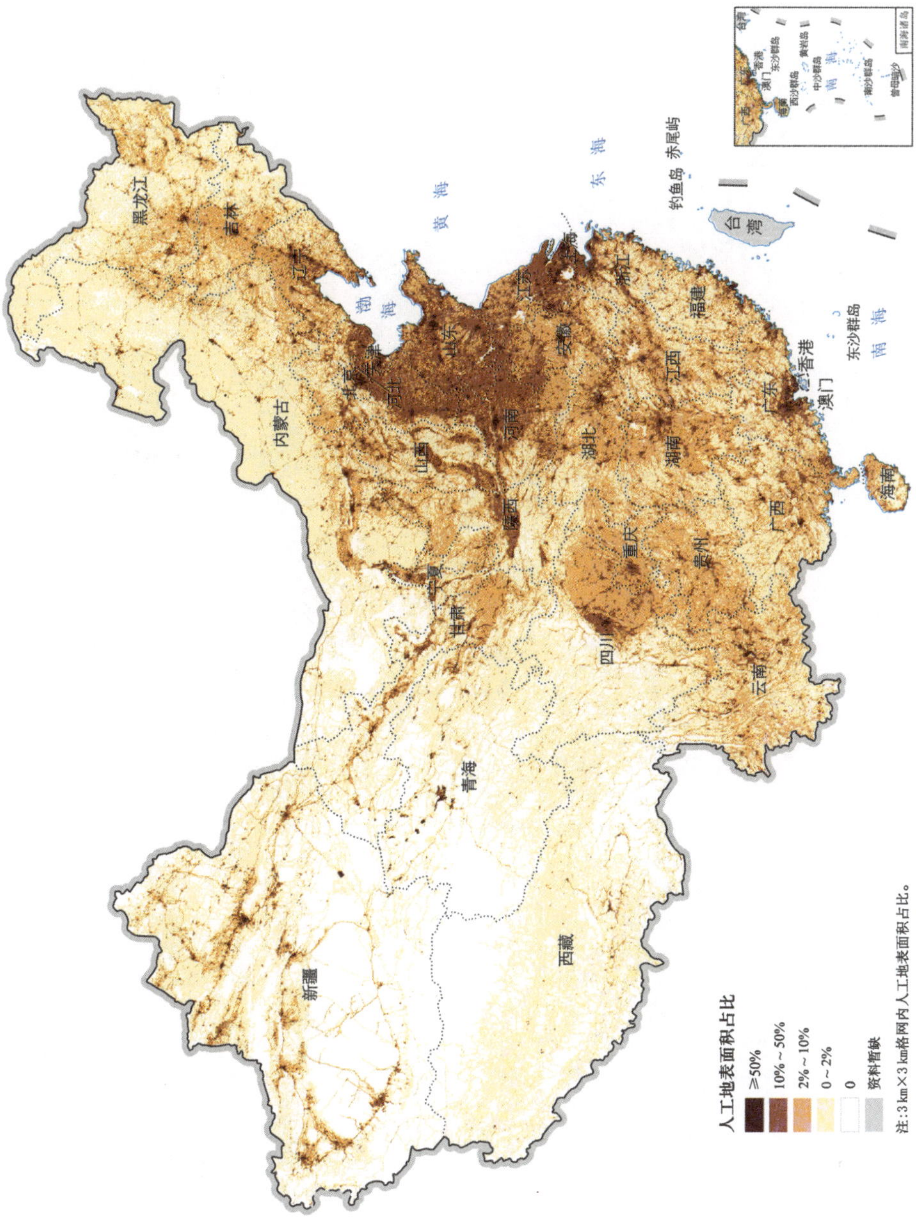

图 3.2 全国人工地表空间分布

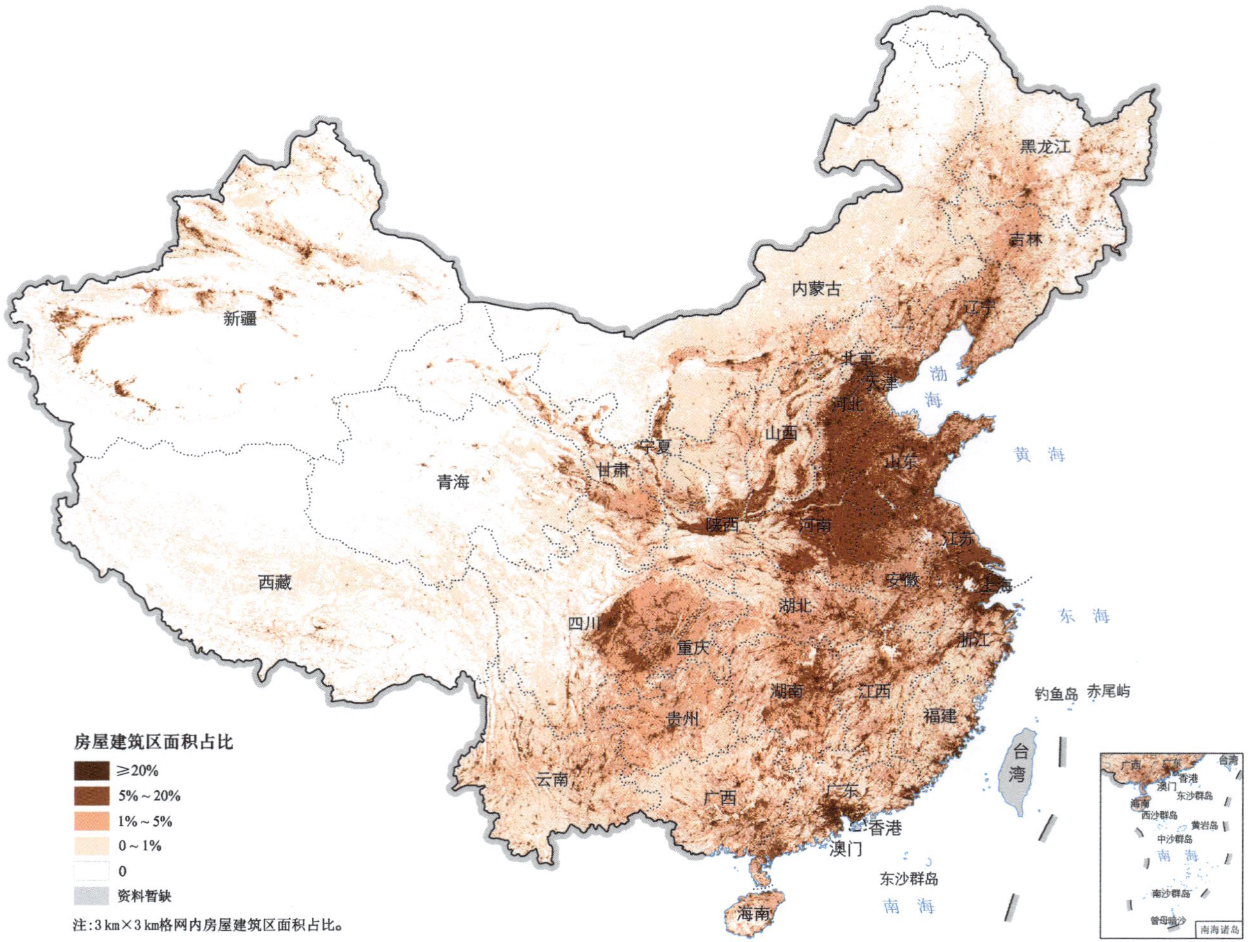

图 3.3　全国房屋建筑区分布

表 3.2 各地区房屋建筑区占地比重及变化统计 单位：%

地区	房屋建筑区占地比重		变化量
	2019 年	2015 年	
北京	7.84	8.94	−1.10
天津	8.11	7.88	0.23
河北	6.64	6.27	0.37
山西	3.07	2.89	0.18
内蒙古	0.38	0.36	0.02
辽宁	4.05	3.89	0.16
吉林	1.27	1.19	0.08
黑龙江	0.70	0.68	0.02
上海	19.62	20.44	−0.82
江苏	10.16	9.74	0.42
浙江	6.30	6.11	0.19
安徽	5.21	4.97	0.24
福建	3.43	3.43	0.00
江西	3.19	2.97	0.22
山东	9.98	9.65	0.33
河南	8.35	7.85	0.50
湖北	3.00	2.75	0.25
湖南	3.51	3.20	0.31
广东	4.80	4.45	0.35
广西	2.25	2.04	0.21
海南	2.58	2.35	0.23
重庆	2.85	2.65	0.20
四川	1.67	1.57	0.10
贵州	2.16	1.95	0.21
云南	1.44	1.25	0.19
西藏	0.05	0.04	0.01
陕西	2.33	2.20	0.13
甘肃	0.84	0.77	0.07
青海	0.12	0.12	0.00
宁夏	2.38	2.22	0.16
新疆	0.25	0.22	0.03

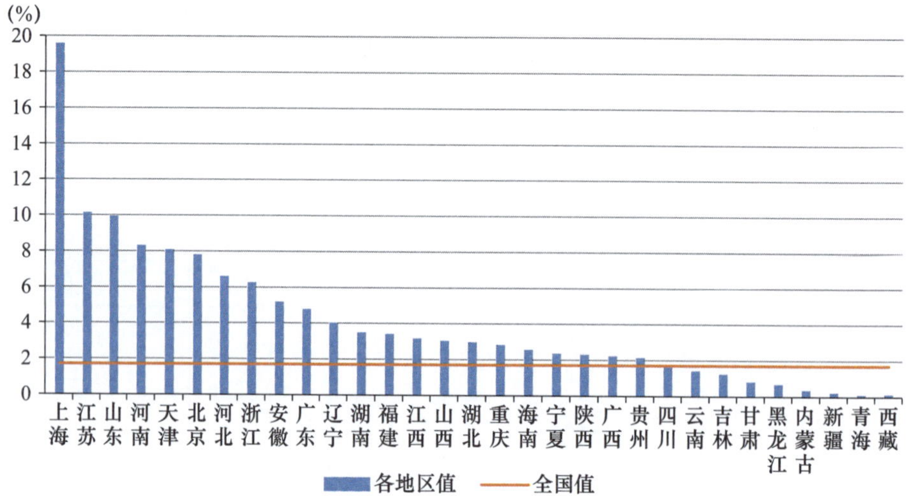

图 3.4 各地区房屋建筑区占地比重

全国房屋建筑区占地比重为 1.72%，见图 3.4，22 个省份的房屋建筑区占地比重大于全国平均值，主要分布在东部、中部地区；其余 9 个省份的房屋建筑区占地比重小于全国平均值，主要分布在东北、西部地区。

与 2015 年相比，见图 3.5，全国房屋建筑区面积增加了 6.28%（9611.16 平方千米），全国房屋建筑区面积占地比重增加了 0.10%。其中，河南、江苏、河北、广东、山东等 29 个省份的房屋建筑区面积占地比重有所增加，河南增加最多，增加了 0.50%；北京、上海的房屋建筑区面积占地比重有所减少，分别减少了 1.10% 和 0.82%。

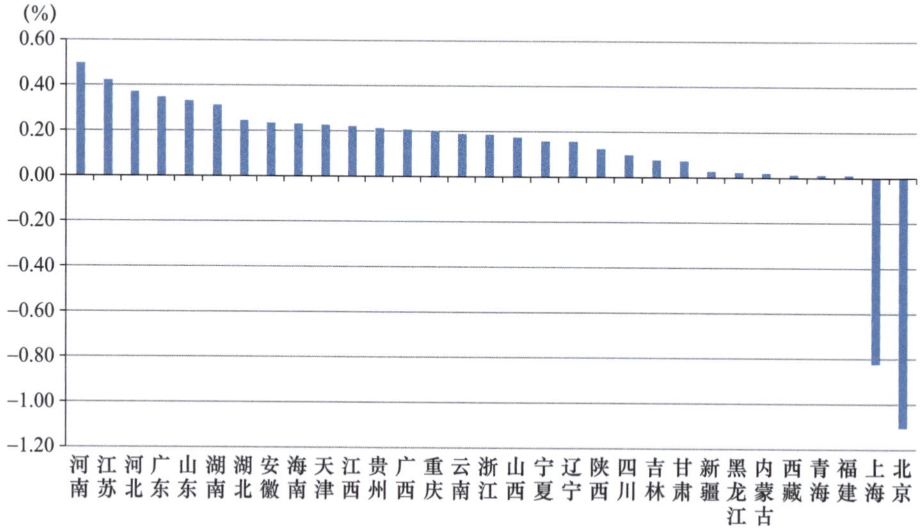

图 3.5 各地区房屋建筑区占地比重变化统计

从全国看，见表 3.3 和图 3.6，多层房屋建筑区占地比重较大的 5 个省份是上海、北京、浙江、江苏、天津，最大值为上海的 6.28%；多层房屋建筑区占地比重较小的 5 个省份是西藏、青海、新疆、内蒙古、甘肃。

表 3.3 各地区多层房屋建筑区占地比重及变化统计 单位：%

地区	多层房屋建筑区占地比重		变化量
	2019 年	2015 年	
北京	1.67	1.61	0.06
天津	1.02	0.67	0.35
河北	0.36	0.28	0.08
山西	0.21	0.16	0.05
内蒙古	0.04	0.03	0.01
辽宁	0.50	0.43	0.07
吉林	0.17	0.14	0.03
黑龙江	0.07	0.06	0.01
上海	6.28	5.13	1.15
江苏	1.30	1.03	0.27
浙江	1.51	1.23	0.28
安徽	0.48	0.36	0.12
福建	0.60	0.59	0.01
江西	0.39	0.33	0.06
山东	0.89	0.65	0.24
河南	0.55	0.43	0.12
湖北	0.30	0.23	0.07
湖南	0.33	0.26	0.07
广东	0.80	0.64	0.16
广西	0.19	0.15	0.04
海南	0.21	0.13	0.08
重庆	0.39	0.26	0.13
四川	0.18	0.14	0.04
贵州	0.19	0.13	0.06
云南	0.09	0.07	0.02

续表

地区	多层房屋建筑区占地比重		变化量
	2019 年	2015 年	
西藏	0.00	0.00	0.00
陕西	0.19	0.16	0.03
甘肃	0.05	0.03	0.02
青海	0.01	0.01	0.00
宁夏	0.30	0.25	0.05
新疆	0.02	0.02	0.00

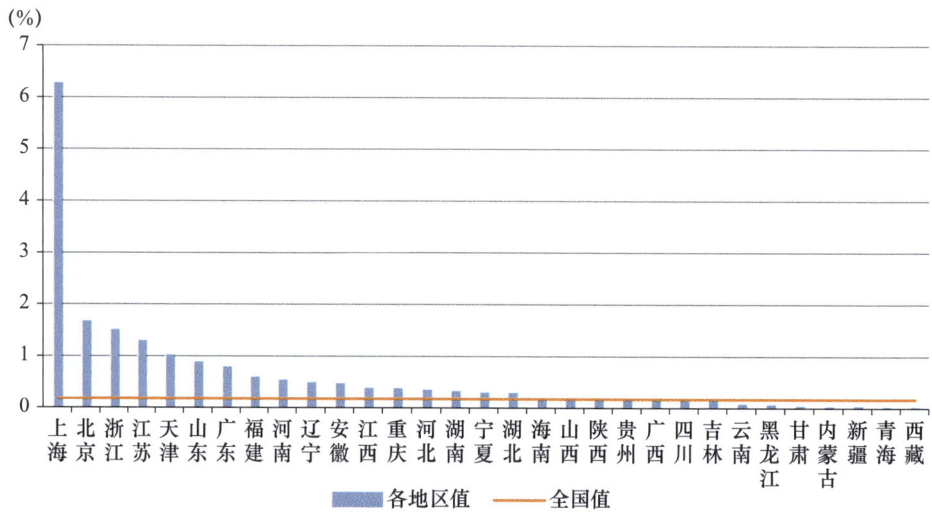

图 3.6　各地区多层房屋建筑区占地比重

全国多层房屋建筑区占地比重为 0.18%，见图 3.6 和图 3.7，22 个省份的多层房屋建筑区占地比重大于全国平均值，主要分布在东部、中部地区；其余 9 个省份的多层房屋建筑区占地比重小于全国平均值，主要分布在东北、西部地区。全国多层房屋建筑呈现星状分布，主要分布在北京、上海、四川和广东等城市区域。

与 2015 年相比，见图 3.8，全国多层房屋建筑区面积增加了 14.31%（0.21 万平方千米），全国多层房屋建筑区面积占地比重增加了 0.04%。除新疆、青海外，其余 29 个省份的多层房屋建筑区面积占地比重都有所增加，其中，上海、天津、浙江等 21 个省份的增加量高于全国平均增加量，上海增加最多，增加了 1.15%；陕西、吉林、云南、甘肃、福建、黑龙江、内蒙古、西藏等 8 个省份的增加量低于全国平均增加量；青海、新疆多层房屋建筑区面积有所减少。

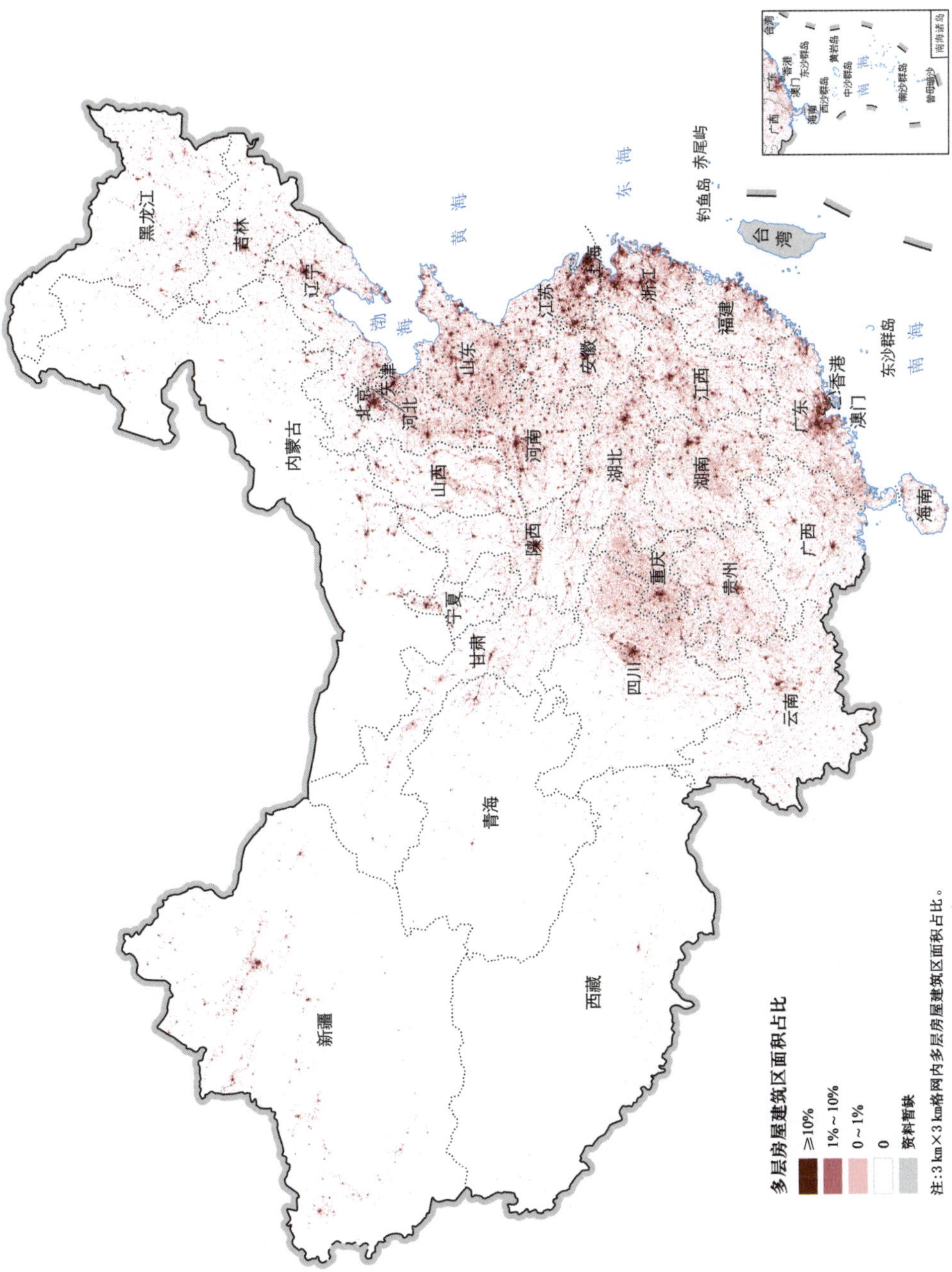

图 3.7 全国多层房屋建筑区分布

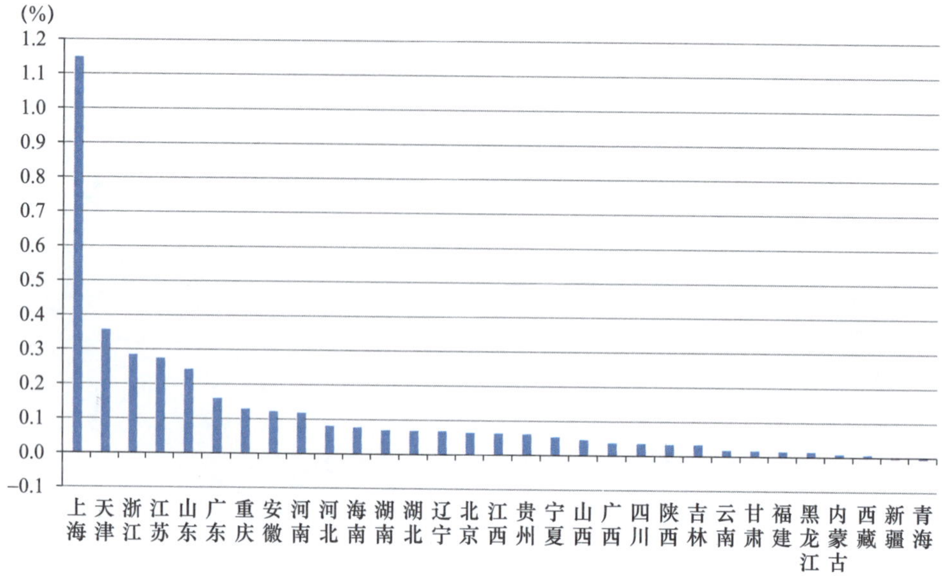

图 3.8　各地区多层房屋建筑区占地比重变化统计

从全国看，见表 3.4 和图 3.9，低矮房屋建筑区占地比重较大的 5 个省份是上海、山东、江苏、河南、天津，最大值为上海的 13.34%；低矮房屋建筑区占地比重较小的 5 个省份是西藏、青海、新疆、内蒙古、黑龙江，最小值为西藏的 0.05%。

表 3.4　各地区低矮房屋建筑区占地比重　　单位：%

地区	低矮房屋建筑区占地比重		变化量
	2019 年	2015 年	
北京	6.16	6.88	−0.72
天津	7.08	6.38	0.70
河北	6.28	5.75	0.53
山西	2.85	2.59	0.26
内蒙古	0.34	0.29	0.05
辽宁	3.55	3.38	0.17
吉林	1.09	0.99	0.10
黑龙江	0.63	0.59	0.04
上海	13.34	14.82	−1.48
江苏	8.86	8.23	0.63
浙江	4.78	4.72	0.06
安徽	4.72	4.27	0.45
福建	2.83	2.70	0.13
江西	2.80	2.52	0.28
山东	9.09	8.53	0.56
河南	7.80	7.21	0.59
湖北	2.70	2.23	0.47

续表

地区	低矮房屋建筑区占地比重		变化量
	2019 年	2015 年	
湖南	3.18	2.53	0.65
广东	4.00	3.54	0.46
广西	2.06	1.82	0.24
海南	2.38	2.05	0.33
重庆	2.46	1.73	0.73
四川	1.49	1.09	0.40
贵州	1.97	1.56	0.41
云南	1.35	1.07	0.28
西藏	0.05	0.03	0.02
陕西	2.13	1.88	0.25
甘肃	0.79	0.66	0.13
青海	0.12	0.10	0.02
宁夏	2.05	1.85	0.20
新疆	0.23	0.19	0.04

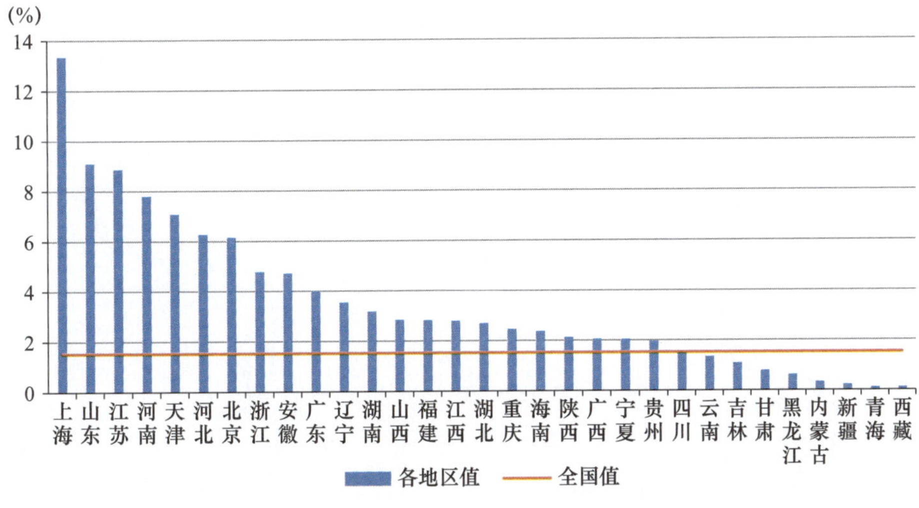

图 3.9 各地区低矮房屋建筑区占地比重

全国低矮房屋建筑区占地比重为 1.54%，见图 3.9 和图 3.10，22 个省份的低矮房屋建筑区占地比重大于全国平均值，主要分布在东部、中部地区；其余 9 个省份的低矮房屋建筑区占地比重小于全国平均值，主要分布在东北、西部地区。

从地区分布看，全国低矮房屋建筑区东密西疏，区域差异明显。华北地区南部和华东地区北部的低矮房屋建筑区最为密集，呈现片状空间分布；其次是华中、华南和西南地区，呈现不连续片状空间分布，而西北和华北地区北部的低矮房屋建筑区较为稀疏，呈零星状空间分布。

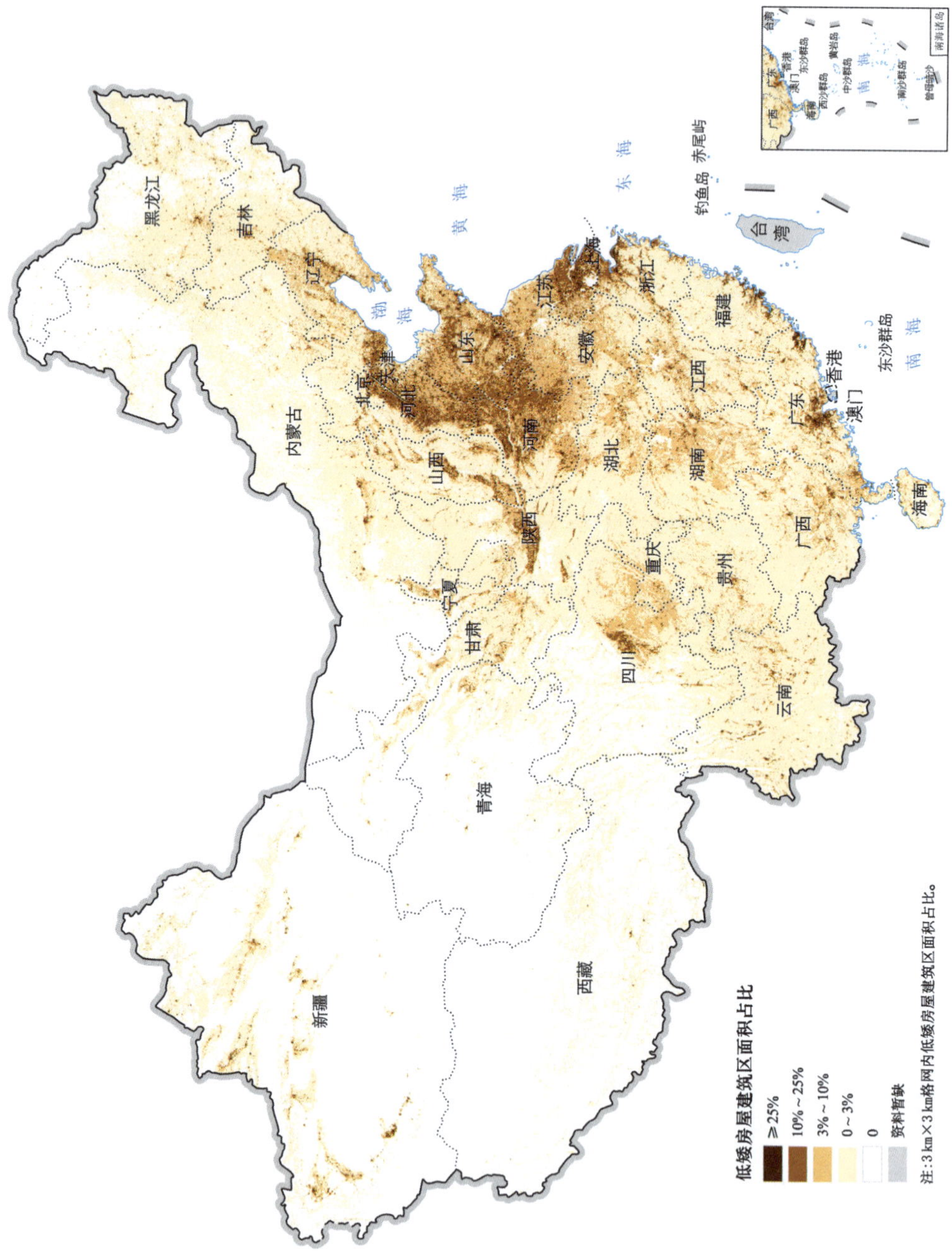

注：3 km×3 km格网内低矮房屋建筑区面积占比。

图 3.10　全国低矮房屋建筑区分布

与 2015 年相比，见图 3.11，全国低矮房屋建筑区面积增加了 5.44%（0.75 万平方千米），全国低矮房屋建筑区占地比重增加了 0.18%。除了上海、北京外的 29 个省份的低矮房屋建筑区占地比重都有所增加，其中，重庆、天津、湖南、江苏、河南等 19 个省份的增加量高于全国平均增加量，重庆增加最多，增加了 0.73%；辽宁、甘肃、福建、吉林等 10 个省份的增加量低于全国平均增加量。上海、北京的低矮房屋建筑区占地比重有所减少，分别减少了 1.48%和 0.72%。

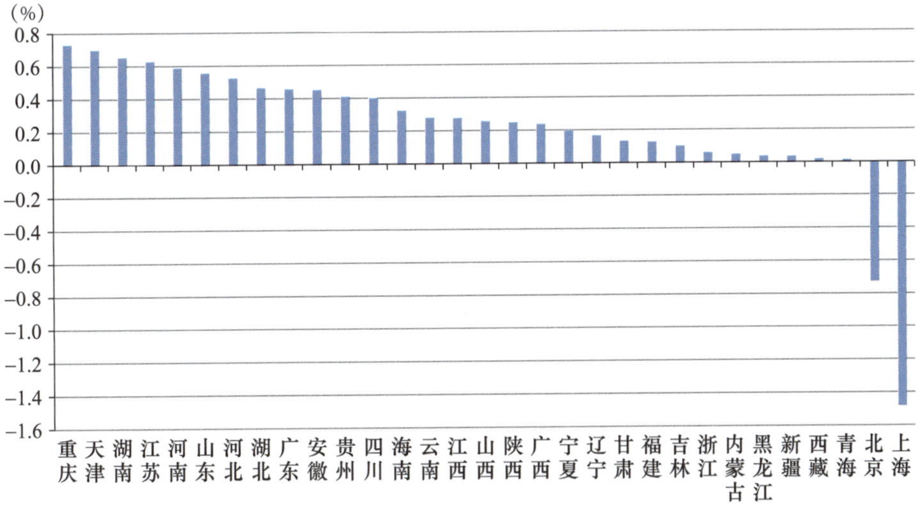

图 3.11 各地区低矮房屋建筑区占地比重变化统计

3.1.3 铁路与道路占地比重

铁路与道路占地比重为一个地区内铁路、道路路面面积与该地区国土面积的比值。

从全国看，见表 3.5 和图 3.12，铁路与道路占地比重较大的 5 个省份是上海、天津、江苏、北京、山东，最大值为上海的 5.54%；铁路与道路占地比重较小的 5 个省份是西藏、青海、新疆、内蒙古、甘肃，最小值为西藏的 0.10%。

表 3.5 各地区铁路与道路占地比重及变化统计 单位：%

地区	铁路与道路占地比重		变化量
	2019 年	2015 年	
北京	3.60	3.38	0.22
天津	4.10	3.83	0.27
河北	1.46	1.33	0.13
山西	1.37	1.27	0.10
内蒙古	0.46	0.42	0.04
辽宁	1.17	1.07	0.10

续表

地区	铁路与道路占地比重		变化量
	2019 年	2015 年	
吉林	0.77	0.69	0.08
黑龙江	0.56	0.54	0.02
上海	5.54	5.15	0.39
江苏	3.65	3.22	0.43
浙江	2.27	1.99	0.28
安徽	1.77	1.55	0.22
福建	1.10	0.92	0.18
江西	1.20	1.04	0.16
山东	2.64	2.25	0.39
河南	1.87	1.65	0.22
湖北	1.22	1.07	0.15
湖南	1.12	0.97	0.15
广东	1.65	1.48	0.17
广西	0.85	0.72	0.13
海南	1.22	1.05	0.17
重庆	1.58	1.19	0.39
四川	0.68	0.55	0.13
贵州	1.25	0.97	0.28
云南	0.96	0.81	0.15
西藏	0.10	0.08	0.02
陕西	0.98	0.86	0.12
甘肃	0.50	0.45	0.05
青海	0.14	0.12	0.02
宁夏	1.32	1.13	0.19
新疆	0.23	0.20	0.03

全国铁路与道路占地比重为 0.72%，见图 3.12，24 个省份的铁路与道路占地比重大于全国平均值，主要分布在东部、中部地区；其余 7 个省份的铁路与道路占地比重小于全国平均值，主要分布在东北、西部地区。

整体来看，铁路与道路占地比重与经济发展水平呈现正相关性。铁路与道路是经济现代化的重要组成部分和必要条件，是物质生产活动和商品流通的支柱，是国民经济的命脉。经济较发达的东部地区铁路与道路的占地比重较大，而经济欠发达的西部地区铁路与道路的占地比重较小。

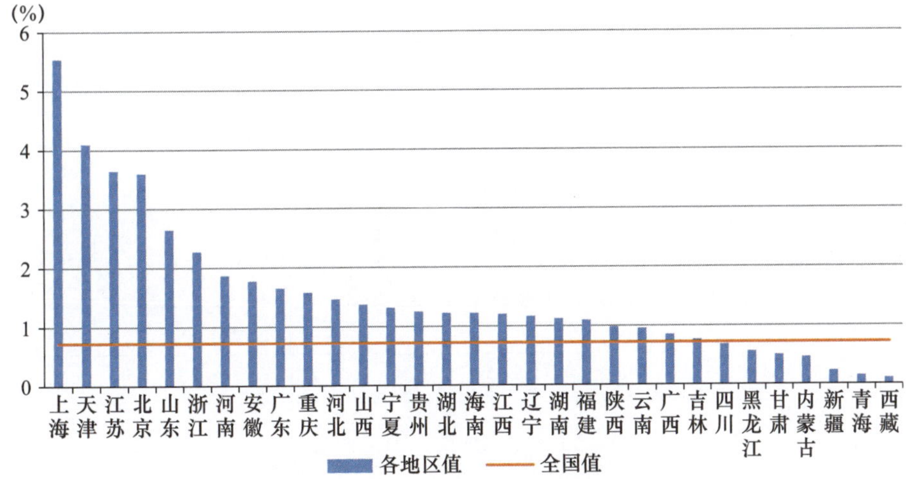

图 3.12　各地区铁路与道路占地比重

与 2015 年相比，见图 3.13，全国铁路与道路面积增加了 14.60%（0.86 万平方千米），全国铁路与道路占地比重增加了 0.09%。31 个省份的铁路与道路占地比重都有所增加，其中，江苏、山东、上海、重庆等 24 个省份的增加量高于全国平均增加量，江苏增加最多，增加了 0.43%；西藏、青海、黑龙江、新疆、内蒙古、甘肃、吉林等 8 个省份的增加量低于全国平均增加量。

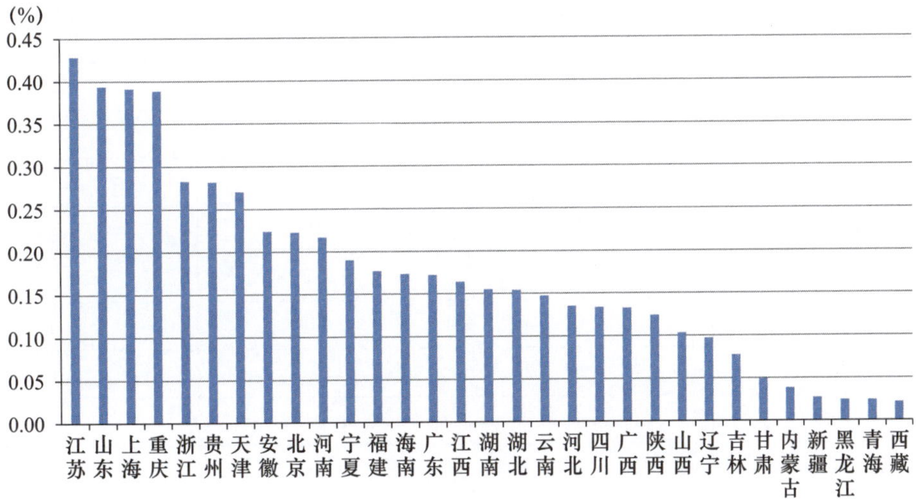

图 3.13　各地区铁路与道路占地比重变化统计

3.1.4　构筑物占地比重

构筑物是指为某种使用目的而建造的、人们一般不直接在其内部进行生产和生活活动的工程实体或附属建筑设施，包括除道路和房屋之外的所有存于地表、可见的人造物，主要有硬化地表、水工设施、交通设施、城墙、温室大棚、固化池、工业设施、沙障等类型。构筑物占地比重为一个地区内分布的构筑物面积与该地区国土面积的比值。

从全国看，见表 3.6 和图 3.14，构筑物占地比重较大的 5 个省份是天津、山东、上海、北京、江苏，最大值为天津的 9.52%；构筑物占地比重较小的 5 个省份是西藏、新疆、青海、四川、内蒙古，最小值为西藏的 0.05%。

表 3.6　各地区构筑物占地比重及变化统计

单位：%

地区	构筑物占地比重		变化量
	2019 年	2015 年	
北京	4.02	4.28	−0.26
天津	9.52	8.71	0.81
河北	2.99	2.62	0.37
山西	1.78	1.56	0.22
内蒙古	0.45	0.38	0.07
辽宁	2.38	2.06	0.32
吉林	0.85	0.69	0.16
黑龙江	0.61	0.48	0.13
上海	5.01	4.75	0.26
江苏	3.68	2.96	0.72
浙江	2.33	1.75	0.58
安徽	1.85	1.47	0.38
福建	1.15	0.84	0.31
江西	0.77	0.56	0.21
山东	5.13	4.46	0.67
河南	1.95	1.51	0.44
湖北	1.08	0.90	0.18
湖南	0.57	0.50	0.07
广东	1.57	1.38	0.19
广西	0.59	0.48	0.11
海南	1.45	0.94	0.51
重庆	0.69	0.51	0.18
四川	0.38	0.27	0.11
贵州	0.52	0.34	0.18

续表

地区	构筑物占地比重		变化量
	2019 年	2015 年	
云南	0.63	0.43	0.20
西藏	0.05	0.03	0.02
陕西	1.18	0.87	0.31
甘肃	0.71	0.63	0.08
青海	0.37	0.31	0.06
宁夏	2.02	1.51	0.51
新疆	0.29	0.25	0.04

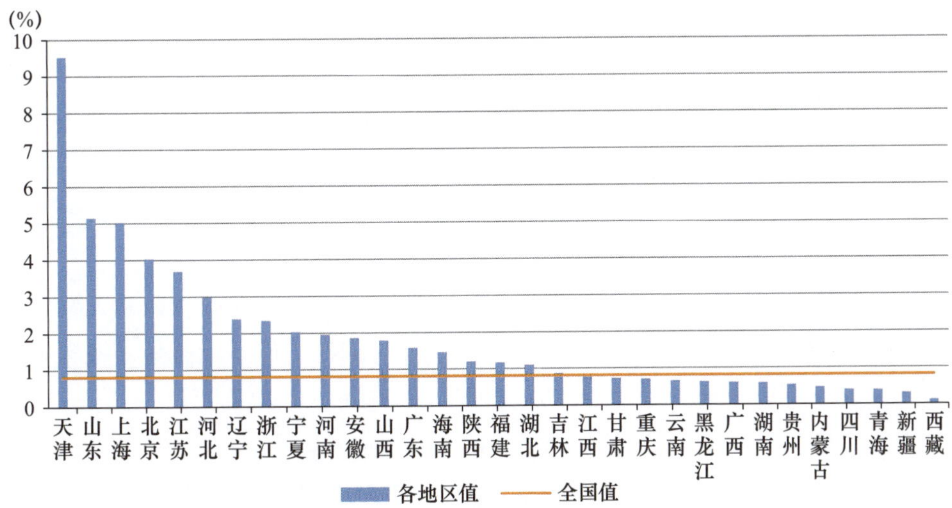

图 3.14 各地区构筑物占地比重

全国构筑物占地比重为 0.79%，见图 3.14，18 个省份的构筑物占地比重大于全国平均值，主要分布在东部、中部地区；其余 13 个省份的构筑物占地比重小于全国平均值，主要分布在东北、西部地区。

从地域分布看，东部、中部地区的构筑物占地比重较大，主要原因是上述区域人口数量较多，需要更多的构筑物来满足人们的日常生活需要；东北、西部地区人口较少，对构筑物的需求相对较小，再加上地域辽阔，使得构筑物占地比重较小。

与 2015 年相比，见图 3.15，全国构筑物面积增加了 21.72%（1.33 万平方千米），全国构筑物占地比重增加了 0.14%。除北京外 30 个省份的构筑物占地比重都有所增加，其中，天津、江苏、山东等 21 个省份的增加量高于全国平均增加量，天津增加最多，增加了 0.81%；西藏、新疆、青海等 9 个省份低于全国平均增加量；北京的低矮房屋建筑区占地比重有所减少，减少了 0.26%。

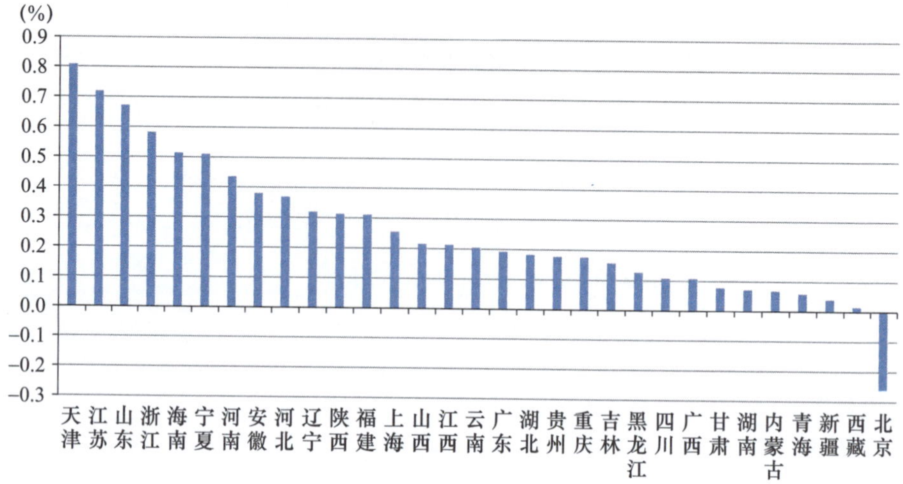

图 3.15　各地区构筑物占地比重变化统计

3.1.5　人工堆掘地占地比重

人工堆掘地是指被人类活动形成的弃置物长期覆盖或经人工开掘、正在进行大规模土木工程而出露的地表。人工堆掘地占地比重是指一个地区内人工堆掘地面积与该地区国土面积的比值。

从全国看，见表 3.7 和图 3.16，人工堆掘地占地比重较大的省份是天津、上海、北京，最大值为天津的 5.53%；人工堆掘地占地比重较小的 5 个省份是西藏、青海、黑龙江、新疆、四川，最小值为西藏的 0.03%。

表 3.7　各地区人工堆掘地占地比重及变化统计　　单位：%

地区	人工堆掘地占地比重		变化量
	2019 年	2015 年	
北京	3.58	1.59	1.99
天津	5.53	3.93	1.60
河北	1.54	1.27	0.27
山西	1.50	1.01	0.49
内蒙古	0.39	0.30	0.09
辽宁	1.33	1.26	0.07
吉林	0.42	0.30	0.12
黑龙江	0.22	0.18	0.04
上海	3.81	3.35	0.46
江苏	1.55	1.45	0.10
浙江	1.76	1.34	0.42
安徽	1.39	0.87	0.52

续表

地区	人工堆掘地占地比重		变化量
	2019 年	2015 年	
福建	1.05	1.03	0.02
江西	1.02	0.92	0.10
山东	1.51	1.08	0.43
河南	1.54	1.03	0.51
湖北	1.05	0.75	0.30
湖南	0.79	0.66	0.13
广东	1.21	1.16	0.05
广西	0.63	0.51	0.12
海南	0.83	0.68	0.15
重庆	0.97	0.75	0.22
四川	0.32	0.24	0.08
贵州	1.06	0.67	0.39
云南	0.50	0.35	0.15
西藏	0.03	0.01	0.02
陕西	0.82	0.50	0.32
甘肃	0.46	0.31	0.15
青海	0.09	0.09	0.00
宁夏	1.31	0.86	0.45
新疆	0.26	0.18	0.08

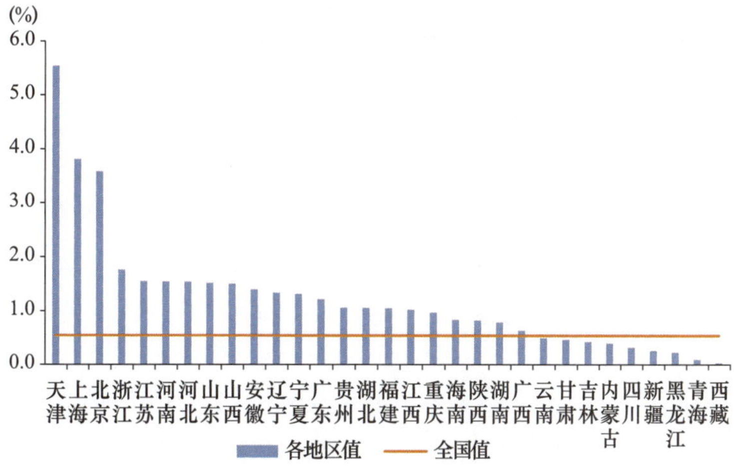

图 3.16 各地区人工堆掘地占地比重

全国人工堆掘地占地比重为 0.54%，见图 3.16，22 个省份的人工堆掘地占地比重大于全国平均值，主要分布在东部、中部地区；其余 9 个省份的人工堆掘地占地比重小于全国平均值，主要分布在东北、西部地区。

与 2015 年相比，见图 3.17，全国人工堆掘地面积增加了 32.10%（1.25 万平方千米），全国人工堆掘地占地比重增加了 0.13%。全国 31 个省份的人工堆掘地占地比重都有所增加，其中，北京、天津等 17 个省份的增加量高于全国平均增加量，北京增加最多，增加了 1.99%；青海、福建、西藏等 14 个省份的增加量低于全国平均增加量。

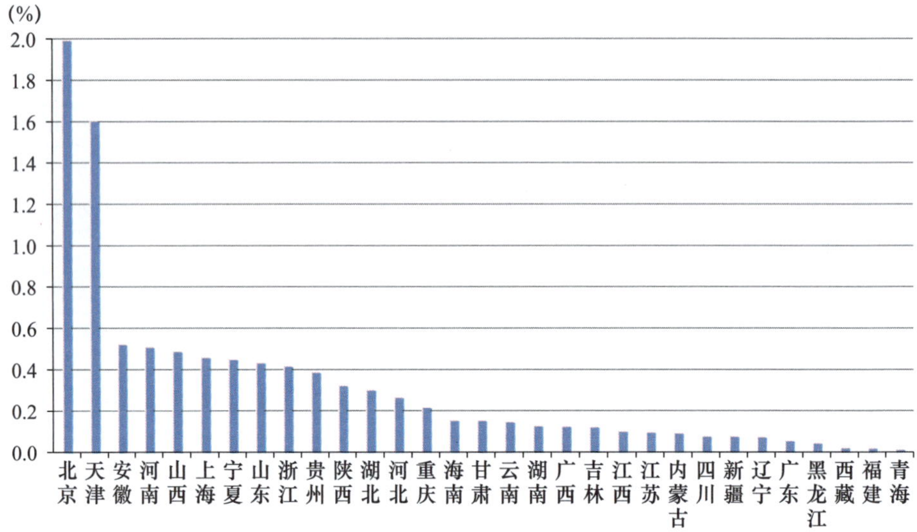

图 3.17 各地区人工堆掘地占地比重变化统计

3.2 建设用地开发强度

由于地表资源的空间分布有限，人类对地表资源开发利用的强度和速度不断增强，在一定的时空范围，存在有限的地表资源供给能力与日益增长的人类社会需求之间的矛盾冲突。这一矛盾如果不能及时得到解决，则会出现地表资源开发利用不合理、生态环境退化、资源难以持续利用等问题，从而影响人类社会的可持续发展。本节主要从由房屋建筑区、铁路与道路、构筑物和人工堆掘地组成的人工地表的占地比重、人均拥有量等方面反映建设用地开发利用强度。

3.2.1 人工地表占地比重

人工地表占地比重为一个地区内人工地表面积与该地区国土面积的比值。

从全国看，见表 3.8 和图 3.18，人工地表占地比重较大的 5 个省份是上海、天津、山东、北京、江苏，最大值为上海的 33.97%；人工地表占地比重较小的 5 个省份是西藏、青海、新疆、内蒙古、黑龙江，最小值为西藏的 0.23%。

表 3.8 各地区人工地表占地比重及变化统计 单位:%

地区	人工地表占地比重		变化量
	2019 年	2015 年	
北京	19.04	18.18	0.86
天津	27.26	24.34	2.92
河北	12.63	11.49	1.14
山西	7.71	6.74	0.97
内蒙古	1.68	1.45	0.23
辽宁	8.93	8.28	0.65
吉林	3.30	2.88	0.42
黑龙江	2.10	1.87	0.23
上海	33.97	33.70	0.27
江苏	19.04	17.38	1.66
浙江	12.66	11.20	1.46
安徽	10.22	8.85	1.37
福建	6.73	6.22	0.51
江西	6.19	5.49	0.70
山东	19.27	17.43	1.84
河南	13.70	12.05	1.65
湖北	6.35	5.47	0.88
湖南	6.00	5.33	0.67
广东	9.24	8.46	0.78
广西	4.32	3.75	0.57
海南	6.09	5.02	1.07
重庆	6.08	5.10	0.98
四川	3.05	2.62	0.43
贵州	4.99	3.92	1.07
云南	3.53	2.85	0.68
西藏	0.23	0.17	0.06
陕西	5.32	4.43	0.89

续表

地区	人工地表占地比重		变化量
	2019 年	2015 年	
甘肃	2.51	2.16	0.35
青海	0.73	0.64	0.09
宁夏	7.03	5.73	1.30
新疆	1.02	0.85	0.17

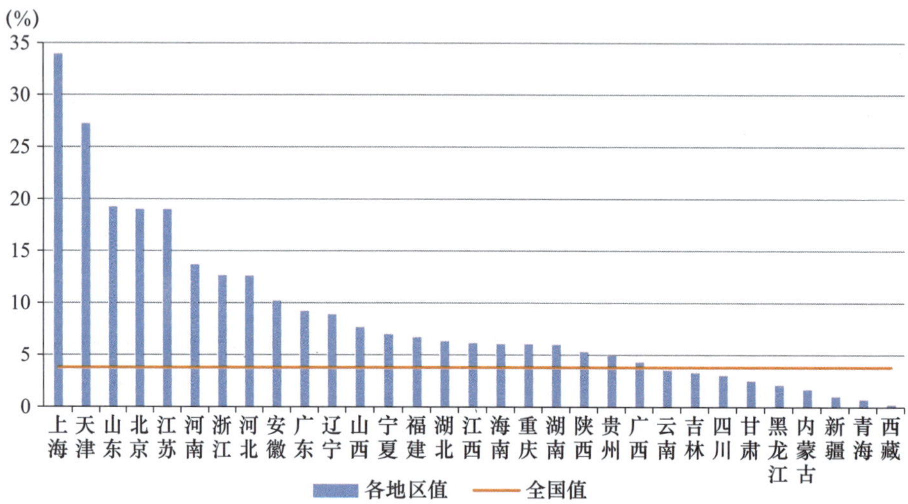

图 3.18　各地区人工地表占地比重

全国人工地表占地比重为 3.77%。见图 3.18，22 个省份的人工地表占地比重大于全国平均值，主要分布在东部、中部地区；其余 9 个省份的人工地表占地比重小于全国平均值，主要分布在东北、西部地区。

人工地表建设是区域经济发展的基础。整体来看，人工地表规模与经济呈现出明显的正相关性。经济越发达，人工地表规模越大。

与 2015 年相比，见图 3.19，全国人工地表面积增加了 14.09%（4.40 万平方千米），全国人工地表占地比重增加了 0.47%。31 个省份的人工地表占地比重都有所增加，其中，天津、山东、江苏、河南等 22 个省份的增加量高于全国平均增加量，天津增加最多，增加了 2.92%；西藏、青海、新疆等 9 个省份的增加量低于全国平均增加量。

五大国家战略区人工地表占地比重见表 3.9。五大国家战略区人工地表占地比重都高于全国平均水平，粤港澳大湾区人工地表占地比重最高，黄河流域最低。与 2015 年相比，五大国家战略区人工地表面积都有所增加，人工地表占地比重增加幅度都高于全国增幅平均水平，长江三角洲增加幅度最大，黄河流域增加幅度最小。

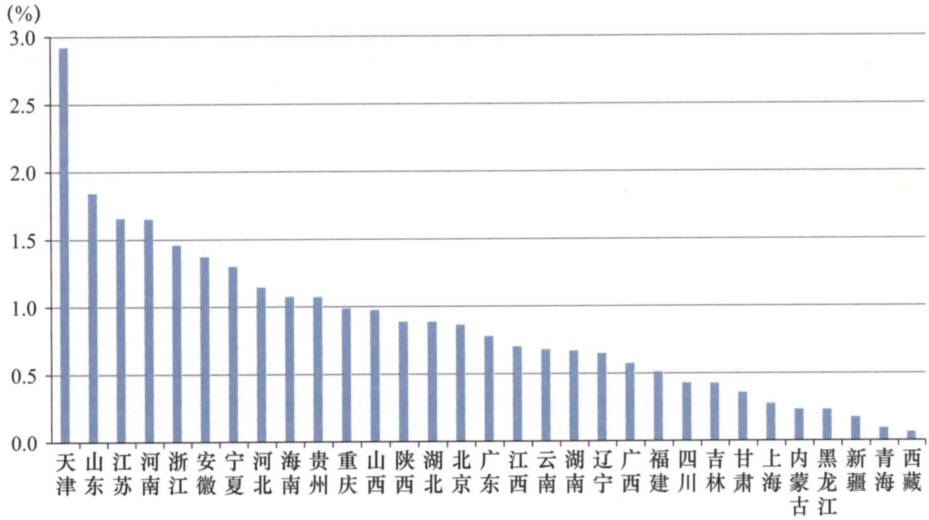

图 3.19 各地区人工地表占地比重变化统计

表 3.9 五大国家战略区人工地表占地比重及变化统计 单位:%

地区	人工地表占地比重		变化量
	2019 年	2015 年	
长江经济带	6.17	5.35	0.82
京津冀地区	13.92	12.71	1.21
粤港澳大湾区	15.33	14.30	1.03
长江三角洲	14.59	13.20	1.39
黄河流域	4.30	3.70	0.60

3.2.2 人工地表人均拥有量

人工地表人均拥有量是指在一个地区内人均拥有的人工地表面积。

从全国看，见表 3.10 和图 3.20，人工地表每万人平均拥有量较大的 5 个省份是青海、西藏、内蒙古、新疆、宁夏，最大值为青海的 8.38 平方千米；人工地表每万人平均拥有量较小的 5 个省份是上海、广东、北京、重庆、四川，最小值为上海的 0.99 平方千米。

表 3.10 各地区人工地表每万人平均拥有量及变化统计 单位：平方千米

地区	人工地表人均拥有量		变化量
	2019 年	2015 年	
北京	1.45	1.37	0.08
天津	2.07	1.87	0.20

续表

地区	人工地表人均拥有量		变化量
	2019 年	2015 年	
河北	3.13	2.91	0.22
山西	3.24	2.88	0.36
内蒙古	7.58	6.60	0.98
辽宁	3.02	2.78	0.24
吉林	2.35	2.00	0.35
黑龙江	2.53	2.22	0.31
上海	0.99	0.97	0.02
江苏	2.41	2.23	0.18
浙江	2.25	2.09	0.16
安徽	2.25	2.02	0.23
福建	2.07	1.98	0.09
江西	2.21	2.01	0.20
山东	2.99	2.76	0.23
河南	2.35	2.11	0.24
湖北	1.99	1.74	0.25
湖南	1.84	1.67	0.17
广东	1.42	1.39	0.03
广西	2.06	1.85	0.21
海南	2.19	1.87	0.32
重庆	1.60	1.39	0.21
四川	1.77	1.55	0.22
贵州	2.43	1.96	0.47
云南	2.78	2.30	0.48
西藏	7.95	6.24	1.71
陕西	2.82	2.40	0.42
甘肃	4.04	3.53	0.51
青海	8.38	7.55	0.83
宁夏	5.26	4.45	0.81
新疆	6.61	5.91	0.70

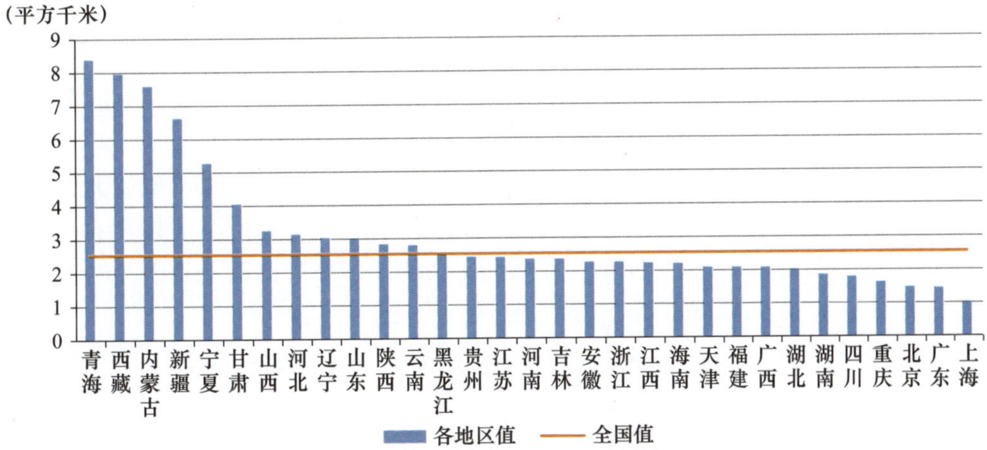

图 3.20　各地区人工地表每万人平均拥有量

全国人工地表每万人平均拥有量为 2.54 平方千米，见图 3.20，12 个省份的人工地表每万人平均拥有量高于全国平均水平，主要分布在青藏、西北、北方（除京津）地区；其余 19 个省份的人工地表每万人平均拥有量低于全国平均水平，主要分布在北方的北京、天津和南方地区。人工地表每万人平均拥有量较大的区域主要分布在西北地区、西藏，这些地区面积广阔、人员稀少，导致人均面积较大。

与 2015 年相比，见图 3.21，全国人工地表每万人平均拥有量增加了 0.27 平方千米。全国 31 个省份的人工地表每万人平均拥有量都有所增加，其中，西藏、内蒙古、青海、宁夏、新疆等 13 个省份的增加量高于全国平均增加量，西藏增加最多，增加了 1.71 平方千米；上海、广东、北京、福建等 18 个省份的增加量低于全国平均增加量。

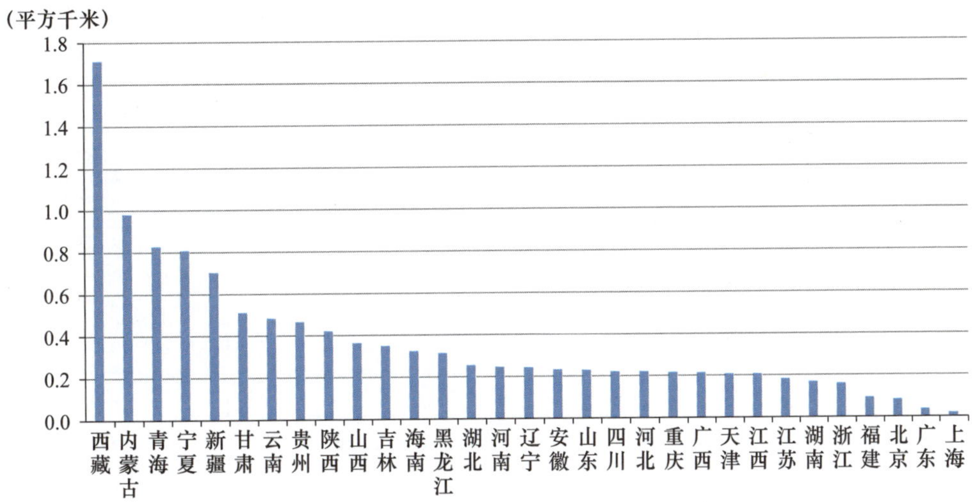

图 3.21　各地区人工地表每万人平均拥有量变化统计

3.2.3 单位人工地表第二、第三产业产值

单位人工地表第二、第三产业产值指在一个地区内，每平方千米人工地表面积上产出的第二、第三产业合计产值。

从全国看，见表 3.11 和图 3.22，单位人工地表第二、第三产业产值较大的 5 个省份是上海、北京、广东、江苏、福建，最大值为上海的 15.89 亿元/平方千米；单位人工地表第二、第三产业产值较小的 5 个省份是青海、西藏、新疆、甘肃、内蒙古，最小值为青海的 0.52 亿元/平方千米。

表 3.11 各地区单位人工地表第二、第三产业产值及变化统计

单位：亿元/平方千米

地区	单位人工地表第二、第三产业产值		变化量
	2019 年	2015 年	
北京	11.29	7.67	3.62
天津	4.30	5.64	−1.34
河北	1.33	1.22	0.11
山西	1.34	1.13	0.21
内蒙古	0.80	0.98	−0.18
辽宁	1.73	2.16	−0.43
吉林	1.65	2.26	−0.61
黑龙江	1.10	1.47	−0.37
上海	15.89	10.63	5.26
江苏	4.90	3.72	1.18
浙江	4.58	3.54	1.04
安徽	2.39	1.58	0.81
福建	4.84	3.14	1.70
江西	2.20	1.63	0.57
山东	2.19	2.14	0.05
河南	2.19	1.64	0.55
湖北	3.56	2.58	0.98
湖南	2.84	2.26	0.58
广东	6.30	4.62	1.68
广西	1.75	1.60	0.15
海南	2.04	1.67	0.37

续表

地区	单位人工地表第二、第三产业产值		变化量
	2019 年	2015 年	
重庆	4.40	3.47	0.93
四川	2.82	2.07	0.75
贵州	1.65	1.28	0.37
云南	1.49	1.06	0.43
西藏	0.56	0.46	0.10
陕西	2.18	1.80	0.38
甘肃	0.72	0.64	0.08
青海	0.52	0.50	0.02
宁夏	0.95	0.90	0.05
新疆	0.71	0.56	0.15

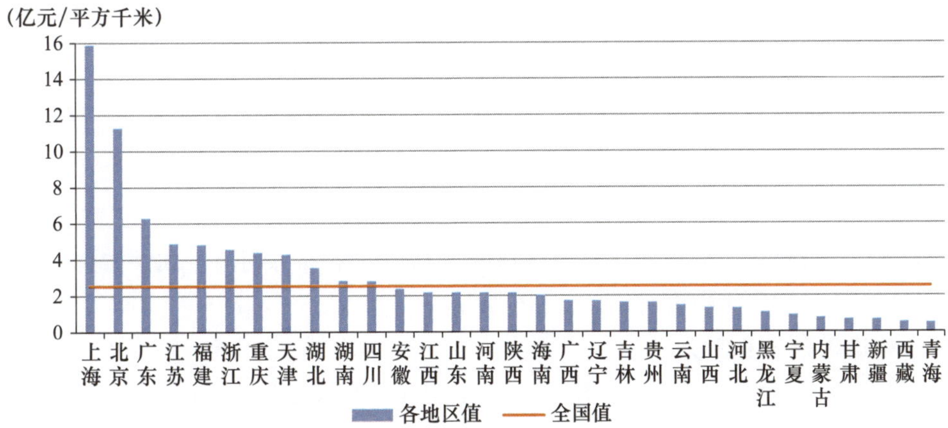

图 3.22 各地区单位人工地表第二、第三产业产值

全国单位人工地表第二、第三产业产值为 2.57 亿元/平方千米。见图 3.22，11 个省份的单位人工地表第二、第三产业产值高于全国平均水平，主要分布在东部地区；其余 20 个省份的单位人工地表第二、第三产业产值低于全国平均水平，主要分布在中部、东北、西部地区。

整体来看，单位人工地表第二、第三产业产值与经济发展水平呈现正相关性，上海、北京、东部沿海地区经济较为发达，其单位人工地表第二、第三产业产值也相对较高。在经济欠发达地区，单位人工地表第二、第三产业产值都偏低。

与 2015 年相比，见图 3.23，全国单位人工地表第二、第三产业产值增加了 0.57 亿元/平方千米。除了天津、吉林、辽宁、黑龙江、内蒙古外的 26 个省份的单位人工地表第二、第三产业产值都有所增加，其中，上海、北京、福建、广东、江苏等 13 个省份的增加量高于全国平均增加量，上海增加最多，增加了 5.26 亿元/平方千米；青海、宁夏、西藏、山东等 13 个省份的增加量低于全国平均增加量；天津、吉林、辽宁、黑龙江、内蒙古等 5 个省份的单位人工地表第二、第三产业产值有所减少，天津减少了 1.34 亿元/平方千米。

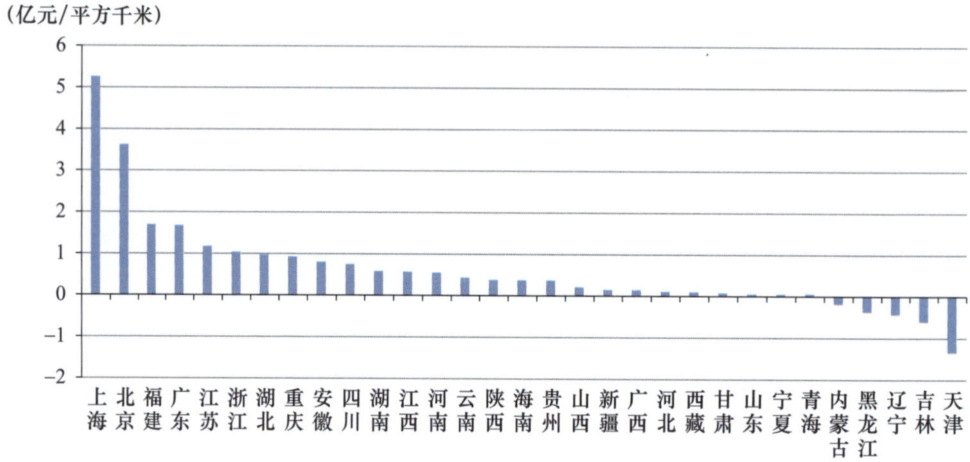

图 3.23　各地区单位人工地表第二、第三产业产值变化统计

3.3　本章小结

本章从建设用地开发现状、建设用地开发利用强度等方面通过相关指标对建设用地开发利用程度进行了综合分析，分析结果如下所述。

1. 建设用地开发现状

全国人工地表面积为 35.63 万平方千米，其中房屋建筑区占 45.68%，铁路与道路占 19.03%，构筑物占 20.86%，人工堆掘地占 14.43%。与 2015 年相比，人工地表的总面积增加了 14%（4.4 万平方千米），4 类人工地表的面积都有不同程度的增加，人工地表的分布与人口数量、经济发展水平高度正相关，总体上，东部地区的地表开发水平高于西部地区。

全国房屋建筑区占地比重为 1.72%，22 个省份的房屋建筑区占地比重大于全国平均值，主要分布在东部、中部地区。与 2015 年相比，全国房屋建筑区面积增加了 6.28%（0.96 万平方千米）。

房屋建筑区密度地域差异明显，多层房屋建筑区占比、低矮房屋建筑区占比都呈现为东高西低的特点，各类房屋建筑区的分布密度都与区域人口分布密度高度相关。

全国多层房屋建筑区占地比重为 0.18%，22 个省份的多层房屋建筑区占地比重大于全国平均值。全国低矮房屋建筑区占地比重为 1.54%，22 个省份的低矮房屋建筑区占地比重大于全国平均值。与 2015 年相比，全国多层房屋建筑区面积增加了 14.31%

（0.21 万平方千米），全国低矮房屋建筑区面积增加了 5.44%（0.75 万平方千米）。

全国铁路与道路占地比重为 0.72%，全国 24 个省份的铁路与道路占地比重大于全国平均值，部分省份铁路和公路建设水平明显低于全国水平。全国构筑物占地比重为 0.79%，18 个省份的构筑物占地比重大于全国平均值，构筑物的分布整体较为均衡。全国人工堆掘地占地比重为 0.54%，22 个省份的人工堆掘地占地比重大于全国平均值，人工堆掘地的开发集中度较高。与 2015 年相比，全国铁路与道路面积增加了 14.60%（0.86 万平方千米），全国构筑物面积增加了 21.72%（1.33 万平方千米），全国人工堆掘地面积增加了 32.10%（1.25 万平方千米）。

2. 建设用地开发利用强度

东部地区经济发达，土地开发强度大，同时由于人口数量大，人均人工地表面积较小，但由于经济总量大，单位人工地表面积的产值更高。全国人工地表占地比重为 3.77%，22 个省份的人工地表开发率大于全国平均值，说明大部分地区的人工地表占地比重较大，同时少数区域则明显落后于全国水平。全国每万人平均拥有人工地表面积为 2.54 平方千米，12 个省份的人均人工地表面积高于全国平均水平，人均人工地表面积较大的区域主要分布在西部地区。与 2015 年相比，全国人工地表占地比重增加了 0.47%；全国每万人平均拥有人工地表面积增加了 0.27 平方千米。

东部地区人工地表占地比重较高，经济发展水平高，单位人工地表面积第二、第三产业产值也较高。全国单位人工地表第二、第三产业产值为 2.57 亿元/平方千米，11 个省份的单位人工地表第二、第三产业产值高于全国平均水平，主要分布在东部地区。与 2015 年相比，全国单位人工地表第二、第三产业产值增加了 0.57 亿元/平方千米，除了天津、吉林、辽宁、黑龙江、内蒙古外的 26 个省份的单位人工地表第二、第三产业产值都有所增加。

第4章 地表生态格局

我国辽阔的陆地和海洋资源，为中华民族繁衍和永续发展提供了源源不断的资源。生态文明事关国家资源安全、生态安全，事关美丽中国建设，事关当代人福祉和子孙后代永续发展。地表生态系统是生态系统中最活跃，且与人类生产生活最密切相关的系统之一。研究地表生态系统的空间格局状况是建设生态文明的重要内容。

生态格局是生态系统或生态系统属性空间变异程度的具体表现，是指不同地表生态系统或地表要素的斑块特征及其在空间上的配置规律。生态格局决定了资源环境的分布形式和组分，制约着各种生态过程，与生态抗干扰能力、恢复能力、系统稳定性和生物多样性有着密切的联系。地表生态格局是景观生态学研究的核心之一，目的就是在似乎是无序的景观上发现潜在的有意义的秩序（规律）。

本章基于地理国情监测数据成果，结合专业部门相关数据和管理规定①，从生态状况、生态压力、生态保护与绿色发展等角度对全国31个省份的相关生态学指标进行定量评估，分析空间分异规律，为改善区域生态环境提供理论参考依据，对实现跨区域资源与环境的协调可持续发展具有重要现实意义。

4.1 生态状况

自然生态状况是自然生态空间保护与合理利用的基础，对评估自然生态空间的生态效果、促进生态环境保护具有重要的指导作用。本节围绕自然生态空间覆盖率、水网密度、自然生态空间优势度、生境质量指数、水源涵养指数等指标对全国31个省份的生态状况进行分析，力求从中提取出有价值的生态信息，从而为区域生态战略布局提供可借鉴的依据。

4.1.1 自然生态空间覆盖率

自然生态空间覆盖率是一个区域内的自然生态要素空间覆盖面积占区域总面积的

---

① 《自然生态空间用途管制办法（试行）》，国土资源部，2017；《生态县、生态市、生态省建设指标（修订稿）》，国家环境保护总局，2008；《关于创新体制机制推进农业绿色发展的意见》，中共中央办公厅、国务院办公厅，2017；《地理国情监测内容指标》（CH/T 9029—2019）。

比例，是反映一个国家或地区自然生态空间占有情况或者自然资源丰富程度的重要指标，也是确定自然生态空间的经营和开发利用的重要依据之一。依据相关文献及地理国情监测指标体系[①]，自然生态地表包括除水田、旱地外的种植土地、林草覆盖（稀疏灌丛除外）、荒漠与裸露地和水域。自然生态空间覆盖率反映区域内自然生态空间的覆盖情况，覆盖率越高，表明区域总体的自然生态作用越强。

从全国看，见表 4.1 和图 4.1，自然生态空间覆盖率较高的 5 个省份是西藏、青海、福建、新疆和四川，最大值为西藏的 98.83%；自然生态空间覆盖率较低的 5 个省份是上海、河南、江苏、山东和天津，最小值为上海的 37.93%。全国整体自然生态空间覆盖率为 78.80%，9 个省份的自然生态空间覆盖率高于全国整体水平。

表 4.1 各地区自然生态空间覆盖率及变化统计 单位：%

地区	自然生态空间覆盖率		变化量
	2019 年	2015 年	
北京	74.61	73.44	1.17
天津	43.74	42.97	0.77
河北	54.29	53.39	0.90
山西	68.88	70.35	−1.47
内蒙古	82.25	82.92	−0.67
辽宁	54.62	55.22	−0.60
吉林	54.94	55.21	−0.27
黑龙江	59.27	59.94	−0.67
上海	37.93	37.10	0.83
江苏	38.67	38.30	0.37
浙江	76.33	77.12	−0.79
安徽	48.29	48.62	−0.33
福建	85.95	86.07	−0.12
江西	76.52	76.83	−0.31
山东	39.05	37.25	1.80
河南	38.16	38.54	−0.38
湖北	65.23	65.80	−0.57
湖南	72.71	72.93	−0.22
广东	78.98	79.72	−0.74

① 《自然生态空间用途管制办法（试行）》，国土资源部，2017；《生态县、生态市、生态省建设指标（修订稿）》，国家环境保护总局，2008；《关于创新体制机制推进农业绿色发展的意见》，中共中央办公厅、国务院办公厅，2017；《地理国情监测内容指标》（CH/T 9029—2019）。

续表

地区	自然生态空间覆盖率		变化量
	2019 年	2015 年	
广西	79.90	79.41	0.49
海南	80.45	80.32	0.13
重庆	68.79	69.12	−0.33
四川	83.31	82.88	0.43
贵州	68.33	68.74	−0.41
云南	78.62	78.65	−0.03
西藏	98.83	97.98	0.85
陕西	78.58	79.61	−1.03
甘肃	74.70	75.13	−0.43
青海	96.88	96.99	−0.11
宁夏	67.32	69.62	−2.30
新疆	85.41	85.68	−0.27

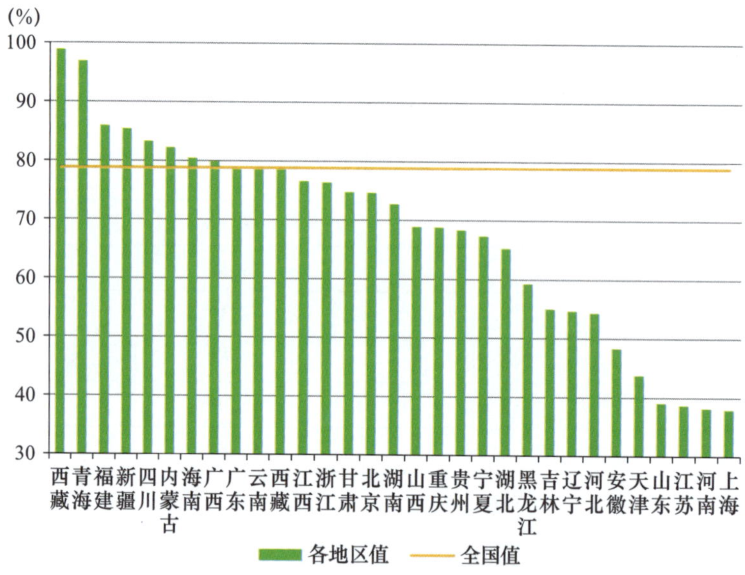

图 4.1　各地区自然生态空间覆盖度

从地区分布来看，见图 4.2，自然生态空间覆盖率整体呈现西高东低的分布。全国共有 22 个省份的自然生态空间覆盖率低于全国整体水平。根据全国自然生态空间覆盖率国土面积统计结果分析，见图 4.3，我国自然生态空间覆盖率超过 98%的地区面积相对较大，经济水平薄弱、人口较少的西部地区自然生态空间覆盖率较高，自然资源整体保有率较高，而东部地区整体的自然生态资源覆盖率较低，自然生态空间保护压力大。

图 4.2　全国自然生态空间覆盖率分布

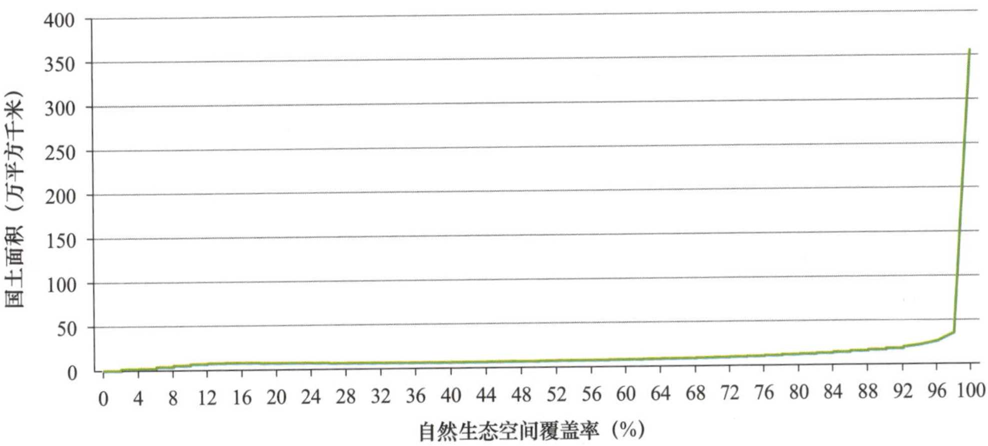

图 4.3　全国自然生态空间覆盖率与国土面积关系

与 2015 年相比，见图 4.4，全国整体自然生态空间覆盖率略有下降（下降了 0.14 个百分点）。全国共有 10 个省份的自然生态空间覆盖率有所增加，按增加大小的顺序分别为山东、北京、河北、西藏、上海和天津等省份，山东和北京的自然生态空间覆盖率分别增加了 1.80 和 1.17 个百分点；其余 21 个省份的自然生态空间覆盖率都有所下降，下降最多的为宁夏、山西、陕西、浙江和广东，宁夏的自然生态空间覆盖率下降了 2.30 个百分点。总的来说，自然生态空间覆盖率 2015 年至 2019 年全国各地区变化相对不大，中西部地区城镇化提速，自然生态空间覆盖率略有下降。京津冀地区近两年注重区域生态建设，地区自然生态空间覆盖率缓慢提升。

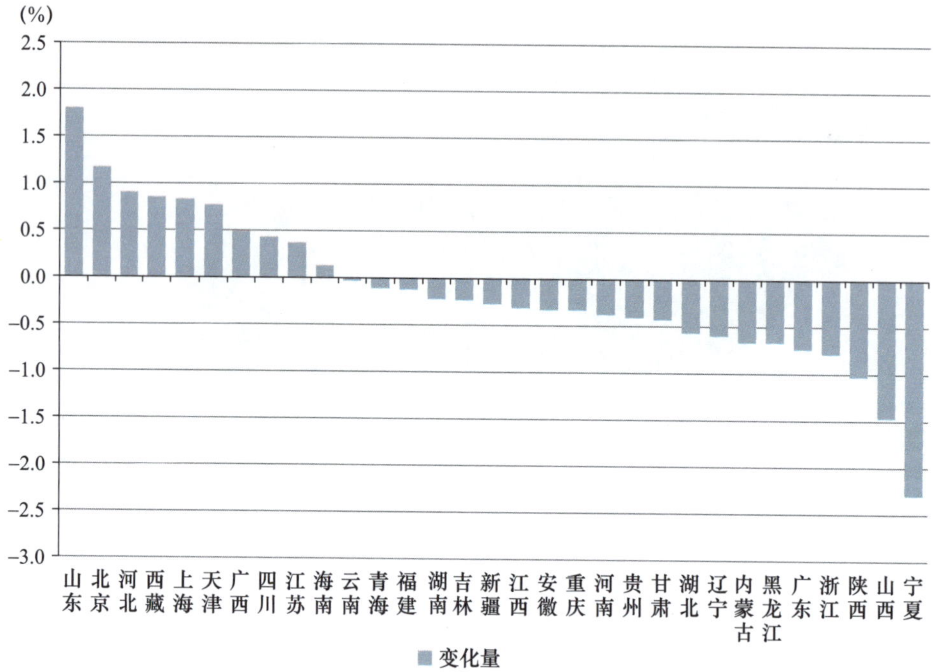

图 4.4 各地区自然生态空间覆盖率变化统计

4.1.2 水网密度

水是构成生态环境的基本要素之一，是人类社会赖以生存和发展的重要场所，也是受人类干扰和破坏最严重的领域。水网密度采用统计区域内地表河流①、水渠②总长度与统计区域面积之比，用于反映被评价区域地表水体的覆盖密集程度。水网密度值越高，表明区域内地表水体的覆盖越密集，反之，水网密度值越低，表明区域内地表水体覆盖越稀疏。

从全国看，见表 4.2 和图 4.5，水网密度较高的 3 个省份是江苏、上海和天津，最大值为江苏的 2866.23 米/平方千米；水网密度较低的 5 个省份是内蒙古、吉林、河北、山西和贵州。全国共有 18 个省份的水网密度高于全国整体值。

① 包括实地长度大于 500 米的时令河和常年河，以及实地长度大于 1000 米的干涸河。

② 实地宽度大于 3 米、长度大于 500 米的固定水渠，不含毛渠。

表 4.2 各地区水网密度及变化统计 单位：米/平方千米

地区	水网密度		变化量
	2019 年	2015 年	
北京	667.06	561.81	105.25
天津	1928.68	1964.67	−35.99
河北	649.90	648.36	1.54
山西	653.16	653.56	−0.40
内蒙古	427.16	425.43	1.73
辽宁	831.62	834.09	−2.47
吉林	549.84	544.97	4.87
黑龙江	678.16	672.71	5.45
上海	2502.92	2504.03	−1.11
江苏	2866.23	2864.25	1.98
浙江	1480.32	1482.86	−2.54
安徽	1438.79	1439.71	−0.92
福建	1010.79	1011.31	−0.52
江西	873.66	875.32	−1.66
山东	1664.99	1596.34	68.65
河南	917.54	917.21	0.33
湖北	1139.22	1135.53	3.69
湖南	962.89	960.09	2.80
广东	1430.71	1438.84	−8.13
广西	828.80	830.09	−1.29
海南	979.26	974.62	4.64
重庆	974.56	977.97	−3.41
四川	977.68	978.06	−0.38
贵州	662.13	663.52	−1.39
云南	1117.26	1117.6	−0.34
西藏	903.07	902.25	0.82
陕西	754.96	783.79	−28.83
甘肃	709.35	709.71	−0.36
青海	821.49	817.45	4.04
宁夏	896.57	879.42	17.15
新疆	792.64	793.04	−0.40

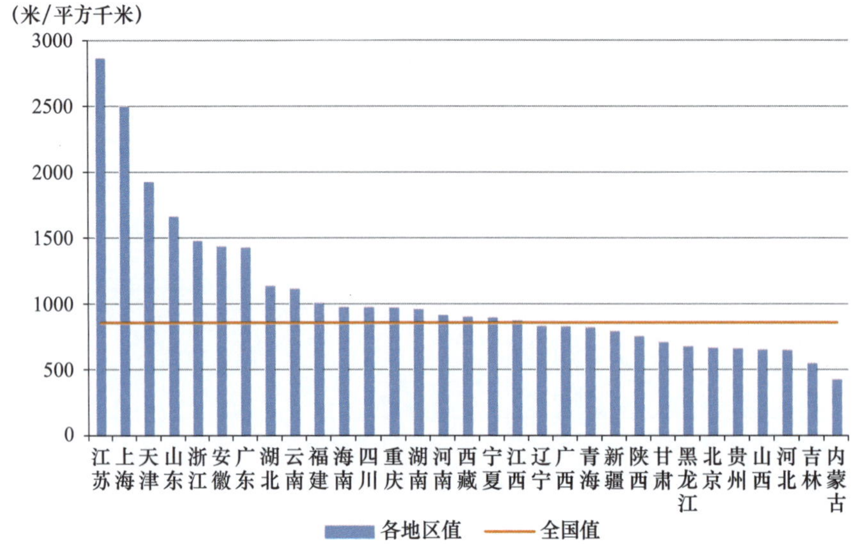

图 4.5　各地区水网密度

从地区分布来看，见图 4.6，水网密度较高的省份主要集中于华东、东南沿海、西南和华南地区，尤以长三角地区突出，这些地区水网密布，河道纵横，水网密度整体较高。而在华北、东北及西北部分地区，降雨量较少，河流湖泊数量明显少于其他地区，尤其是华北地区，人口密度高，水资源消耗量高，人均水资源量低。总体上看，我国的水网密度空间分布受到自然地理环境的影响较大。各地区应该结合地区实际，制定适合于区域发展的水资源战略，保证经济社会可持续发展的水资源需求。

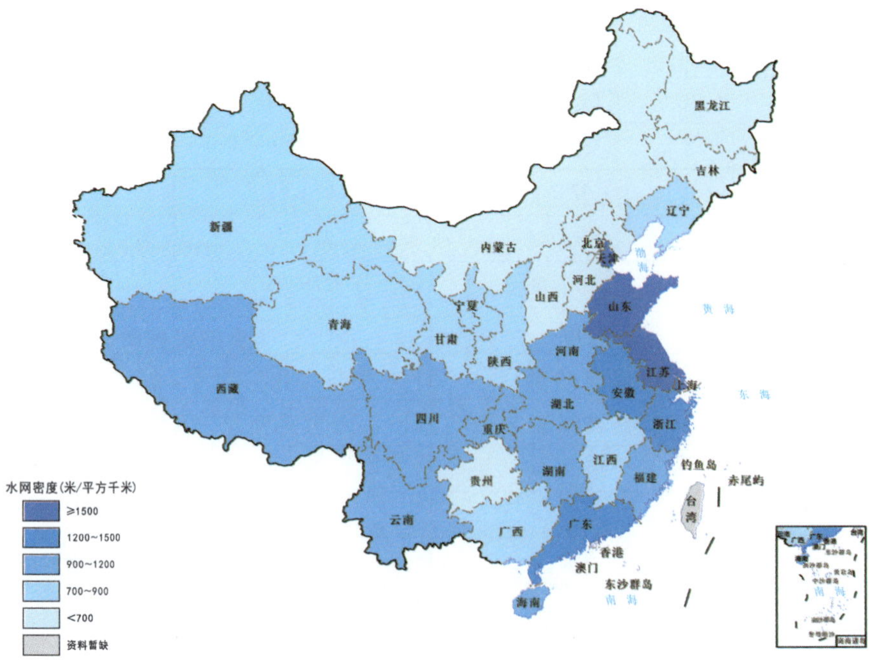

图 4.6　全国水网密度分布

与 2015 年相比，见图 4.7，全国共有 14 个省份的水网密度有所增加，增加最多的 3 个省份分别为北京、山东和宁夏。北京和山东的水网密度分别增加了 105.25 米/平方千米和 68.65 米/平方千米；其余 17 个省份的水网密度都有不同程度的减少，其中减少量最大的为天津和陕西，分别减少了 35.99 米/平方千米和 28.83 米/平方千米。

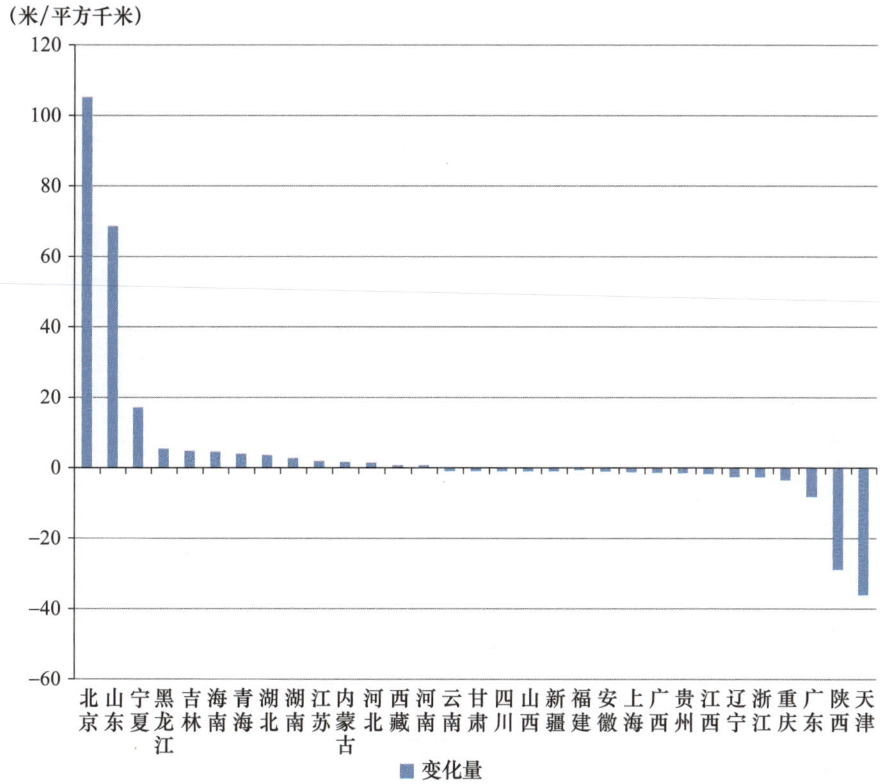

图 4.7 各地区水网密度变化统计

4.1.3 自然生态空间优势度

空间优势度是表示群落内各生态要素种类处于何种优势或劣势状态的群落测定度。把整个地表图斑集合也作为一个系统群落来看，自然生态空间优势度反映了地表自然生态类图斑种群数量的变化情况和在系统群落中的地位与作用。自然生态空间优势度指数越大，说明群落内自然生态要素图斑数量分布越不均匀，优势自然生态要素种群的地位越突出。

从全国看，见表 4.3 和图 4.8，自然生态空间优势度较突出的两个地区是西藏和青海，最大值为西藏的 1.40；自然生态空间优势度较低的 5 个省份是天津、上海、江苏、山东和安徽，表明这些省份的自然生态地类数量较为均匀，优势地类的地位不太突出。

表 4.3 各地区自然生态空间优势度及变化统计

地区	自然生态空间优势度		变化量
	2019 年	2015 年	
北京	0.82	1.31	−0.49
天津	0.35	1.52	−1.17
河北	0.85	1.57	−0.72
山西	1.09	1.67	−0.58
内蒙古	1.23	1.40	−0.17
辽宁	0.90	1.68	−0.78
吉林	1.12	2.14	−1.02
黑龙江	1.18	1.98	−0.80
上海	0.41	1.07	−0.66
江苏	0.60	1.83	−1.23
浙江	0.85	1.24	−0.39
安徽	0.79	1.37	−0.58
福建	1.22	1.73	−0.51
江西	1.06	1.55	−0.49
山东	0.70	1.38	−0.68
河南	0.84	1.62	−0.78
湖北	0.93	1.46	−0.53
湖南	1.07	1.29	−0.22
广东	0.98	1.68	−0.70
广西	1.21	1.57	−0.36
海南	0.98	1.63	−0.65
重庆	1.08	1.71	−0.63
四川	1.28	1.70	−0.42
贵州	1.18	1.72	−0.54
云南	1.24	1.76	−0.52
西藏	1.40	1.67	−0.27
陕西	1.23	1.68	−0.45
甘肃	1.01	1.35	−0.34
青海	1.40	1.71	−0.31
宁夏	1.02	1.68	−0.66
新疆	1.06	1.43	−0.37

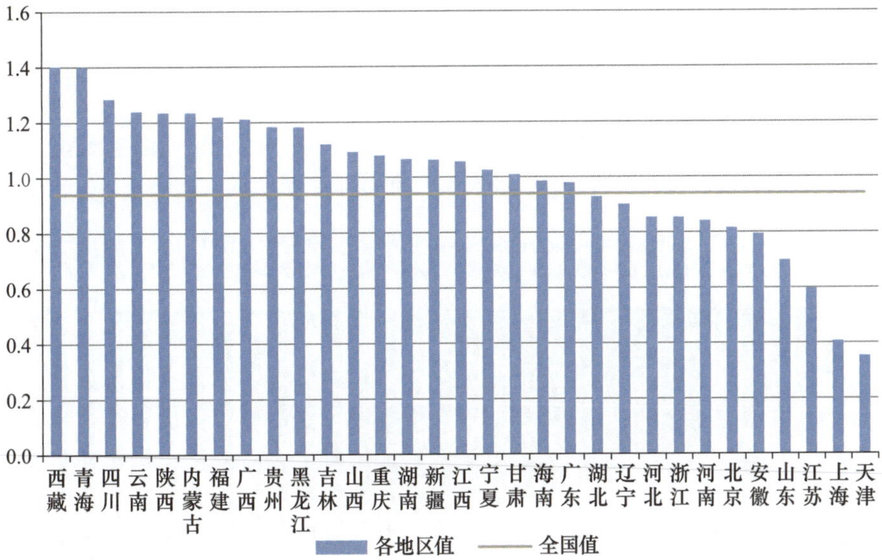

图 4.8　各地区自然生态空间优势度

从地区分布来看，见图 4.9，西藏、青海的自然生态空间优势度位居全国前两位，主要原因是该地区的林草覆盖占比较大，见 2.1.2 小节，优势突出。山西、重庆、湖南、新疆、江西等省份自然生态空间优势度位居全国中上游，而东部沿海地区的种群优势度较低。自然地理条件及人类生产活动的地域差异性，造就了各地自然生态空间的优势度现状。

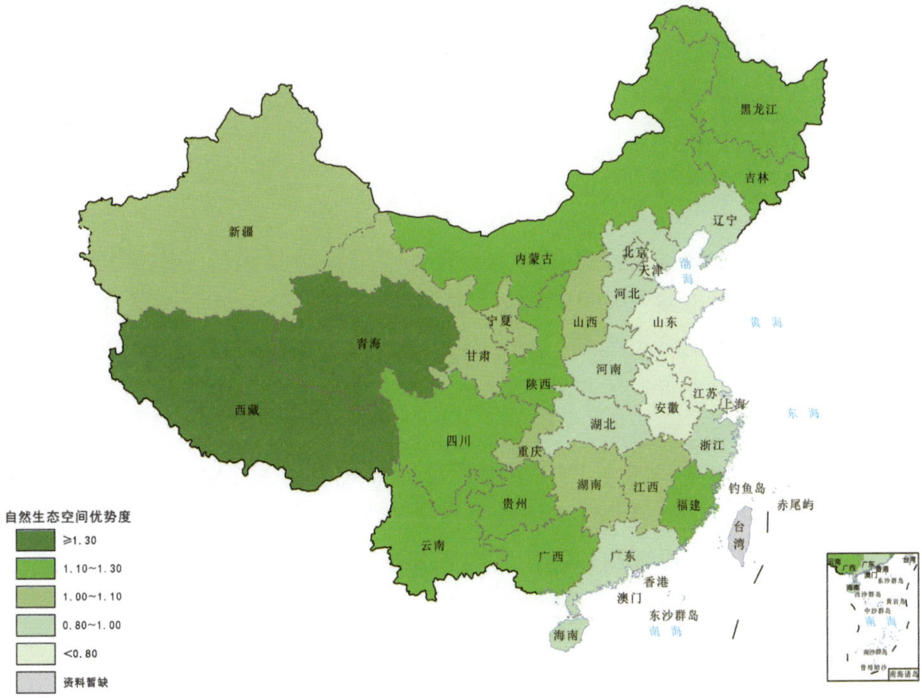

图 4.9　全国自然生态空间优势度分布

与 2015 年相比，见图 4.10，全国所有省份的自然生态空间优势度均有所下降，其中内蒙古下降了 0.17，降幅全国最小，江苏下降了 1.23，降幅全国最大。总的来说，人类活动的增加降低了当地自然种群的优势度。因此各地在社会经济发展过程中，应该结合自身的条件，发挥区域地理优势，突出资源优势，因地制宜发挥特色产业，促进自然生态系统的良性循环，促进社会经济活动的可持续发展。

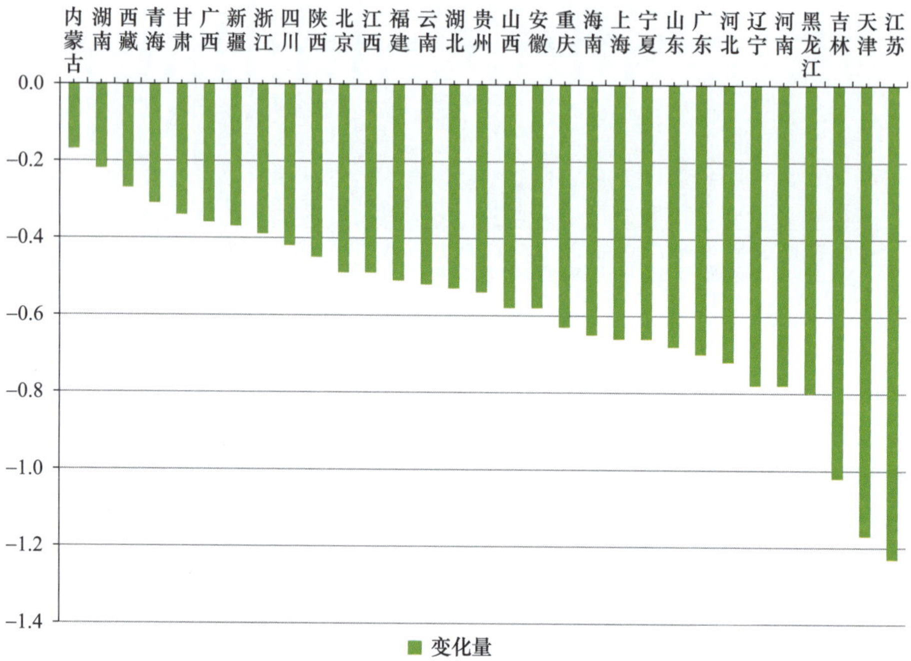

图 4.10　各地区自然生态空间优势度变化统计

4.1.4　生境质量指数

生境传统上常指生物体的生存区域，稳定的生境质量是维持生态系统生物多样性的重要基础。生境质量指数①用于评价区域内生境质量的适宜性，反映生物栖息地质量，通过单位面积上各生境类型的数量差异反映。通过生境质量指数，能对区域内进行客观科学的生态质量评价，生境质量指数越高，表明区域内生态环境质量越好，生物栖息地质量较高，反之则越差。

从全国看，见表 4.4 和图 4.11，生境质量指数较高的 5 个省份是黑龙江、福建、云南、吉林和江西，最高的黑龙江生境质量指数为 99.88；生境质量指数较低的 5 个省份是新疆、上海、宁夏、西藏和甘肃，生境质量指数低于全国整体生境质量指数的共有 13 个省份。

① 《生态环境状况评价技术规范》，（HJ 192—2015），环境保护部；《土地利用现状分类》（GB/T 21010—2007），国土资源部。

表 4.4 各地区生境质量指数及变化统计

地区	生境质量指数		变化量
	2019 年	2015 年	
北京	61.60	59.29	2.31
天津	46.57	46.69	−0.12
河北	48.62	47.82	0.80
山西	53.88	51.91	1.97
内蒙古	60.88	59.41	1.47
辽宁	65.47	64.20	1.27
吉林	84.46	83.72	0.74
黑龙江	99.88	100.00	−0.12
上海	33.80	32.01	1.79
江苏	47.10	42.74	4.36
浙江	69.82	67.61	2.21
安徽	62.18	60.75	1.43
福建	89.54	86.21	3.33
江西	83.88	82.88	1.00
山东	44.45	43.24	1.21
河南	49.93	49.71	0.22
湖北	76.52	73.22	3.30
湖南	74.43	72.88	1.55
广东	83.11	81.58	1.53
广西	75.42	73.71	1.71
海南	54.47	52.70	1.77
重庆	75.95	74.41	1.54
四川	81.12	79.49	1.63
贵州	73.04	71.20	1.84
云南	86.04	84.44	1.60
西藏	40.05	38.34	1.71
陕西	80.35	78.54	1.81
甘肃	42.28	41.52	0.76
青海	54.38	50.25	4.13
宁夏	36.35	35.22	1.13
新疆	24.82	23.18	1.64

注：2019 年结果为以 2015 年的归一化结果为基准比对的相对值。

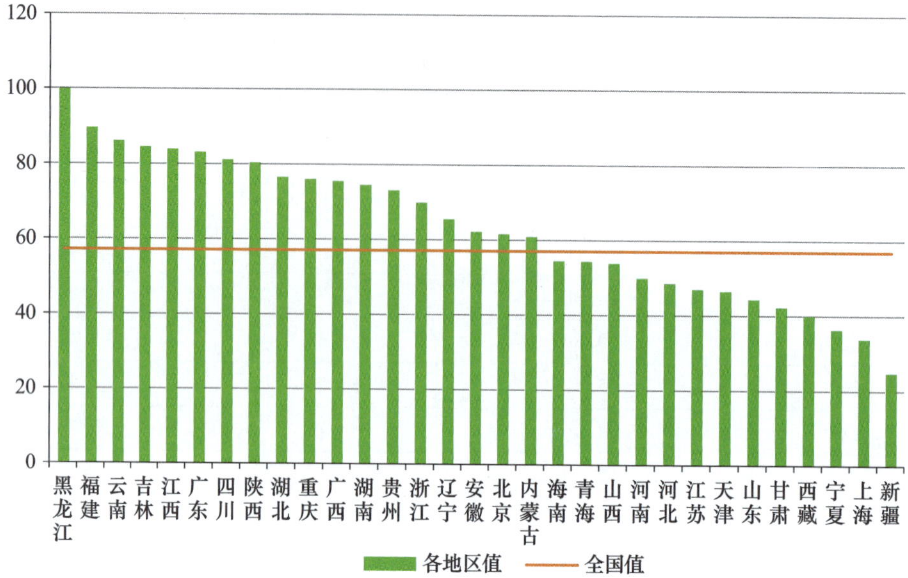

图 4.11　各地区生境质量指数

从地区分布来看，见图 4.12，生境质量呈现出明显的区域聚集性，东北地区、东南沿海地区、西南地区、四川盆地以及秦岭所在地区的生境质量指数较高，体现出这些地区是我国重要的生物栖息地，生物多样性突出，种群分布相对密集。西北地区因为地理环境的原因，生物栖息地环境相对恶劣，除了一些地域特色物种外，生物多样性不突出。上海因为高度城市化，生物丰富度不突出。

图 4.12　全国生境质量指数分布

与 2015 年相比，见图 4.13，全国生境质量稳中向好的态势明显，29 个省份的生境质量指数有所升高，升高最多的 3 个省份分别为江苏、青海和福建；仅黑龙江和天津的生境质量指数略有降低，但是黑龙江的生境质量底子好，依然排名全国首位。有鉴于此，各地应继续探索建立适用于本地区的自然生态空间发展规划，因地制宜，加强自然生态空间的保护力度，尤其注重物种数量的建设与保护：西部自然生态脆弱区应该重视自然保护区建设，最大限度地保护自然生态空间的生物丰富度；在东部地区，发展经济建设的同时应该尽力保全物种的丰富度，在保持自然生态空间的原始基础上维护自然生态空间的稳定性与可持续性。

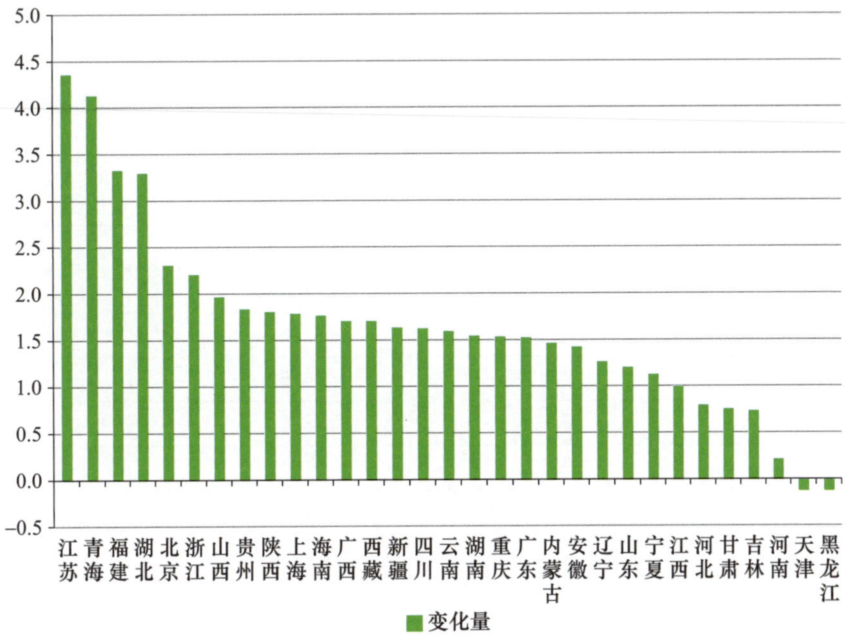

图 4.13 各地区生境质量指数变化量统计

4.1.5 水源涵养指数

生态系统水源涵养功能主要表现在拦蓄降水、调节径流、影响降水量、净化水质等方面，同时，在改善水文状况、防止河流水库淤塞、调节区域水分循环、降低土地沙漠化等方面也起着重要作用。水源涵养能力与植被类型、盖度、枯落物组成、土层厚度及土壤物理性质等因素密切相关。水源涵养指数①是表征生态系统的水源涵养功能的特征指标，水源涵养指数越高，表明区域内生态系统的水源涵养能力越强，反之则越弱。

从全国看，见表 4.5 和图 4.14，水源涵养指数较高的 5 个省份是黑龙江、福建、云南、四川和广东，最大的黑龙江水源涵养指数为 99.51；水源涵养指数较低的 5 个省份是上海、新疆、宁夏、山东和河南。水源涵养指数低于全国整体水源涵养指数的共有 13 个省份。

① 《生态环境状况评价技术规范》（HJ 192—2015），环境保护部。

表 4.5　各地区水源涵养指数及变化统计

地区	水源涵养指数		变化量
	2019 年	2015 年	
北京	54.39	53.38	1.01
天津	35.02	37.96	−2.94
河北	35.32	35.90	−0.58
山西	45.20	44.22	0.98
内蒙古	55.55	56.06	−0.51
辽宁	53.88	54.68	−0.80
吉林	74.16	75.80	−1.64
黑龙江	99.51	100.00	−0.49
上海	16.94	16.40	0.54
江苏	33.08	28.33	4.75
浙江	60.79	61.29	−0.50
安徽	46.47	47.51	−1.04
福建	83.69	83.04	0.65
江西	74.62	76.52	−1.90
山东	28.02	28.12	−0.10
河南	32.55	34.09	−1.54
湖北	64.85	64.80	0.05
湖南	64.56	65.86	−1.30
广东	75.36	77.22	−1.86
广西	66.52	67.29	−0.77
海南	46.13	46.46	−0.33
重庆	65.29	66.03	−0.74
四川	75.55	75.80	−0.25
贵州	61.52	61.89	−0.37
云南	77.53	78.47	−0.94
西藏	38.22	38.19	0.03
陕西	72.60	73.12	−0.52
甘肃	39.82	40.01	−0.19
青海	55.84	50.72	5.12
宁夏	27.16	27.28	−0.12
新疆	23.04	22.45	0.59

注：2019 年结果为以 2015 年的归一化结果为基准比对的相对值。

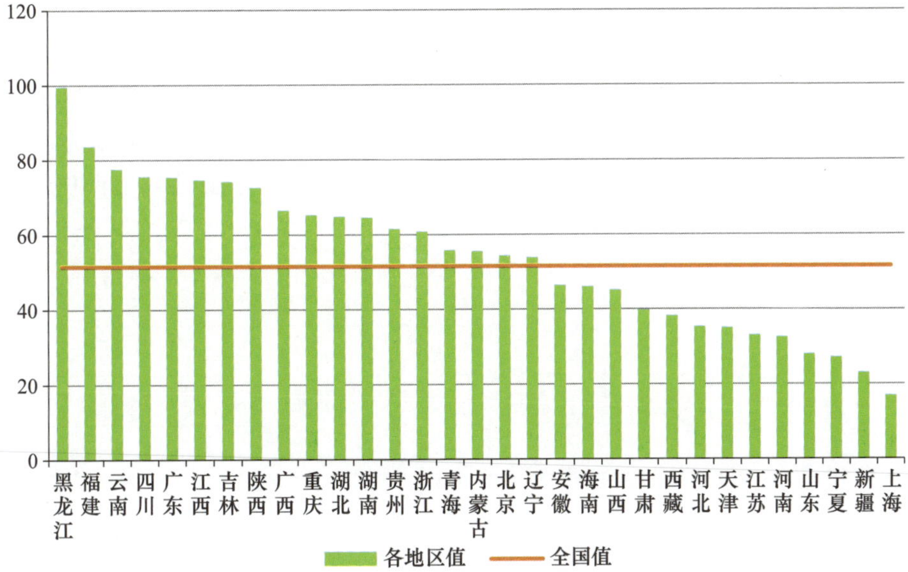

图 4.14 各地区水源涵养指数

从地区分布来看，见图 4.15，水源涵养指数与生境质量指数具有一定的空间耦合性，水源涵养也呈现出明显的区域聚集性，东北地区、东南沿海地区、西南地区、四川盆地以及秦岭等地区的水源涵养指数较高，体现在这些地区是我国部分大江大河源头区、流域区及水源补给区，是我国重要的生物栖息地。西北地区因为地理环境的原因，水源涵养相对弱。

图 4.15 全国水源涵养指数分布

与 2015 年相比，见图 4.16，全国共有 9 个省份的水源涵养指数有不同程度的上升，上升最多的 2 个省份分别为青海和江苏；全国共有 22 个省份的水源涵养指数出现不同程度的下降，天津、江西、广东、吉林和河南的水源涵养指数下降较其他地区明显。整体来看，我国的水源涵养呈现“南强北弱”的生态格局，各地在制定本地区规划时应结合实际，因地制宜，提高水资源的利用效率，增强水源地环境保护，提高水资源涵养能力。

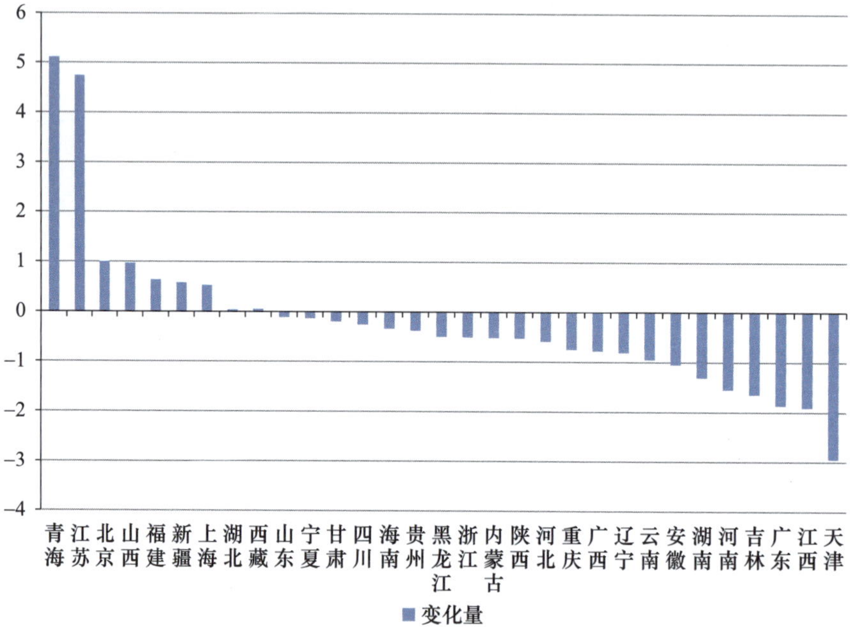

图 4.16　各地区水源涵养指数变化统计

4.2　生态压力

生态压力泛指危及或影响生态系统稳定性的外界干扰及其所产生的生态效应。本节围绕人为干扰指数、植被受干扰指数、不透水地表占地比重、扬尘地表占地比重等指标对全国 31 个省份的生态压力情况进行分析，为区域生态环境治理与资源协调可持续发展提供借鉴依据。

4.2.1　人为干扰指数

干扰是自然界中普遍存在的一种现象，直接影响着生态系统的演变过程。人类有目的的生产、生活和其他社会活动是干扰产生的最主要来源之一，包括土地开垦、林业和牧业发展、城市化和工业化等。近年来，人类活动所造成的人为干扰对地表自然环境和生态系统的影响急剧增加，不合理的资源索取与开发仍是目前生态环境问题形成与加剧的最重要的原因之一。参考相关文献并结合地理国情监测类型[①]，人为干扰指数中不同地表要素的影响强度见表 4.6。

表 4.6 地表要素类型影响强度

地表要素类型	影响强度
水田	0.55
旱地	0.55
园地	0.435
城市绿植覆盖	0.435
林地（不包括稀疏灌草丛）	0.10
灌草地	0.23
房屋建筑（区）	0.95
铁路与道路	0.95
构筑物	0.95
水域	0.115

人为干扰指数揭示了人类活动对区域内地表的影响，人为干扰指数采用人类活动形成的区域地表覆盖、土地利用的数值变化来构建。一般来说，人为干扰指数越高，表明人类活动对区域的生态空间影响强度越高；反之，人为干扰指数越低，表明人类活动对区域的生态空间影响强度越低。

从全国看，见表 4.7 和图 4.17，人为干扰指数较高的 5 个省份是上海、山东、江苏、天津和河南，最大值为上海的 0.53；人为干扰指数较低的 5 个省份是青海、西藏、新疆、内蒙古和甘肃。全国整体人为干扰指数为 0.16，5 个省份的人为干扰指数低于全国整体值。

表 4.7 各地区人为干扰指数及变化统计

地区	人为干扰指数		变化量
	2019 年	2015 年	
北京	0.30	0.31	−0.01
天津	0.43	0.43	0.00
河北	0.35	0.35	0.00
山西	0.25	0.24	0.01
内蒙古	0.12	0.11	0.01

① 《河南省区域生态干扰辨识与分异研究》，郭雷，胡婵娟，李双权，等．发表于《地理空间信息》，2020 年第 7 期；《区域生态环境脆弱性评价方法研究综述》，张学玲，余文波，蔡海生，等．发表于《生态学报》，2018 年第 16 期。

续表

地区	人为干扰指数		变化量
	2019 年	2015 年	
辽宁	0.34	0.33	0.01
吉林	0.31	0.30	0.01
黑龙江	0.28	0.28	0.00
上海	0.53	0.54	−0.01
江苏	0.45	0.45	0.00
浙江	0.27	0.27	0.00
安徽	0.37	0.37	0.00
福建	0.20	0.20	0.00
江西	0.23	0.23	0.00
山东	0.46	0.46	0.00
河南	0.43	0.42	0.01
湖北	0.28	0.27	0.01
湖南	0.25	0.25	0.00
广东	0.24	0.24	0.00
广西	0.22	0.22	0.00
海南	0.32	0.32	0.00
重庆	0.26	0.26	0.00
四川	0.17	0.17	0.00
贵州	0.25	0.25	0.00
云南	0.22	0.22	0.00
西藏	0.03	0.03	0.00
陕西	0.21	0.21	0.00
甘肃	0.14	0.14	0.00
青海	0.03	0.02	0.01
宁夏	0.22	0.21	0.01
新疆	0.07	0.06	0.01

从地区分布来看，见图 4.18，按照指数值从高到低排序，人为干扰指数较高的地区主要集中于中东部人口较多的地区，西部地区的人为干扰指数相对较低。整体分布由东至西呈现阶梯状递减分布，随着人口密度由东至西递减，人为干扰指数也在随之

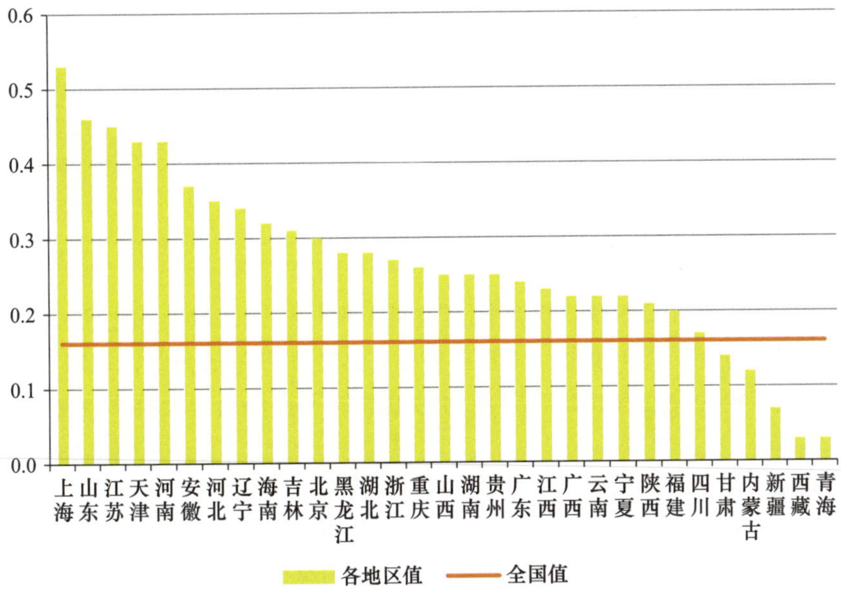

图 4.17 各地区人为干扰指数

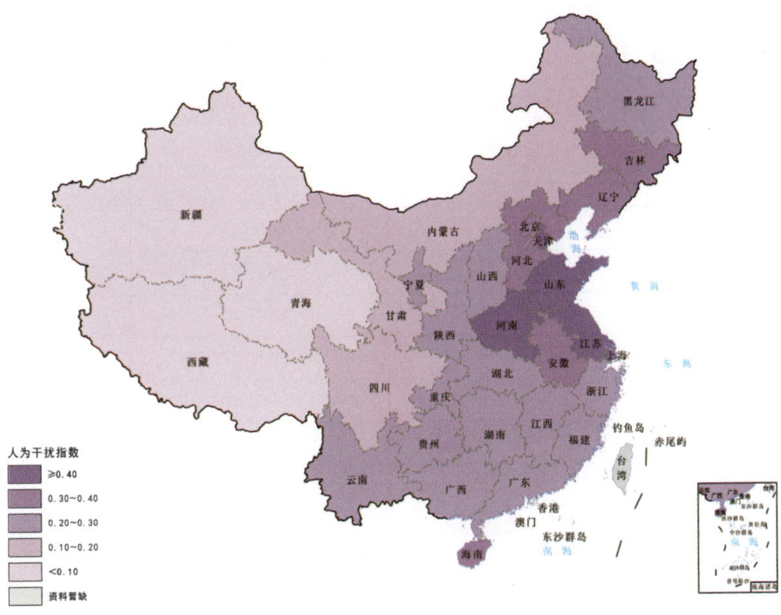

图 4.18 全国人为干扰指数分布

减小，较符合“胡焕庸线”① 的地域分异规律。东部地区人口众多，密度较大，人类活

① 1935 年，胡焕庸在《地理学报》发表论文《中国之人口分布》，提出瑷珲（今黑河）—腾冲线（后人称之为胡焕庸线），首次揭示了中国人口分布规律。即自黑龙江瑷珲至云南腾冲画一条直线（约为 45°），线东南半壁 36%的土地供养了全国 96%的人口，西北半壁 64%的土地仅供养 4%的人口，胡焕庸线主要描述了人口密度在不同地区的分布，并由此得出我国第一张人口密度图。

动对自然生态空间的影响较大；而西部地区地广人稀，人口密度较小，人类活动对自然生态空间的影响较小。

与2015年相比，全国除了北京、上海略有下降外，山西、内蒙古、辽宁、吉林、河南、湖北、青海、宁夏、新疆等9个省份的人为干扰指数略有上升，其余20个省份人为干扰指数几乎没有变化。

4.2.2 植被受干扰指数

植被受干扰指数（采用统计区域内廊道总长度与统计区域面积之比）是衡量一个区域自然生态环境受干扰程度的一个重要指标，其中廊道包括公路、铁路、沟渠[①]。植被受干扰指数一定程度上反映出人类活动对植被的干扰作用，干扰强度越小，越利于生物的生存。

从全国看，见表4.8和图4.19，植被受干扰指数较高的5个省份是江苏、天津、上海、山东和安徽，最大值为江苏的3298.99米/平方千米；植被受干扰指数较低的5个省份是西藏、青海、内蒙古、甘肃和新疆。全国整体植被受干扰指数为466.72米/平方千米，9个省份的植被受干扰指数低于全国整体值。

表4.8 各地区植被受干扰指数及变化统计 单位：米/平方千米

地区	植被受干扰指数		变化量
	2019年	2015年	
北京	1566.22	1306.23	259.99
天津	2812.20	2553.34	258.86
河北	877.84	795.08	82.76
山西	632.16	596.21	35.95
内蒙古	171.89	134.90	36.99
辽宁	784.04	661.37	122.67
吉林	482.58	380.97	101.61
黑龙江	548.20	478.16	70.04
上海	1914.89	1809.51	105.38
江苏	3298.99	2856.00	442.99
浙江	1075.83	921.32	154.51
安徽	1605.44	1444.57	160.87
福建	801.17	674.04	127.13
江西	774.17	564.82	209.35
山东	1869.31	1650.55	218.76
河南	1141.35	1018.62	122.73

① 未考虑扣除架设在地面高架桥面上未对地表进行景观切割的铁路、公路、沟渠。

续表

地区	植被受干扰指数		变化量
	2019 年	2015 年	
湖北	1225.20	1118.57	106.63
湖南	873.22	803.76	69.46
广东	1235.44	1089.51	145.93
广西	454.39	428.95	25.44
海南	762.04	703.42	58.62
重庆	576.80	553.11	23.69
四川	424.88	396.45	28.43
贵州	404.10	350.72	53.38
云南	623.69	561.24	62.45
西藏	77.15	55.95	21.20
陕西	426.99	394.21	32.78
甘肃	206.01	176.55	29.46
青海	87.34	77.54	9.80
宁夏	695.88	639.89	55.99
新疆	214.08	198.10	15.98

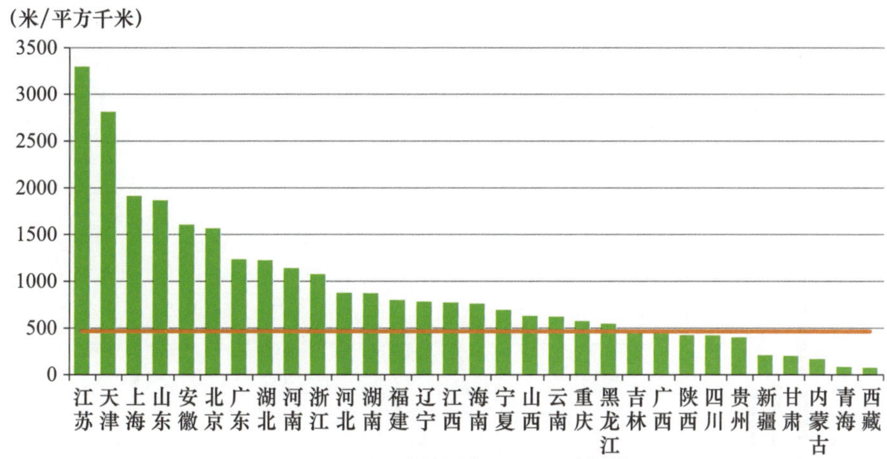

图 4.19 各地区植被受干扰指数

从地区分布来看，见图 4.20，植被受干扰指数总体呈现由东向西递减的状态。一方面东部地区经济发达，道路密布；另一方面东部地区降雨量大，农业发展历史悠久，天然沟渠和用于农业灌溉的人工沟渠较发达。因此，地区内的景观廊道对生态景观的切割性明显，影响了动植物的大范围连续分布，动植物受干扰程度较高，动植物群落分布呈现孤岛化、碎片化，不利于陆上生物的种群扩散。而广大西北地区的植被受干扰指数相对较低，人类对生态的干扰强度较小，有利于生物生存。

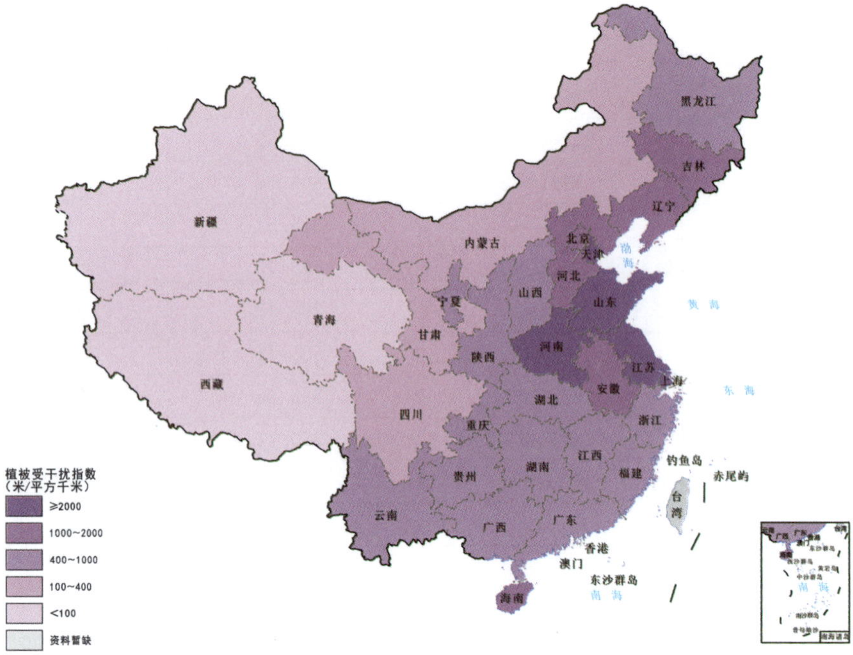

图 4.20　全国植被受干扰指数分布

与 2015 年相比，见图 4.21，全国所有省份的植被受干扰指数呈现普遍上涨，涨幅较大的 5 个省份分别是江苏、北京、天津、山东和江西；涨幅较小的为青海、新疆、西藏、重庆和广西，其中青海的植被受干扰指数上涨 9.80 米/平方千米。

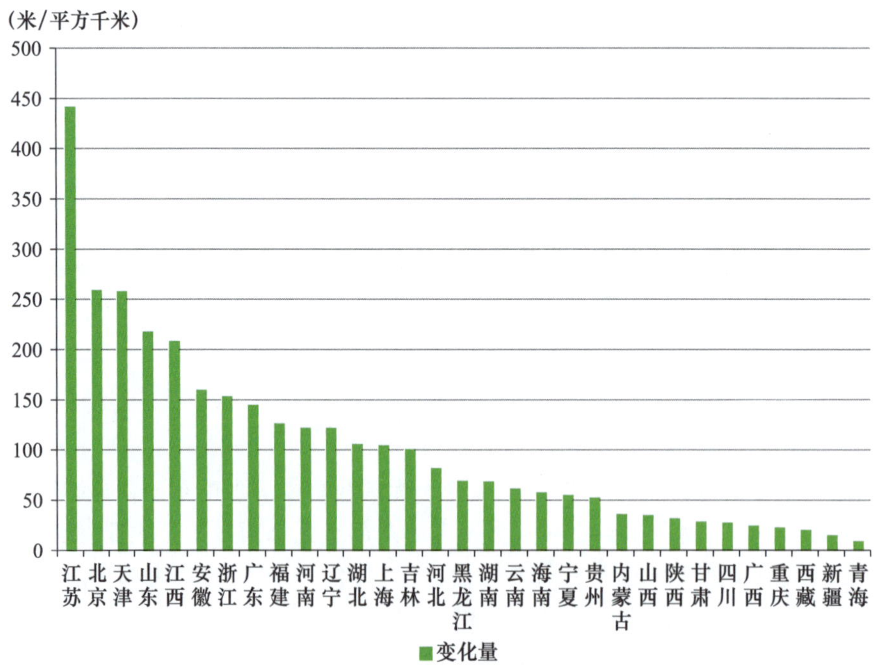

图 4.21　各地区植被受干扰指数变化统计

4.2.3 不透水地表占地比重

不透水层的增加会导致区域径流的持续时间和强度的增加，从而影响地表径流，有可能导致急流和洪水的加剧；同时，不透水层积水易滋生病原体，产生养分以及有毒物质和沉积物等，有可能影响该区域的水质量，甚至改变流域水文和水栖范围内的环境状况。不透水层改变了原始地表对光线、水汽等气候因素的影响，改变城市地表温度。一般来说，不透水层面积与城市区域的地表温度呈正相关，是影响城市热岛效应的重要因子，是国家大力倡导海绵城市建设中重点关注的地表生态要素。依据地理国情监测指标体系，不透水地表包括道路、房屋建筑（区）、构筑物、建筑工地等。

不透水地表占地比重为区域内不透水地表面积与该地区国土面积的比值。不透水地表占地比重越高，表明人类活动对自然生态空间的干扰强度越大；反之，不透水地表占地比重越低，表明人类活动对自然生态空间的干扰强度越弱。不透水地表占地比重可以反映一个地区人类活动对生态环境的干扰强度。

从全国看，见表 4.9 和图 4.22，不透水地表占地比重较高的 5 个省份是上海、天津、北京、江苏和山东，最大值为上海的 33.16%；不透水地表占地比重较低的 5 个省份是西藏、青海、新疆、内蒙古和黑龙江。全国整体不透水地表占地比重为 3.24%，9 个省份的不透水地表占地比重低于全国整体值。

表 4.9　各地区不透水地表占地比重及变化统计　　单位：%

地区	不透水地表占地比重		变化量
	2019 年	2015 年	
北京	17.33	15.60	1.73
天津	23.58	19.14	4.44
河北	10.95	9.37	1.58
山西	6.11	5.73	0.38
内蒙古	1.30	1.03	0.27
辽宁	6.99	6.22	0.77
吉林	2.91	2.33	0.58
黑龙江	1.77	1.54	0.23
上海	33.16	32.74	0.42
江苏	17.18	15.94	1.24
浙江	11.05	10.31	0.74
安徽	9.22	8.32	0.90
福建	5.90	5.71	0.19
江西	5.37	4.85	0.52
山东	16.65	14.91	1.74

续表

地区	不透水地表占地比重		变化量
	2019 年	2015 年	
河南	12.55	11.47	1.08
湖北	5.68	4.81	0.87
湖南	5.28	4.87	0.41
广东	8.26	7.38	0.88
广西	3.81	3.26	0.55
海南	5.23	4.54	0.69
重庆	5.53	4.80	0.73
四川	2.73	2.46	0.27
贵州	4.30	3.51	0.79
云南	2.86	2.37	0.49
西藏	0.20	0.15	0.05
陕西	4.58	3.81	0.77
甘肃	2.06	1.67	0.39
青海	0.63	0.54	0.09
宁夏	5.75	4.80	0.95
新疆	0.80	0.64	0.16

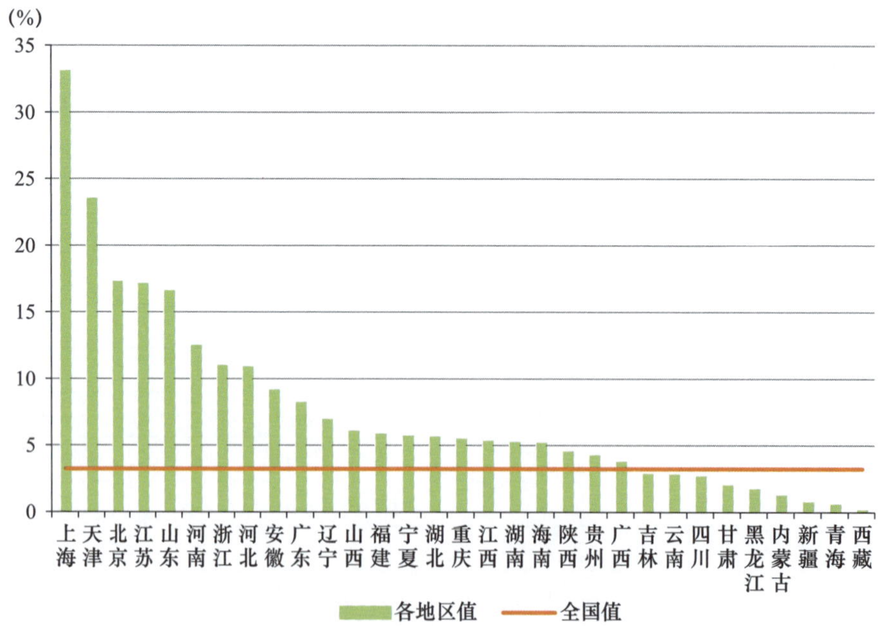

图 4.22　各地区不透水地表占地比重

从地区分布来看，见图 4.23，不透水地表占地比重较高的地区主要分布在我国的东部地区，这些地区的城市化程度相对较高。从整体看，东部地区的不透水地表占地比重明显比西部地区高，“胡焕庸线”的分异性明显，西部地区地广人稀，不透水地表占地比重低于全国整体水平，而在东部，经济的快速发展和不透水地表占地的快速扩张给生态修复造成了极大的障碍，尤其在人口密集的华东地区，不透水地表面积的增加给生态修复带来的压力越来越大。

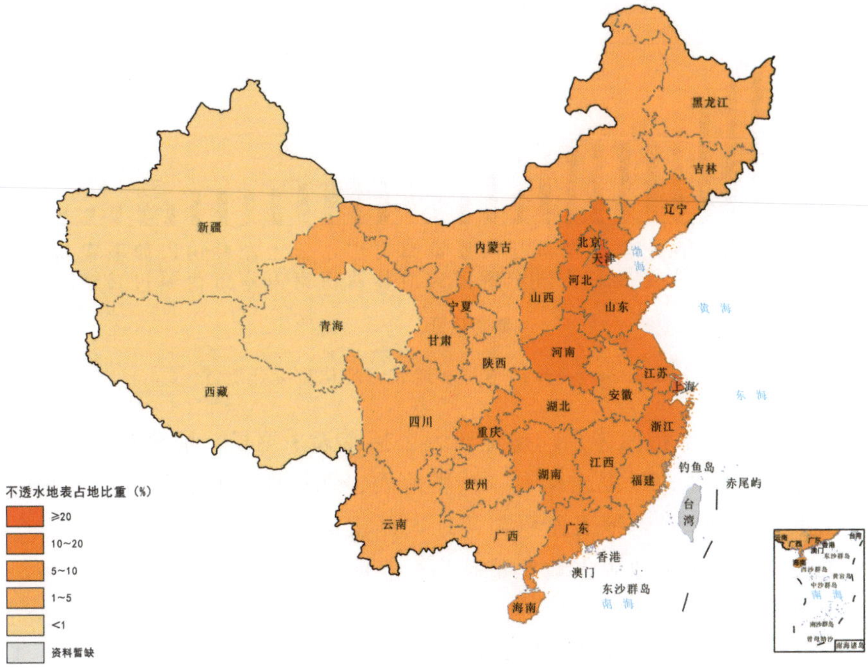

图 4.23　全国不透水地表占地比重分布

与 2015 年相比，见图 4.24，全国不透水地表占地比重呈现普遍上涨的态势，上涨较大的 5 个省份分别是天津、山东、北京、河北和江苏，涨幅较小的 5 个省份分别是西藏、青海、新疆、福建和黑龙江。总体来看，京津冀地区的不透水地表占地比重增量较全国其他地区突出，而西部地区的不透水地表占地比重增量不明显。有鉴于此，在不透水地表占地比重及增长率较高的地区有必要控制城市建设规模，合理规划城市绿色空间，为生态空间的休养生息提供必要的余地。

4.2.4　扬尘地表占地比重

扬尘环境是指地表松散颗粒物在自然力或人力作用下，进入环境空气中形成的一定范围的空气颗粒物充斥环境，扬尘的天然来源主要是裸露地表。在不利气候条件下，这些颗粒物会从地表进入空气中。我国大部分城市，尤其是北方城市，气候干燥少雨，冬春季多风，具备扬尘环境条件。来自黄土高原的沙尘暴，不但严重影响北方部分城市，在强气流作用下甚至会波及我国中南部的部分城市。

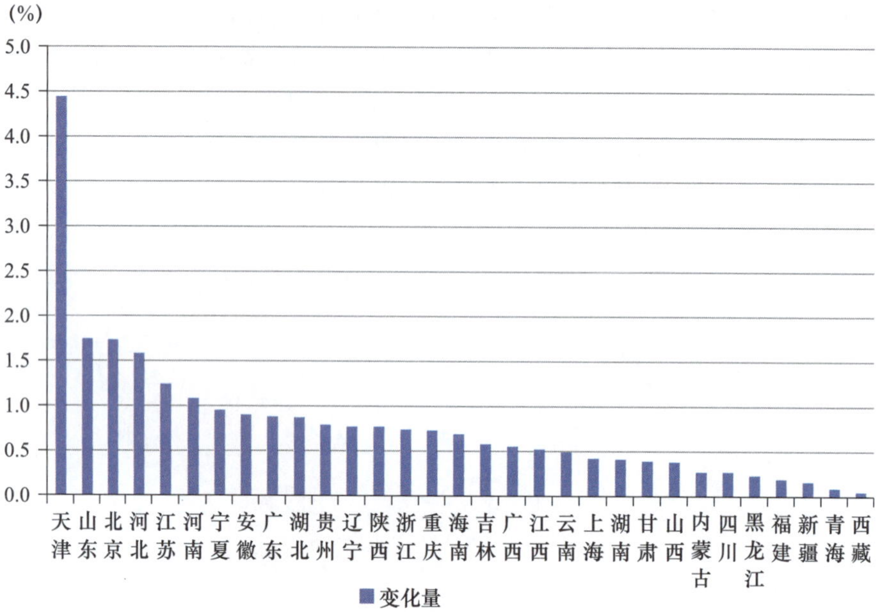

图 4.24　各地区不透水地表占地比重变化统计

依据地理国情监测指标体系，扬尘地表包括露天采掘场、堆放物、建筑工地、其他人工堆掘地、盐碱地表、泥土地表、沙质地表、砾石地表和碾压踩踏地表等。扬尘地表占地比重为区域内扬尘地表面积与该地区国土面积的比值，可以反映一个地区扬尘污染的风险程度。扬尘地表占地比重越高，表明发生扬尘污染的风险越高，该地区的生态环境压力越大。

从全国看，见表 4.10 和图 4.25，扬尘地表占地比重较高的 5 个省份是新疆、甘肃、青海、西藏和内蒙古，最大值为新疆的 43.14%；扬尘地表占地比重较低的 5 个省份是黑龙江、广西、吉林、海南和湖南。全国整体扬尘地表占地比重为 13.62%，4 个省份的扬尘地表占地比重高于全国整体值。

表 4.10　各地区扬尘地表占地比重及变化统计　　单位：%

地区	扬尘地表占地比重		变化量
	2019 年	2015 年	
北京	4.17	2.72	1.45
天津	9.81	8.20	1.61
河北	3.39	3.02	0.37
山西	1.87	1.33	0.54
内蒙古	12.53	12.54	−0.01
辽宁	2.62	2.58	0.04

续表

地区	扬尘地表占地比重		变化量
	2019 年	2015 年	
吉林	0.98	0.84	0.14
黑龙江	0.62	0.57	0.05
上海	5.18	5.98	−0.80
江苏	2.43	2.47	−0.04
浙江	2.17	1.77	0.40
安徽	1.58	1.07	0.51
福建	1.27	1.29	−0.02
江西	1.51	1.54	−0.03
山东	3.26	2.82	0.44
河南	1.94	1.43	0.51
湖北	1.80	1.51	0.29
湖南	1.09	1.06	0.03
广东	1.81	1.85	−0.04
广西	0.98	0.86	0.12
海南	1.01	0.91	0.10
重庆	1.34	1.12	0.22
四川	2.34	2.28	0.06
贵州	1.38	0.98	0.40
云南	1.16	0.97	0.19
西藏	13.94	13.96	−0.02
陕西	1.82	1.44	0.38
甘肃	22.77	22.68	0.09
青海	14.56	14.60	−0.04
宁夏	3.22	2.83	0.39
新疆	43.14	43.17	−0.03

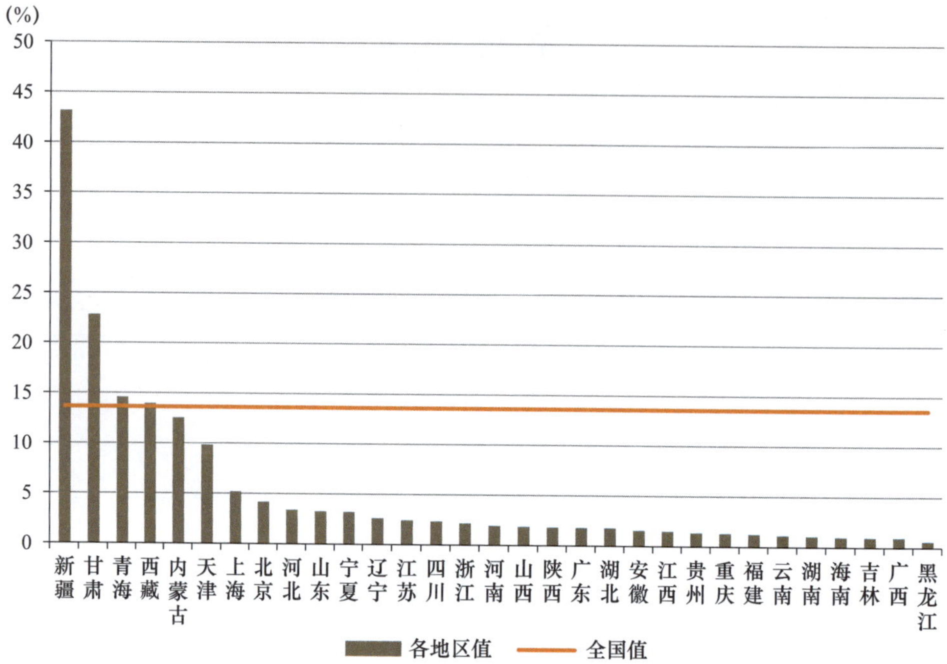

图 4.25 各地区扬尘地表占地比重

从地区分布来看，见图 4.26，西部地区的扬尘地表占地比重全国领先，这与西部地区分布的大面积沙漠、戈壁等自然地理状况有关。西部地区中，新疆的扬尘地表构成中以沙质地表为主，青海的扬尘地表构成中以砾石地表和盐碱地表为主，西藏的扬尘地表构成中砾石地表占大多数，内蒙古的扬尘地表构成中以沙质地表和砾石地表为主，又由于其靠近华北地区，成为华北地区扬尘污染的重要扬尘源。除以上地区，全国其他地区的扬尘地表占地比重差异不大，全国扬尘地表占地比重最低的地区集中在东北地区和华南地区。

与 2015 年相比，见图 4.27，全国共有 22 个省份的扬尘地表占地比重有所增加，9 个省份的扬尘地表占地比重有所降低。上涨较大的 5 个省份分别是天津、北京、山西、安徽和河南，9 个扬尘地表占地比重降低的省份分别是上海、青海、广东、江苏、新疆、江西、西藏、福建和内蒙古。其中，上海的扬尘地表占地比重降幅最大，这主要是较 2015 年，上海自然风化的泥土地表面积大幅减少。总的来说，扬尘污染防治是一项需要多部门协同、全社会参与的综合性工作，各地区应按照因地制宜的原则，根据当地污染特征、气候条件、生态环境建设规划、经济发展水平、地区环境管理需求等实际情况，加强重点扬尘污染源监控，制定切实可行的扬尘污染防控措施。

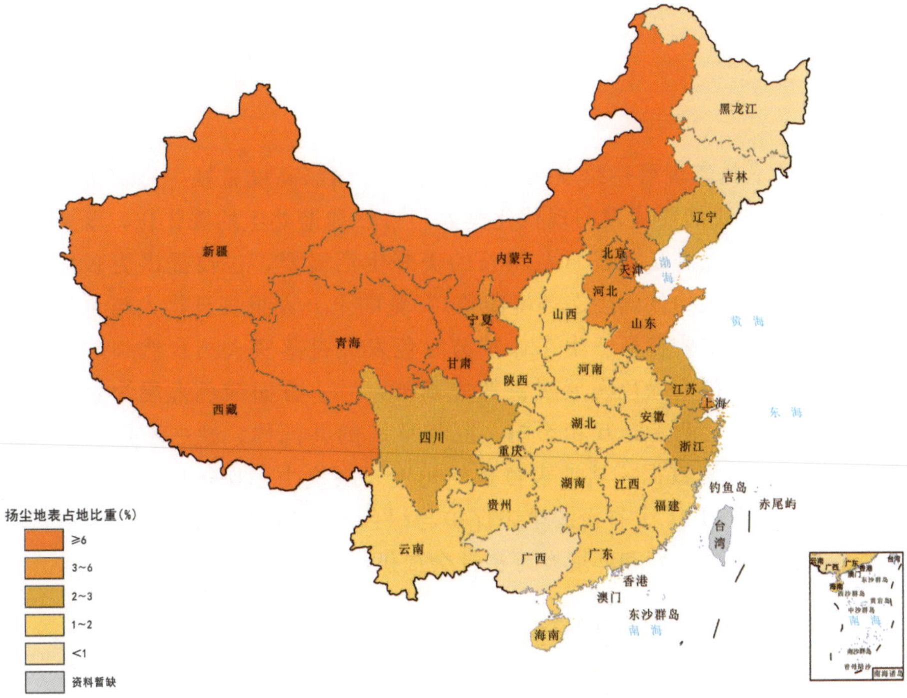

图 4.26 全国扬尘地表占地比重分布

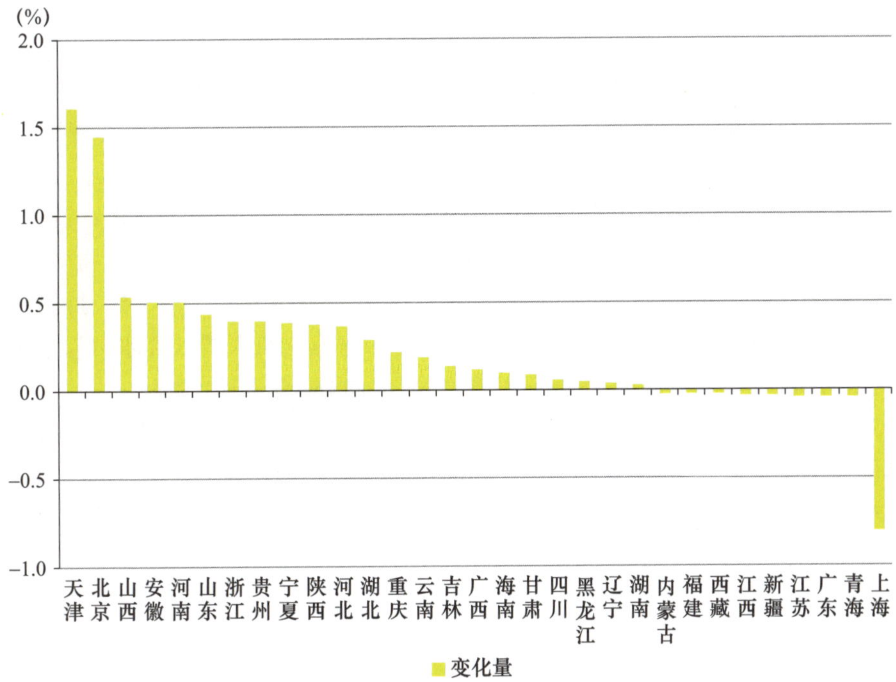

图 4.27 各地区扬尘地表占地比重变化统计

4.3 生态保护与绿色发展

保护生态环境是实现可持续发展的必要途径。国家高度重视生态保护工作，党的十九大报告指出："我们要建设的现代化是人与自然和谐共生的现代化，既要创造更多物质财富和精神财富以满足人民日益增长的美好生活需要，也要提供更多优质生态产品以满足人民日益增长的优美生态环境需要。"党的十九大报告已将人与自然和谐共生定位为中国现代化的重要特征。生态保护与绿色发展是落实人与自然和谐共生的重要措施，一方面生态保护为绿色发展提供物质基础，另一方面绿色发展为生态保护创造良好的社会发展环境，两者是互相影响、互相反馈的共同体，缺一不可。本节重点基于地理国情普查与监测数据，从地表覆盖的角度，围绕生态保护区地—水恢复、植被覆盖指数等指标对全国 31 个省份的生态保护与绿色发展情况进行分析，为区域绿色可持续发展、建设资源节约型和环境友好型社会提供借鉴依据。

4.3.1 房屋建筑区与建筑工地和水域面积

当前，我国陆续采取一系列保护措施，加大生态环境保护力度，一些重点地区的生态环境得到了有效保护和改善，其中设置生态功能区是进行跨区域生态保护的一项重要措施。生态功能区是指在涵养水源、保持水土、调蓄洪水、防风固沙、维系生物多样性等方面具有重要作用的区域内，有选择地划定一定面积予以重点保护和限制开发建设的区域[①]。通过在功能区内降低人类活动影响，恢复自然地表来对功能区及其周边区域进行积极的生态干预和保护。目前，我国共设置国家重点生态功能区 25 处[②]。其中，设置水源涵养类型的国家重点生态功能区 8 处，总面积 135.10 万平方千米；设置水土保持类型的国家重点生态功能区 4 处，总面积 24.61 万平方千米；设置防风固沙类型的国家重点生态功能区 6 处，总面积 113.86 万平方千米；设置生物多样性维护类型的国家重点生态功能区 7 处，总面积 102.38 万平方千米。本小节针对国家重点生态功能区内的地表建筑（包含房屋建筑区、建筑工地等）和水域（含冰川与常年积雪）进行分析，探讨生态功能区内人类活动和自然要素的分布及变化情况。

从全国看，见表 4.11，较 2015 年，全国 25 个重点生态功能区总体呈现地表开发建设降低（房屋建筑区与建筑工地面积下降）的态势，而从水域面积上看，大多数重点生态功能区水域面积上升，部分受季节性河流影响较大的重点生态功能区水域面积出现下降。

---

① 《国家重点生态功能保护区规划纲要》，国家环保总局，2007 年。

② 《全国主体功能区规划》，国务院，2010 年；《关于加强国家重点生态功能区环境保护和管理的意见》，环境保护部、发展改革委、财政部，2013 年。

表 4.11 国家重点生态功能区房屋建筑区与建筑工地和水域面积及变化统计

单位：平方千米

区域	房屋建筑区与建筑工地			水域		
	2019 年	2015 年	变化量	2019 年	2015 年	变化量
大小兴安岭森林生态功能区（图上简称兴安岭区）	604.50	787.88	−183.38	3006.01	2897.84	108.17
长白山森林生态功能区（图上简称长白山区）	595.39	708.26	−112.87	1224.06	1181.94	42.12
阿尔泰山地森林草原生态功能区（图上简称阿尔泰区）	185.46	300.87	−115.41	2065.92	1970.23	95.69
三江源草原草甸湿地生态功能区（图上简称三江源区）	199.44	327.6	−128.16	14493.69	14432.39	61.30
若尔盖草原湿地生态功能区（图上简称若尔盖区）	36.66	35.69	0.97	169.54	168.08	1.46
甘南黄河重要水源补给生态功能区（图上简称甘南区）	247.39	256.39	−9.00	200.33	196.60	3.73
祁连山冰川与水源涵养生态功能区（图上简称祁连山区）	434.43	646.81	−212.38	3583.75	3535.80	47.95
南岭山地森林及生物多样性生态功能区（图上简称南岭区）	1239.40	1434.29	−194.89	958.52	878.82	79.7
黄土高原丘陵沟壑水土保持生态功能区（图上简称黄土高原区）	1560.73	1754.15	−193.42	351.33	315.18	36.15
大别山水土保持生态功能区（图上简称大别山区）	901.02	1119.05	−218.03	1112.83	1060.31	52.52
桂黔滇喀斯特石漠化防治生态功能区（图上简称喀斯特区）	1027.07	1188.77	−161.70	798.06	757.55	40.51
三峡库区水土保持生态功能区（图上简称三峡区）	428.56	504.98	−76.42	569.23	560.24	8.99
塔里木河荒漠化防治生态功能区（图上简称塔里木河区）	983.66	1345.37	−361.71	13761.86	13698.12	63.74
阿尔金草原荒漠化防治生态功能区（图上简称阿尔金区）	32.93	91.81	−58.88	5007.32	5000.48	6.84

续表

区域	房屋建筑区与建筑工地			水域		
	2019年	2015年	变化量	2019年	2015年	变化量
呼伦贝尔草原草甸生态功能区（图上简称呼伦贝尔区）	18.40	26.27	−7.87	2124.54	2115.37	9.17
科尔沁草原生态功能区（图上简称科尔沁区）	654.92	707.03	−52.11	928.73	892.76	35.97
浑善达克沙漠化防治生态功能区（图上简称浑善达克区）	548.37	632.85	−84.48	751.76	673.00	78.76
阴山北麓草原生态功能区（图上简称阴山北区）	211.64	276.54	−64.9	119.73	107.35	12.38
川滇森林及生物多样性生态功能区（图上简称川滇区）	737.64	826.34	−88.7	2076.37	1964.09	112.28
秦巴生物多样性生态功能区（图上简称秦巴区）	1482.90	1671.03	−188.13	1233.06	1198.34	34.72
藏东南高原边缘森林生态功能区（图上简称藏东南区）	85.46	94.62	−9.16	2648.39	2639.22	9.17
藏西北羌塘高原荒漠生态功能区（图上简称藏西北区）	20.43	19.83	0.60	17953.33	17827.60	125.73
三江平原湿地生态功能区（图上简称三江平原区）	200.31	288.59	−88.28	2712.53	2645.63	66.90
武陵山区生物多样性及水土保持生态功能区（图上简称武陵山区）	1187.60	1278.35	−90.75	787.89	726.30	61.59
海南岛中部山区热带雨林生态功能区（图上简称海南岛区）	58.06	88.32	−30.26	121.37	105.45	15.92

从房屋建筑区与建筑工地面积变化量来看，见图4.28，仅若尔盖草原湿地生态功能区和藏西北羌塘高原荒漠生态功能区的房屋建筑区与建筑工地占地面积略有增加，其余23个重点生态功能区的房屋建筑区与建筑工地面积都有减少，总体较2015年房屋建筑区与建筑工地面积共减少2729.32平方千米，年平均减少682.33平方千米。其中，塔里木河荒漠化防治生态功能区、大别山水土保持生态功能区和祁连山冰川与水源涵养生态功能区的房屋建筑区与建筑工地面积减少量最大。塔里木河荒漠化防治生态功能区2015年至2019年共减少了房屋建筑区与建筑工地面积361.71平方千米，占2015年该生态功能区房屋建筑区与建筑工地面积的26.89%。

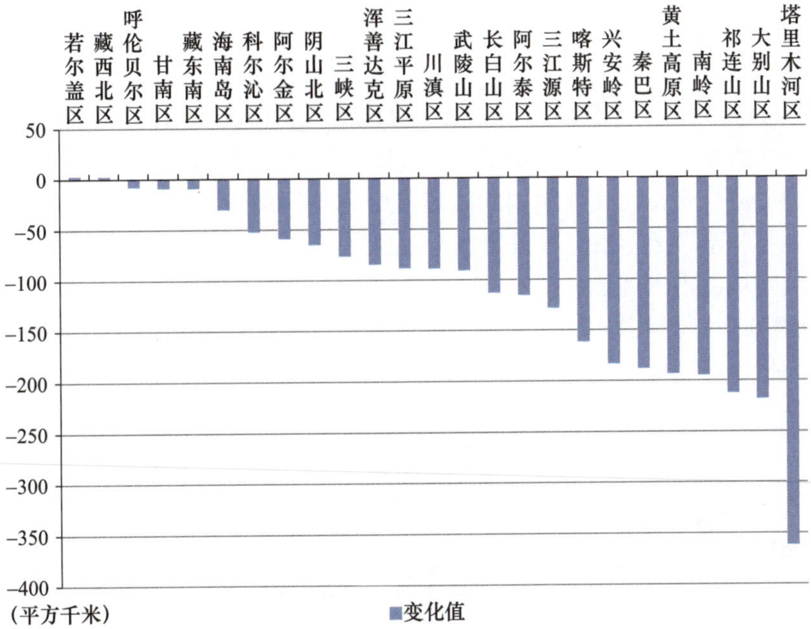

图 4.28 国家重点生态功能区房屋建筑区与建筑工地面积变化统计

从地表水域面积变化量来看，见图 4.29，较 2015 年，所有 25 个重点生态功能区的水域面积都呈现增长状态，其中藏西北羌塘高原荒漠生态功能区、川滇森林及生物多样性生态功能区和大小兴安岭森林生态功能区的水域面积增加较大。藏西北羌塘高原荒漠生态功能区地表水域面积增加最大，为 125.73 平方千米，占 2015 年该生态功能区地表水域面积的 0.71%，川滇森林及生物多样性生态功能区和大小兴安岭森林生态功能区地表水域增加面积排名第二、第三位。

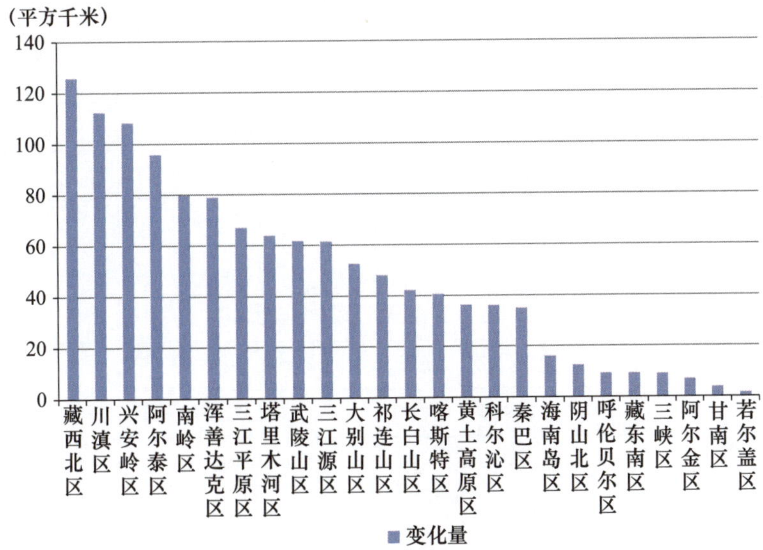

图 4.29 国家重点生态功能区水域面积变化统计

4.3.2 植被覆盖指数

植被覆盖指数用于综合描述一个地区的植被覆盖情况，不同于之前章节中“种植土地空间分布指数”与“林草覆盖空间分布指数”。植被覆盖指数采用耶鲁大学环境法律和政策中心联合哥伦比亚大学国际地球科学信息网络中心公布的模型计算，模型包含种植土地与林草覆盖信息。植被覆盖指数越高，说明区域总体的生态恢复情况越好，绿色可持续发展的潜力越强。

从全国看，见表 4.12 和图 4.30，植被覆盖指数较高的 3 个省份是福建、广西和云南，最大值为福建的 41.56；植被覆盖指数较低的 5 个省份是上海、江苏、新疆、天津和山东。全国共有 20 个省份的植被覆盖指数高于全国整体值。

表 4.12 各地区植被覆盖指数

地区	植被覆盖指数		变化量
	2019 年	2015 年	
北京	35.31	35.26	0.05
天津	17.60	17.77	−0.17
河北	29.97	29.96	0.01
山西	33.84	34.10	−0.26
内蒙古	30.52	31.69	−1.17
辽宁	31.38	31.55	−0.17
吉林	32.93	32.92	0.01
黑龙江	34.27	34.38	−0.11
上海	15.85	15.62	0.23
江苏	16.34	16.93	−0.59
浙江	35.82	36.27	−0.45
安徽	26.95	27.31	−0.36
福建	41.56	41.78	−0.22
江西	37.36	37.64	−0.28
山东	22.62	22.56	0.06
河南	26.17	26.51	−0.34
湖北	33.09	33.37	−0.28
湖南	37.23	37.43	−0.20
广东	36.95	37.42	−0.47
广西	40.43	40.42	0.01

续表

地区	植被覆盖指数		变化量
	2019 年	2015 年	
海南	36.23	36.48	−0.25
重庆	36.82	37.09	−0.27
四川	37.70	37.73	−0.03
贵州	36.99	37.29	−0.30
云南	39.90	40.03	−0.13
西藏	26.42	26.52	−0.10
陕西	38.28	38.56	−0.28
甘肃	25.09	27.26	−2.17
青海	25.28	25.59	−0.31
宁夏	27.91	28.37	−0.46
新疆	16.57	18.38	−1.81

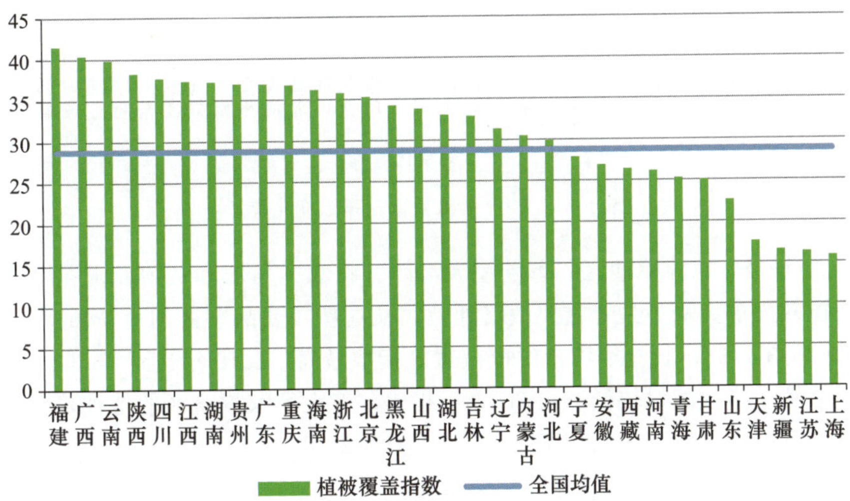

图 4.30 各地区植被覆盖指数

从地区分布来看，全国植被覆盖指数较高的地区主要集中在华南、西南地区，在温度带上处于亚热带季风区域，这里降雨充足，适合植被大规模连片分布。西部地区则差异较大，西藏由于受到印度洋季风影响，虽然海拔高，全年平均温度低，但草地和低矮灌木依然分布较广，同样身处内陆的新疆则相对降雨较少，植被覆盖指数相对较低。而上海、江苏等华东沿海省份则人口密度高，城镇化程度高，植被覆盖指数相对较低。

与 2015 年相比，见图 4.31，全国整体植被覆盖指数呈现下降态势（下降了

0.67）。全国除了上海、北京、山东、吉林、广西的植被覆盖指数略有增加外，河北的植被覆盖指数基本保持不变，其余 25 个省份的植被覆盖指数均有所下降，下降较大的为甘肃、新疆、内蒙古、江苏和宁夏，甘肃的植被覆盖指数下降了 2.17。总的来说，植被覆盖指数 2015 年至 2019 年间全国各地区略有下降，而北京、上海等超大型城市的植被覆盖指数则略有提升，说明区域间不平衡的发展状态对植被覆盖指数有影响，各地在制定生态保护策略时应结合本地发展现状，科学合理地制定适合本地区发展的生态保护措施。

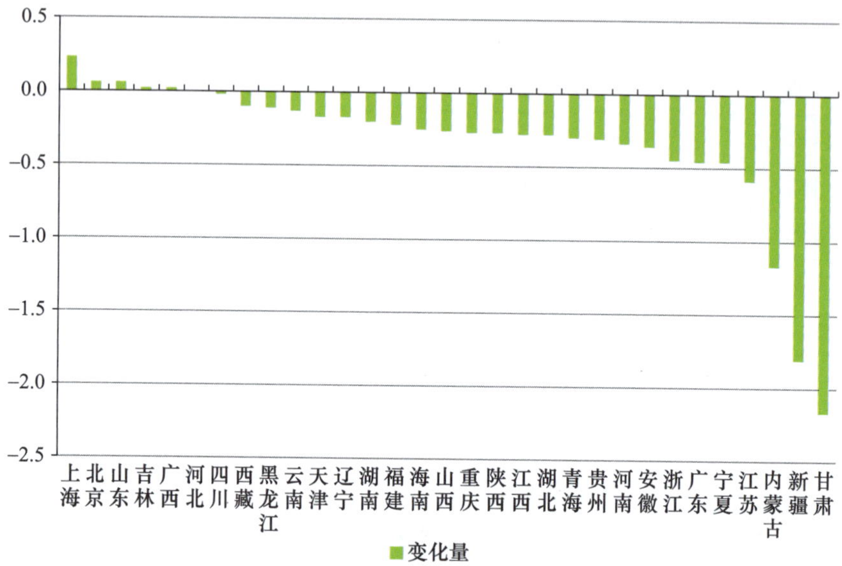

图 4.31　各地区植被覆盖指数变化统计

长江经济带、京津冀地区、粤港澳大湾区、长江三角洲和黄河流域是我国重要战略区，在国家发展大局中具有重要战略地位。从这些重要战略区的植被覆盖指数来看，见表 4.13 和图 4.32，长江经济带的植被覆盖指数最高，2019 年达到 35.52，而长江三角洲的植被覆盖指数相对较低。与 2015 年相比，五大国家战略区的植被覆盖指数都有不同程度的下降，总体下降幅度不大。

表 4.13　五大国家战略区植被覆盖指数

地区	植被覆盖指数		变化量
	2019 年	2015 年	
长江经济带	35.52	35.87	−0.35
京津冀地区	29.76	29.85	−0.09
粤港澳大湾区	33.04	33.55	−0.51
长江三角洲	26.47	26.90	−0.43
黄河流域	31.30	31.51	−0.21

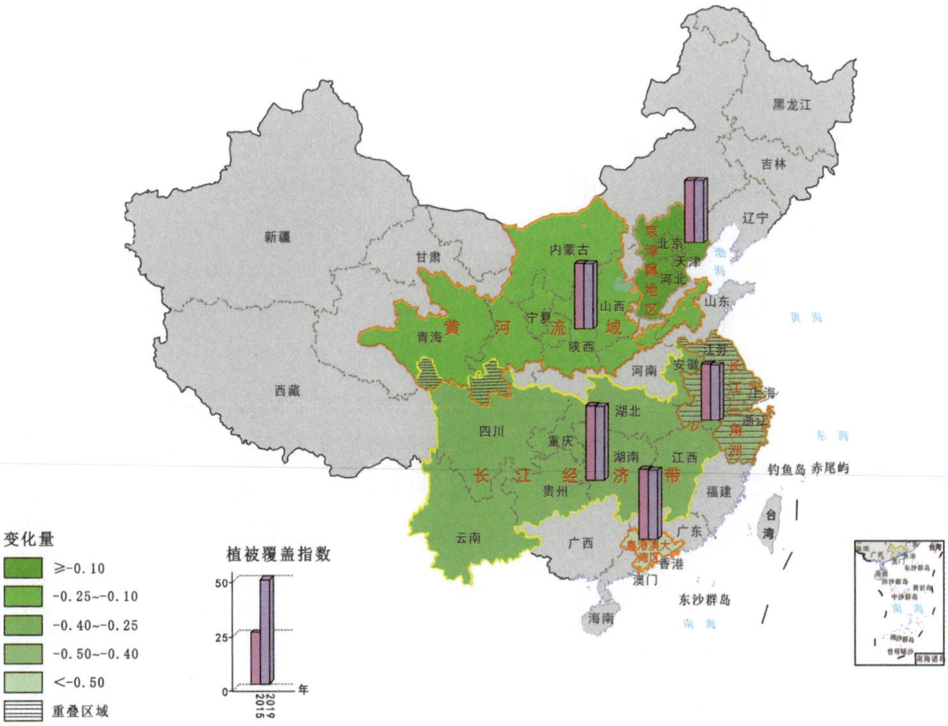

图 4.32 五大国家战略区植被覆盖指数

4.4 本章小结

本章从生态状况、生态压力、生态保护与绿色发展等角度出发，利用地理国情监测数据并结合专题数据开展定量和定性分析评价，结果表明：

从相关生态学指标的空间分布特征来看，“胡焕庸线”东西部分分异明显的态势依然存在。从自然生态空间覆盖率来看，全国共有 22 个省份的自然生态空间覆盖率低于全国整体水平。三分之一以上陆地国土总面积的自然生态空间覆盖率超过 98%，这主要是西部广袤的地区以自然状态的荒漠与裸露地表、草地等状态为主，东部地区整体的自然生态资源覆盖率较低，自然生态空间保护压力大。与 2015 年相比，全国自然生态空间覆盖率下降了 0.14 个百分点，但京津冀地区则有小幅上升，北京、天津、河北的自然生态空间覆盖率分别上升了 1.17、0.77 和 0.90 个百分点。与 2015 年相比，全国生境质量、水源涵养稳中向好，生境质量指数、水源涵养指数分别上升了 1.95（相对值）、0.18（相对值），东北地区生境质量和水源涵养水平全国领先，其中黑龙江的生境质量指数和水源涵养指数分别为 99.88 和 99.51，高出全国平均水平（57.07 和 51.73）。水网密度全国平均值上升了 3.47 米/平方千米。

在生态压力方面，人为干扰指数、植被受干扰指数和不透水地表占地比重较高的地区主要集中于中东部人口较多的地区，西部地区则相对较低。整体分布由东至西呈现阶梯状递减分布，较符合“胡焕庸线”的地域分异规律。西部地区的扬尘地表比重全国领先，这与西部地区大面积分布的沙漠、戈壁等自然地理状况有关，全国扬尘地表占地比重最低的集中在东北地区和华南地区。与 2015 年相比，全国总体人为干扰指数基本保持不变，但植被受干扰指数、不透水地表占地比重、扬尘地表占地比重都有不同程度的升高。2015—2019 年全国植被受干扰指数增加了 12.96%、不透水地表占地比重增加了 0.38%、扬尘地表占地比重增加了 0.08%。

在生态保护与绿色发展方面，与 2015 年相比，2019 年全国 25 个重点生态功能区总体呈现地表开发建设降低（房屋建筑区与建筑工地面积下降）的态势，共减少了 2729.32 平方千米；水域面积则有不同程度增加，共增加了 1211.46 平方千米。各生态功能保护区管理部门应继续合理规划，并加强保护区资源管理与生态要素的变化监测。从植被覆盖指数来看，全国总量上略有下降，下降了 0.67，但北京、上海等特大型城市的植被覆盖指数有所上升，区域间不平衡的发展状态对植被覆盖产生了差异性影响。

第 5 章　交通设施覆盖及服务能力

交通设施是国家基础设施的重要组成部分，是国民经济各项事业发展的基础和命脉，具有很强的先导作用，特别在经济资源空间集聚中发挥着重要的引领和支撑作用。据有关部门统计，截至“十三五”期末，铁路覆盖 99%的 20 万以上人口的城市。其中，高速铁路覆盖 95%的 100 万人口及以上的城市；高速公路覆盖 98.6%的 20 万人口以上的城市和地级行政中心；民用机场覆盖 92%的地级市。同时，一系列重大工程陆续建成投用，为京津冀协同发展等国家重大战略实施提供了有力支撑，积极助力“一带一路”高质量发展。在取得以上成绩的同时，也要看到，我国目前虽然形成了以东部、中部、西部、东北四大板块为基础的区域协调发展新格局，受地区社会经济发展水平、资源和环境承载力及等因素制约，四大板块交通设施覆盖及服务仍然存在较大的不平衡性，呈现区域块状分布特征，不能充分支撑目前的区域协调发展格局，距建设交通强国的目标还存在不小的差距，交通设施覆盖及服务高质量发展面临不少挑战。

本章基于 2019 年全国地理国情监测数据，结合社会经济统计数据及部分专业部门专题数据，从交通网络覆盖、交通发展水平和交通设施服务能力三个方面，阐述现状并与 2015 年相关情况进行对比，从数量和质量的角度分析全国及 31 个省份的交通设施覆盖状况以及服务能力。

5.1　交通网络覆盖

交通网络是国家和地区社会经济发展的“血管”，其覆盖情况关乎区域社会经济发展水平。本节采用铁路网络密度、道路网络密度、等级公路网络密度、城市道路网络密度、乡村道路网络密度和路面人均占有量等六个指标来说明交通网络覆盖情况。

5.1.1　铁路网络密度

铁路网络密度是地理国情监测采集的区域内铁路长度与该区域国土面积的比值，反映区域内铁路交通网络覆盖能力的强弱，也展现区域铁路运输设施的发展程度。区域铁路网络密度与该区域的交通覆盖能力和经济发展水平有着密不可分的关系。一般来说，其值越大，区域内的铁路运输能力就相对越强。

从全国看，见表 5.1 和图 5.1，各地区铁路网络密度较高的是天津、北京、上海。其中天津最高，为 943.26 千米/万平方千米；其次是北京，其值为 787.75 千米/万平方千米；上海位居第三。各地区铁路网络密度较低的是西藏、青海、新疆，其中西藏最低，略高于 7 千米/万平方千米，青海、新疆均低于 45 千米/万平方千米。

表 5.1 各地区铁路网络密度及变化统计

单位：千米/万平方千米

地区	铁路网络密度		变化量
	2019 年	2015 年	
北京	787.75	779.09	8.66
天津	943.26	876.14	67.12
河北	402.70	344.89	57.81
山西	363.37	358.23	5.14
内蒙古	129.01	112.45	16.56
辽宁	470.55	398.57	71.98
吉林	262.25	250.73	11.52
黑龙江	156.72	140.07	16.65
上海	631.20	636.58	−5.38
江苏	386.30	283.45	102.85
浙江	269.97	230.60	39.37
安徽	335.81	291.84	43.97
福建	283.26	263.25	20.01
江西	263.24	233.77	29.47
山东	432.26	349.81	82.45
河南	390.38	346.32	44.06
湖北	246.49	224.41	22.08
湖南	272.52	222.34	50.18
广东	265.78	231.77	34.01
广西	219.96	201.21	18.75
海南	296.59	197.43	99.16
重庆	313.36	254.58	58.78
四川	114.74	87.88	26.86
贵州	220.39	171.84	48.55
云南	106.66	73.41	33.25

续表

地区	铁路网络密度		变化量
	2019 年	2015 年	
西藏	7.04	6.99	0.05
陕西	316.76	259.44	57.32
甘肃	124.46	94.91	29.55
青海	31.01	30.90	0.11
宁夏	316.79	258.94	57.85
新疆	44.17	38.04	6.13

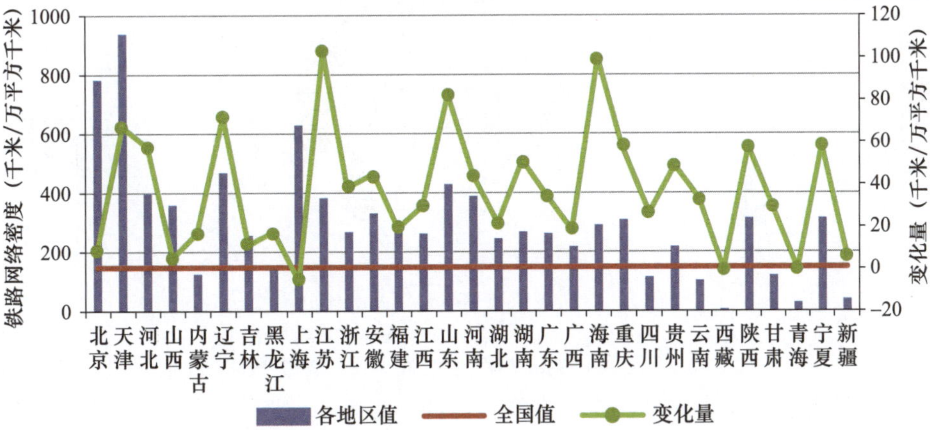

图 5.1 各地区铁路网络密度及变化

全国铁路网络密度值为 151.73 千米/万平方千米，天津、北京、上海等 24 个省份的铁路网络密度高于全国值，广泛分布在东部、中部和东北地区以及少数西部地区；西藏、青海、新疆等 7 个省份的铁路网络密度低于全国值，全部分布在西部特别是边疆地区。

与 2015 年相比，见图 5.1 和图 5.2，除上海铁路网络密度有所减少外，其他 30 个省份的铁路网络密度均出现不同程度的增加，增加较多的主要分布在东部地区。其中，江苏增加最多，增量为 102.85 千米/万平方千米，增幅为 36.29%；海南、山东二省位列其后，分别增加 99.16 千米/万平方千米、82.45 千米/万平方千米；辽宁、天津、重庆等 7 个省份的铁路网络密度增量介于 50～80 千米/万平方千米；贵州、河南、安徽等 15 个省份增量介于 10～50 千米/万平方千米；北京、新疆等 5 个省份增量均在 10 千米/万平方千米以下，其中青海、西藏铁路网络密度有微小的增加。

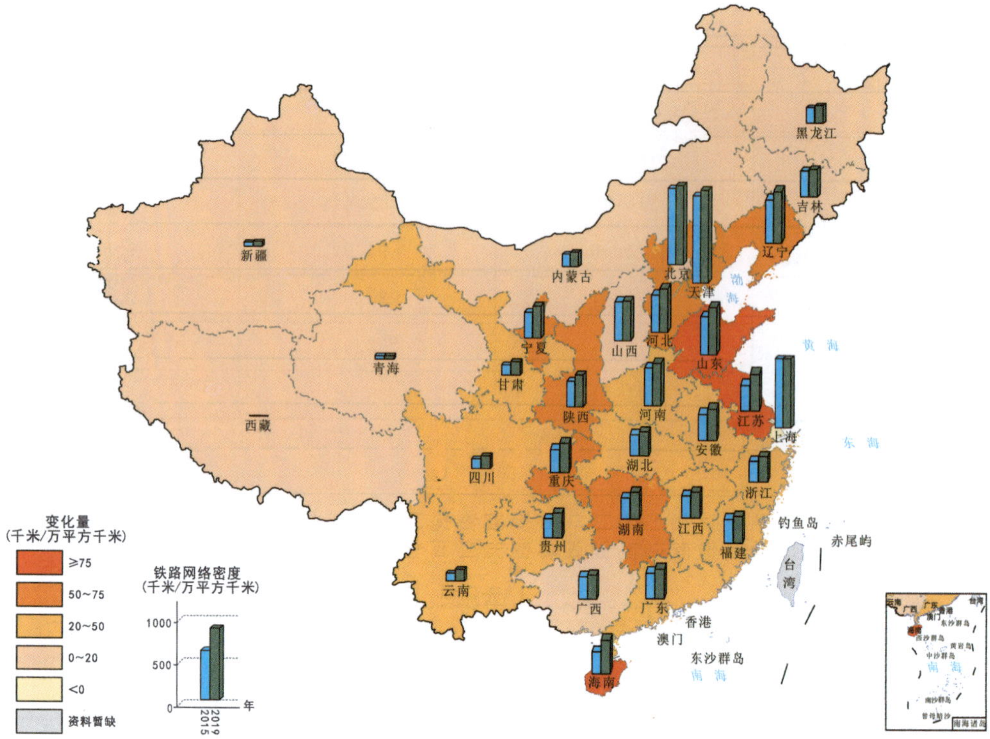

图 5.2　全国铁路网络密度及变化分布

从表 5.2 和图 5.3 看，五大国家战略区铁路网络密度最高的是京津冀地区，为 461.61 千米/万平方千米；其次是粤港澳大湾区，为 366.19 千米/万平方千米，略高于长江三角洲；黄河流域最低，略低于长江经济带。这些战略区铁路网络密度均高于全国值。与 2015 年相比，五大国家战略区的铁路网络密度均出现不同程度的增加。其中，粤港澳大湾区增加最多，为 70.80 千米/万平方千米，增幅也最大；长江三角洲、京津冀地区增量均接近 60 千米/万平方千米，前者略高于后者；长江经济带、黄河流域处于第三集团，其中黄河流域相对增加最少。总体看，五大国家战略区的铁路网络密度增加程度大体与该区域的社会经济发展状况存在正向相关关系。

表 5.2　五大国家战略区铁路网络密度及变化统计

单位：千米/万平方千米

地区	铁路网络密度		变化量
	2019 年	2015 年	
长江经济带	209.12	170.20	38.92
京津冀地区	461.61	407.01	54.60
粤港澳大湾区	366.19	295.39	70.80
长江三角洲	338.08	279.34	58.74
黄河流域	189.51	165.90	23.61

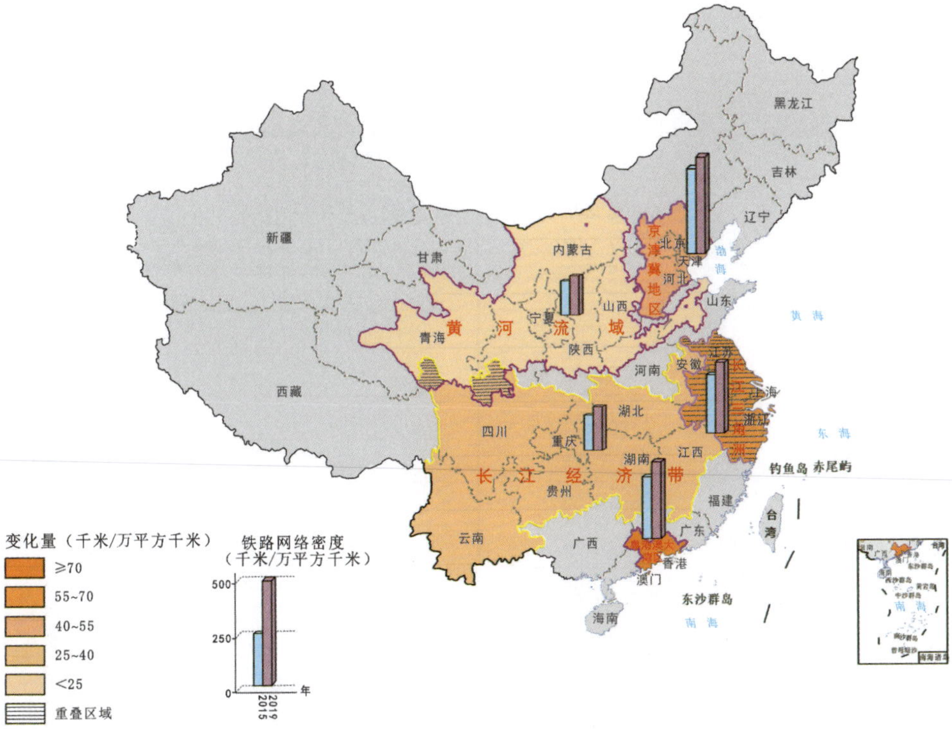

图 5.3 五大国家战略区铁路网络密度及变化分布

5.1.2 道路网络密度

道路网络密度是地理国情监测采集区域内道路长度与该区域国土面积的比值，在一定程度上反映区域内交通网络辐射的能力，同时也展现区域内交通设施及服务能力的强弱。一般来说，区域内道路网络密度越大，该区域的交通网络越健全。本小节的道路包括国道、省道、县道、乡道、连接道、专用公路及其他道路。

从全国看，见表 5.3 和图 5.4，各地区道路网络密度较高的是上海、北京、江苏、天津、浙江、广东。其中上海最高，为 17607.49 千米/万平方千米；北京次之，为 11009.64 千米/万平方千米；江苏紧随其后，为 10273.78 千米/万平方千米。各地区道路网络密度较低的是青海、西藏、新疆、内蒙古、甘肃，其中青海最低，为 617.99 千米/万平方千米，西藏略高于青海，新疆为接近 900 千米/万平方千米。

表 5.3 各地区道路网络密度及变化统计 单位：千米/万平方千米

地区	道路网络密度		变化量
	2019 年	2015 年	
北京	11009.64	10267.21	742.43
天津	8164.47	8013.31	151.16
河北	4700.70	4467.28	233.42

续表

地区	道路网络密度		变化量
	2019 年	2015 年	
山西	5398.77	5056.01	342.76
内蒙古	1075.41	995.55	79.86
辽宁	4375.94	4294.58	81.36
吉林	2928.70	2660.33	268.37
黑龙江	2459.49	2434.04	25.45
上海	17607.49	13255.58	4351.91
江苏	10273.78	9866.15	407.63
浙江	8327.99	7815.83	512.16
安徽	5534.53	5327.99	206.54
福建	6547.48	5361.12	1186.36
江西	5517.95	4007.90	1510.05
山东	6048.98	5571.01	477.97
河南	5557.27	5299.07	258.20
湖北	7825.39	5484.86	2340.53
湖南	4792.56	4458.88	333.68
广东	7740.81	7390.75	350.06
广西	3157.32	2961.51	195.81
海南	3951.67	3686.53	265.14
重庆	4824.17	4738.21	85.96
四川	2846.09	2643.36	202.73
贵州	6492.29	2916.77	3575.52
云南	5196.55	4580.18	616.37
西藏	694.25	468.02	226.23
陕西	3089.15	2930.98	158.17
甘肃	1221.69	1113.68	108.01
青海	617.99	559.98	58.01
宁夏	3341.90	3118.68	223.22
新疆	875.98	843.45	32.53

全国道路网络密度值为 2682.59 千米/万平方千米，上海、北京、江苏、安徽、浙江、山东等 25 个省份的道路网络密度高于全国值，主要位于东部、中部和东北地区；西藏、新疆、青海等 6 个省份的道路网络密度低于全国值，除黑龙江外，全部属于西部地区的边疆省份。

与 2015 年相比，见图 5.4 和图 5.5，各省份的道路网络密度均出现不同程度的增加。

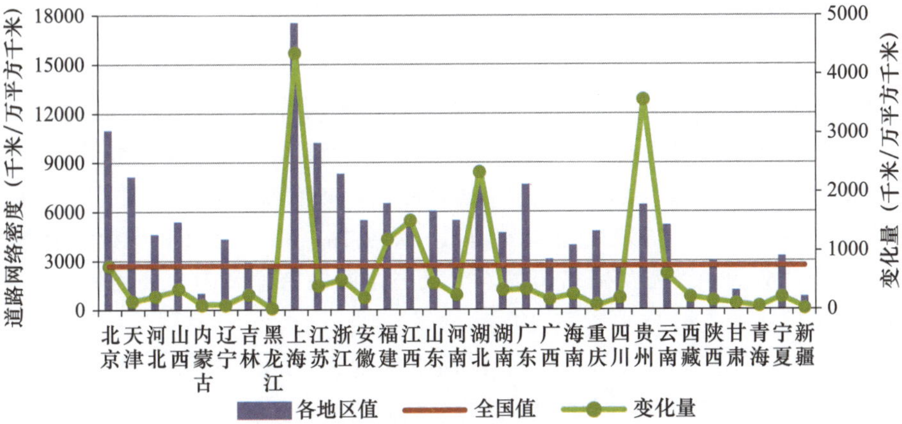

图 5.4 各地区道路网络密度及变化

其中，上海增加最多，增量为 4351.91 千米/万平方千米，增幅达 32.83%；贵州次之，增加 3575.52 千米/万平方千米，增幅高达 122.58%。道路网络密度增量超过 1000 千米/万平方千米的还有湖北、江西、福建，增量在 500～1000 千米/万平方千米的有北京、云南、浙江，增量在 100～500 千米/万平方千米的涵盖山东、江苏、广东等 17 个省份，增量低于 100 千米/万平方千米的包括黑龙江、新疆等 6 个省份，分布在西部、东北地区。

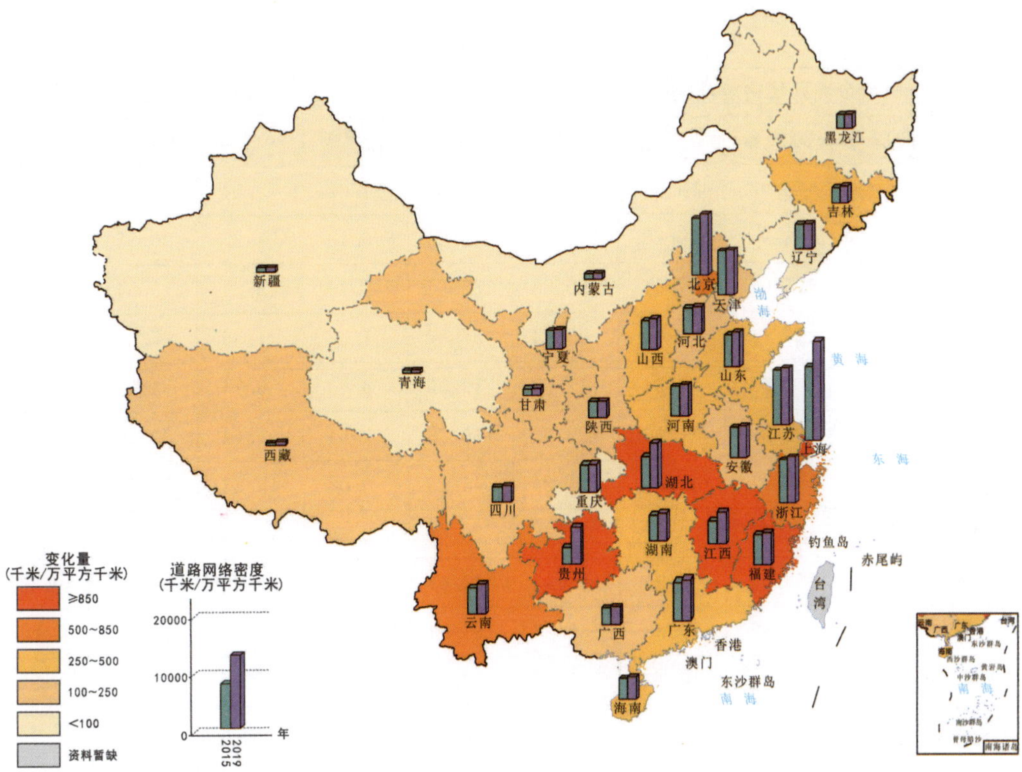

图 5.5 全国道路网络密度及变化分布

5.1.3 等级公路网络密度

等级公路网络密度是地理国情监测采集区域内不同等级公路长度与该区域国土面积的比值，展现该区域交通网络覆盖能力的强弱，反映区域交通发展水平及交通运输业的发达程度。一般来说，等级公路网络密度越大，区域内交通网络覆盖的深度越大，交通服务能力相对越强。等级公路主要包括一级公路、二级公路和高速公路等类型，本小节分别用对应的一级公路网络密度、二级公路网络密度和高速公路网络密度反映区域内的交通网络覆盖情况。

从全国看，见表 5.4，全国一级公路网络密度为 10.23 米/平方千米，江苏、北京、天津等 15 个省份的一级公路网络密度高于全国值。其中江苏最高，为 127.60 米/平方千米。其次是北京，为 94.63 米/平方千米；天津略低于北京，位居第三。西藏、新疆、陕西等 16 个省份的一级公路网络密度低于全国值，其中西藏、新疆均低于 1 米/平方千米，西藏最低。与 2015 年相比，江苏、上海、北京等 28 个省份的一级公路网络密度均出现不同程度的增加。其中江苏增加最多，增量为 29.88 米/平方千米，上海次之，略低于前者；新疆、内蒙古、黑龙江、海南、广西等 5 个省份有微小增加，增量均低于 1 米/平方千米。陕西、宁夏、吉林的一级公路网络密度轻度减少，其中陕西减少最多，减量为 3.32 米/平方千米。

表 5.4 各地区等级公路网络密度及变化统计 单位：米/平方千米

地区	一级公路网络密度及变化			二级公路网络密度及变化			高速公路网络密度及变化		
	2019 年	2015 年	变化量	2019 年	2015 年	变化量	2019 年	2015 年	变化量
北京	94.63	75.98	18.65	230.34	199.32	31.02	79.04	66.00	13.04
天津	93.72	83.94	9.78	235.85	242.04	−6.19	104.25	90.35	13.90
河北	29.71	25.07	4.64	90.38	85.64	4.74	42.61	33.54	9.07
山西	17.22	13.16	4.06	95.34	87.81	7.53	41.36	37.28	4.08
内蒙古	6.12	5.58	0.54	12.90	12.50	0.40	6.74	4.03	2.71
辽宁	24.45	22.89	1.56	122.92	119.28	3.64	31.44	30.26	1.18
吉林	9.44	10.01	−0.57	44.24	44.16	0.08	18.33	12.60	5.73
黑龙江	4.17	3.39	0.78	23.37	20.69	2.68	10.00	9.84	0.16
上海	85.34	56.39	28.95	508.43	482.05	26.38	125.08	124.42	0.66
江苏	127.60	97.72	29.88	153.26	161.64	−8.38	47.91	44.64	3.27
浙江	65.30	55.18	10.12	87.21	83.13	4.08	49.13	42.21	6.92
安徽	11.31	8.14	3.17	77.16	71.46	5.70	35.97	28.64	7.33
福建	8.32	4.38	3.94	77.89	67.58	10.31	57.57	43.21	14.36
江西	16.96	8.99	7.97	68.24	55.72	12.52	39.17	30.17	9.00

续表

地区	一级公路网络密度及变化			二级公路网络密度及变化			高速公路网络密度及变化		
	2019 年	2015 年	变化量	2019 年	2015 年	变化量	2019 年	2015 年	变化量
山东	69.42	60.09	9.33	140.61	133.40	7.21	39.19	33.47	5.72
河南	19.03	4.16	14.87	135.67	130.82	4.85	41.91	37.29	4.62
湖北	27.20	13.64	13.56	116.39	90.29	26.10	37.80	30.60	7.20
湖南	8.39	2.12	6.27	64.67	22.18	42.49	34.45	27.58	6.87
广东	60.90	58.56	2.34	101.47	99.17	2.30	55.39	37.12	18.27
广西	5.27	4.31	0.96	49.93	40.83	9.10	26.93	17.48	9.45
海南	7.80	6.94	0.86	32.60	30.94	1.66	29.01	24.87	4.14
重庆	8.35	6.83	1.52	94.14	89.80	4.34	48.45	38.45	10.00
四川	8.92	6.50	2.42	32.57	27.59	4.98	16.59	12.78	3.81
贵州	9.73	1.50	8.23	48.90	20.87	28.03	47.23	27.52	19.71
云南	4.21	2.67	1.54	31.92	28.14	3.78	15.72	9.72	6.00
西藏	0.00	0.00	0.00	0.73	0.74	−0.01	0.54	0.03	0.51
陕西	1.57	4.89	−3.32	39.80	38.48	1.32	32.73	26.80	5.93
甘肃	1.73	0.46	1.27	22.63	16.55	6.08	12.51	9.22	3.29
青海	2.60	0.38	2.22	12.02	8.39	3.63	6.38	3.85	2.53
宁夏	24.34	25.14	−0.80	59.45	54.31	5.14	36.84	30.58	6.26
新疆	0.77	0.61	0.16	9.27	7.65	1.62	4.24	3.35	0.89

全国二级公路网络密度为 36.75 米/平方千米，上海、天津、北京等 22 个省份的二级公路网络密度高于全国值。其中上海最高，为 508.43 米/平方千米；天津、北京分居第二、第三位，其值分别为 235.85 米/平方千米、230.34 米/平方千米。西藏、新疆、青海等 9 个省份的二级公路网络密度低于全国值，其中西藏最低，不足 1 米/平方千米。与 2015 年相比，湖南、北京、贵州等 28 个省份的二级公路网络密度均出现不同程度的增加。其中湖南增加最多，增量为 42.49 米/平方千米；北京次之，为 31.02 米/平方千米。江苏、天津、西藏等 3 个省份二级公路网络密度有所减少，其中江苏减少最多，减量为 8.38 米/平方千米。

全国高速公路网络密度为 17.35 米/平方千米，上海、天津、北京等 23 个省份的高速公路网络密度高于全国值。其中上海最高，为 125.08 米/平方千米；天津、北京位居二、三位，分别为 104.25 米/平方千米、79.04 米/平方千米。西藏、新疆、青海等 8 个省份的高速公路网络密度低于全国值，其中西藏最低，为 0.54 米/平方千米，新疆、青海、内蒙古均低于 7 米/平方千米。与 2015 年相比，各省份的高速公路网络密度均出现不同程度的增加，其中贵州增加最多，增量为 19.71 米/平方千米，广东次之，略低于贵州，增量超过 10 米/平方千米的还有福建、天津、北京、重庆。

5.1.4 城市道路网络密度

城市道路网络密度是地理国情监测采集的区域内城市道路长度与该区域国土面积的比值，在一定程度反映区域内城市交通覆盖度的大小。一般来说，城市道路网络密度越大的区域，其交通覆盖度相对较大，相应的交通设施及服务能力更完善。

从全国看，见表 5.5 和图 5.6，各地区城市道路网络密度较高的省份是上海、北京、天津、江苏。其中上海最高，为 10883.82 千米/万平方千米；其次为北京，为 6906.54 千米/万平方千米；天津位居第三。各地区城市道路网络密度较低的是西藏、青海、新疆、内蒙古、甘肃，其中西藏最低，为 12.93 千米/万平方千米，青海、新疆分别接近 40 千米/万平方千米、100 千米/万平方千米。

表 5.5 各地区城市道路网络密度及变化统计 单位：千米/万平方千米

地区	城市道路网络密度		变化量
	2019 年	2015 年	
北京	6906.54	6055.68	850.86
天津	6071.79	5027.18	1044.61
河北	918.04	839.57	78.47
山西	563.93	503.33	60.60
内蒙古	100.75	92.03	8.72
辽宁	1151.69	1048.62	103.07
吉林	370.56	328.81	41.75
黑龙江	224.87	210.80	14.07
上海	10883.82	10077.34	806.48
江苏	5630.09	5043.77	586.32
浙江	2032.38	1778.18	254.20
安徽	1283.37	1027.26	256.11
福建	710.72	603.92	106.80
江西	768.75	611.35	157.40
山东	2117.49	1781.15	336.34
河南	1549.31	1261.22	288.09
湖北	880.54	721.97	158.57

续表

地区	城市道路网络密度		变化量
	2019 年	2015 年	
湖南	624.14	500.34	123.80
广东	1803.14	1634.10	169.04
广西	376.32	297.72	78.60
海南	633.85	587.21	46.64
重庆	1158.78	799.38	359.40
四川	338.90	294.69	44.21
贵州	428.83	318.80	110.03
云南	263.39	216.95	46.44
西藏	12.93	8.73	4.20
陕西	434.05	356.53	77.52
甘肃	152.81	129.85	22.96
青海	39.84	26.67	13.17
宁夏	690.47	583.48	106.99
新疆	96.84	83.39	13.45

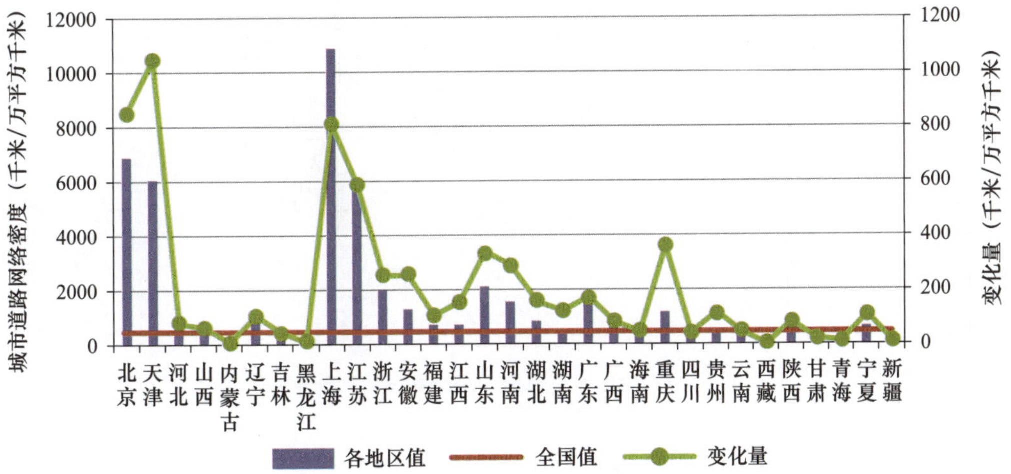

图 5.6 各地区城市道路网络密度及变化

全国城市道路网络密度为 454.97 千米/万平方千米。上海、北京、江苏等 19 个省份的城市网络密度高于全国值，广泛分布在东部和中部地区、东北部分地区（吉林、黑龙江除外）；西藏、青海、新疆等 12 个省份的城市道路网络密度低于全国值，除吉林、黑龙江外，全部分布在西部地区。

与 2015 年相比，见图 5.6 和图 5.7，全国 31 个省份的城市道路网络密度均出现不同程度的增加。其中天津增加最多，增量为 1044.61 千米/万平方千米，增幅为 20.78%；北京次之，增量为 850.86 千米/万平方千米，增幅为 14.05%；上海位于第三，增加 806.48 千米/万平方千米，增幅为 8.00%。除以上 3 个直辖市外，城市道路网络密度增量在 100～500 千米/万平方千米的还有重庆、山东等 14 个省份；广西、河北、陕西等 14 个省份城市道路网络密度增量均低于 100 千米/万平方千米，其中西藏、内蒙古、青海、新疆、黑龙江均低于 20 千米/万平方千米，但从相对值看，青海、西藏增幅分别高达 49.38%、48.11%，位居全国前二位，反映这些省份近年来城市道路建设进程明显加快。

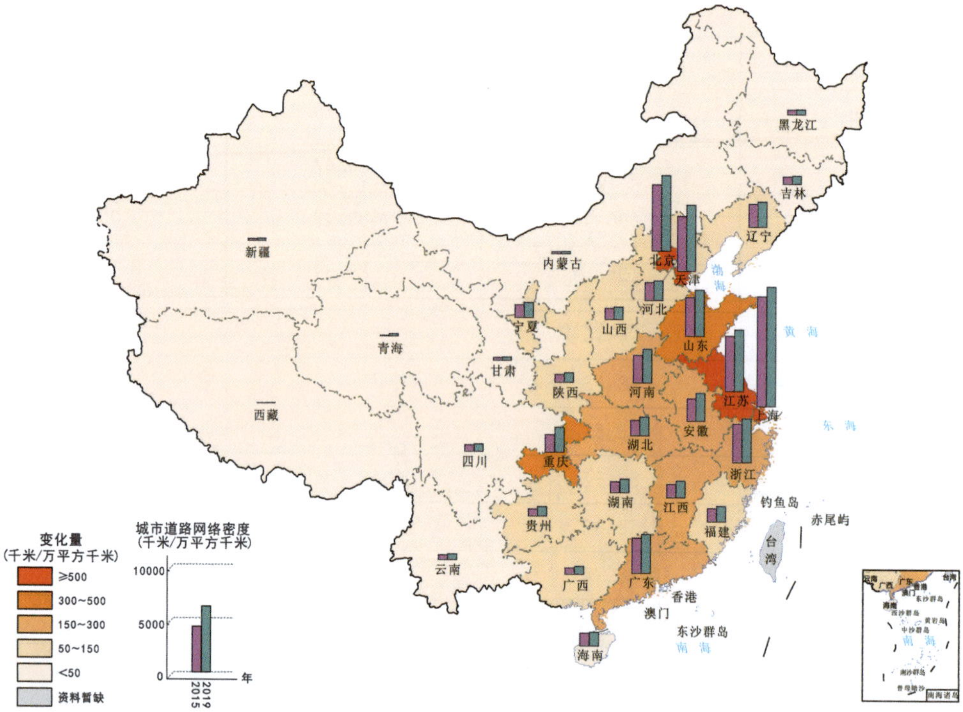

图 5.7　全国城市道路网络密度及变化分布

5.1.5　乡村道路网络密度

乡村道路网络密度是地理国情监测采集的区域内乡村道路长度与该区域国土面积的比值，在一定程度上反映区域内乡村道路网络覆盖能力的强弱。一般来说，区域内乡村道路网络密度越大，其相应的交通设施服务能力相对越强。

从全国看，见表 5.6 和图 5.8，各地区乡村道路网络密度较高的是天津、河南、江苏、重庆、海南、山东、河北。其中天津最高，为 22432.47 千米/万平方千米；其次是河南，为 19512.52 千米/万平方千米；江苏位居第三。各地区乡村道路网络密度较低的是青海、西藏、新疆，均低于 1700 千米/万平方千米，其中青海最低，其次为西藏。

表 5.6 各地区乡村道路网络密度及变化统计 单位：千米/万平方千米

地区	乡村道路网络密度		变化量
	2019 年	2015 年	
北京	10753.20	7989.98	2763.22
天津	22432.47	21909.39	523.08
河北	15849.90	15569.10	280.80
山西	5035.43	4628.91	406.52
内蒙古	3015.58	2974.58	41.00
辽宁	6354.19	6205.19	149.00
吉林	3791.27	3832.36	−41.09
黑龙江	3803.66	3772.72	30.94
上海	8125.68	8106.21	19.47
江苏	17388.57	16293.58	1094.99
浙江	7705.81	7315.48	390.33
安徽	11807.47	11260.28	547.19
福建	5571.98	5935.03	−363.05
江西	6577.65	7383.81	−806.16
山东	16295.12	13370.31	2924.81
河南	19512.52	19099.54	412.98
湖北	9757.15	10795.44	−1038.29
湖南	12729.79	12106.91	622.88
广东	9898.21	9266.78	631.43
广西	8659.14	8068.59	590.55
海南	16520.31	16256.80	263.51
重庆	17185.10	13476.08	3709.02
四川	9202.00	7960.89	1241.11
贵州	10642.68	10950.69	−308.01
云南	7586.12	6914.67	671.45

续表

地区	乡村道路网络密度		变化量
	2019 年	2015 年	
西藏	1253.03	1243.59	9.44
陕西	8135.67	8151.93	－16.26
甘肃	4965.44	4934.24	31.20
青海	848.19	814.42	33.77
宁夏	10802.86	10415.15	387.71
新疆	1640.15	1604.57	35.58

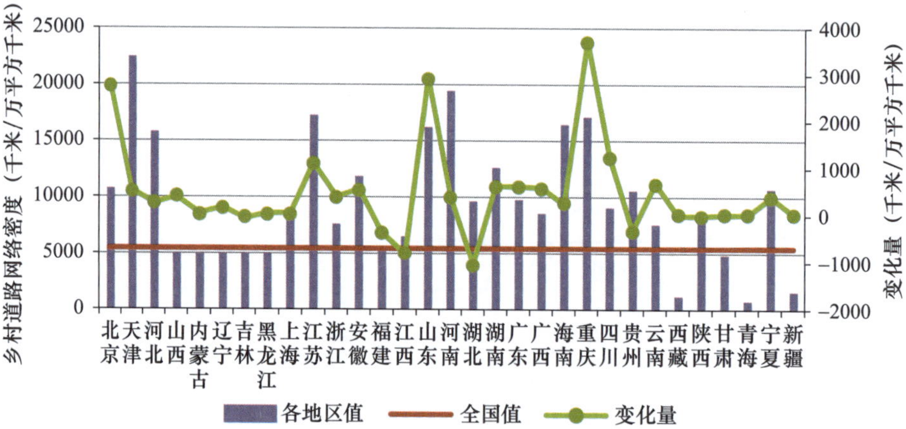

图 5.8　各地区乡村道路网络密度及变化

全国乡村道路网络密度为 5449.94 千米/万平方千米。天津、河南、江苏等 23 个省份的乡村道路网络密度高于全国值；青海、西藏、新疆等 8 个省份的乡村道路网络密度低于全国值，主要分布在西部、东北地区的边疆省份。

与 2015 年相比，重庆、山东、北京等 25 个省份的乡村道路网络密度均出现不同程度的增加。其中重庆增加最多，增量为 3709.02 千米/万平方千米；其次是山东，略低于前者，为 2924.81 千米/万平方千米；北京、四川、江苏增量均超过 1000 千米/万平方千米；内蒙古、新疆、青海等 7 个省份增量均低于 50 千米/万平方千米，除黑龙江、上海外均分布在西部地区，其中西藏增加量最小，为接近 10 千米/万平方千米。湖北、江西、福建、贵州、吉林、陕西等 6 个省份的乡村道路网络密度均出现不同程度的减少。其中湖北减少最多，达 1038.29 千米/万平方千米，减少的乡村道路主要转化为道路、城市道路；其次是江西，减少 806.16 千米/万平方千米，减少的乡村道路转化情况与湖北类似。

5.1.6 路面人均占有量

路面人均占有量是地理国情监测采集的区域内路面面积与区域总人口数的比值，反映人均拥有的道路面积数量。一般来说，路面人均占有量与交通网络覆盖面积呈负相关关系，即路面人均占有量越大，其人均享有的交通网络覆盖能力相对越低。

从全国看，见表 5.7 和图 5.9，各地区路面人均占有量较高的是西藏、内蒙古、青海、新疆。其中西藏最高，为 355.83 平方米；其次是内蒙古，为 207.37 平方米；路面人均占有量超过 100 平方米的还有青海、新疆。路面人均占有量较低是上海、广东、北京，其中上海最低，略大于 16 平方米，北京和广东接近。

表 5.7 各地区路面人均占有量及变化统计 单位：平方米

地区	路面人均占有量		变化量
	2019 年	2015 年	
北京	27.44	24.36	3.08
天津	31.25	28.14	3.11
河北	36.45	32.30	4.15
山西	57.89	51.72	6.17
内蒙古	207.37	182.15	25.22
辽宁	39.42	33.69	5.73
吉林	54.24	45.83	8.41
黑龙江	67.70	61.45	6.25
上海	16.12	14.44	1.68
江苏	46.32	40.63	5.69
浙江	41.15	36.67	4.48
安徽	39.31	34.17	5.14
福建	34.01	28.64	5.37
江西	43.23	36.85	6.38
山东	41.08	34.60	6.48
河南	32.20	27.84	4.36
湖北	38.46	32.85	5.61
湖南	34.54	29.53	5.01
广东	25.86	23.66	2.20
广西	40.95	34.40	6.55
海南	44.51	38.37	6.14
重庆	41.92	31.84	10.08

续表

地区	路面人均占有量		变化量
	2019年	2015年	
四川	39.83	31.70	8.13
贵州	61.23	47.41	13.82
云南	75.93	65.27	10.66
西藏	355.83	287.96	67.87
陕西	52.35	45.02	7.33
甘肃	80.64	70.65	9.99
青海	166.77	139.26	27.51
宁夏	99.68	85.16	14.52
新疆	149.07	134.45	14.62

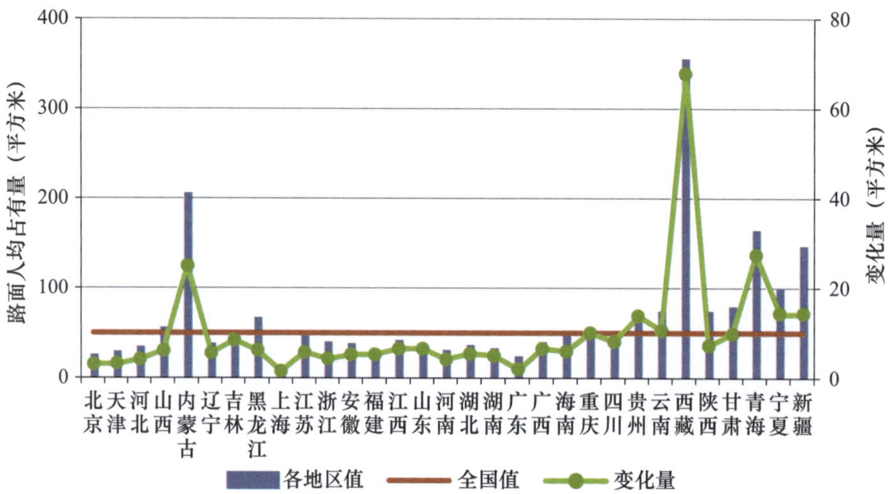

图5.9 各地区路面人均占有量及变化

全国路面人均占有量均值为48.59平方米，西藏、内蒙古、青海等12个省份的路面人均占有量高于全国均值，其中有9个省份分布在西部地区，2个省份在东北地区；上海、广东、北京等19个省份的路面人均占有量低于全国均值，主要分布在东部地区、中部地区（山西除外）以及广西、重庆、四川等少数西部地区。

与2015年相比，见图5.9和图5.10，31个省份的路面人均占有量均出现不同程度的增加。其中西藏增加最多，增量为67.87平方米，增幅达23.57%；其次是青海、内蒙古。除以上3个西部省份外，增量超过10平方米的有新疆、宁夏、贵州、云南、重庆等5个西部省份，上海、广东、北京等7个省份的增量均在5平方米以下，除河南外，均分布在东部地区，其中上海增加最少，增量为1.68平方米。

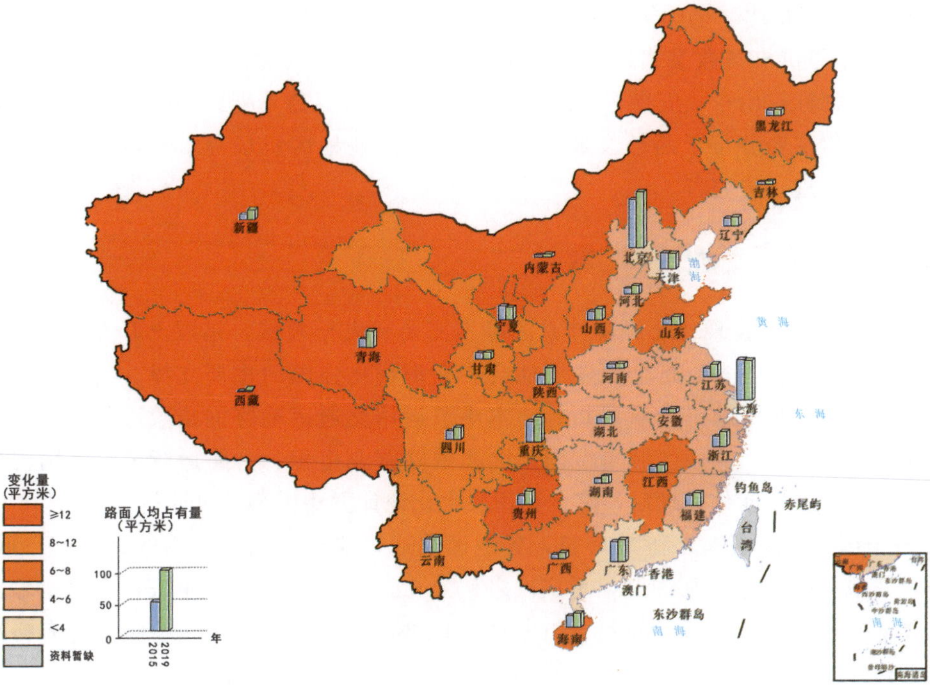

图 5.10　全国路面人均占有量及变化分布

5.2　交通发展水平

交通发展水平是展现交通设施发展现状的重要因素。本节采用机场拥有量、交通运输路网指数、交通优势度等指标来描述交通设施服务能力。

5.2.1　机场拥有量

机场是重要的交通设施之一，主要包括民用、军用两大类型，本小节主要指民用（民航）机场。机场拥有量是衡量一个地区交通发展水平的重要依据，从某种程度看，通常区域内的机场拥有量越大，航空运输和服务相对越便利。

2019 年我国拥有机场 238 座。按数量从多到少的排序，各地区拥有机场数量较多的地区是新疆、内蒙古、云南、四川、黑龙江、贵州，均超过 10 座，其中新疆拥有 21 座机场；拥有机场数量较少的地区是天津、上海、北京、宁夏、重庆，均在 3 座（含）以下。

从地域分布看，各地区拥有机场数量较多的省份主要位于西部边疆地区、黑龙江，这些省份地域辽阔，具备发展支线航空的区位优势，且旅游资源丰富，机场需求量大；拥有机场数量较少的省份主要是 4 个直辖市、宁夏等，这些省份的共有特征是地域相对狭小，现有机场布局与其经济、地理环境大体相适应。

与 2015 年相比，全国机场数量共增加 28 座，其中内蒙古、新疆、黑龙江、四川、云南等 17 个省份机场数量出现不同程度的增长，内蒙古、新疆增加最多（3 座），北京、上海、江苏、山东、安徽等 14 个省份的机场数量保持不变。整体看，机场数量增加较多的省份主要分布于西部、东北边疆地区，这些地区机场需求相对旺盛，但机场功能布局仍需进一步完善。

5.2.2 交通运输路网指数

交通运输是建设现代化经济体系的基本需要和先行领域，是国土开发、城市和经济布局形成的重要因素，是全面建成社会主义现代化强国的重要支撑。交通运输路网是反映交通发展水平的一个重要指标，本小节运用交通运输路网指数进行分析，它是一个无量纲的指数，利用区域单位国土面积铁路营业里程、公路运营里程和内河航道里程等指标，经标准化处理后，综合利用层次化统计方法模型计算而得。

从全国看，见表 5.8 和图 5.11，各地区交通运输路网指数较高的是上海、重庆、江苏，其中上海最高，为 0.85，重庆次之，为 0.69，江苏略低于重庆；交通运输路网指数较低的是西藏、青海、新疆、内蒙古、甘肃，其中西藏最低，新疆、青海略高于西藏，均为 0.02。

表 5.8 各地区交通运输路网指数及变化统计

地区	交通运输路网指数		变化量
	2019 年	2015 年	
北京	0.54	0.59	−0.05
天津	0.58	0.64	−0.06
河北	0.37	0.39	−0.02
山西	0.32	0.35	−0.03
内蒙古	0.05	0.05	0.00
辽宁	0.31	0.34	−0.03
吉林	0.20	0.21	−0.01
黑龙江	0.12	0.13	−0.01
上海	0.85	0.95	−0.10
江苏	0.67	0.70	−0.03
浙江	0.44	0.47	−0.03
安徽	0.53	0.51	0.02
福建	0.32	0.34	−0.02
江西	0.43	0.36	0.07
山东	0.59	0.62	−0.03
河南	0.54	0.55	−0.01

续表

地区	交通运输路网指数		变化量
	2019 年	2015 年	
湖北	0.52	0.50	0.02
湖南	0.40	0.43	−0.03
广东	0.44	0.47	−0.03
广西	0.19	0.21	−0.02
海南	0.37	0.31	0.06
重庆	0.69	0.63	0.06
四川	0.22	0.23	−0.01
贵州	0.37	0.38	−0.01
云南	0.20	0.20	0.00
西藏	0.00	0.00	0.00
陕西	0.29	0.30	−0.01
甘肃	0.10	0.11	−0.01
青海	0.02	0.02	0.00
宁夏	0.24	0.25	−0.01
新疆	0.02	0.02	0.00

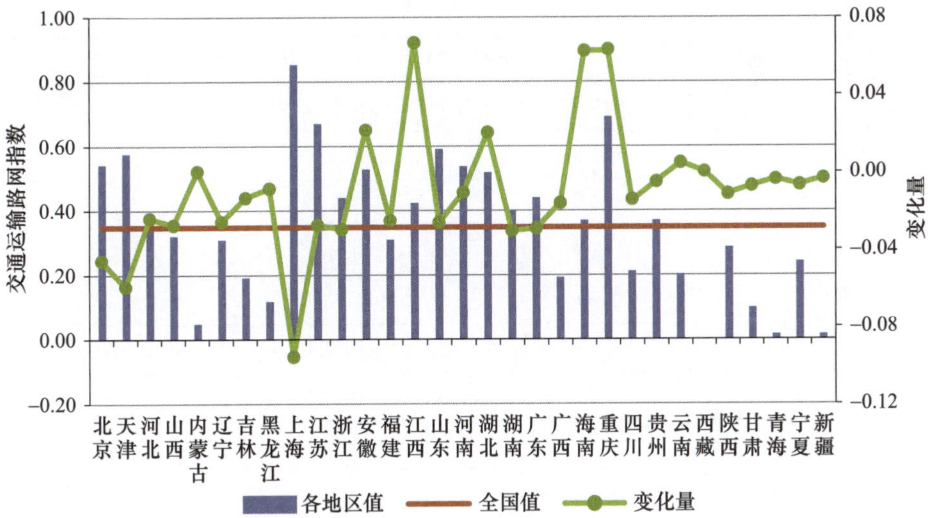

图 5.11 各地区交通运输路网指数及变化

全国交通运输路网指数均值为 0.35。上海、重庆、江苏等 16 个省份的指数高于全国均值，近半数位于东部地区，中部地区有 5 个省份；其余 15 个省份的交通运输路网指数低于全国均值，广泛分布在东北地区、西部地区（重庆、贵州除外）、中部地区的中部和北部等。整体看，东部的长三角北部地区交通运输路网指数最高，其后分别是东部的京津地区、中部地区，西部地区最低，这种分布特点与区域路网分布情况基本一致。

与2015年相比，见图5.11，江西、重庆、海南、安徽、湖北等5个省份的交通运输路网指数出现不同程度的增加，主要与区域内的铁路、内河、公路里程出现不同程度的增加有关，其中江西增加最多，增量为0.07，重庆、海南次之，增量均为0.06；上海、天津、北京、湖南、浙江等21个省份的交通运输路网指数出现不同程度的减少，其中上海减少最多，减量为0.10，天津、北京减量相当；内蒙古、云南、西藏、青海、新疆等5个省份的交通运输路网指数没有变化。

5.2.3 交通优势度

交通优势度是评价区域交通优势高低的一个集成性指标，反映区域交通发展水平。一般来说，区域交通优势度越高，该区域内交通设施服务能力相对越强。交通优势度是一个无量纲的指数，通过对区域内铁路网络密度、公路网络密度和城市道路网络密度等指标进行归类、无量纲化处理，结合均方差方法获取其权重，然后经过迭代计算得到。

从全国看，见表5.9和图5.12，各地区交通优势度较高的是天津、江苏、上海、北京、山东、河南，其中天津最高，为0.77，江苏、上海略低于天津；交通优势度较低的是西藏、新疆，其中西藏最低，为0.03。

表5.9 各地区交通优势度及变化统计

地区	交通优势度		变化量
	2019年	2015年	
北京	0.72	0.72	0.00
天津	0.77	0.77	0.00
河北	0.66	0.67	−0.01
山西	0.59	0.59	0.00
内蒙古	0.49	0.52	−0.03
辽宁	0.54	0.55	−0.01
吉林	0.44	0.45	−0.01
黑龙江	0.43	0.43	0.00
上海	0.73	0.74	−0.01
江苏	0.74	0.73	0.01
浙江	0.58	0.59	−0.01
安徽	0.66	0.66	0.00
福建	0.50	0.51	−0.01

续表

地区	交通优势度		变化量
	2019 年	2015 年	
江西	0.57	0.57	0.00
山东	0.72	0.69	0.03
河南	0.70	0.69	0.01
湖北	0.59	0.59	0.00
湖南	0.55	0.54	0.01
广东	0.57	0.57	0.00
广西	0.46	0.45	0.01
海南	0.43	0.42	0.01
重庆	0.61	0.60	0.01
四川	0.51	0.51	0.00
贵州	0.51	0.50	0.01
云南	0.37	0.37	0.00
西藏	0.03	0.05	−0.02
陕西	0.55	0.56	−0.01
甘肃	0.43	0.44	−0.01
青海	0.36	0.35	0.01
宁夏	0.43	0.43	0.00
新疆	0.14	0.16	−0.02

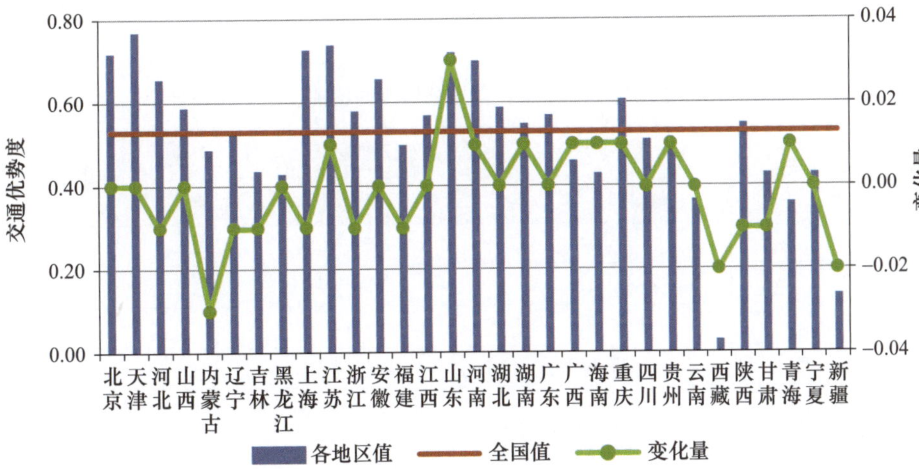

图 5.12 各地区交通优势度及变化

全国交通优势度均值为 0.53。天津、江苏、上海等 17 个省份交通优势度高于全国均值，其中包括 8 个东部地区省份，6 个中部地区省份；西藏、新疆、青海等 14 个省份交通优势度低于全国均值，其中包括 10 个西部地区省份（重庆、陕西除外），2 个东北地区省份（辽宁除外）。整体看，交通优势度的排名基本与经济发展水平呈正相关，其地理分布基本上呈现由东向西逐渐减小的趋势。

与 2015 年相比，见图 5.12，山东、贵州、广西等 9 个省份的交通优势度有所增加，其中山东增加最多，增量为 0.03，其余 8 个省份有微小增加，这与这些省份近年大力发展交通及相关设施有关；内蒙古、新疆、辽宁等 11 个省份的交通优势度有微小减少；黑龙江、安徽、湖北等 11 个省份的交通优势度没有变化。

5.3 交通设施服务能力

交通设施服务能力是衡量交通为社会经济发展提供服务水平的重要环节。本节采用高速公路服务覆盖率、长途汽车站服务覆盖率、火车站服务覆盖率等指标阐述高速公路、汽车站、火车站等交通设施服务能力情况。

5.3.1 高速公路服务覆盖率

高速公路服务覆盖率是指区域高速公路出入口一定半径内所覆盖的居民地数量与区域内居民地总数量的比值，在一定程度上反映交通网络体系的健全程度。一般来说，区域内高速公路服务覆盖率越高，享受高速公路资源越便利，相关交通设施服务能力相对较强。

从全国看，见表 5.10 和图 5.13，各地区 5 千米半径高速公路服务覆盖率较高的是北京、上海、重庆，其中北京最高，为 66.13%，其次是上海，为 47.64%；各地区 5 千米半径高速公路服务覆盖率较低的是西藏、吉林、内蒙古，其中西藏最低，为 0.87%，内蒙古、吉林接近 6%。

表 5.10 各地区 5 千米半径高速公路服务覆盖率及变化统计 单位：%

地区	5 千米半径高速公路服务覆盖率		变化量
	2019 年	2015 年	
北京	66.13	56.99	9.14
天津	20.12	20.56	−0.44
河北	11.80	8.41	3.39
山西	15.87	11.87	4.00
内蒙古	5.84	4.15	1.69
辽宁	12.97	11.27	1.70
吉林	5.72	4.38	1.34
黑龙江	9.44	8.65	0.79

续表

地区	5 千米半径高速公路服务覆盖率		变化量
	2019 年	2015 年	
上海	47.64	48.51	−0.87
江苏	17.15	11.77	5.38
浙江	19.80	13.91	5.89
安徽	7.16	5.41	1.75
福建	17.02	13.65	3.37
江西	11.06	8.92	2.14
山东	12.03	8.44	3.59
河南	7.96	7.30	0.66
湖北	12.52	8.38	4.14
湖南	10.26	6.39	3.87
广东	27.68	25.00	2.68
广西	9.50	6.98	2.52
海南	18.30	15.08	3.22
重庆	31.32	25.79	5.53
四川	16.28	11.88	4.40
贵州	17.97	12.03	5.94
云南	19.97	17.22	2.75
西藏	0.87	—	0.87
陕西	21.64	12.07	9.57
甘肃	10.02	9.10	0.92
青海	21.46	11.16	10.30
宁夏	16.70	18.42	−1.72
新疆	14.10	8.06	6.04

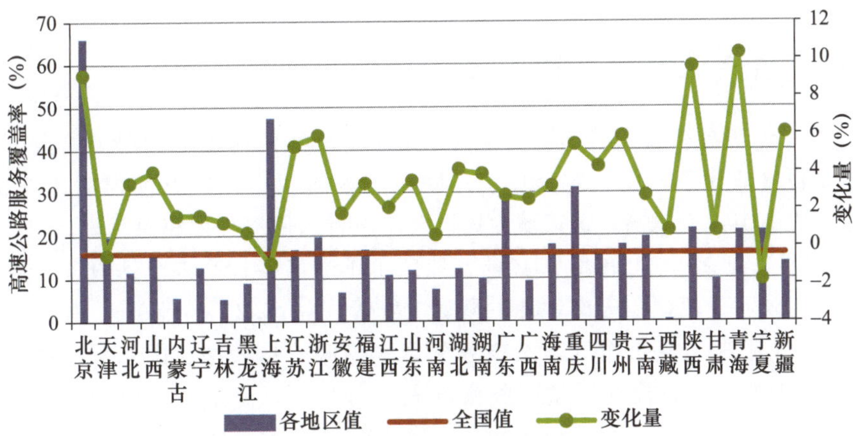

图 5.13 各地区高速公路服务覆盖率及变化

全国 5 千米半径高速公路服务覆盖率为 15.98%，北京、上海、重庆等 15 个省份高于全国值，其中东部、西部地区分别有 8 个、7 个省份；西藏、内蒙古、安徽等 16 个省份的 5 千米半径高速公路服务覆盖率低于全国值，涵盖中部、东北地区全部，东部偏北地区，以及西部边疆省份。

与 2015 年相比，见图 5.13 和图 5.14，除宁夏、上海、天津 3 个省份外，其余 28 个省份的 5 千米半径高速公路服务覆盖率均出现不同程度的增加，其中青海增幅最大，为 10.30%，其次是陕西，为 9.57%；增幅超过 5%的还有北京、新疆、贵州等 6 个省份；河南、黑龙江、西藏、甘肃增幅均在 1%以下。

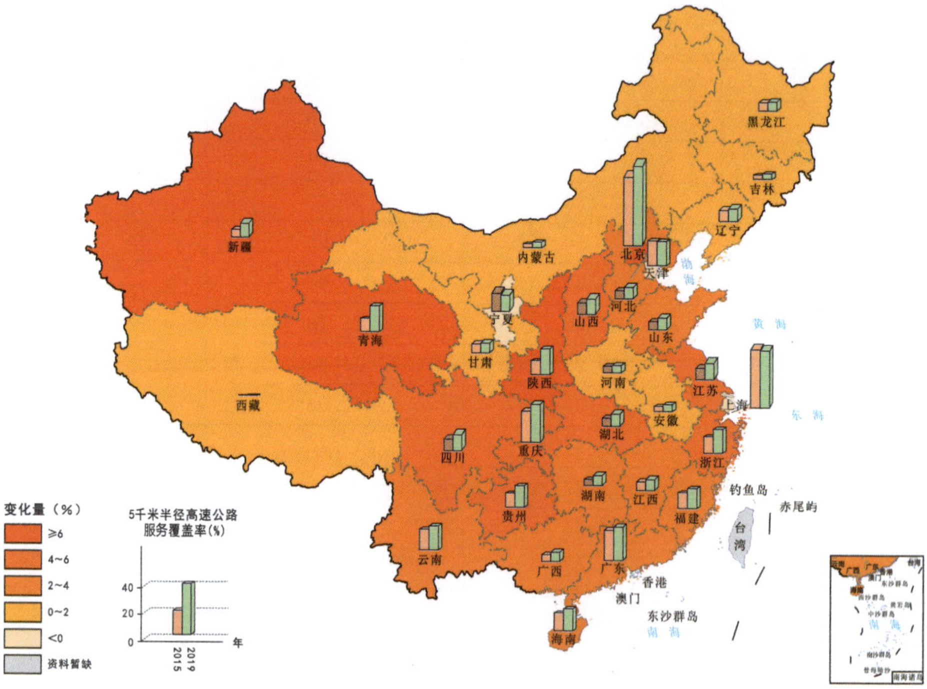

图 5.14　全国高速公路服务覆盖率及变化分布

5.3.2　长途汽车站服务覆盖率

长途汽车站服务覆盖率指区域长途汽车站一定半径内所覆盖的居民地数量与区域内居民地总数量的比值，在一定程度上反映区域内居民出行的方便程度。一般来说，长途汽车站服务覆盖率越高，该区域内居民公路出行的便捷程度相对越高。

从全国看，见表 5.11 和图 5.15，各地区 1 千米半径长途汽车站服务覆盖率较高的是黑龙江、陕西、福建、云南，其中黑龙江最高，为 12.20%，陕西、福建、云南略低于黑龙江；1 千米半径长途汽车站服务覆盖率较低的是天津、山东、西藏，均低于 3%。全国 1 千米半径长途汽车站服务覆盖率是 6.11%，高于全国值的有 17 个省份，包括四分之三的西部省份、东北地区（辽宁除外）、东部地区南部；服务覆盖率低于全国值的有 14 个省份，主要分布在东部地区中部和北部、中部地区以及西部地区南部。

表 5.11 各地区长途汽车站不同半径服务覆盖率及变化统计 单位:%

地区	1 千米半径服务覆盖率及变化			5 千米半径服务覆盖率及变化		
	2019 年	2015 年	变化量	2019 年	2015 年	变化量
北京	4.34	2.30	2.04	41.87	29.98	11.89
天津	2.01	1.77	0.24	28.36	25.23	3.13
河北	3.32	2.73	0.59	29.14	25.34	3.80
山西	3.58	3.47	0.11	31.42	30.21	1.21
内蒙古	6.77	6.02	0.75	38.62	34.46	4.16
辽宁	5.94	5.61	0.33	36.38	32.60	3.78
吉林	7.20	7.71	−0.51	34.22	33.36	0.86
黑龙江	12.20	11.97	0.23	41.77	39.00	2.77
上海	3.38	3.60	−0.22	40.90	43.18	−2.28
江苏	5.61	5.62	−0.01	43.95	43.74	0.21
浙江	6.47	5.38	1.09	44.53	36.15	8.38
安徽	5.36	5.57	−0.21	34.99	32.34	2.65
福建	11.67	9.43	2.24	51.34	43.59	7.75
江西	5.55	5.29	0.26	32.47	29.81	2.66
山东	2.65	2.36	0.29	29.39	25.73	3.66
河南	6.62	5.06	1.56	43.64	39.32	4.32
湖北	5.66	5.41	0.25	32.67	30.54	2.13
湖南	7.56	4.19	3.37	37.07	24.51	12.56
广东	7.99	7.74	0.25	49.18	46.10	3.08
广西	6.20	5.89	0.31	29.67	29.04	0.63
海南	4.42	4.20	0.22	27.76	25.80	1.96
重庆	7.46	4.54	2.92	35.45	27.43	8.02
四川	5.77	5.09	0.68	31.75	25.67	6.08
贵州	6.66	5.16	1.50	25.78	20.68	5.10
云南	11.54	9.97	1.57	43.04	37.18	5.86
西藏	2.75	1.89	0.86	13.92	10.54	3.38
陕西	11.96	5.27	6.69	46.13	27.87	18.26
甘肃	7.21	6.84	0.37	27.93	26.27	1.66
青海	8.70	7.72	0.98	35.76	31.30	4.46
宁夏	7.39	7.36	0.03	46.91	40.77	6.14
新疆	9.90	9.05	0.85	47.42	41.48	5.94

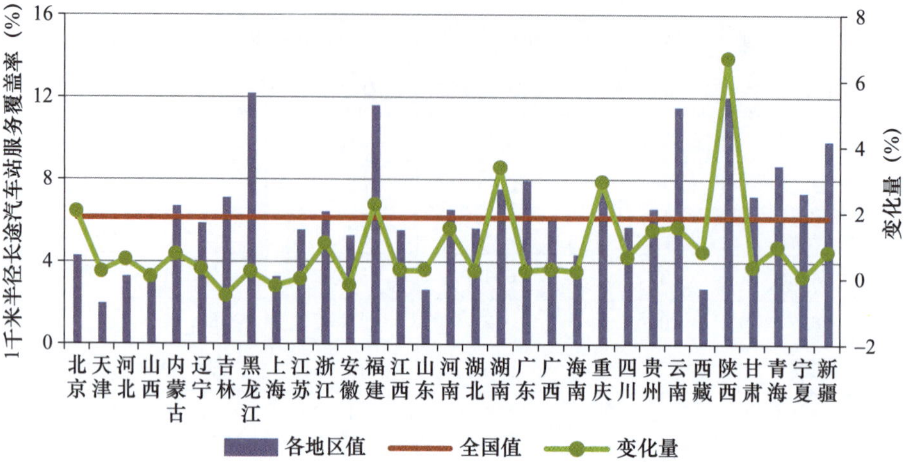

图 5.15 各地区 1 千米半径长途汽车站服务覆盖率及变化

与 2015 年相比，见图 5.15，除吉林、上海、安徽、江苏外，其余 27 个省份 1 千米半径长途汽车站服务覆盖率均出现不同程度的增加。其中陕西增幅最大，为 6.69%；湖南次之，为 3.37%；宁夏、山西、河南等 18 个省份的服务覆盖率增幅低于 1%。吉林、上海、安徽、江苏等 4 个省份 1 千米半径长途汽车站服务覆盖率减少，吉林减少最多，减幅达 0.51%，江苏减少微小，上海、安徽减幅相当，均略高于 0.20%。

各地区 5 千米半径长途汽车站覆盖率较高的是福建、广东、新疆、宁夏、陕西，其中福建最高，为 51.34%，广东次之，略低于福建；各地区 5 千米半径长途汽车站服务覆盖率较低的是西藏、贵州、海南等 8 个省份，均低于 30%，东部、西部地区各有 4 个省份，其中西藏最低，为 13.92%。全国 5 千米半径长途汽车站服务覆盖率是 36.70%。高于全国值的有 14 个省份，涵盖东部地区中、南部，以及西部地区北部；服务覆盖率低于全国值的有 17 个省份，广泛分布在东北地区（黑龙江除外），中部地区中、南部，以及西部广大地区。

与 2015 年相比，见图 5.16，除上海外，其余 30 个省份 5 千米半径长途汽车站服务覆盖率均出现不同程度的增加。其中，陕西增幅最大，为 18.26%；湖南位列其次，增幅为 12.56%；北京略低于湖南；青海、河南、内蒙古等 19 个省份增幅在 5%以下。上海 5 千米半径长途汽车站服务覆盖率减少 2.28%。

5.3.3 火车站服务覆盖率

火车站服务覆盖率指区域火车站一定半径内所覆盖的居民地数量与区域内居民地总数量的比值，在一定程度上用来衡量居民出行铁路交通设施服务能力的强弱。一般来说，区域内火车站服务覆盖率越高，该区域内居民利用铁路交通资源相对越便捷。

从全国看，见表 5.12 和图 5.17，各地区 1 千米半径火车站服务覆盖率较高的是黑龙江、辽宁、吉林、内蒙古、陕西、北京，均超过 2%，其中黑龙江最高，为 3.43%，其次是辽宁，略低于黑龙江；各地区 1 千米半径火车站服务覆盖率较低的是

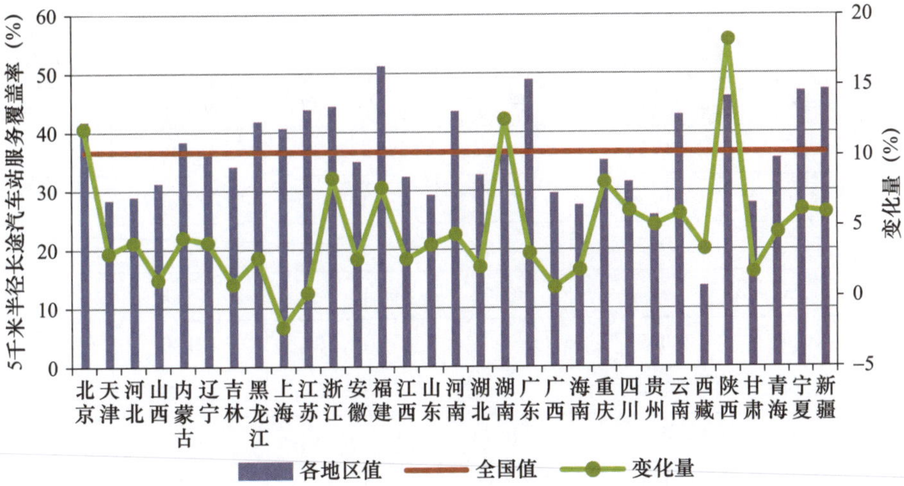

图 5.16　各地区 5 千米半径长途汽车站服务覆盖率及变化

上海、西藏、青海，均在 0.40%以下。全国 1 千米半径火车站服务覆盖率是 1.20%。高于全国值的有 13 个省份，其中中部、西部、东北地区各有 3 个省份，东部地区有 4 个省份；服务覆盖率低于全国值的有 18 个省份，分布在除东北地区外的其他三大板块。

表 5.12　各地区火车站不同半径服务覆盖率及变化统计　　　　单位：%

地区	1 千米半径服务覆盖率及变化			5 千米半径服务覆盖率及变化		
	2019 年	2015 年	变化量	2019 年	2015 年	变化量
北京	2.06	1.92	0.14	37.98	35.13	2.85
天津	1.41	1.12	0.29	25.44	23.10	2.34
河北	1.24	0.98	0.26	17.49	14.93	2.56
山西	1.97	1.93	0.04	24.84	20.97	3.87
内蒙古	2.48	2.34	0.14	25.16	22.04	3.12
辽宁	3.42	2.99	0.43	31.49	26.35	5.14
吉林	2.71	2.70	0.01	26.32	23.46	2.86
黑龙江	3.43	3.10	0.33	28.16	23.72	4.44
上海	0.11	0.27	−0.16	2.82	11.87	−9.05
江苏	0.59	0.64	−0.05	15.05	14.45	0.60
浙江	0.75	0.72	0.03	15.67	13.88	1.79
安徽	1.37	1.34	0.03	19.21	16.85	2.36
福建	1.32	1.08	0.24	15.98	14.10	1.88
江西	1.01	0.90	0.11	16.06	14.27	1.79

续表

地区	1千米半径服务覆盖率及变化			5千米半径服务覆盖率及变化		
	2019年	2015年	变化量	2019年	2015年	变化量
山东	0.77	0.72	0.05	14.98	12.00	2.98
河南	0.95	0.78	0.17	15.87	12.11	3.76
湖北	0.79	0.77	0.02	12.59	11.42	1.17
湖南	1.20	0.58	0.62	13.82	7.63	6.19
广东	0.69	0.70	−0.01	14.79	13.90	0.89
广西	1.08	1.05	0.03	12.50	11.96	0.54
海南	0.69	0.53	0.16	15.48	14.37	1.11
重庆	0.94	1.16	−0.22	15.24	13.66	1.58
四川	0.80	0.67	0.13	13.17	10.56	2.61
贵州	0.66	0.46	0.20	10.54	7.82	2.72
云南	0.92	0.74	0.18	12.76	10.08	2.68
西藏	0.16	0.05	0.11	1.36	0.31	1.05
陕西	2.22	1.06	1.16	26.42	13.64	12.78
甘肃	1.29	1.16	0.13	13.52	11.07	2.45
青海	0.36	0.33	0.03	13.76	11.12	2.64
宁夏	1.03	1.05	−0.02	15.84	12.54	3.30
新疆	0.62	0.59	0.03	9.98	10.82	−0.84

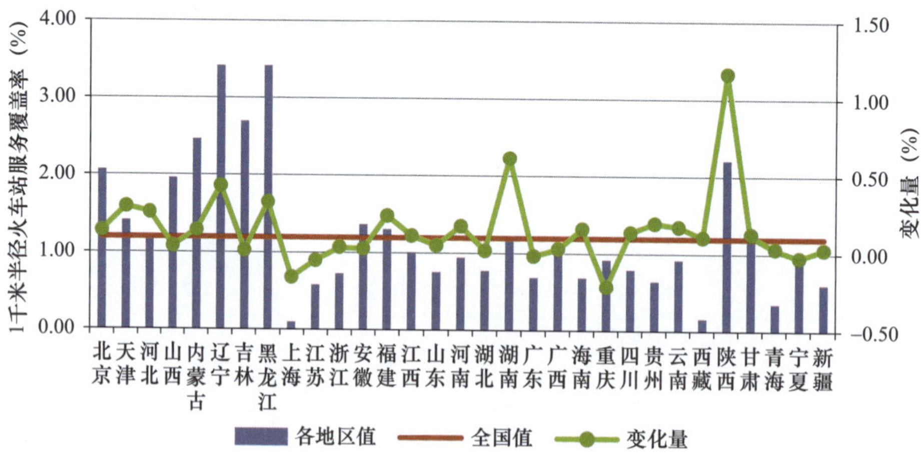

图5.17 各地区1千米半径火车站服务覆盖率及变化

与2015年相比，见图5.17，全国有26个省份1千米半径火车站服务覆盖率出现不同程度的增加，其中陕西增幅最大，为1.16%，湖南次之，为0.62%，其他均低于

0.50%；5 个省份 1 千米半径火车站服务覆盖率出现不同程度的减少，其中重庆减幅最大，为 0.22%，其次是上海，为 0.16%。

各地区 5 千米半径火车站服务覆盖率较高的是北京、辽宁，其中北京最高，为 37.98%，辽宁次之，为 31.49%；各地区 5 千米半径火车站服务覆盖率较低的是西藏、上海，均低于 5%。全国 5 千米半径火车站服务覆盖率是 17.02%。高于全国值的有 10 个省份，主要涵盖东北地区、京津冀地区；服务覆盖率低于全国值的有 21 个省份，分布在除东北地区外的其他三大板块。

与 2015 年相比，见图 5.18，全国有 29 个省份 5 千米半径火车站服务覆盖率出现不同程度的增加，其中陕西增幅最大，为 12.78%，其次是湖南，为 6.19%，其他 27 个省份增幅均低于 6%；上海、新疆 5 千米半径火车站服务覆盖率出现不同程度的减少，其中上海减幅最大，为 9.05%，新疆略有减少。

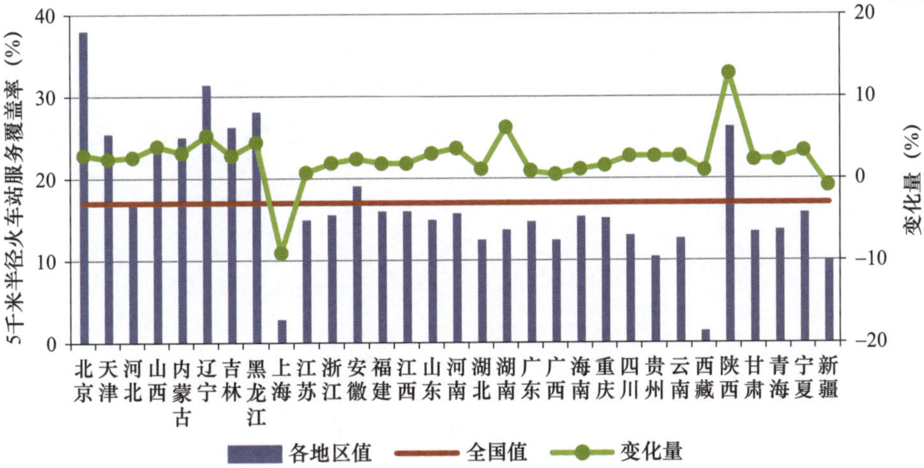

图 5.18 各地区 5 千米半径火车站服务覆盖率及变化

5.4 本章小结

本章从交通网络覆盖、交通发展水平和交通设施服务能力等三个方面，对交通设施覆盖及服务能力的系列指标进行了定量和定性分析，并与 2015 年对应情况进行对比，分析结果表明：

在交通网络覆盖方面，与 2015 年相比，2019 年全国铁路、道路、城市道路、乡村道路网络密度分别增加 21.72 千米/万平方千米、291.60 千米/万平方千米、65.63 千米/万平方千米、238.60 千米/万平方千米，高速公路网络密度增加 4.02 米/平方千米，依然保持“东部地区高、西部地区低”的空间分布格局，无明显变化。总体看，全国交通网络覆盖加密拓展有待加强，特别是中部、西部和东北地区交通网络建设需继续强化。完善高速公路网络，提升等级公路中干线技术等级，实现全国综合交通服务网络的交通格局仍需继续努力。

在交通发展水平方面，与2015年相比，2019年全国机场数量共增加28座，其中西部地区整体增加最多（共15座），东部、中部和东北地区增加相当；中部地区交通运输路网指数整体增加最多，其中江西增量列全国首位，为0.07；全国交通优势度均值（0.53）基本保持不变，区域交通优势度的高低大体与经济发展水平呈正相关关系，呈现出由东向西逐渐减小的分布格局。总体看，东北地区、西部地区特别是北部地区的交通发展水平和合理规划有待继续优化，强化通道建设。

在交通设施服务能力方面，与2015年相比，2019年全国5千米半径高速公路服务覆盖率增加3.83%，增幅超过该值的有12个省份，其中6个分布在西部地区，青海增幅最大，为10.30%；全国1千米、5千米半径长途汽车站服务覆盖率分别增加1.08%、5.56%，增幅超过以上值的分别有9个、10个省份，三分之二分布在西部、中部地区，其中陕西、湖南二省增幅均处于全国前两位；全国1千米、5千米半径火车站服务覆盖率分别增加0.19%、2.91%，增幅超过以上值的分别有8个、9个省份，陕西、湖南、辽宁、黑龙江等4个省份增幅均处于全国前四位。总体看，进一步推动交通设施覆盖拓展和布局优化，推进服务功能建设，促进交通设施集约化发展仍有待加强。

第 6 章　区位条件与经济发展空间格局

“十三五”期间，我国持续优化经济发展空间格局，深入实施西部开发、东北振兴、中部崛起和东部率先的区域发展总体战略，在发挥区位优势的同时，创新区域发展政策，完善区域发展和合作机制，促进区域协调、共同发展，努力缩小区域发展差距。经济运行总体平稳，经济总量连上新台阶，增量规模显著扩大，国内生产总值从 2016 年的 746395.1 亿元，上升到 2020 年的 101.60 万亿元（初步核算值），增长约 36%；经济结构持续优化，第一产业的占比总体呈现逐年下降的趋势，第二产业增长放缓，第三产业快速发展成为经济增长的新引擎。截至 2019 年，第三产业在国内生产总值中的比重占 53.9%。未来，我国区域发展将更加注重统筹协调，以增强区域经济整体优势为导向，加快城乡一体化建设，继续以经济合作为纽带推进区域间的深度融合，为经济保持中高速增长培育广阔的区域发展新空间。

本章基于 2019 年地理国情监测数据，结合社会经济统计数据，并与 2015 年相关数据进行对比，从自然地理条件、社会经济条件、经济增长格局、产业区位熵等方面，综合分析全国及 31 个省份的区位条件与经济发展空间格局现状和变化情况。

6.1　自然地理条件

自然地理条件指区域与周边自然地理对象的空间联系，是区位的一种重要类型，注重所处区域的自然状况。本节采用不同海拔国土面积占比、地貌形态构成以及区域临海指数等指标分别反映自然地理条件。

6.1.1　不同海拔国土面积占比

海拔是描述区域自然地形特征的一个宏观性的自然地理区位要素，分为低海拔（1000 米以下）、中海拔（1000～3500 米）、高海拔（3500～5000 米）、极高海拔（5000 米以上）等类型。海拔是影响区域社会经济发展的一个重要条件，本小节利用不同海拔国土面积占比这一自然地理条件指标描述其与社会经济发展的关系。

从全国看，见表 6.1，按地均 GDP（即单位国土面积创造的国内生产总值，反映土地的使用效率）从高到低排列，数值高（0.60 以上）的省份几乎全部分布在东部低海拔地区，即传统上的经济较发达地区，这些省份低海拔区域国土面积占比具有明显优势，几乎全在95%以上；数值较高（0.15～0.50）的省份主要分布在中部绝大部分省份，东部地区的山东、福建、海南，西部地区的重庆，以及东北地区的辽宁，这些地区在社会经济发展和发达程度方面逊于前者，但低海拔区域国土面积占比也具有明显优势，均在74%以上；西部的西北、西南地区，特别是前者，经济发展程度相对较低，其低海拔区域国土面积相对较小，中海拔区域面积占比有优势，青海、西藏甚至是高海拔区域面积占优。

表6.1 各地区不同海拔国土面积占比统计

地区	低海拔国土面积占比（%）	中海拔国土面积占比（%）	高海拔国土面积占比（%）	极高海拔国土面积占比（%）	地均GDP（亿元/平方千米）
北京	94.36	5.64	0.00	0.00	2.16
天津	100.00	0.00	0.00	0.00	1.19
河北	74.34	25.66	0.00	0.00	0.19
山西	32.40	67.60	0.00	0.00	0.11
内蒙古	43.18	56.82	0.00	0.00	0.02
辽宁	99.88	0.12	0.00	0.00	0.17
吉林	95.69	4.31	0.00	0.00	0.06
黑龙江	99.24	0.76	0.00	0.00	0.03
上海	100.00	0.00	0.00	0.00	5.41
江苏	100.00	0.00	0.00	0.00	0.97
浙江	96.66	3.34	0.00	0.00	0.60
安徽	99.35	0.65	0.00	0.00	0.26
福建	94.37	5.63	0.00	0.00	0.35
江西	98.72	1.28	0.00	0.00	0.15
山东	99.99	0.01	0.00	0.00	0.46
河南	95.13	4.87	0.00	0.00	0.33
湖北	84.28	15.72	0.00	0.00	0.25
湖南	95.77	4.23	0.00	0.00	0.19
广东	99.02	0.98	0.00	0.00	0.61
广西	94.18	5.82	0.00	0.00	0.09
海南	98.89	1.11	0.00	0.00	0.16
重庆	76.63	23.37	0.00	0.00	0.29
四川	28.50	30.49	40.52	0.49	0.10
贵州	45.89	54.11	0.00	0.00	0.10

续表

地区	低海拔国土面积占比（%）	中海拔国土面积占比（%）	高海拔国土面积占比（%）	极高海拔国土面积占比（%）	地均 GDP（亿元/平方千米）
云南	8.67	87.21	4.09	0.03	0.06
西藏	1.13	5.16	54.32	39.39	0.00
陕西	34.56	65.44	0.00	0.00	0.13
甘肃	1.05	86.75	12.06	0.14	0.02
青海	0.00	27.51	64.74	7.75	0.00
宁夏	0.00	100.00	0.00	0.00	0.07
新疆	28.93	52.77	12.70	5.60	0.01

注：受小数点位数所限，西藏、青海实际地均 GDP 均不为 0.00。

与 2015 年相比，低海拔国土区域面积占比在 50%以上的 20 个省份其国内生产总值之和占全国的比重由 82.67%变化到 82.00%，变化非常小，可以看出我国区域经济主要集聚在低海拔区域。

整体来看，全国 31 个省份低、中海拔国土面积占比数值基本呈现由东到西阶梯状递减分布的特点，与区域经济发达水平和发达程度存在相关关系，部分区域关系比较明显。

6.1.2 地貌形态构成

地貌是国土地表各种形态的总和，是一种重要的自然地理条件要素，对经济发展建设有重要影响，其中对农业生产、城市化发展、大型工程建设的影响尤为显著。按照地理国情监测地貌形态划分方法，地貌可分为平原、台地、丘陵、山地四种类型。

从全国看，见表 6.2 和图 6.1，各地区平原占比较大的是上海、天津、江苏、山东、河南，其中上海最大，几乎是 100%，其次是天津；各地区平原占比较小的是重庆、贵州、云南、四川、福建、陕西，其中重庆最小，不足 4%。平原地区地势平坦，水源相对充足，耕地集中连片多，自然条件较好，适合发展规模农业。

表 6.2 各地区地表地貌形态构成 单位：%

地区	平原占比	台地占比	丘陵占比	山地占比
北京	42.83	0.74	5.33	51.10
天津	95.50	0.00	1.52	2.98
河北	47.06	5.59	8.49	38.86
山西	16.31	16.17	15.23	52.29
内蒙古	33.65	11.61	38.18	16.56
辽宁	31.57	8.77	27.00	32.66

续表

地区	平原占比	台地占比	丘陵占比	山地占比
吉林	33.45	21.49	9.91	35.15
黑龙江	32.84	23.89	22.86	20.41
上海	99.94	0.00	0.06	0.00
江苏	86.71	9.10	2.62	1.57
浙江	25.57	3.62	6.36	64.45
安徽	47.58	20.77	8.13	23.52
福建	8.03	1.99	9.92	80.06
江西	17.75	13.97	23.80	44.48
山东	65.56	4.46	15.39	14.59
河南	57.13	12.29	8.94	21.64
湖北	23.33	15.83	12.78	48.06
湖南	14.68	14.21	19.89	51.22
广东	19.78	12.82	17.62	49.78
广西	14.34	9.13	14.48	62.05
海南	13.52	44.45	13.10	28.93
重庆	3.74	5.33	15.60	75.33
四川	5.93	3.52	11.03	79.52
贵州	3.99	1.42	13.43	81.16
云南	4.85	1.55	4.96	88.63
西藏	20.82	4.83	9.01	65.34
陕西	9.76	11.69	28.71	49.84
甘肃	29.01	8.98	23.98	38.03
青海	28.35	8.11	14.60	48.94
宁夏	39.26	8.49	37.41	14.84
新疆	30.57	7.77	33.21	28.45

各地区台地占比较大的是海南、黑龙江、吉林、安徽，其中海南最大，接近45%，黑龙江次之；各地区台地占比较小的是上海、天津、北京、贵州、云南、福建，均在2%以下，其中上海、天津没有台地。台地是由平原向丘陵、山地过渡的一种地貌形态，适宜发展果树等经济作物。

各地区丘陵占比较大的是内蒙古、宁夏、新疆，其中内蒙古最大，为38.18%，宁夏略低于内蒙古；各地区丘陵占比较小的是上海、天津、江苏、云南，均在5%以下，北

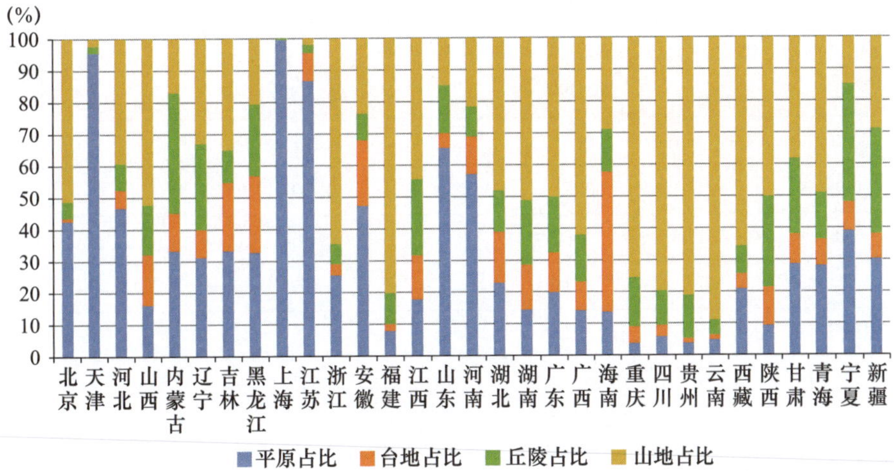

图 6.1 各地区地表地貌形态构成

京、浙江、福建等 8 个省份均低于 10%。各地区山地占比较大的是云南、贵州、福建、四川、重庆，其中云南最大，接近 89%；各地区山地占比较小的是上海、江苏、天津，均在 3%以下。丘陵、山地地区地表起伏大，自然环境复杂，适宜发展多种经济。

整体来看，东部地区的北部和中部、东北地区和中部地区的安徽、河南以平原为主，西南地区、东南沿海地区和中部地区的山西、湖南等地区山地占据优势，其他地区则没有明显占优的地貌类型。

6.1.3 区域临海指数

临海指数是区域地理条件的一项重要指标，该指数在考虑临海距离的基础上，兼顾规模以上港口吞吐量、港口（码头）长度和泊位个数等因素，经标准化处理后，结合层次化统计模型方法计算而得。它是一个无量纲数值，介于 0～1，其值越大，表示该区域临海程度相对越好，交通运输相对较便捷，对区域经济发展和空间格局优化推动潜力相对较高。

从全国看，见表 6.3 和图 6.2，各地区区域临海指数较高的是浙江、山东、广东、上海、辽宁，其中浙江最高，为 0.92，山东略低于浙江；各地区区域临海指数较低的是新疆、青海、西藏，均低于 0.10，其中新疆最低。

表 6.3 各地区区域临海指数及变化统计

地区	区域临海指数		变化量
	2019 年	2015 年	
北京	0.19	0.19	0.00
天津	0.44	0.52	−0.08
河北	0.31	0.35	−0.04

续表

地区	区域临海指数		变化量
	2019 年	2015 年	
山西	0.17	0.17	0.00
内蒙古	0.19	0.19	0.00
辽宁	0.61	0.66	−0.05
吉林	0.19	0.19	0.00
黑龙江	0.15	0.15	0.00
上海	0.70	0.82	−0.12
江苏	0.30	0.32	−0.02
浙江	0.92	0.96	−0.04
安徽	0.19	0.19	0.00
福建	0.45	0.47	−0.02
江西	0.18	0.18	0.00
山东	0.89	0.81	0.08
河南	0.17	0.17	0.00
湖北	0.15	0.15	0.00
湖南	0.18	0.18	0.00
广东	0.86	0.92	−0.06
广西	0.30	0.32	−0.02
海南	0.27	0.27	0.00
重庆	0.12	0.12	0.00
四川	0.12	0.12	0.00
贵州	0.16	0.16	0.00
云南	0.17	0.17	0.00
西藏	0.07	0.07	0.00
陕西	0.14	0.14	0.00
甘肃	0.11	0.11	0.00
青海	0.06	0.06	0.00
宁夏	0.11	0.11	0.00
新疆	0.00	0.00	0.00

全国区域临海指数均值为 0.29。浙江、广东、山东、上海、辽宁等 10 个省份的区域临海指数高于全国均值，几乎全部位于东部地区，东部地区沿海省份临海指数较高，其

中浙江最高；其余 21 个省份的区域临海指数低于地区均值，广泛分布在中部地区、西部地区、东北地区（辽宁除外），西部地区特别是西北部分临海指数较低。整体来看，全国 31 个省份区域临海指数呈现由东部到西部逐步降低的趋势，临海优势逐渐降低。

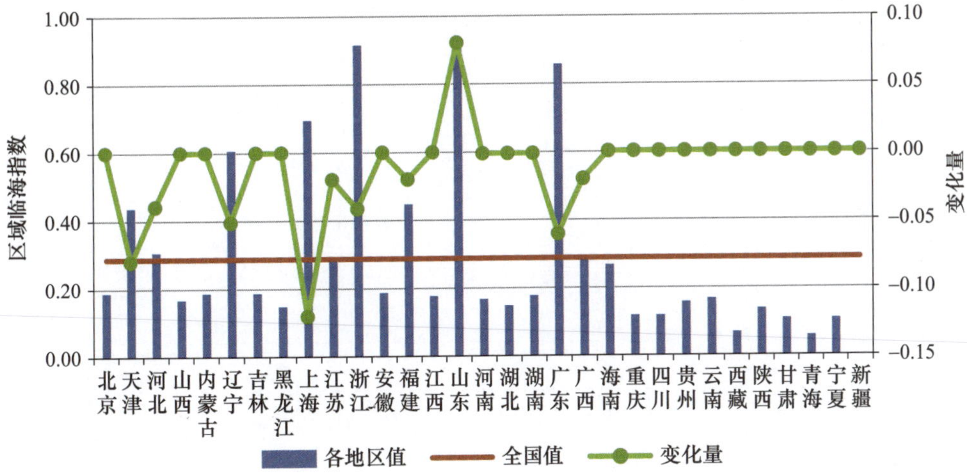

图 6.2 各地区区域临海指数及变化

与 2015 年相比，山东的区域临海指数有所增加，增量为 0.08；上海、天津、河北等 9 个省份的区域临海指数出现不同程度的减少，其中上海减少最多，减量为 0.12，其港口长度和泊位个数相比 2015 年减少明显；其余 21 个省份的区域临海指数没有变化。

6.2 社会经济条件

社会经济条件指区域内社会经济领域的空间联系，是区位的一种重要类型，注重所处区域的社会经济状况。本节分别采用区域经济联系隶属度、与主要经济中心相对距离指数、路网密度与 GDP 相关系数等指标对社会经济区位进行综合分析。

6.2.1 区域经济联系隶属度

区域经济联系隶属度指区域与周边经济事物的联系强度，是对周边区域经济吸引力分析的一种重要指标，也是衡量区域在经济领域重要性的一种重要尺度。区域经济联系隶属度是一个无量纲的指数，其值越大，表明相关区域间的联系程度相对越密切。

从全国看，见表 6.4 和图 6.3，各地区经济联系隶属度较高的是江苏、安徽、浙江、上海，其中江苏最高，为 0.8140，其次是安徽，数值为 0.5176；各地区经济联系隶属度较低的是西藏、海南、新疆、宁夏，均低于 0.01，其中西藏最低，海南、新疆二者比较接近。

全国经济联系隶属度均值为 0.1344。江苏、安徽、浙江等 10 个省份的经济联系隶属度高于全国均值，全部位于东部和中部地区；西藏、海南、新疆等 21 个省份的经济联系隶属度低于全国均值，分布在西部和东北地区，以及东部地区 4 个省份、中部地区 2 个省份。

表 6.4　各地区经济联系隶属度及变化统计

地区	经济联系隶属度		变化量
	2019 年	2015 年	
北京	0.1477	0.1407	0.0070
天津	0.0932	0.1184	−0.0252
河北	0.1973	0.1252	0.0721
山西	0.0637	0.0435	0.0202
内蒙古	0.0362	0.0285	0.0077
辽宁	0.0527	0.0492	0.0035
吉林	0.0409	0.0356	0.0053
黑龙江	0.0294	0.0242	0.0052
上海	0.3229	0.1884	0.1345
江苏	0.8140	0.4184	0.3956
浙江	0.3804	0.1907	0.1897
安徽	0.5176	0.2621	0.2555
福建	0.0851	0.0377	0.0474
江西	0.0951	0.0640	0.0311
山东	0.2974	0.1807	0.1167
河南	0.2066	0.1197	0.0869
湖北	0.2107	0.0774	0.1333
湖南	0.1387	0.0442	0.0945
广东	0.1336	0.0709	0.0627
广西	0.0262	0.0191	0.0071
海南	0.0039	0.0032	0.0007
重庆	0.0632	0.0327	0.0305
四川	0.0798	0.0416	0.0382
贵州	0.0287	0.0147	0.0140
云南	0.0071	0.0100	−0.0029
西藏	0.0003	0.0002	0.0001
陕西	0.0589	0.0365	0.0224
甘肃	0.0150	0.0081	0.0069

续表

地区	经济联系隶属度		变化量
	2019 年	2015 年	
青海	0.0104	0.0031	0.0073
宁夏	0.0051	0.0029	0.0022
新疆	0.0041	0.0020	0.0021

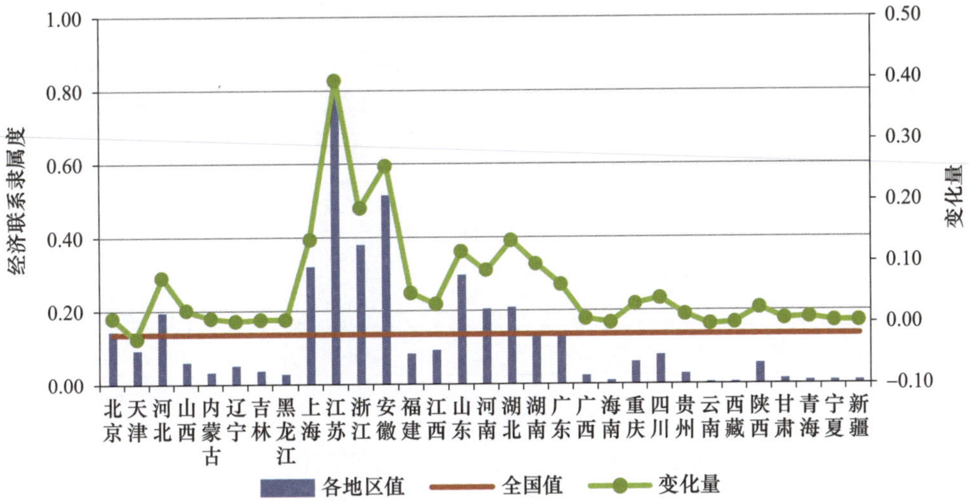

图 6.3　各地区经济联系隶属度及变化

与 2015 年相比，除天津、云南外，其他 29 个省份的经济联系隶属度出现不同程度的增加。其中，江苏增加最多，增量为 0.3956；安徽次之，增加 0.2555；浙江、上海、湖北等 8 个省份增量介于 0.05～0.20；福建、四川、江西等 19 个省份增量均在 0.05 以下，主要分布在西部地区（云南除外）、东北地区，以及东部和中部部分地区，其中西藏、海南经济联系隶属度有极微小增加。经济联系隶属度减少的 2 个省份中，天津减少最多，云南有极微小减少。

6.2.2　与主要经济中心相对距离指数

各地区与主要经济中心的相对距离是指各省会（首府）城市距离最近经济中心的最短交通距离，相对距离指数则是该最短交通距离经标准化后的无量纲指标，数值介于 0～100，数值越小，表示该区域与主要经济中心之间的交通距离相对越短，它是表征社会经济区位条件的一种重要指标。地理位置与经济发展水平存在明显的相关关系，本小节以北京、上海、广州、深圳四市为主要经济中心。

依据我国地理区划，全国可划分为华北、东北、华东、华中、华南、西南、西北等七大地区，每个地区包括不同的省份。从数值看，见表 6.5，各地区 2015—2019 年与主要经济中心相对距离指数较小的省份大体上其经济发展速度相对较快或发达程度相对较高。在西北地区，陕西与主要经济中心相对距离指数在 5 个省份中最小，其国内生产总值（GDP）增长率、人均 GDP 增长率相对最高。华南地区的广东、华北地区的北京均与陕西类似。西南地区的贵州、华中地区的河南虽与主要经济中心相对距离指数不是相对最小，但二者的 GDP 增长率、人均 GDP 增长率同样相对较高。华东地区的上海作为该地区的经济发展龙头，其经济发达程度相对较高。东北地区经济整体处于负增长状态，其中辽宁与主要经济中心相对距离指数最小，其 GDP 增长率、人均 GDP 增长率（负值）相对较小。

表 6.5　各地区与主要经济中心相对距离指数及经济增长统计

<table>
<tr><th>区域</th><th>地区</th><th>与主要经济中心相对距离指数</th><th>2015—2019 年 GDP 增长率（%）</th><th>2015—2019 年人均 GDP 增长率（%）</th></tr>
<tr><td rowspan="5">华北地区</td><td>北京</td><td>0</td><td>53.69</td><td>54.20</td></tr>
<tr><td>天津</td><td>4</td><td>−14.72</td><td>−16.29</td></tr>
<tr><td>河北</td><td>8</td><td>17.78</td><td>15.14</td></tr>
<tr><td>山西</td><td>15</td><td>33.37</td><td>30.94</td></tr>
<tr><td>内蒙古</td><td>14</td><td>−3.47</td><td>−4.57</td></tr>
<tr><td rowspan="3">东北地区</td><td>辽宁</td><td>19</td><td>−13.11</td><td>−12.49</td></tr>
<tr><td>吉林</td><td>27</td><td>−16.61</td><td>−14.90</td></tr>
<tr><td>黑龙江</td><td>33</td><td>−9.75</td><td>−8.31</td></tr>
<tr><td rowspan="7">华东地区</td><td>上海</td><td>0</td><td>51.87</td><td>51.53</td></tr>
<tr><td>江苏</td><td>8</td><td>42.09</td><td>40.47</td></tr>
<tr><td>浙江</td><td>5</td><td>45.39</td><td>38.61</td></tr>
<tr><td>安徽</td><td>12</td><td>68.66</td><td>62.50</td></tr>
<tr><td>福建</td><td>26</td><td>63.18</td><td>57.64</td></tr>
<tr><td>江西</td><td>22</td><td>48.04</td><td>44.77</td></tr>
<tr><td>山东</td><td>13</td><td>12.80</td><td>10.11</td></tr>
<tr><td rowspan="3">华中地区</td><td>河南</td><td>18</td><td>46.64</td><td>44.13</td></tr>
<tr><td>湖北</td><td>28</td><td>55.09</td><td>52.77</td></tr>
<tr><td>湖南</td><td>29</td><td>37.54</td><td>34.58</td></tr>
<tr><td rowspan="3">华南地区</td><td>广东</td><td>0</td><td>47.87</td><td>39.51</td></tr>
<tr><td>广西</td><td>22</td><td>26.39</td><td>22.09</td></tr>
<tr><td>海南</td><td>24</td><td>43.38</td><td>38.44</td></tr>
</table>

续表

区域	地区	与主要经济中心相对距离指数	2015—2019 年 GDP 增长率（%）	2015—2019 年 人均 GDP 增长率（%）
西南地区	重庆	47	50.19	44.93
	四川	53	55.11	51.66
	贵州	38	59.67	55.57
	云南	41	70.52	66.44
	西藏	100	65.42	52.82
西北地区	陕西	32	43.12	39.94
	甘肃	44	28.39	26.10
	青海	49	22.71	18.74
	宁夏	32	28.74	23.77
	新疆	84	45.82	35.58

整体来看，与主要经济中心相对距离指数对区域经济发展通常存在重要的影响，靠近经济中心的地区相对容易受到前者的辐射带动作用，有助于形成规模经济效应，推动区域经济协调发展。

6.2.3 路网密度与地均 GDP 相关系数

路网密度与地均 GDP 相关系数用于衡量区域道路发展水平与用地效益之间的相关程度，是表征社会经济区位条件的一种重要指标，通过相关系数函数计算而得，是一个无量纲的指数，其值越大，说明路网密度与地均 GDP 的相关程度越高。本小节阐述的路网类型包括铁路、公路、城市道路和乡村道路等不同种类。

从全国看，见表 6.6 和图 6.4，各地区路网密度与地均 GDP 相关系数较高的是上海、福建、天津、北京、江西等 8 个省份，其中上海和福建最高；路网密度与地均 GDP 相关系数较低的是山东和甘肃，其中山东最低，为 0.10，甘肃稍高于前者。

表 6.6 各地区路网密度与地均 GDP 相关系数及变化统计

地区	路网密度与地均 GDP 相关系数		变化量
	2019 年	2015 年	
北京	0.88	0.89	−0.01
天津	0.91	0.90	0.01
河北	0.61	0.57	0.04
山西	0.33	0.19	0.14
内蒙古	0.82	0.74	0.08

续表

地区	路网密度与地均 GDP 相关系数		变化量
	2019 年	2015 年	
辽宁	0.49	0.46	0.03
吉林	0.59	0.72	−0.13
黑龙江	0.38	0.32	0.06
上海	0.95	0.72	0.23
江苏	0.54	0.53	0.01
浙江	0.87	0.85	0.02
安徽	0.50	0.46	0.04
福建	0.95	0.95	0.00
江西	0.87	0.84	0.03
山东	0.10	0.18	−0.08
河南	0.40	0.30	0.10
湖北	0.53	0.51	0.02
湖南	0.86	0.87	−0.01
广东	0.71	0.76	−0.05
广西	0.73	0.45	0.28
海南	0.57	0.92	−0.35
重庆	0.76	0.77	−0.01
四川	0.57	0.62	−0.05
贵州	0.84	0.87	−0.03
云南	0.52	0.48	0.04
西藏	0.73	0.79	−0.06
陕西	0.58	0.61	−0.03
甘肃	0.13	0.10	0.03
青海	0.82	0.76	0.06
宁夏	0.57	0.32	0.25
新疆	0.73	0.69	0.04

全国路网密度与地均 GDP 相关系数均值为 0.64。上海、福建、天津等 15 个省份的数值高于全国均值，其中近半数位于西部地区；甘肃、山东、山西等其余 16 个省份的数值低于全国均值，广泛分布在东部部分沿海省份、西部非边疆省份、中部绝大部分省份以及东北地区。整体来看，交通发展水平与经济发展水平密切相关，交通对经济发展影响较大，两者可以相互促进。甘肃、山东等省路网密度对 GDP 的影响程度相对较小，中部偏北地区略高于前者，东部沿海地区和近年经济发展较快的省份其路网

密度与 GDP 的相互影响程度相对较大。

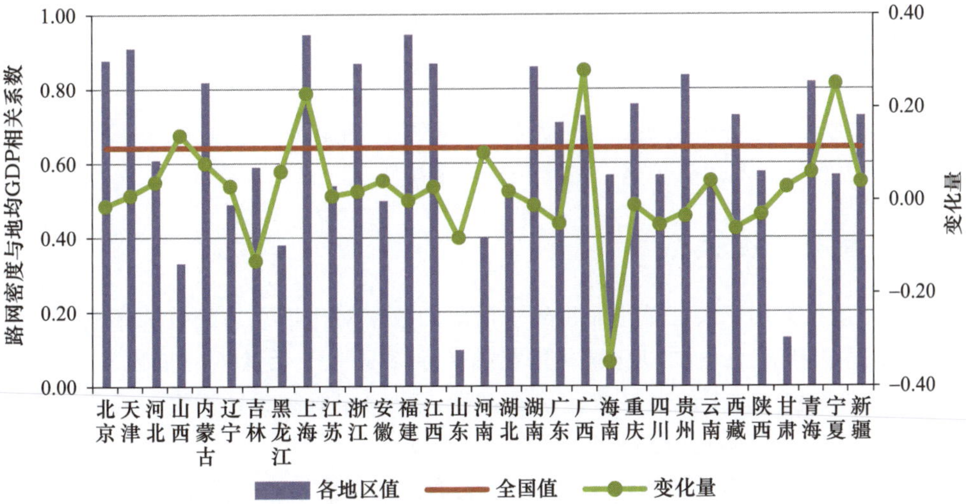

图 6.4 各地区路网密度与地均 GDP 相关系数及变化

与 2015 年相比，见图 6.4 和图 6.5，广西、宁夏、上海等 19 个省份的路网密度与地均 GDP 相关系数出现不同程度的增加，其中广西增加最多，增量为 0.28；海南、吉林、山东等 11 个省份的路网密度与地均 GDP 相关系数出现不同程度的减少，其中海南减少最多，减量为 0.35；福建没有变化。

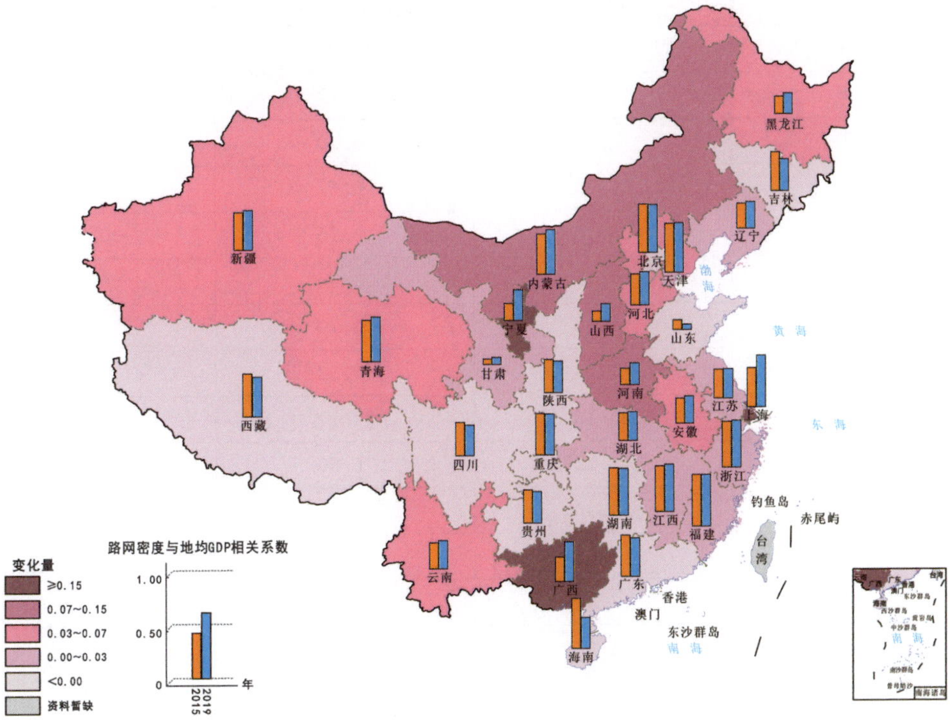

图 6.5 全国路网密度与地均 GDP 相关系数及变化分布

6.3 经济增长格局

本节分别采用经济密度指数、三大产业（第一产业、第二产业和第三产业）单位面积产值指数等指标阐述各地区经济增长格局情况。

6.3.1 经济密度指数

经济密度指数用于表征单位面积经济活动的效率对区域总体经济的影响，是区域内单位面积国内生产总值加以比重化的指数表示，是一个无量纲的指数。其值越大，所体现的单位面积土地上的经济效益水平越高，影响相对越大；反之，其值越小，则对应的经济效益水平越低，影响相对越小。

从全国看，见表 6.7 和图 6.6，各地区经济密度指数较高的是上海、北京、天津、江苏，其中上海最高，为 37.33，北京次之，为 14.87；各地区经济密度指数较低的是西藏、青海、新疆、内蒙古、甘肃、黑龙江等 6 个省份，其中西藏最低，为 0.01，青海、新疆略高于西藏。

表 6.7 各地区经济密度指数及变化统计

地区	经济密度指数		变化量
	2019 年	2015 年	
北京	14.87	13.30	1.57
天津	8.18	13.19	−5.01
河北	1.29	1.50	−0.21
山西	0.75	0.77	−0.02
内蒙古	0.10	0.15	−0.05
辽宁	1.17	1.85	−0.68
吉林	0.42	0.70	−0.28
黑龙江	0.21	0.32	−0.11
上海	37.33	34.10	3.23
江苏	6.72	6.50	0.22
浙江	4.14	3.93	0.21
安徽	1.83	1.49	0.34
福建	2.39	2.02	0.37
江西	1.02	0.95	0.07
山东	3.14	3.83	−0.69

续表

地区	经济密度指数		变化量
	2019 年	2015 年	
河南	2.26	2.12	0.14
湖北	1.70	1.51	0.19
湖南	1.29	1.29	0.00
广东	4.18	3.89	0.29
广西	0.62	0.67	−0.05
海南	1.08	1.03	0.05
重庆	1.98	1.81	0.17
四川	0.66	0.59	0.07
贵州	0.66	0.57	0.09
云南	0.42	0.34	0.08
西藏	0.01	0.01	0.00
陕西	0.87	0.83	0.04
甘肃	0.14	0.15	−0.01
青海	0.03	0.03	0.00
宁夏	0.50	0.53	−0.03
新疆	0.06	0.05	0.01

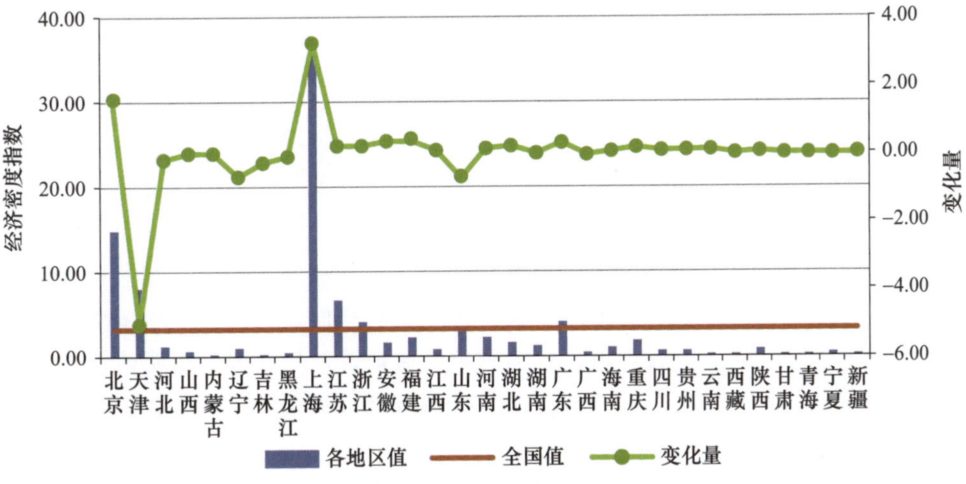

图 6.6 各地区经济密度指数及变化

全国经济密度指数均值为 3.23，上海、北京、天津、江苏、广东、浙江等 6 个东部地区省份的经济密度指数高于全国均值，西藏、青海、新疆等 25 个省份的经济密度指数低于全国均值，广泛分布在四大板块。

与2015年相比，见图6.6和图6.7，上海、北京、福建、安徽、广东等17个省份的经济密度指数出现不同程度的增加，其中，上海经济密度指数增加最多，增量为3.23；北京次之，为1.57。这些省份近半数分布在东部经济发达地区，其余分别分布在中部地区（湖南除外）、西部地区南部，基本是GDP增长较快的地区。天津、山东、辽宁等11个省份的经济密度指数出现不同程度的减少，这些省份主要分布在东北地区、东部地区北部和西部地区的内蒙古、广西、甘肃等。湖南、西藏、青海等3个省份的经济密度指数没有变化。

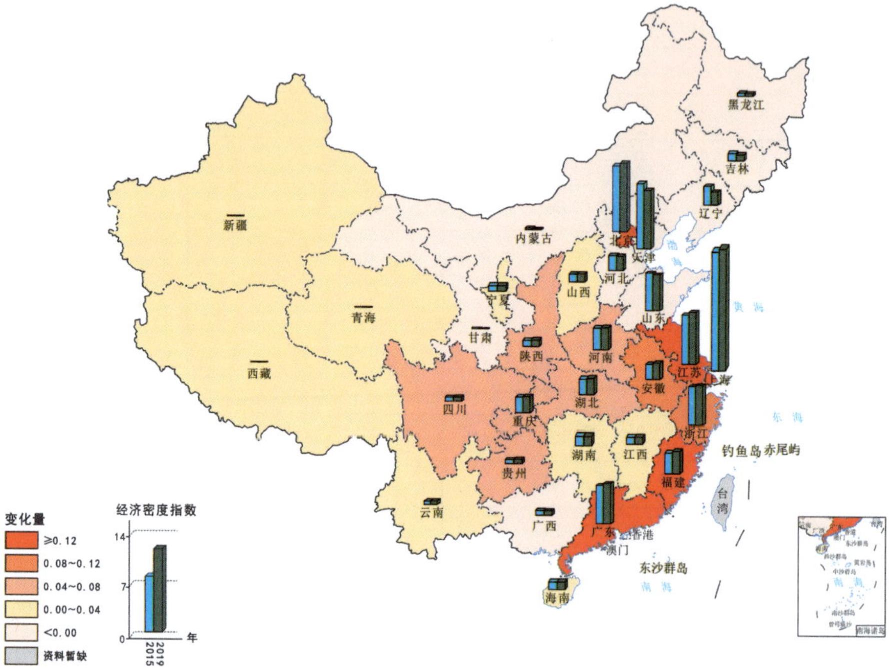

图6.7　全国经济密度指数及变化分布

6.3.2　三大产业单位面积产值指数

三大产业单位面积产值指数用于表征区域内单位面积三大产业（第一产业、第二产业和第三产业）生产活动的效率，和经济密度指数类似，是区域内单位面积不同产业生产总值加以比重化的指数表示，是无量纲的数值，其值越大，表明该区域三大产业单位面积土地上的经济效益水平越高，影响相对越大。它们是衡量经济发展和分布格局的重要指标。

从全国看，见表6.8、图6.8和图6.9，全国单位面积第一产业产值指数均值为3.23，江苏、山东、海南、河南、广东等15个省份的单位面积第一产业产值指数高于全国均值，主要分布在东部地区（北京除外），中部地区中、北部，其中江苏最高，为9.43，其后依次是山东、海南二省。西藏、青海、新疆、内蒙古、甘肃等16个省份的单位面积第一产业产值指数低于全国均值，除北京外，有12个省份分布在西部地区，

2 个省份在东北地区（辽宁除外）。与 2015 年相比，海南、广东、重庆、贵州、广西等 17 个省份的单位面积第一产业产值指数均出现不同程度的增加，主要分布在西部地区（甘肃除外）、东部地区南部，其中海南增加最多，增量为 0.79，其他增加较多的还有广东、重庆、贵州，增量均在 0.50 以上。天津、辽宁、山东、上海、广东等 12 个省份的单位面积第一产业产值指数均出现不同程度的减少，几乎全部位于中部、东部和东北地区，其中天津、辽宁、山东、上海、北京、吉林等省份减量较大，在 0.50～1.00。内蒙古、新疆的单位面积第一产业产值指数没有变化。

表 6.8 各地区三大产业单位面积产值指数及变化统计

地区	单位面积第一产业产值指数			单位面积第二产业产值指数			单位面积第三产业产值指数		
	2019 年	2015 年	变化量	2019 年	2015 年	变化量	2019 年	2015 年	变化量
北京	1.55	2.15	−0.60	7.59	6.98	0.61	19.03	18.06	0.97
天津	3.49	4.42	−0.93	9.10	16.34	−7.24	7.96	11.73	−3.77
河北	4.20	4.61	−0.41	1.58	1.93	−0.35	1.01	1.03	−0.02
山西	1.18	1.26	−0.08	1.04	0.84	0.20	0.59	0.70	−0.11
内蒙古	0.36	0.36	0.00	0.13	0.20	−0.07	0.08	0.10	−0.02
辽宁	3.32	4.08	−0.76	1.41	2.23	−0.82	0.95	1.45	−0.50
吉林	1.51	2.10	−0.59	0.47	0.92	−0.45	0.35	0.46	−0.11
黑龙江	1.58	1.47	0.11	0.17	0.27	−0.10	0.16	0.27	−0.11
上海	3.31	3.96	−0.65	31.82	28.85	2.97	41.60	39.40	2.20
江苏	9.43	9.82	−0.39	9.43	7.90	1.53	5.28	5.39	−0.11
浙江	4.53	4.46	0.07	5.57	4.80	0.77	3.43	3.33	0.10
安徽	4.67	4.42	0.25	2.38	1.97	0.41	1.42	0.99	0.43
福建	4.76	4.37	0.39	3.67	2.70	0.97	1.66	1.43	0.23
江西	2.76	2.68	0.08	1.43	1.27	0.16	0.74	0.63	0.11
山东	7.35	8.05	−0.70	3.95	4.77	−0.82	2.55	2.96	−0.41
河南	6.28	6.40	−0.12	3.10	2.73	0.37	1.66	1.45	0.21
湖北	4.60	4.48	0.12	2.24	1.83	0.41	1.30	1.11	0.19
湖南	3.86	3.96	−0.10	1.54	1.52	0.02	1.06	0.97	0.09
广东	5.49	4.75	0.74	5.34	4.63	0.71	3.56	3.35	0.21
广西	3.21	2.73	0.48	0.65	0.82	−0.17	0.48	0.45	0.03
海南	7.13	6.34	0.79	0.70	0.65	0.05	0.97	0.94	0.03
重庆	4.22	3.52	0.70	2.51	2.16	0.35	1.61	1.47	0.14
四川	2.22	1.91	0.31	0.78	0.69	0.09	0.53	0.44	0.09

续表

地区	单位面积第一产业产值指数			单位面积第二产业产值指数			单位面积第三产业产值指数		
	2019 年	2015 年	变化量	2019 年	2015 年	变化量	2019 年	2015 年	变化量
贵州	2.90	2.35	0.55	0.75	0.59	0.16	0.51	0.43	0.08
云南	1.78	1.35	0.43	0.45	0.36	0.09	0.34	0.26	0.08
西藏	0.03	0.02	0.01	0.01	0.01	0.00	0.01	0.01	0.00
陕西	2.17	1.96	0.21	1.27	1.11	0.16	0.61	0.58	0.03
甘肃	0.55	0.56	−0.01	0.15	0.15	0.00	0.12	0.13	−0.01
青海	0.10	0.08	0.02	0.04	0.04	0.00	0.02	0.02	0.00
宁夏	1.21	1.15	0.06	0.66	0.67	−0.01	0.38	0.40	−0.02
新疆	0.24	0.24	0.00	0.06	0.06	0.00	0.05	0.04	0.01

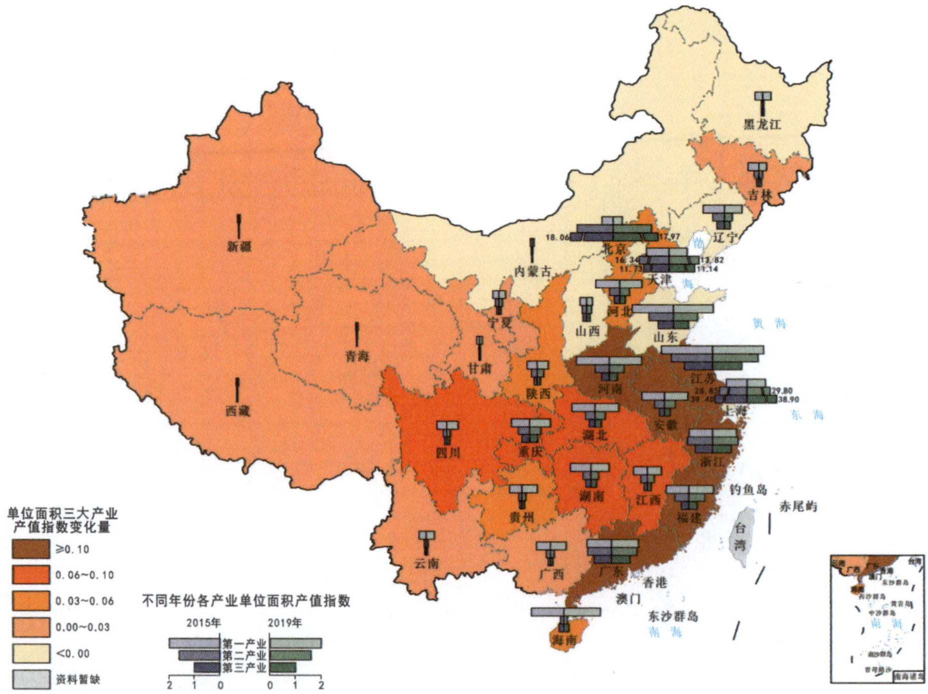

图 6.8　全国三大产业单位面积产值指数及变化分布

由图 6.10 看，全国单位面积第二产业产值指数均值为 3.23，上海、江苏、天津等 8 个东部地区省份的单位面积第二产业产值指数高于全国均值，其中上海最高，为 31.82，其后是江苏，为 9.43。河南、重庆、安徽、湖北、河北等 23 个省份的单位面积第二产业产值指数低于全国均值，主要分布在中部、西部、东北地区，少部分位于东部地区，其中 19 个省份的单位面积第二产业产值指数低于全国均值的 50%，占总数的 83%，西藏最低。与 2015 年相比，上海、江苏、福建、浙江、广东等 18 个省份的单位面积第二产业产

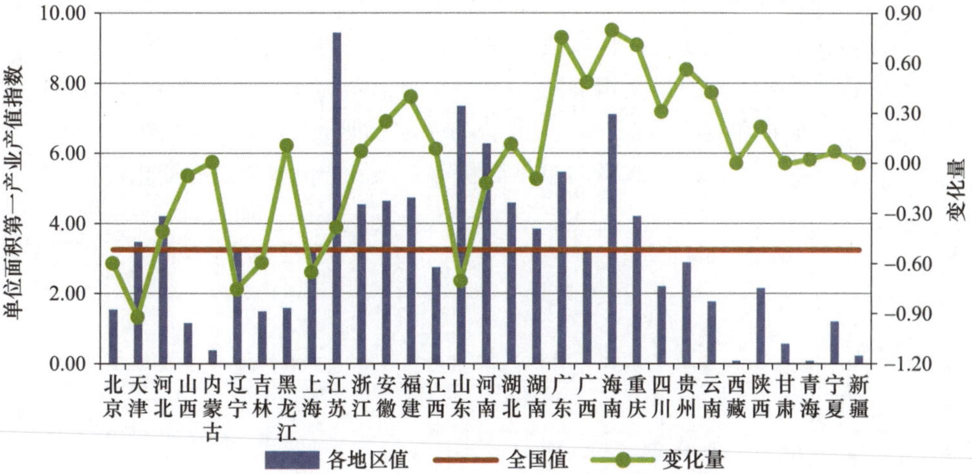

图 6.9　各地区单位面积第一产业产值指数及变化

值指数均有所增加，主要分布在东部地区中、南部，中部地区，以及西部地区南部，其中上海增加最多，为 2.97，江苏略低于上海，福建、浙江、广东、北京增量在 0.50～1.00。天津、辽宁、山东等 9 个省份的单位面积第二产业产值指数均有所减少，主要分布在东部地区北部、东北地区，以及西部的广西、内蒙古等，其中天津、辽宁减量较大。甘肃、青海、西藏、新疆的单位面积第二产业产值指数没有变化。

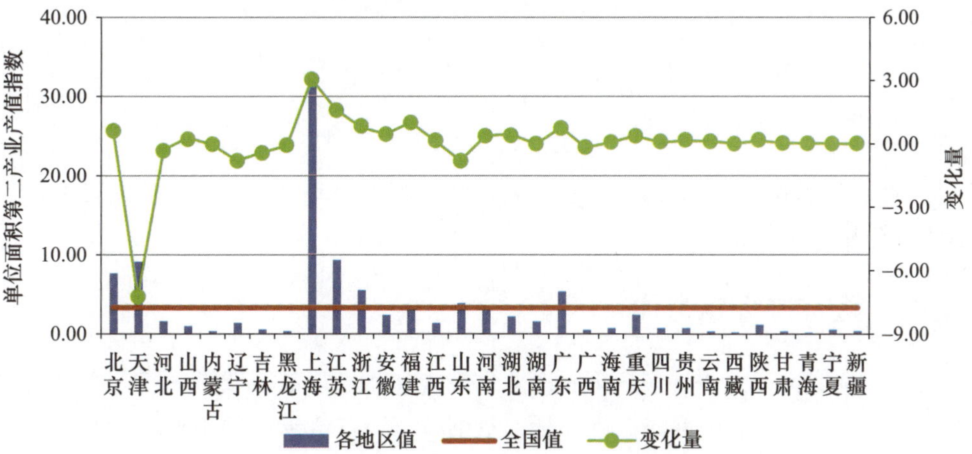

图 6.10　各地区单位面积第二产业产值指数及变化

从图 6.11 看，全国单位面积第三产业产值指数均值为 3.23，上海、北京、天津等 6 个东部省份的单位面积第三产业产值指数高于全国均值，其中上海最高，其后依次是北京、天津，这三地的第三产业比较发达，单位面积产值较高。山东、福建、河南、重庆、湖北等 25 个省份的单位面积第三产业产值指数低于全国均值，其中西藏最低，青海、新疆略高于前者。除山东、福建、河南外，其余 22 个省份的单位面积第三产业产值指数均低于地区均值的半数。与 2015 年相比，上海、北京、安徽、福建、河南等 18 个省份的单位面积第三产业产值指数均有所增加，主要分布在东部地区中部和南部、中部地区（山西除外）、西部地区南部，其中上海增加最多，增量为 2.20，四川、湖南、云南等 8 个省份增量均在 0.10 以下；天津、辽宁、山东等 11 个省份的单位面积第三产业产值指数均有所减少，主要分布在东部地区北部、东北地区，其中天津减少最多，辽宁次之；西藏、青海的单位面积第三产业产值指数没有变化。

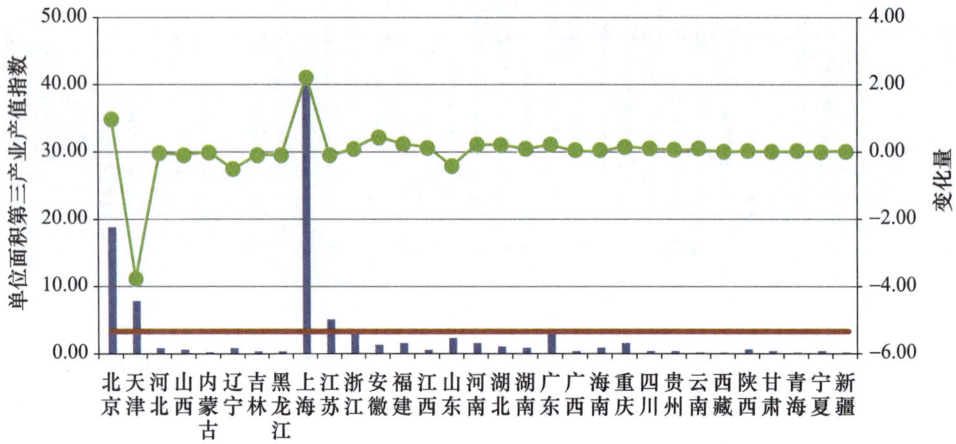

图 6.11 各地区单位面积第三产业产值指数及变化

6.4 产业区位熵

本节分别用第一产业、第二产业、第三产业等不同产业的区位熵指标阐述其专业化程度和作用。

6.4.1 第一产业区位熵

第一产业区位熵反映区域内第一产业的专业化程度，是区域第一产业产值比重与上级区域第一产业产值比重的比值，是无量纲数值，其值越大，表明区域第一产业的集聚水平相对越高。一般而言，当第一产业区位熵值大于 1 时，表明该区域第一产业具有相对优势；当值小于 1 时，该区域内第一产业具有相对劣势。

从全国看，见表 6.9 和图 6.12，全国第一产业区位熵均值为 1.25，黑龙江、海南、广西、贵州、云南等 13 个省份的第一产业区位熵高于全国均值，8 个省份分布在西部地区，东北、东部地区均有 2 个省份，其中黑龙江第一产业区位熵最高，为 3.29，其后依次是海南、广西，数值均超过 2。上海、北京、天津、浙江、广东等 18 个省份的第一产业区位熵低于全国均值，分布在东部地区（海南、河北除外）、中部地区（湖南除外）、西部地区南部，以及北部地区部分区域，其中上海第一产业区位熵最低，为

0.04，北京稍高于上海，为 0.05。

表 6.9 各地区第一产业区位熵及变化统计

地区	第一产业区位熵		变化量
	2019 年	2015 年	
北京	0.05	0.07	−0.02
天津	0.18	0.14	0.04
河北	1.41	1.30	0.11
山西	0.68	0.69	−0.01
内蒙古	1.52	1.02	0.50
辽宁	1.23	0.94	0.29
吉林	1.54	1.28	0.26
黑龙江	3.29	1.97	1.32
上海	0.04	0.05	−0.01
江苏	0.61	0.64	−0.03
浙江	0.47	0.48	−0.01
安徽	1.10	1.26	−0.16
福建	0.86	0.92	−0.06
江西	1.17	1.19	−0.02
山东	1.01	0.89	0.12
河南	1.20	1.28	−0.08
湖北	1.17	1.26	−0.09
湖南	1.29	1.30	−0.01
广东	0.57	0.52	0.05
广西	2.24	1.72	0.52
海南	2.86	2.60	0.26
重庆	0.92	0.82	0.10
四川	1.45	1.38	0.07
贵州	1.91	1.76	0.15
云南	1.84	1.70	0.14
西藏	1.14	1.08	0.06
陕西	1.09	1.00	0.09
甘肃	1.69	1.58	0.11
青海	1.43	0.97	0.46
宁夏	1.05	0.92	0.13
新疆	1.84	1.88	−0.04

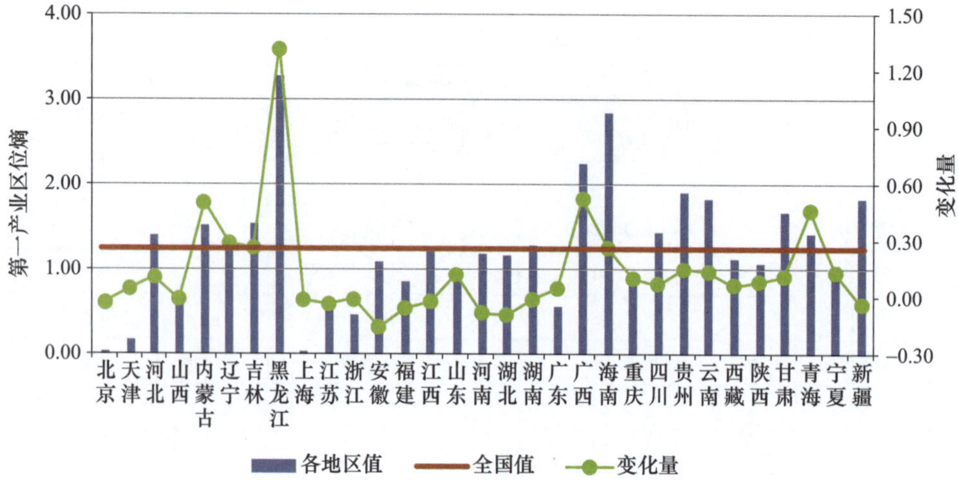

图 6.12　各地区第一产业区位熵及变化

与 2015 年相比，见图 6.12，黑龙江、广西、内蒙古、青海、辽宁等 19 个省份的第一产业区位熵均出现不同程度的增加，分布在西部地区（新疆除外）、东北地区，其中黑龙江第一产业区位熵增加最多，增量为 1.32，其次是广西、内蒙古，增量相当。安徽、湖北、河南、福建、新疆等 12 个省份的第一产业区位熵均出现不同程度的减少，主要分布在东部地区中、北部，中部地区和新疆，其中安徽第一产业区位熵减少最多，减量为 0.16，其次是湖北、河南，减量相当。

从表 6.10 看，五大国家战略区第一产业区位熵最高的是长江经济带，其值为 0.94；其次是京津冀地区，其值为 0.63；长江三角洲位居第三；粤港澳大湾区最低。与 2015 年相比，除长江三角洲外，其他国家战略区第一产业区位熵均出现不同程度的增加，其中粤港澳大湾区增加最多，为 0.03，第一产业的集聚水平相对提高幅度最大；长江经济带、京津冀地区存在微小增加，增加量均为 0.01，第一产业的集聚水平有微小提高。总体看，与 2015 年相比，这些国家战略区第一产业的集聚水平变化不大。

表 6.10　五大国家战略区第一产业区位熵及变化统计

地区	第一产业区位熵		变化量
	2019 年	2015 年	
长江经济带	0.94	0.93	0.01
京津冀地区	0.63	0.62	0.01
粤港澳大湾区	0.23	0.20	0.03
长江三角洲	0.49	0.52	−0.03
黄河流域	—	—	—

注：本书缺少 2019 年黄河流域的 GDP 和各产业产值数据（下同）。

6.4.2 第二产业区位熵

第二产业区位熵反映区域内第二产业的专业化程度，是区域第二产业产值比重与上级区域第二产业产值比重的比值，是无量纲数值，其值越大，表明区域第二产业的集聚水平相对越高。一般而言，当第二产业区位熵值大于 1 时，表明该区域第二产业具有相对优势；当值小于 1 时，该区域内第二产业具有相对劣势。

从全国看，见表 6.11 和图 6.13，全国第二产业区位熵均值为 0.96，福建、陕西、江苏、江西、山西等 19 个省份的第二产业区位熵高于或等于全国均值，分布在中部地区 6 个省份，和东部、西部地区分别有 6 个和 7 个省份，其中福建第二产业区位熵最高，为 1.25，其后依次是陕西、江苏。北京、海南、黑龙江、上海、甘肃等 12 个省份的第二产业区位熵低于全国均值，主要分布在西部地区南部及北部边疆省份、东北地区和东部地区北部，其中北京第二产业区位熵最低，为 0.41，其次为海南，为 0.53，黑龙江、上海位列其后，数值相当。

表 6.11 各地区第二产业区位熵及变化统计

地区	第二产业区位熵		变化量
	2019 年	2015 年	
北京	0.41	0.48	−0.07
天津	0.90	1.14	−0.24
河北	0.99	1.18	−0.19
山西	1.12	0.99	0.13
内蒙古	1.02	1.23	−0.21
辽宁	0.94	1.22	−0.28
吉林	0.90	1.11	−0.21
黑龙江	0.65	0.78	−0.13
上海	0.69	1.12	−0.43
江苏	1.14	0.78	0.36
浙江	1.09	1.12	−0.03
安徽	1.06	1.23	−0.17
福建	1.25	1.22	0.03
江西	1.13	1.23	−0.10
山东	1.02	1.14	−0.12
河南	1.12	1.18	−0.06
湖北	1.07	1.12	−0.05
湖南	0.96	1.09	−0.13
广东	1.04	1.12	−0.08

续表

地区	第二产业区位熵		变化量
	2019年	2015年	
广西	0.86	0.58	0.28
海南	0.53	1.10	−0.57
重庆	1.03	1.08	−0.05
四川	0.96	1.08	−0.12
贵州	0.93	0.96	−0.03
云南	0.88	0.97	−0.09
西藏	0.96	0.90	0.06
陕西	1.19	1.23	−0.04
甘肃	0.84	1.22	−0.38
青海	1.00	1.16	−0.16
宁夏	1.08	0.90	0.18
新疆	0.90	0.94	−0.04

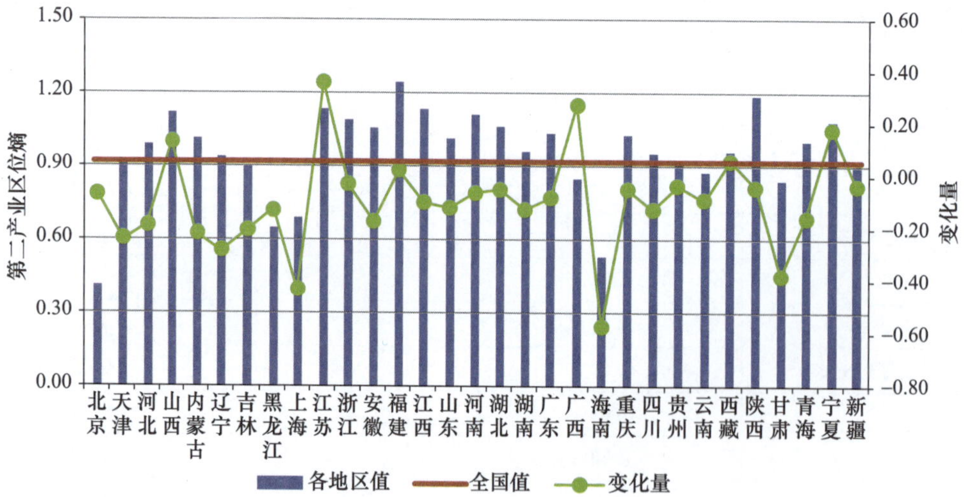

图 6.13　各地区第二产业区位熵及变化

与2015年相比，见图6.13，江苏、广西、宁夏、山西、西藏等5个省份的第二产业区位熵均出现不同程度的增加，除江苏、山西外，均分布在西部地区，其中江苏第二产业区位熵增加最多，增量达0.36，其后是广西，增量为0.28。海南、上海、甘肃、辽宁、天津等26个省份的第二产业区位熵均出现不同程度的减少，广泛分布在东部地区（江苏除外）、东北地区、中部地区（山西除外）及西部地区大部分，其中海南第二产业区位熵减少最多，减量为0.57，其后是上海，为0.43。

从表6.12看，五大国家战略区第二产业区位熵最高的是粤港澳大湾区，为1.06，长江三角洲、长江经济带紧跟其后，稍低于前者，但均大于 1，京津冀地区最低。与 2015 年相比，除粤港澳大湾区外，其他国家战略区第二产业区位熵均出现不同程度的减少。其中京津冀地区减少最多，减量为 0.20，减幅也最大，其第二产业的集聚水平相对降低幅度最大；长江经济带、长江三角洲减量均较小，第二产业的集聚水平有微小降低；粤港澳大湾区第二产业的集聚水平没有变化。总体看，与 2015 年相比，这些国家战略区第二产业的集聚水平略有降低（粤港澳大湾区除外）。

表 6.12 五大国家战略区第二产业区位熵及变化统计

地区	第二产业区位熵		变化量
	2019 年	2015 年	
长江经济带	1.02	1.08	−0.06
京津冀地区	0.74	0.94	−0.20
粤港澳大湾区	1.06	1.06	0.00
长江三角洲	1.05	1.08	−0.03
黄河流域	—	—	—

6.4.3 第三产业区位熵

第三产业区位熵反映区域内第三产业的专业化程度，是区域第三产业产值比重与上级区域第三产业产值比重的比值，是无量纲数值，其值越大，表明区域第三产业的集聚水平相对越高。一般而言，当第三产业区位熵值大于 1 时，表明该区域第三产业具有相对优势；当值小于 1 时，该区域内第三产业具有相对劣势。

从全国看，见表 6.13 和图 6.14，全国第三产业区位熵均值为 1.00，北京、上海、天津、海南、广东等 9 个省份的第三产业区位熵高于或等于全国均值，三分之二省份分布在东部地区，其他分布在西部地区和东北部分地区，其中北京第三产业区位熵最高，为 1.55，其后依次是上海、天津。福建、陕西、江西、河南、内蒙古等 22 个省份的第三产业区位熵低于全国均值，半数分布在西部地区，其他主要分布在中部地区（山西除外）及东部地区中部，其中福建第三产业区位熵最低，为 0.84，陕西略高于前者，江西、河南又略高于陕西。

表 6.13 各地区第三产业区位熵及变化统计

地区	第三产业区位熵		变化量
	2019 年	2015 年	
北京	1.55	1.59	−0.04
天津	1.18	1.04	0.14
河北	0.95	0.80	0.15

续表

地区	第三产业区位熵		变化量
	2019 年	2015 年	
山西	0.95	1.06	−0.11
内蒙古	0.92	0.81	0.11
辽宁	0.98	0.92	0.06
吉林	1.00	0.77	0.23
黑龙江	0.93	1.01	−0.08
上海	1.35	1.35	0.00
江苏	0.95	0.97	−0.02
浙江	1.00	0.99	0.01
安徽	0.94	0.78	0.16
福建	0.84	0.83	0.01
江西	0.88	0.78	0.10
山东	0.98	0.90	0.08
河南	0.89	0.80	0.09
湖北	0.93	0.86	0.07
湖南	0.99	0.88	0.11
广东	1.03	1.01	0.02
广西	0.94	0.77	0.17
海南	1.09	1.06	0.03
重庆	0.99	0.95	0.04
四川	0.97	0.87	0.10
贵州	0.93	0.89	0.04
云南	0.98	0.90	0.08
西藏	1.01	1.07	−0.06
陕西	0.85	0.81	0.04
甘肃	1.02	0.98	0.04
青海	0.94	0.82	0.12
宁夏	0.93	0.89	0.04
新疆	0.96	0.89	0.07

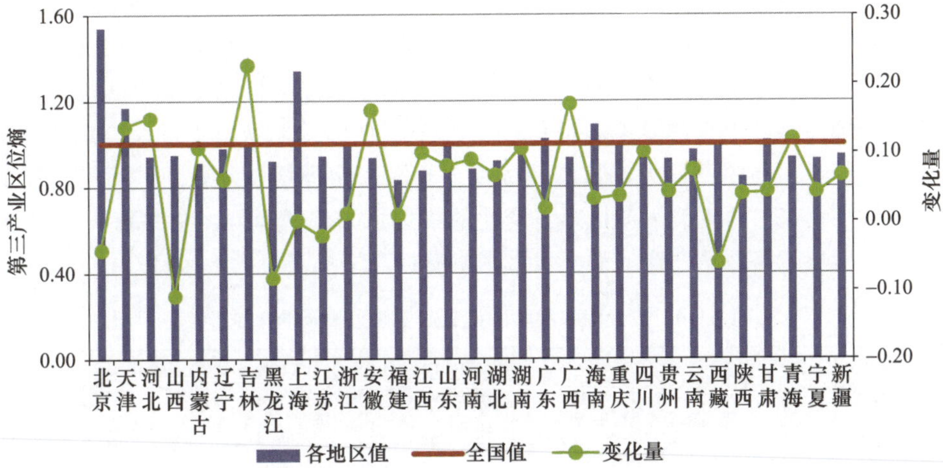

图 6.14 各地区第三产业区位熵及变化

与 2015 年相比，见图 6.14 和图 6.15，吉林、广西、安徽、河北、天津等 25 个省份的第三产业区位熵均出现不同程度的增加，主要分布在东北地区（黑龙江除外）、东部地区（北京、上海、江苏除外）、中部地区（山西除外）及西部地区（西藏除外），其中吉林第三产业区位熵增加最多，增量为 0.23，其次是广西，增量为 0.17。山西、黑龙江、西藏、北京、江苏等 5 个省份的第三产业区位熵均出现不同程度的减少，其中山西减少最多，减量为 0.11，其次是黑龙江，减量为 0.08。上海的第三产业区位熵没有变化。

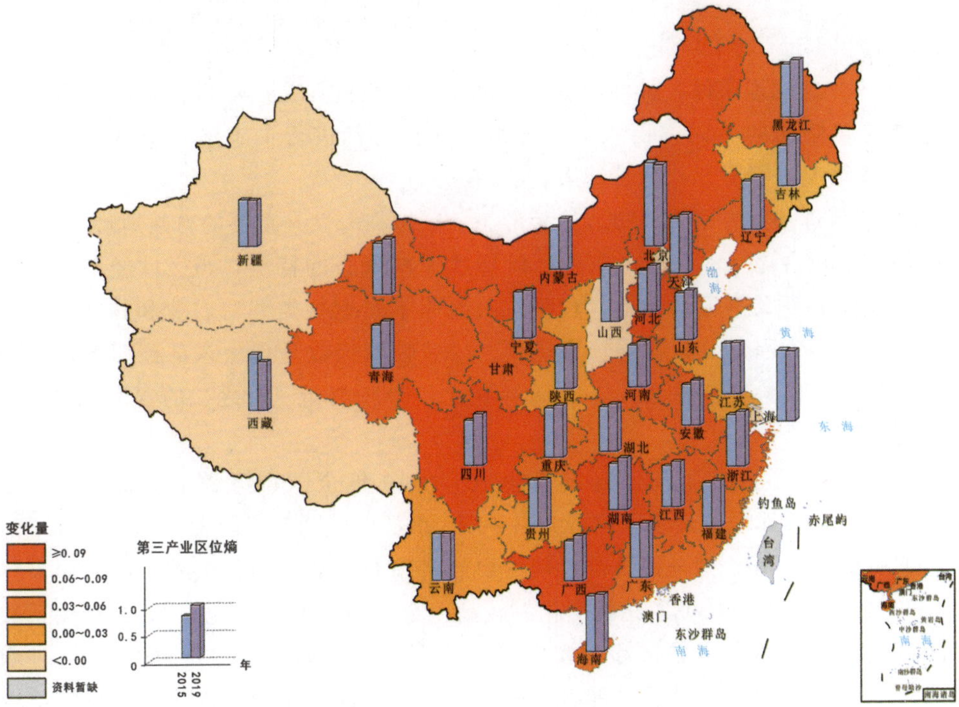

图 6.15 全国第三产业区位熵及变化分布

从表 6.14 看，五大国家战略区第三产业区位熵最高的是京津冀地区，为 1.24；粤港澳大湾区、长江三角洲分居二、三位，数值均略大于 1；长江经济带最低，其值略小于 1。与 2015 年相比，除粤港澳大湾区外，其他国家战略区第三产业区位熵均出现不同程度的增加。其中京津冀地区增加最多，增量为 0.12，增幅也最大，其第三产业的集聚水平相对提高幅度最大；长江经济带、长江三角洲增量均较小，第三产业的集聚水平有微小提高；粤港澳大湾区第三产业的集聚水平略微降低。总体看，与 2015 年相比，这些国家战略区第三产业的集聚水平略有提高（粤港澳大湾区除外）。

表 6.14　五大国家战略区第三产业区位熵及变化统计

地区	第三产业区位熵		变化量
	2019 年	2015 年	
长江经济带	0.99	0.94	0.05
京津冀地区	1.24	1.12	0.12
粤港澳大湾区	1.06	1.09	−0.03
长江三角洲	1.03	1.02	0.01
黄河流域	—	—	—

6.5　本章小结

本章从自然地理条件、社会经济条件、经济增长格局、产业区位熵等区位条件与经济发展空间格局的不同方面入手，对相关分析指标进行了定量和定性分析，并与 2015 年对应情况进行对比，分析结果表明：

在自然地理条件方面，海拔、地貌形态、区域临海性是重要的自然地理条件因素，低、中海拔面积占比基本呈现由东到西阶梯状递减分布的特点，与区域经济发展水平存在一定相关关系。平原、台地、丘陵、山地等不同地貌类型对农业和林业生产、城镇化推进、大型工程建设的影响较为显著。区域临海指数呈现由东部到西部逐步减少的趋势，临海性优势逐渐降低。与 2015 年相比，2019 年近三分之二的省份区域临海指数没有变化。

在社会经济条件方面，与 2015 年相比，2019 年全国经济联系隶属度均值增加 0.06，中部地区整体增加最多（增量为 0.10），东部地区稍低于前者，其中江苏增加最多，增量（约为 0.40）列全国首位；与主要经济中心相对距离指数较小的省份大体上其经济发展速度相对较快或发达程度相对较高；全国路网密度与地均 GDP 相关系数增加 0.02，中部、西部地区整体增加较多（增量均为 0.05），其中广西增加最多，增量为 0.28，居全国首位。总体看，随着我国供给侧结构性改革的深入进行，仍需出台更多的措施推动西部、东北地区的区域间经济联系，缩减和弥补地区间发展不平衡现状。

在经济增长格局方面，与 2015 年相比，2019 年中部地区经济密度指数整体增加最多（增量为 0.12），其次是西部地区，东北地区有所减少（减量为 0.36）；西部地区单位面积第一产业产值指数整体增加最多（增量为 0.23），中部地区单位面积第二、第三产业产值指数整体增加最多（增量分别为 0.26、0.15），西部地区次之。总体看，随着我国经济以供给侧结构性改革为主线、向打造高质量的经济体系和全面增强国家竞争力的目标前进，不同地区经济增长差异依然较大，缩小区域经济发展差距、持续优化产业空间布局仍然是现阶段经济发展的重要任务。

在产业区位熵方面，与 2015 年相比，2019 年全国第三产业产值占国内生产总值的比重从 50.8％增加到 53.9％，与此同时，第二产业产值的比重从 40.8％下降到 39.0％，第一产业产值的比重下降到 7.1％。总体看，受供给侧结构性改革影响，我国经济结构逐渐优化，调整效果凸显，但仍需持续优化和调整。

第 7 章　基本公共服务设施均等化

国务院在《“十三五”推进基本公共服务均等化规划》中提出“均等化水平稳步提高。城乡区域间基本公共服务大体均衡，贫困地区基本公共服务主要领域指标接近全国平均水平，广大群众享有基本公共服务的可及性显著提高”的发展目标。随着我国城乡发展一体化加速推进，消除地区之间、城乡之间基本教育资源分配不均等、医疗卫生资源配置不合理、基础设施建设差距较大等二元化现象，成为全国及各地区面临的重要任务。公共服务可及性依据服务供需要素可划分为空间可及性、设备可及性、人力可及性与支付可及性等具体指标。空间可及性是公共服务均等化的基础性测度指标，直接影响设备可及性、人力可及性的高低，是公共服务资源均等化配置的重要依据。

本章根据 2015 年第一次全国地理国情普查数据和 2019 年基础性地理国情监测数据的支撑程度，着重分析城乡居民地在基础教育、基本医疗、社会福利服务等基本公共服务方面的空间可及性，通过居民地到达基本公共服务设施的距离、基本公共服务设施服务的覆盖程度，以及 2015 年至 2019 年期间变化等指标，从地理空间角度综合反映全国、各省（自治区、直辖市）以及五大国家战略区的基本公共服务设施配置均等化水平。

7.1　居民地数量

居民地是公民连续居住一定合理期限的地方，是基本公共服务设施配置的主要依据。为便于对比分析，本书将居民地按其分布地域划分为城镇居民地和乡村居民地。根据地理国情监测数据内容与分类，选择地理国情数据库中城镇居住小区作为城镇居民地，选择行政村作为乡村居民地，两者合计作为城乡居民地①，在此基础上以全国及 31 个省级行政区域为单元开展基础教育、基本医疗、社会福利等基本公共服务设施的空间均等化分析。

---

① 依据国家统计局《关于统计上划分城乡的规定（试行）》制定的城乡划分代码，将位于镇区的行政村并入城镇居住小区类型，不作为乡村居民地；删除与城镇居住小区名称相同、位置相同的行政村。本书中，基础教育设施是指地理位置上独立、具有一定规模的小学校区和中学校区，主校区与分校区属于同类同级别的统计对象，其统计数量通常大于小学校和中学校的数量；基本医疗设施是指有等级的医院，不包括同样承担基本医疗服务职责的基层卫生机构，其分析指标值不代表全部医疗卫生机构的服务能力，仅反映水平较高医疗机构的服务能力。居民地中，城镇居住小区、行政村原始数据为面状要素，因分析计算需要，均进行了点状化处理，用点状要素代表，因此会引起距离等指标值与实地距离略有差异。设施服务覆盖率均按居民地个数统计，不涉及占地面积、人口数量。

7.1.1 城乡居民地数量

2019 年，全国城乡居民地总量达到 101.3 万个。各地区城乡居民地数量见图 7.1。山东城乡居民地数量最多，超过 11 万个；其次为四川、河北、河南等 3 个省份，城乡居民地数量均超过 6 万个；江苏超过 5 万个，浙江等 4 个省份城乡居民地数量介于 4 万～5 万个；海南、西藏、青海等省份城乡居民地数量不到 7000 个，宁夏总量最少，不足 6000 个。

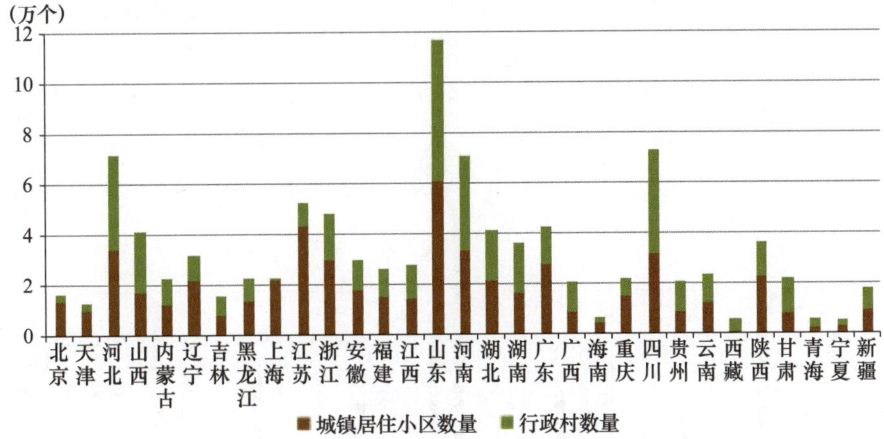

图 7.1 城乡居民地数量与构成

与 2015 年相比，全国城乡居民地总量呈现增加状态，增加幅度近 10%。各地区城乡居民地数量变化见图 7.2。从图中可以看到，29 个省份城乡居民地数量为增加，其中山东增加量最大，增加 1.1 万多个，主要源于城镇居住小区数量增加，增加幅度最大的为北京；湖南、贵州等 2 个省份城乡居民地数量减少，其中湖南减少量最大，减少了 1.5 万多个，减少幅度近 30%，主要原因在于行政村大规模合并导致数量大幅减少；贵州则呈微量减少。

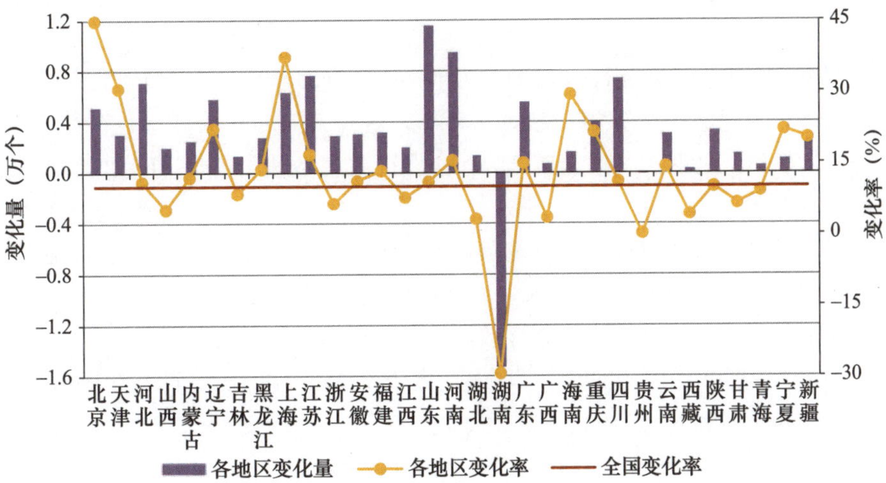

图 7.2 城乡居民地数量变化

7.1.2　城镇居住小区数量

2019 年，全国城镇居住小区的总计数量超过 56 万个。从区域统计看，山东居住小区的数量最多，达到 6 万多个；其次为江苏，超过 4 万个；再后是河北、河南、四川、浙江等省份，城镇居住小区数量在 3 万～4 万个，广东等 5 个省份城镇居住小区数量在 2 万～3 万个；西藏最少，不足 1000 个。

与 2015 年相比，全国城镇居住小区总量变化增加明显，增加幅度达 28%。各地区城镇居住小区数量变化见图 7.3。从图中可以看到，全国 31 个省份城镇居住小区数量均增加，其中山东城镇居住小区数量增加量最大，超过 13000 个，西藏增加量最少，不到 200 个；陕西增加幅度最大，超过 70%，湖南增加幅度最小，为 2%左右。

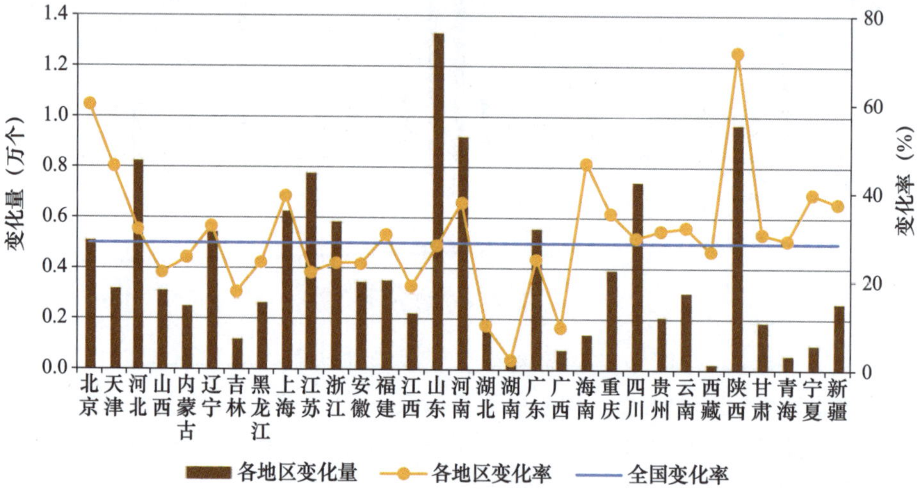

图 7.3　城镇居住小区数量变化

7.1.3　行政村数量

2019 年，全国乡村地区行政村的总数量为 45 万多个。从区域统计看，山东的行政村数量最多，超过 5 万个，四川超过 4 万个，河南、河北在 3 万～4 万个，山西、湖北在 2 万～3 万个；内蒙古、湖南等 12 个省份行政村数量介于 1 万～2 万个；上海最少，不足 900 个。

与 2015 年相比，全国行政村总量呈现减少状态，减少幅度近 7%。各地区行政村数量变化见图 7.4。从图中可以看到，9 个省份行政村数量增加，其中新疆增加量最大，海南增加幅度最大；22 个省份行政村数量减少，其中湖南减少数量最大，超过 1.5 万个，减少幅度亦最大，达 44%，这是由于 2016 年以来该省大规模撤并建制村，导致该省行政村大量减少。

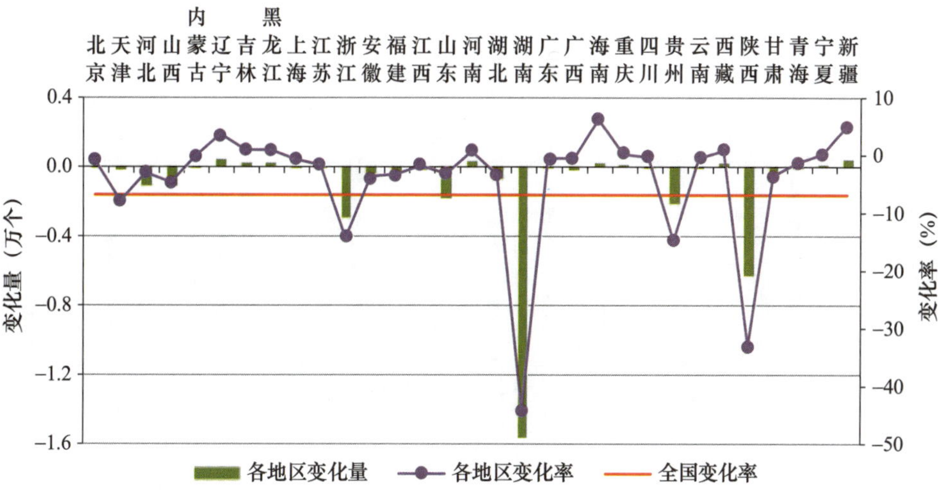

图 7.4 行政村数量变化

7.2 基础教育设施均等化

基础教育主要包括中小学教育。本书的中小学校设施是指具有一定规模和空间范围的中小学校区所在的独立院落。中小学校设施的数量是中小学校校区的统计汇总数量，部分中小学拥有分校，由于分校具有独立完整的院落，分校的校区作为独立的统计对象记入基础教育设施总量。

7.2.1 小学校区数量

2019 年，全国小学校区（含小学教学点）的数量接近 30 万所。各地区小学校区数量见图 7.5。河南小学校区的数量最多，超过 3.4 万所；其次为广东、河北，小学校区数量在 2 万～3.4 万所；四川、云南等 6 个省份，小学校区数量在 1.5 万～2 万所；山东、山西等 5 个省份小学校区数量在 1 万～1.5 万所；青海、北京、天津、上海等省份小学校区数量不到 2000 所；西藏最少，不足 1000 所。

与 2015 年相比，全国小学校区总量呈现增加状态，增加幅度为 1.46%。各地区小学校区数量变化见图 7.6。从图中可以看到，20 个省份小学校区数量增加，其中甘肃增加量最大，天津增加幅度最大；11 个省份小学校区数量减少，其中四川减少量最大，吉林减少幅度最大。

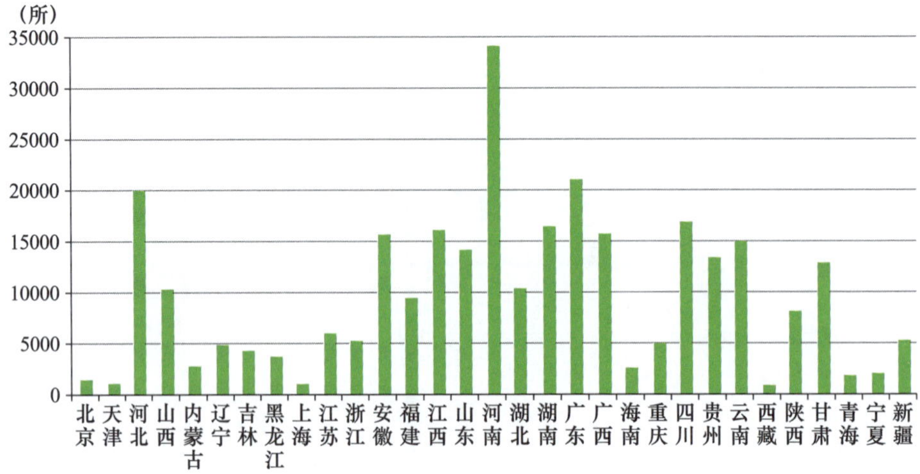

图 7.5　小学校区数量

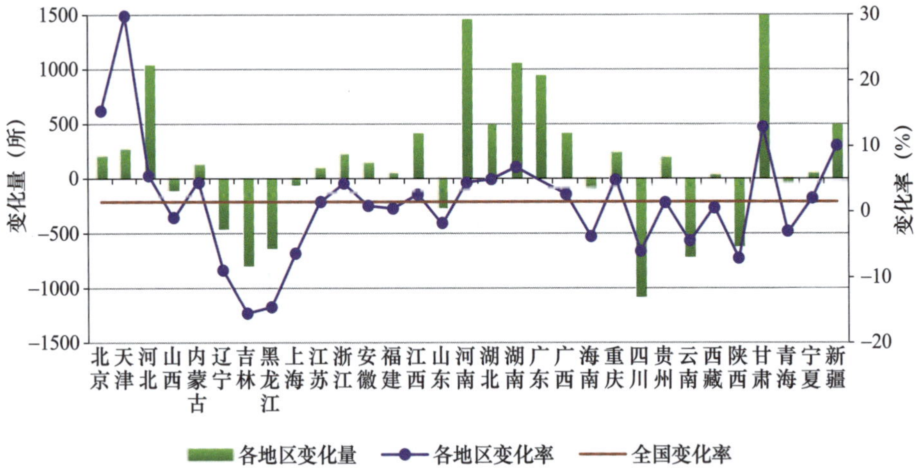

图 7.6　小学校区数量变化

7.2.2　居民地至小学校区距离

为更加客观真实地描述小学校区空间均等化程度，本小节选择居民地到小学校区的交通距离作为测度指标，考察不同类别居民地入学空间可及性。依据县域范围内入学原则，在县级行政单元内计算城镇居住小区、行政村、城乡居民地就近小学入学的平均交通距离。

2019 年，全国居民地到最近小学校区平均交通距离见表 7.1。

表 7.1　全国居民地到最近小学校区平均交通距离　　单位：千米

城镇居住小区	行政村	城乡居民地
1.02	2.79	1.81

不同类别居民地到最近小学校区的平均交通距离见图 7.7。

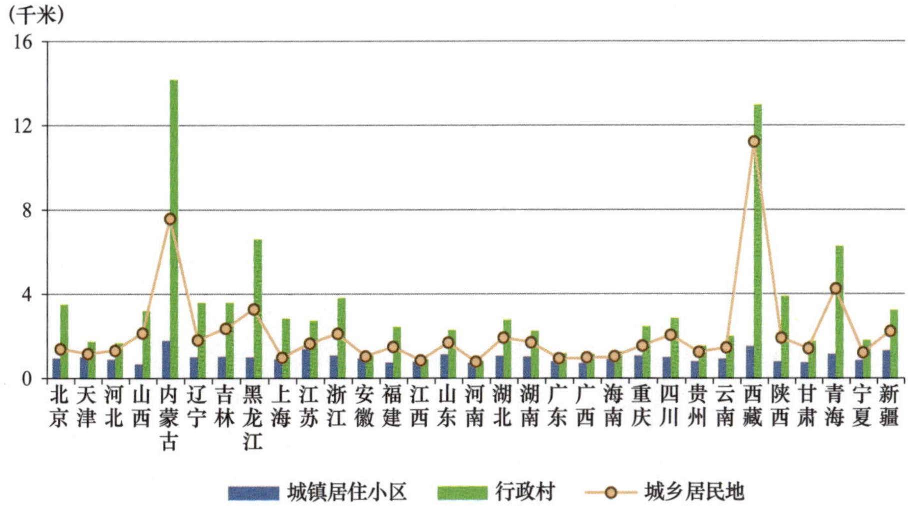

图 7.7 居民地到最近小学校区平均交通距离

从图 7.7 可以看到，山西的城镇居住小区就近小学入学的平均交通距离最小，为 698 米，是最接近国家标准“小学服务半径宜为 500 米”的省份；内蒙古最大，达到 1.81 千米；其次为西藏，达到 1.54 千米；其余地区中，广西、北京等 15 个省份平均交通距离均在 1 千米以内，四川、江苏等 13 个省份平均交通距离均在 1～1.5 千米。

与 2015 年相比，全国城镇居住小区到最近小学校区平均交通距离呈现减少状态，减少幅度为 5.15%。各地区城镇居住小区到最近小学校区平均交通距离变化见图 7.8。从图中可以看到，10 个省份平均交通距离不同程度增加，其中贵州增加量最大，增加幅度也最大；21 个省份平均交通距离不同程度减少，其中内蒙古减少量最大，减少幅度也最大。

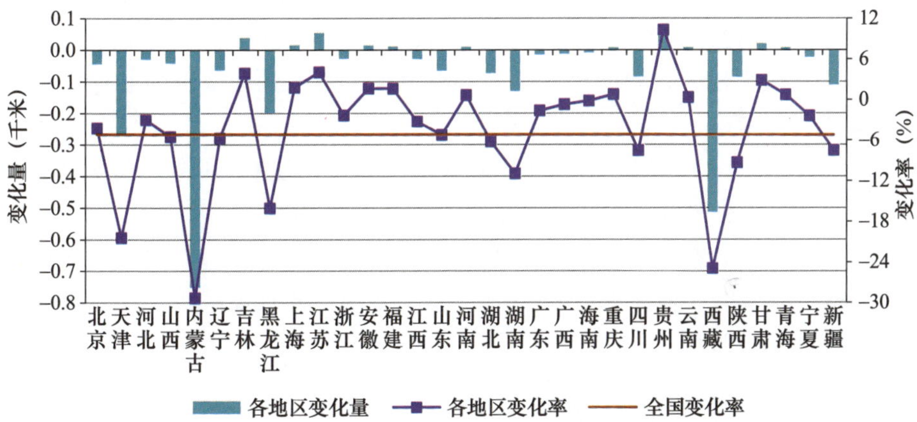

图 7.8 城镇居住小区到最近小学校区平均交通距离变化

各地区行政村小学就近入学平均交通距离差异较大。河南的行政村到小学校区就近入学平均交通距离最小，约为 840 米，江西也不足 1 千米，反映这 2 个省份小学校区的可达性较好；距离最大的为内蒙古，超过 14 千米距离，其次为西藏，超过 13 千米，反映这 2 个省份农村地区小学校区的可达性较差；广西、宁夏等 9 个省份行政村到小学就近入学平均交通距离在 1～2 千米，行政村到小学校区的距离在可承受范围内；云南、四川等 9 个省份在 2～3 千米；其余地区均超过 3 千米，学生上学距离超过极限距离，就学设施数量与布局亟待改善。

与 2015 年相比，全国行政村到最近小学校区平均交通距离呈现微量减少状态，减少幅度为 1.41%。各地区行政村到最近小学校区平均交通距离变化见图 7.9。从图中可以看到，11 个省份平均交通距离增加，其中吉林增加量最大，增加幅度也最大；20 个省份平均交通距离减少，其中西藏减少量最大，广东减少幅度最大。

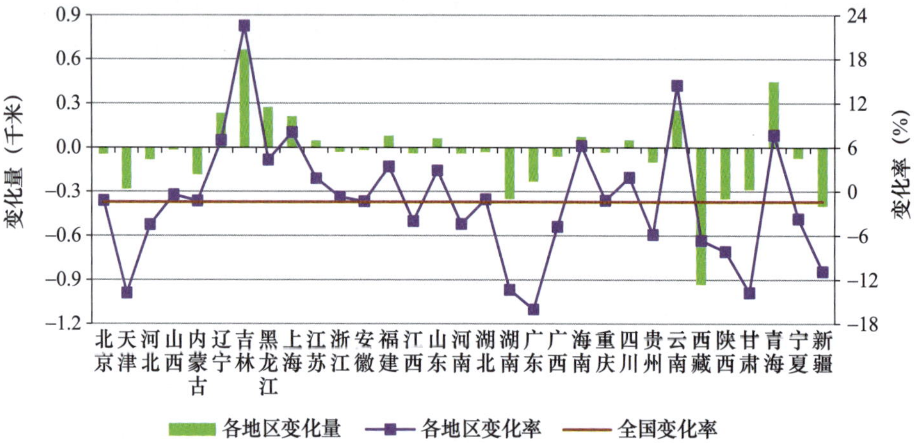

图 7.9 行政村到最近小学校区平均交通距离变化

从城乡综合角度看，河南、广西等 5 个省份城乡居民地到最近小学校区的平均交通距离较小，不足 1 千米；海南、湖北等 17 个省份平均距离在 1～2 千米；四川、吉林等 5 个省份平均距离在 2～3 千米；黑龙江、青海的平均距离在 3～5 千米；西藏、内蒙古属于平均距离最大地区，均大于 7 千米，小学校区的配置远低于国家标准，反映小学校区的可达性较差。

与 2015 年相比，全国城乡居民地到最近小学校区平均交通距离呈现减少状态，减少幅度为 9.5%。各地区城乡居民地到最近小学校区平均交通距离变化见图 7.10。从图中可以看到，仅有吉林、云南、江苏平均交通距离为微量增加，吉林增加幅度最大；海南、上海基本无变化；其余 26 个省份平均交通距离不同程度减少，其中西藏减少量最大，陕西减少幅度最大。

7.2.3 小学校区服务覆盖率

小学校区服务覆盖率是指位于小学校区指定服务半径范围内的居民地数量与统计单元居民地总量之比。本小节按照 500 米（国家标准，小学生徒步平均 8～10 分钟）、2 千米（河南、山东、青海等部分地方针对农村小学配置提出的标准，小学生徒步平均

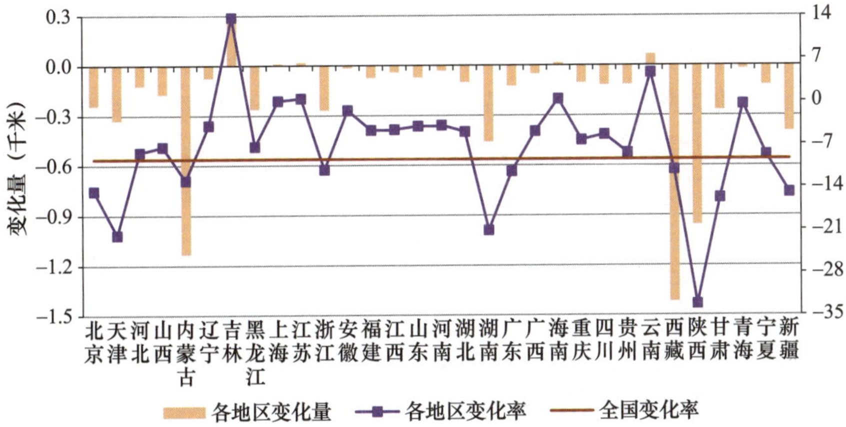

图 7.10 城乡居民地到最近小学校区平均交通距离变化

30～40 分钟，乘公交车平均 6～8 分钟）、3 千米（北京师范大学教授袁桂林研究成果，考虑长距离体力消耗，小学生徒步需 1 小时以上，乘公交车平均 9～11 分钟）的不同服务半径考察城镇、乡村、城乡合计三类居民地的小学校区服务覆盖能力。

1. 服务半径 500 米

国家标准《中小学校设计规范》(GB 50099—2011) 提出，城镇完全小学的服务半径宜为 500 米。按照交通距离 500 米服务半径统计的 2019 年全国小学校区服务覆盖率见表 7.2。

表 7.2 全国小学校区 500 米交通距离服务覆盖率 单位：%

城镇居住小区	行政村	城乡居民地
30.99	29.80	30.46

按照 500 米交通距离服务半径计算，2019 年各地区小学校区服务覆盖率见图 7.11。

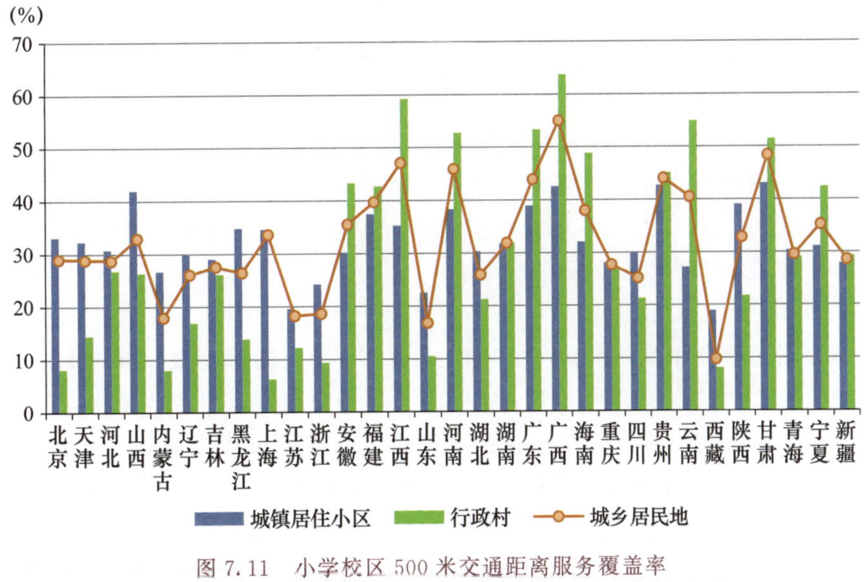

图 7.11 小学校区 500 米交通距离服务覆盖率

从城镇居住小区看，小学校区 500 米交通距离服务覆盖率最高的是甘肃，有 43％以上数量的居住小区位于小学校区 500 米交通距离服务范围内，其次为贵州、广西、山西等 3 个省份，覆盖率超过 40％；最低的为西藏，仅有 18.92％的居住小区可以在 500 米以内到达一所小学；吉林、江苏等 8 个省份的覆盖率不足 30％。上述分析结果表明，全国各地区大部分城镇居住小区至小学校区的空间可达性与国家标准比较仍有较大差距。

与 2015 年相比，全国小学校区 500 米交通距离服务半径对城镇居住小区的覆盖率微量上升 0.12 个百分点，变化幅度很小。各地区的变化情况见图 7.12。从图中可以看到，14 个省份覆盖率不同程度增加，其中天津覆盖率增加最多；17 个省份覆盖率不同程度减少，其中青海覆盖率减少最多。

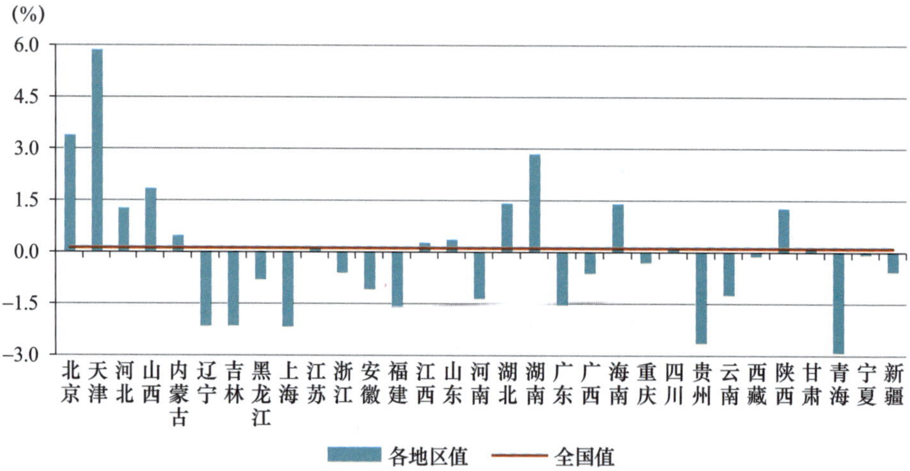

图 7.12　城镇小学校区 500 米服务半径覆盖率变化

从行政村看，小学校区 500 米交通距离服务覆盖率最高的是广西，有 63.7％数量的行政村位于小学校区 500 米交通距离服务范围内；最低的为上海，因其城镇化程度高、乡村地区小学校区数量少的缘故；其余地区中，江西、云南、广东、河南、甘肃等省份覆盖率高于 50％，而内蒙古、西藏、北京、浙江等省份覆盖率低于 10％。

与 2015 年相比，全国小学校区 500 米交通距离服务半径对乡村地区行政村的覆盖率微量增加 0.55 个百分点。各地区的变化情况见图 7.13。从图中可以看到，16 个省份覆盖率增加，其中湖南覆盖率增加最多；15 个省份覆盖率减少，其中吉林覆盖率减少最多。

从城乡居民地整体覆盖率看，小学校区的 500 米交通距离服务覆盖率最高的为广西，有 55％以上的城乡居民地位于小学校区 500 米交通距离服务范围内，其余地区均没达到 50％；最低的为西藏，仅有不足 10％的城乡居民地可以在 500 米以内到达一所小学；其余地区中，甘肃、云南等 6 个省份覆盖率在 40％～50％，福建、湖南等 8 个省份覆盖率在 30％～40％。上述分析结果表明，全国各地区城乡居民地至小学校区的空间可达性与国家标准比较仍有较大差距。

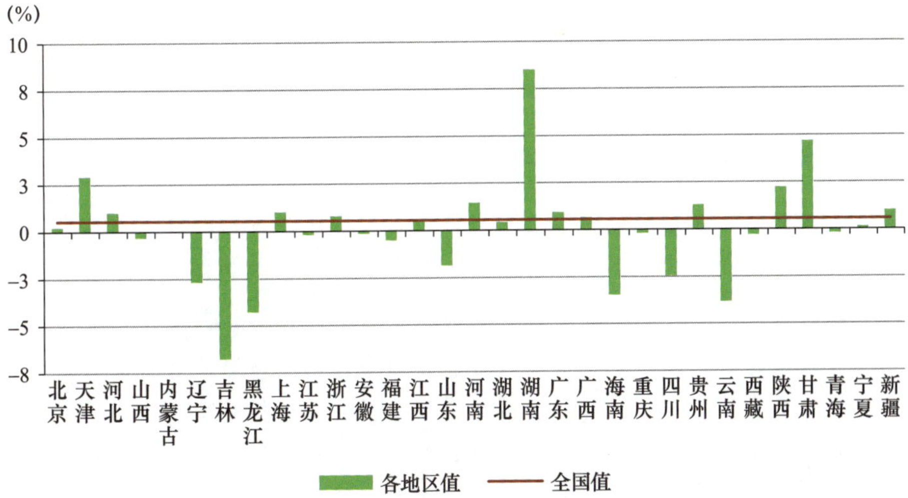

图 7.13 乡村小学校区 500 米服务半径覆盖率变化

与 2015 年相比，全国小学校区 500 米交通距离服务半径对城乡居民地的覆盖率增加约 0.44 个百分点。各地区的变化情况见图 7.14。从图中可以看到，13 个省份覆盖率增加，其中湖南覆盖率增加最大；18 个省份覆盖率减少，其中云南覆盖率减少幅度最大。

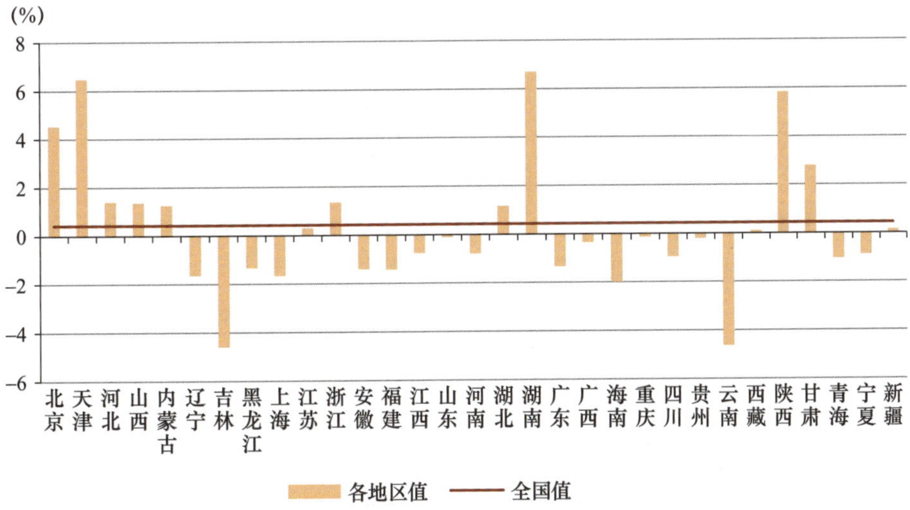

图 7.14 城乡小学校区 500 米服务半径覆盖率变化

2. 服务半径 2 千米

我国部分地区的地方标准建议乡村地区的小学校服务半径一般不超过 2 千米。按照交通距离 2 千米服务半径统计的 2019 年全国小学校区服务覆盖率见表 7.3。

表 7.3 全国小学校区 2 千米交通距离服务覆盖率 单位：%

城镇居住小区	行政村	城乡居民地
89.72	59.16	76.12

按照 2 千米交通距离服务半径计算，2019 年各地区小学校区服务覆盖率见图 7.15。

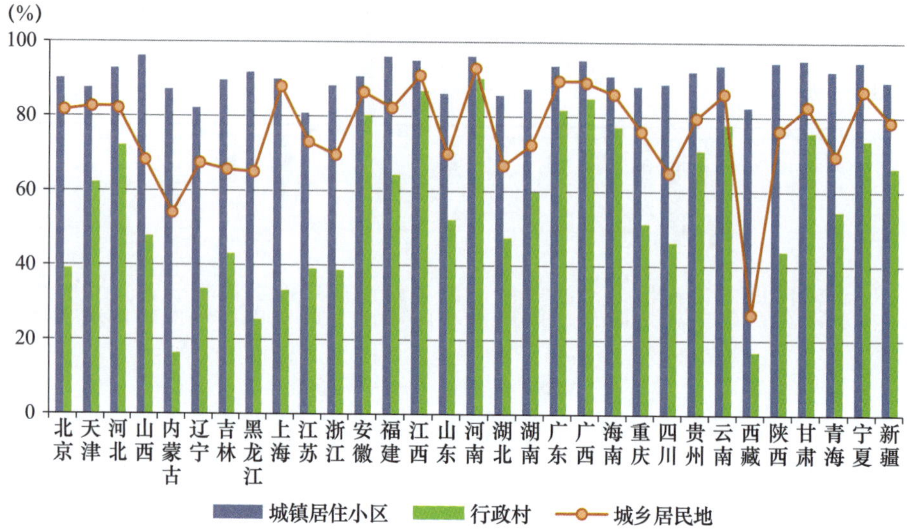

图 7.15　小学校区 2 千米交通距离服务覆盖率

从城镇居住小区看，小学校区 2 千米交通距离服务覆盖率最高的是河南，有大于 96％数量的居住小区位于小学校区 2 千米交通距离服务范围内；最低的为江苏，有 80％数量的居住小区可以在 2 千米以内到达一所小学；山西、北京等 16 个省份覆盖率高于 90％；其余省份覆盖率在 80％～90％。上述分析结果表明，各地区 80％以上城镇居住小区在可承受距离内实现小学校区就学。

与 2015 年相比，全国小学校区 2 千米交通距离服务半径对城镇居住小区的覆盖率增加约 1 个百分点。各地区的变化情况见图 7.16。从图中可以看到，26 个省份覆盖率增加，其中西藏覆盖率增加最多；5 个省份覆盖率减少，其中辽宁覆盖率减少最多。

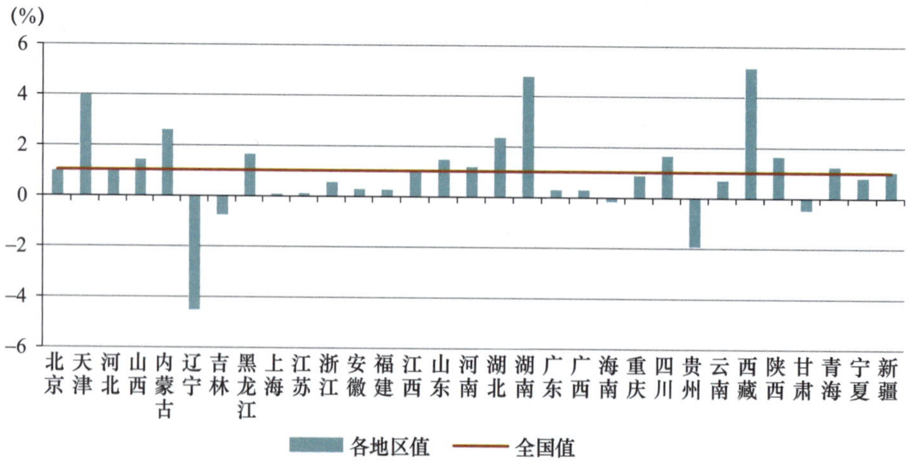

图 7.16　城镇小学校区 2 千米服务半径覆盖率变化

从行政村看，小学校区 2 千米交通距离服务覆盖率最高的是河南，有 90%数量的行政村位于小学校区 2 千米交通距离服务范围内；最低的为内蒙古、西藏，均有不足 17%数量的行政村可以在 2 千米以内到达一所小学；其余地区中，江西、广西、安徽、广东等 4 个省份覆盖率在 80%～90%，云南、贵州等 6 个省份覆盖率在 70%～80%，黑龙江覆盖率低于 30%。按照 2 千米服务半径分析，各地区行政村至小学校区的空间可达性差距较大。

与 2015 年相比，全国小学校区 2 千米交通距离服务半径对乡村地区行政村的覆盖率增加 0.85 个百分点。各地区的变化情况见图 7.17。从图中可以看到，19 个省份覆盖率增加，其中湖南覆盖率增加最多；12 个省份覆盖率减少，其中吉林覆盖率减少最多。

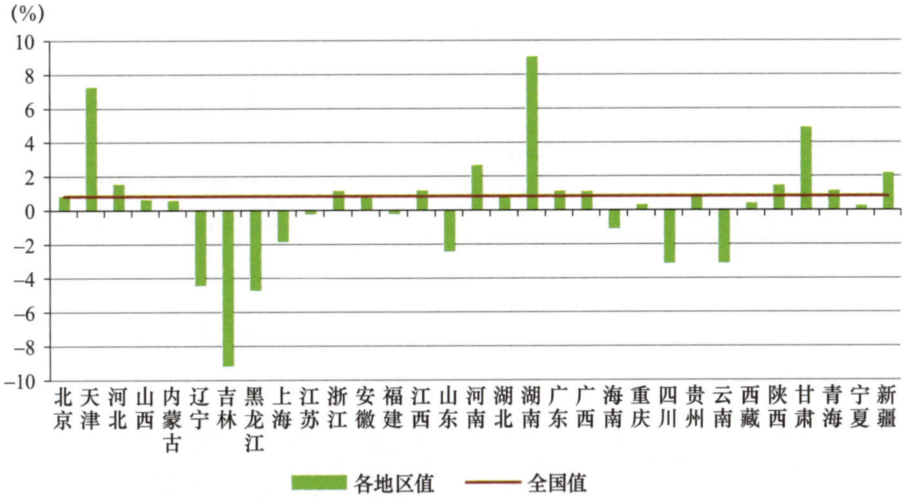

图 7.17　乡村小学校区 2 千米服务半径覆盖率变化

从城乡居民地整体覆盖率看，小学校区 2 千米交通距离服务覆盖率最高的为河南，92%以上的城乡居民地位于小学校区 2 千米交通距离服务范围内；最低的为西藏，仅有 27%的城乡居民地可以在 2 千米以内到达一所小学；其余地区中，江西覆盖率达到 90%，广东、北京等 12 个省份覆盖率在 80%～90%，内蒙古覆盖率低于 60%。除西藏外，各省份多数城乡居民地能够在可承受距离内实现小学就近入学。

与 2015 年相比，全国小学校区 2 千米交通距离服务半径对城乡居民地的覆盖率增加 3.38 个百分点。各地区的变化情况见图 7.18。从图中可以看到，28 个省份覆盖率增加，其中陕西覆盖率增加最多；3 个省份覆盖率减少，其中吉林覆盖率减少最多。

3. 服务半径 3 千米

研究学者通过实践经验总结，认为 3 千米是小学校服务半径的极限值。按照交通距离 3 千米服务半径统计的 2019 年全国小学校区服务覆盖率见表 7.4。

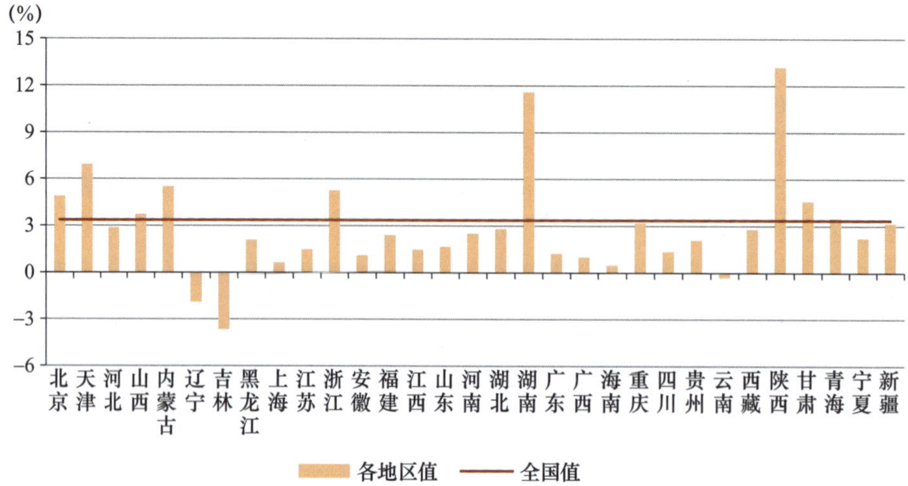

图 7.18　城乡小学校区 2 千米服务半径覆盖率变化

表 7.4　全国小学校区 3 千米交通距离服务覆盖率　　单位：%

城镇居住小区	行政村	城乡居民地
95.41	72.15	85.06

按照 3 千米交通距离服务半径计算，2019 年各地区小学校区服务覆盖率见图 7.19。

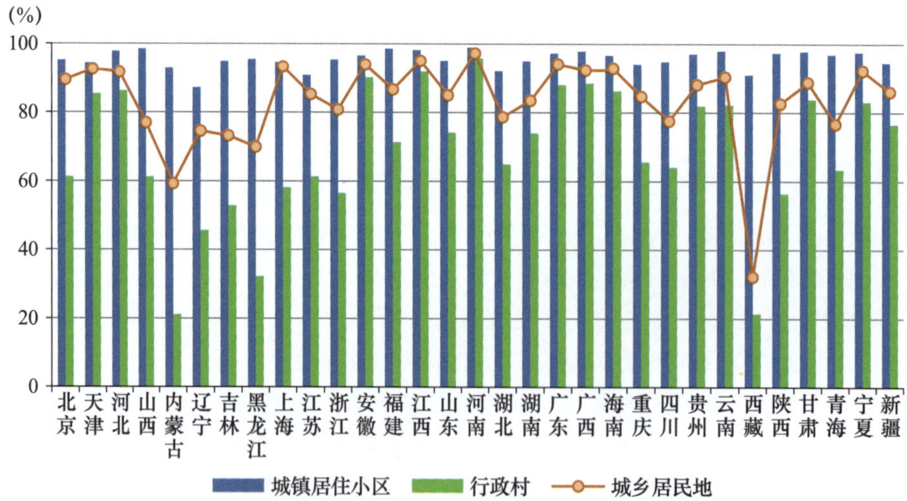

图 7.19　小学校区 3 千米交通距离服务覆盖率

从城镇居住小区看，小学校区 3 千米交通距离服务覆盖率最高的是河南，有 99% 数量的居住小区位于小学校区 3 千米交通距离服务范围内；最低的为辽宁，有 87% 数量的居住小区可以在 2 千米以内到达一所小学；其余地区覆盖率均高于 90%。上述分析结果表明，各地区绝大多数城镇居住小区就近小学校上学在极限距离范围内，但全国有 4% 的城镇居住小区处于小学校上学极端过远的状况。

与 2015 年相比，全国小学校区 3 千米交通距离服务半径对城镇居住小区的覆盖率增加 0.41 个百分点，变化不明显。各地区的变化情况见图 7.20。从图中可以看到，22 个省份覆盖率增加，其中湖南覆盖率增加最多；9 个省份覆盖率减少，其中辽宁覆盖率减少最多。

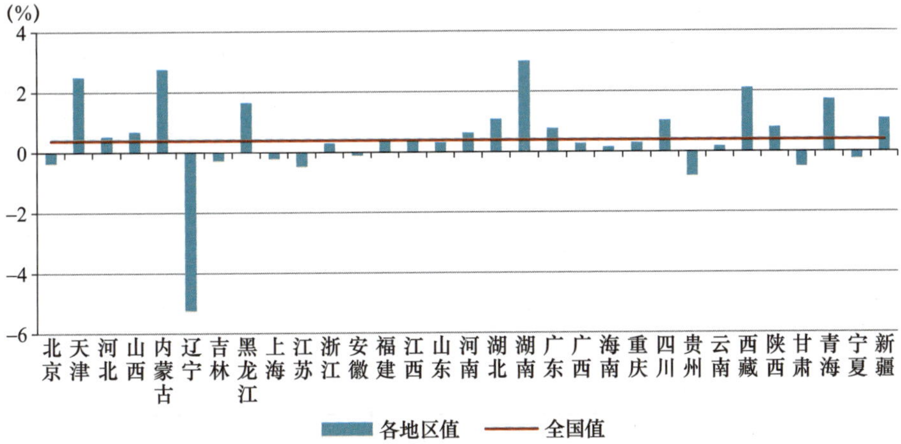

图 7.20 城镇小学校区 3 千米服务半径覆盖率变化

从行政村看，小学校区 3 千米交通距离服务覆盖率最高的是河南，有 95%数量的行政村位于小学校区 3 千米交通距离服务范围内；最低的为内蒙古，仅有 21%数量的行政村可以在 3 千米以内到达一所小学；其余地区中，江西、安徽覆盖率超过 90%，广西、贵州等 9 个省份覆盖率达到 80%～90%，黑龙江覆盖率不足 40%，西藏覆盖率不足 30%。全国有近 28%的行政村属于小学校上学过远的状况。

与 2015 年相比，全国小学校区 3 千米交通距离服务半径对乡村地区行政村的覆盖率增加 0.64 个百分点，变化有限。各地区的变化情况见图 7.21。从图中可以看到，22 个省份覆盖率增加，其中天津覆盖率增加最多；9 个省份覆盖率减少，其中吉林覆盖率减少最多。

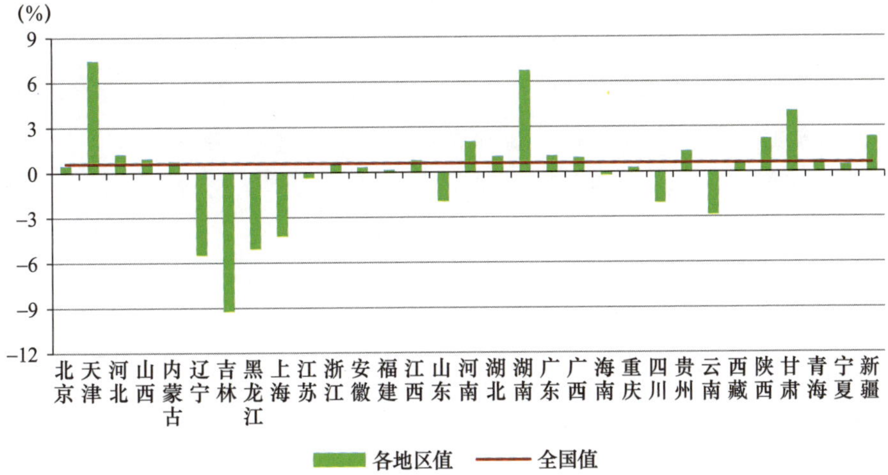

图 7.21 乡村小学校区 3 千米服务半径覆盖率变化

从城乡居民地整体覆盖率看，小学校区 3 千米交通距离服务覆盖率最高的为河南，覆盖率达到 97%；最低的为西藏，仅有 32%的城乡居民地可以在 3 千米以内到达一所小学；其余地区中，江西、云南等 10 个省份覆盖率达到 90%，内蒙古覆盖率较低，不足 60%。可以看到，全国约 15%的城乡居民地处于小学校上学过远的状况。

与 2015 年相比，全国小学校区 3 千米交通距离服务半径对城乡居民地的覆盖率增加 2.39 个百分点。各地区的变化情况见图 7.22。从图中可以看到，28 个省份覆盖率增加，其中陕西覆盖率增加最多；3 个省份覆盖率减少，其中吉林覆盖率减少最多。

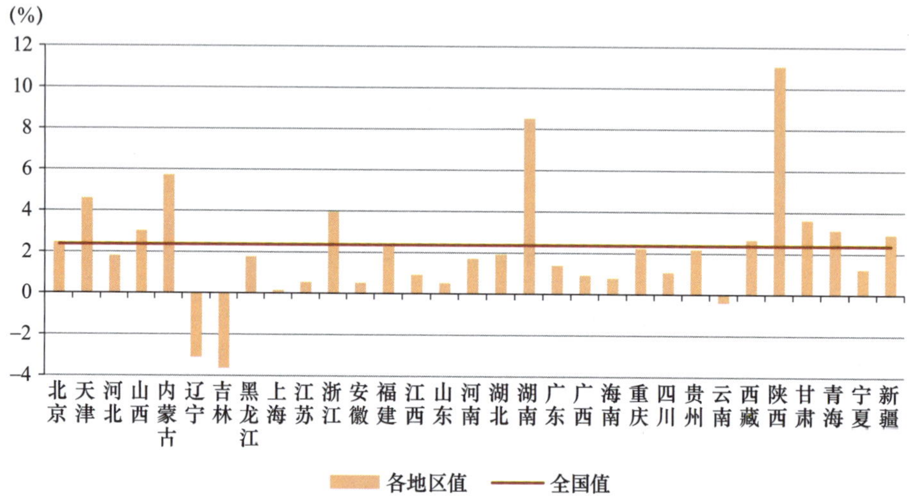

图 7.22　城乡小学校区 3 千米服务半径覆盖率变化

按照 500 米、2 千米、3 千米交通距离服务半径计算，2019 年五大国家战略区小学校区服务覆盖状况见表 7.5。从表中数据可以看到，粤港澳大湾区的小学校区服务覆盖能力总体好于其他 4 个区域，黄河流域城镇小学 500 米服务半径达标率较高，长江三角洲小学 500 米服务半径服务覆盖能力较低。

表 7.5　五大国家战略区小学校区服务覆盖率　　单位：%

地区	500 米服务半径			2 千米服务半径			3 千米服务半径		
	城镇居住小区	行政村	城乡居民地	城镇居住小区	行政村	城乡居民地	城镇居住小区	行政村	城乡居民地
长江经济带	28.48	29.69	28.99	87.81	56.67	74.85	94.49	71.25	84.82
长江三角洲	25.13	14.44	22.54	85.71	43.74	75.54	93.52	62.44	85.99
京津冀地区	31.63	24.84	28.75	91.27	69.38	82.00	96.72	84.70	91.63
粤港澳大湾区	34.93	41.53	36.06	92.28	74.60	89.24	96.84	84.59	94.74
黄河流域	34.63	28.60	31.64	92.37	57.99	75.33	96.98	70.80	84.01

2015 年至 2019 年，五大国家战略区小学校区不同半径对城乡居民地服务覆盖率

变化情况见图 7.23，除粤港澳大湾区 500 米覆盖率外，各区域的覆盖率总体上小幅增长。

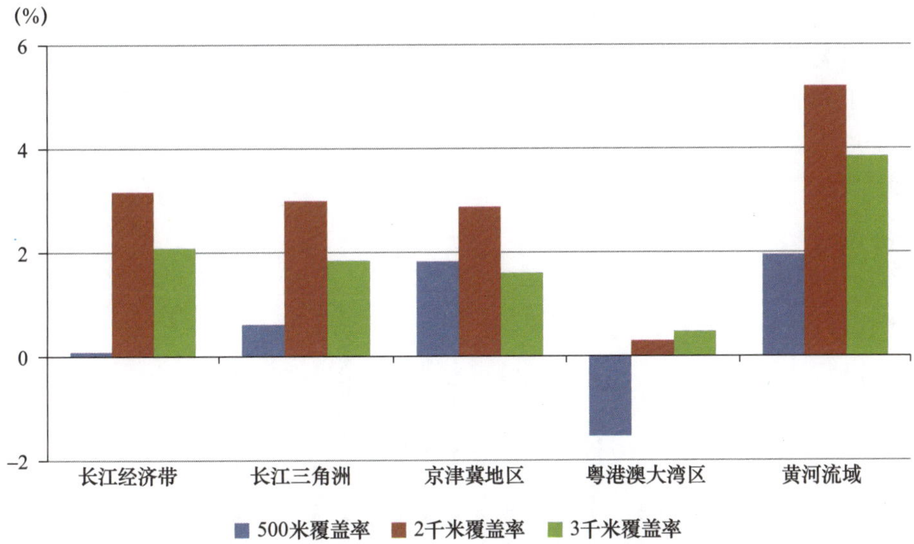

图 7.23　五大国家战略区小学校区对居民地服务覆盖率变化

2019 年全国各地区小学校区服务覆盖率及变化情况见图 7.24。

图 7.24　全国及各地区小学校区服务覆盖情况

7.2.4 中学校区数量

2019 年，全国中学校区的数量为 7 万多所。各地区中学校区数量见图 7.25。河南中学校区的数量最多，近 6000 所；其次为广东，亦超过 5000 所；四川、湖南、山东、安徽、河北等省份，中学校区数量均超过 3000 所；江苏、陕西等 9 个省份中学校区数量介于 2000～3000 所；上海等 7 个省份属于较少区域，中学校区数量不到 1000 所，其中西藏最少，不足 200 所。

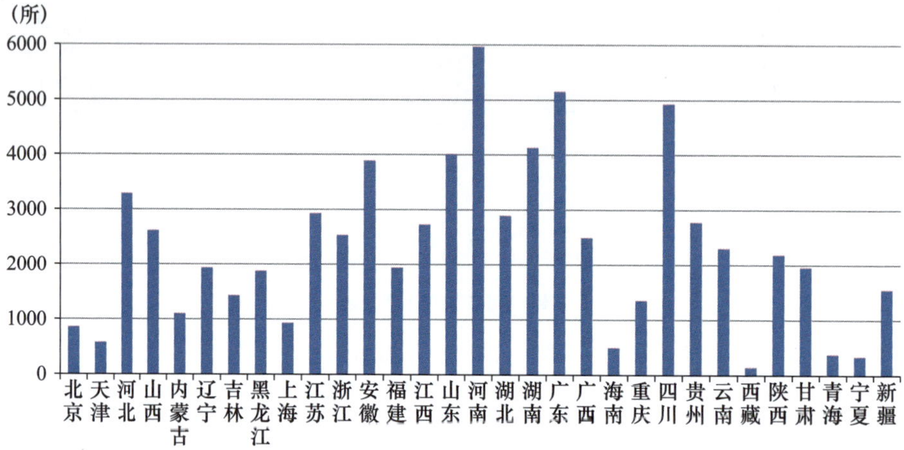

图 7.25　中学校区数量

与 2015 年相比，全国中学校区总量呈现减少状态，减少幅度为 9.5%。各地区中学校区数量变化见图 7.26。从图中可以看到，仅天津中学校区数量微量增加，增加幅度为 1.59%；其余 30 个省份中学校区数量均减少，其中四川减少量最大，吉林减少幅度最大。

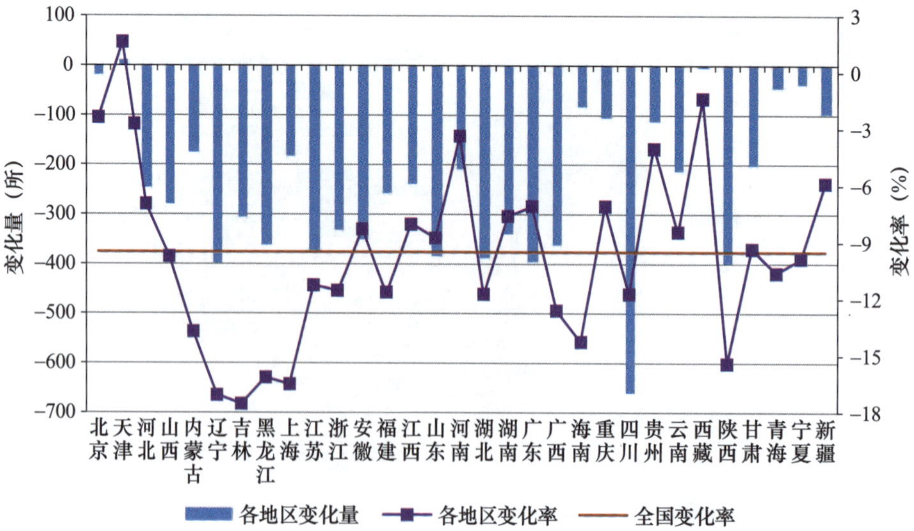

图 7.26　中学校区数量变化

7.2.5 居民地至中学校区距离

依据县域范围内入学原则，在县级行政单元内计算城镇居住小区、行政村、城乡居民地就近中学入学的平均交通距离。

2019 年，全国居民地到最近中学校区平均交通距离见表 7.6。

表 7.6 全国居民地到最近中学校区平均交通距离 单位：千米

城镇居住小区	行政村	城乡居民地
1.66	8.10	4.53

不同类别居民地到最近中学校区的平均交通距离见图 7.27。

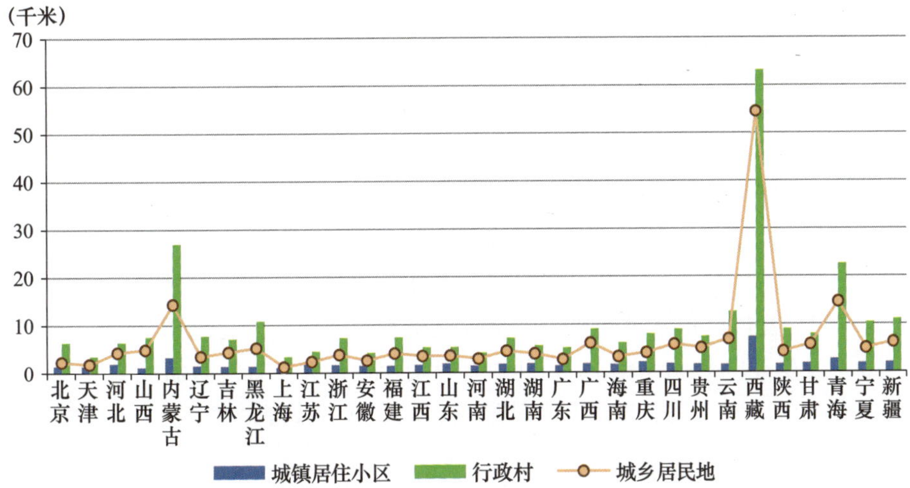

图 7.27 居民地到最近中学校区平均交通距离

从图 7.27 可以看到，上海城镇居住小区就近中学校区入学的平均交通距离最小，为 1.08 千米，是最接近国家标准“城镇初级中学的服务半径宜为 1 千米”的地区；西藏最大，为 7.31 千米，远高于国家标准；其他地区中，山西、新疆等 26 个省份城镇居住小区到最近中学校区的平均交通距离在 1～2 千米，重庆、青海在 2～3 千米，内蒙古大于 3 千米。数据表明，除西藏、内蒙古外，各地区城镇居住小区到最近中学校区的平均交通距离总体差距不大，但距离国家标准尚有一定距离，需要弥补空间可达性不足。

与 2015 年相比，全国城镇居住小区到最近中学校区平均交通距离呈现微量增加状态，增加幅度为 1.59%。各地区城镇居住小区到最近中学校区平均交通距离变化见图 7.28。从图中可以看到，25 个省份平均交通距离增加，其中西藏增加量最大，贵州增加幅度最大；6 个省份平均交通距离减少，其中内蒙古减少量最大，减少幅度亦最大。

各地区行政村到最近中学入学的平均交通距离明显大于城镇居住小区，反映出城

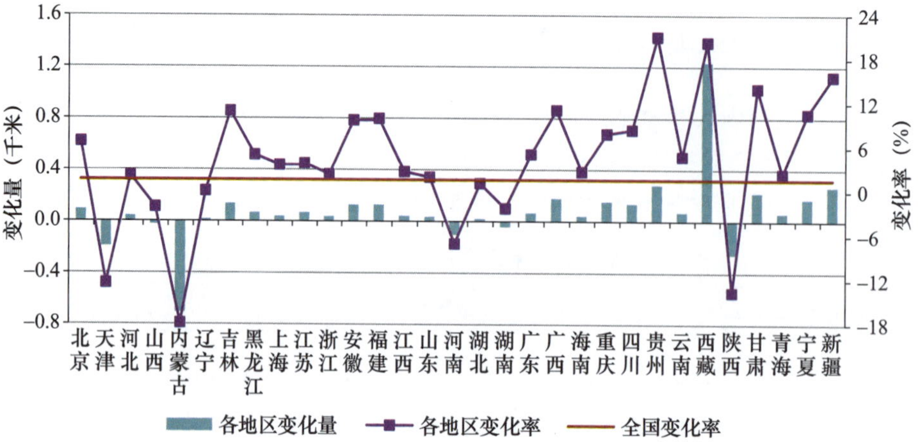

图 7.28 城镇居住小区到最近中学校区平均交通距离变化

乡差异较大。上海、天津的行政村到中学校区就近入学平均交通距离最小，小于 4 千米；最远的为西藏，达到 63 千米。其余地区中，河南、重庆等 19 个省份行政村到最近中学校区的平均交通距离在 4～8 千米，属于就学极限距离范围内。四川、内蒙古等 9 个省份行政村到中学校区就近入学平均交通距离大于 8 千米，超过极限距离，中学上学距离过远，乡村居民地就学环境亟待改善。

与 2015 年相比，全国行政村到最近中学校区平均交通距离呈现增加态势，增加幅度超过 3.4%。各地区行政村到最近中学校区平均交通距离变化见图 7.29。从图中可以看到，20 个省份平均交通距离增加，其中青海增加量最大，新疆增加幅度最大；11 个省份平均交通距离减少，其中西藏减少量最大，北京减少幅度最大。

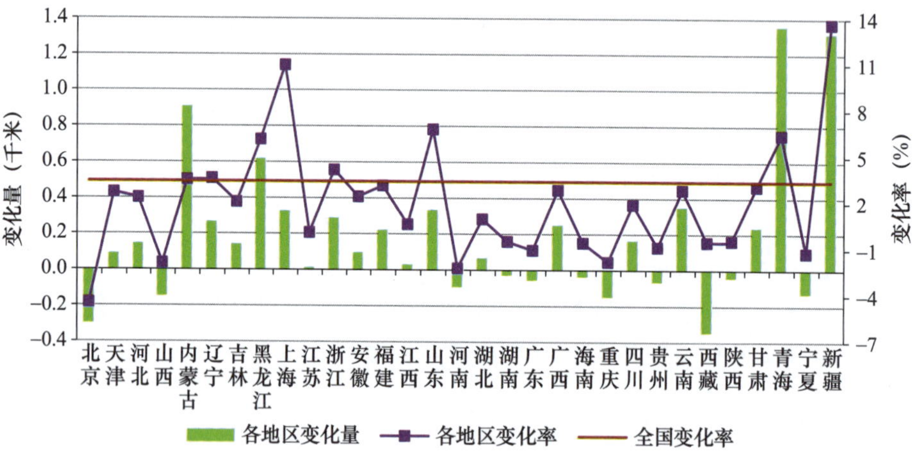

图 7.29 行政村到最近中学校区平均交通距离变化

从城乡综合角度看，上海城乡居民地到最近中学校区的平均距离最小，为 1.16 千米，远低于全国平均值；最远的为西藏，达到 54 千米。其他地区中，天津的平均交通距离小于 2 千米，北京、福建等 12 个省份平均值在 2～4 千米，重庆、云南等 14 个省份平均值在 4～8 千米，内蒙古、青海等 2 个省份平均距离均大于 14 千米，需要进一步提高中学入学的可达性。

与 2015 年相比，全国城乡居民地到最近中学校区平均交通距离呈现减少态势，减少幅度为 7.31%。各地区城乡居民地到最近中学校区平均交通距离变化见图 7.30。从图中可以看到，3 个省份平均交通距离有微量增加，其中新疆增加量最大，增加幅度也最大；29 个省份平均交通距离减少，其中西藏减少量最大，陕西减少幅度最大。

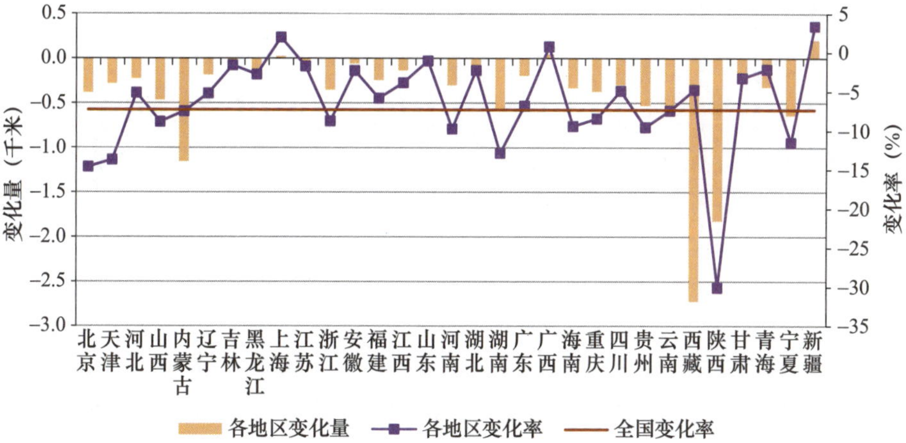

图 7.30 城乡居民地到最近中学校区平均交通距离变化

7.2.6 中学校区服务覆盖率

中学校区服务覆盖率是指位于中学校区指定服务半径范围内的居民地数量与统计单元居民地总量之比。中学教学实践表明，初中与高中学生正是长身体时期，学业压力大，到校上学时间最好不超过 30 分钟。本小节按照 1 千米（国家标准，中学生徒步平均 13～16 分钟）、4 千米（本书整理提出，中学生徒步平均 1 小时左右，骑自行车平均 20～30 分钟）、8 千米（本书整理提出，中学生骑自行车平均 1 小时以内，乘公交车平均 20～30 分钟）不同服务半径考察城镇、乡村、城乡合计三类居民地的中学校区服务能力。

1. 服务半径 1 千米

国家标准《中小学校设计规范》(GB 50099—2011) 提出，城镇初级中学的服务半径宜为 1 千米。按照交通距离 1 千米服务半径统计的 2019 年全国中学校区服务覆盖率见表 7.7。

表 7.7 全国中学校区 1 千米交通距离服务覆盖率　　单位：%

城镇居住小区	行政村	城乡居民地
46.54	4.95	28.04

按照 1 千米交通距离计算，2019 年各地区中学校区服务覆盖率见图 7.31。

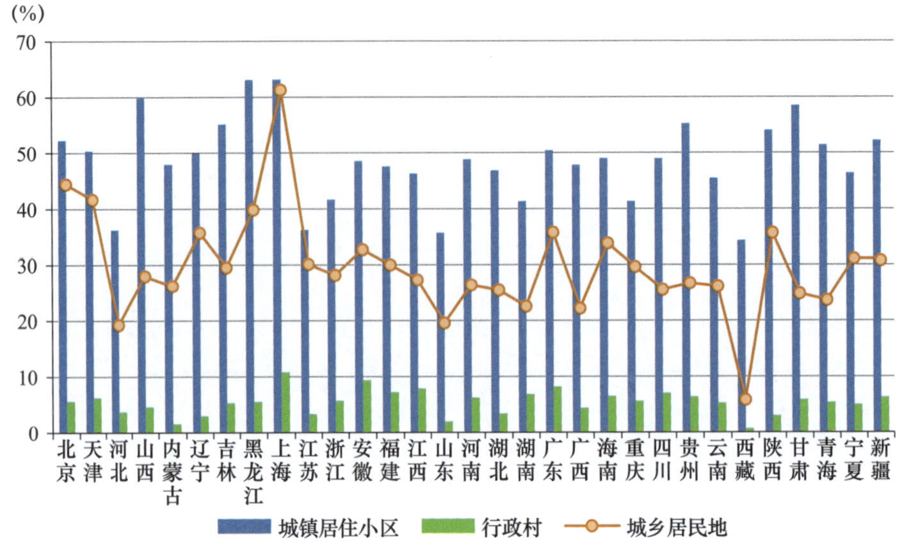

图 7.31　中学校区 1 千米交通距离服务覆盖率

从城镇居住小区看，中学校区 1 千米交通距离服务覆盖率最高的是上海，有 63%数量的居住小区位于中学校区 1 千米交通距离服务范围内；最低的为西藏，有 34%的居住小区可以在 1 千米以内到达一所中学；其余地区中，黑龙江、天津等 11 个省份覆盖率高于 50%，而江苏、河北、山东覆盖率低于 40%。上述分析结果表明，全国各地区部分城镇居住小区至中学校区的空间可达性与国家标准比较仍有差距。

与 2015 年相比，全国中学校区 1 千米交通距离服务半径对城镇居住小区的覆盖率下降 3.27 个百分点。各地区的变化情况见图 7.32。从图中可以看到，河南、天津、陕西、海南等 4 个省份覆盖率增加，其中河南覆盖率增加最多；27 个省份覆盖率减少，其中吉林覆盖率减少最多。

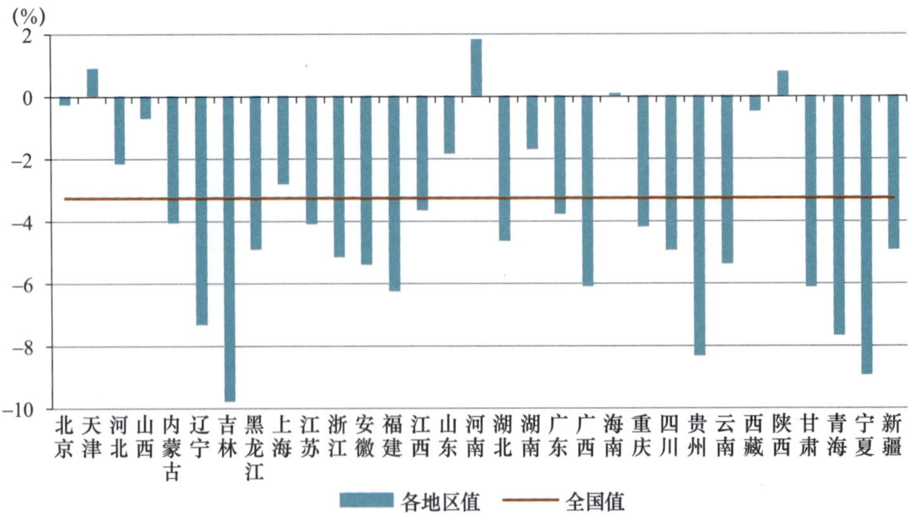

图 7.32　城镇中学校区 1 千米服务半径覆盖率变化

从行政村看，中学校区 1 千米交通距离服务覆盖率最高的是上海，近 11%数量的行政村位于中学校区 1 千米交通距离服务范围内；最低的为西藏，仅 0.54%数量的行政村可以在 1 千米以内到达一所中学；安徽、云南等 19 个省份覆盖率在 5%～8%，其余地区覆盖率则低于 5%。上述分析结果表明，全国各地区乡村居民地至中学校区的空间可达性与国家标准比较严重不足，差距突出。

与 2015 年相比，全国中学校区 1 千米交通距离服务半径对乡村地区行政村的覆盖率微减 0.35 个百分点。各地区的变化情况见图 7.33。从图中可以看到，9 个省份覆盖率不同程度增加，其中上海增加最多；22 个省份覆盖率减少，其中天津减少最多。

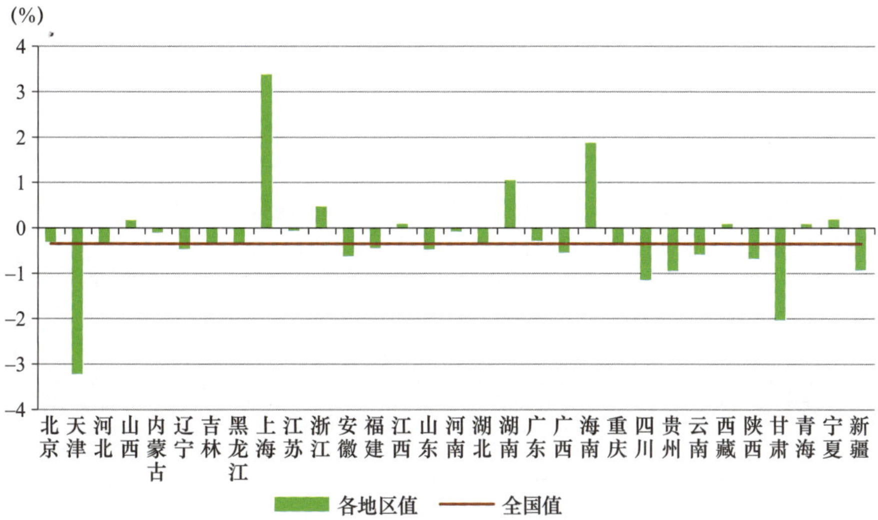

图 7.33　乡村中学校区 1 千米服务半径覆盖率变化

从城乡居民地整体覆盖率看，中学校区的 1 千米交通距离服务覆盖率最高的为上海，有 61%数量的城乡居民地位于中学校区 1 千米交通距离服务范围内，北京、天津覆盖率超过 40%；最低的为西藏，仅有 5.77%的城乡居民地可以在 1 千米以内到达一所中学；其他地区中，黑龙江、江苏等 9 个省份覆盖率在 30%～40%，山东、河北覆盖率不足 20%。上述分析结果表明，全国各地区大部分城乡居民地中学设施的空间可达性与国家标准比较仍有较大差距。

与 2015 年相比，全国中学校区 1 千米交通距离服务半径对城乡居民地的覆盖率增加 1.59 个百分点。各地区的变化情况见图 7.34。从图中可以看到，20 个省份覆盖率增加，其中陕西覆盖率增加最多；11 个省份覆盖率减少，其中吉林覆盖率减少最多。

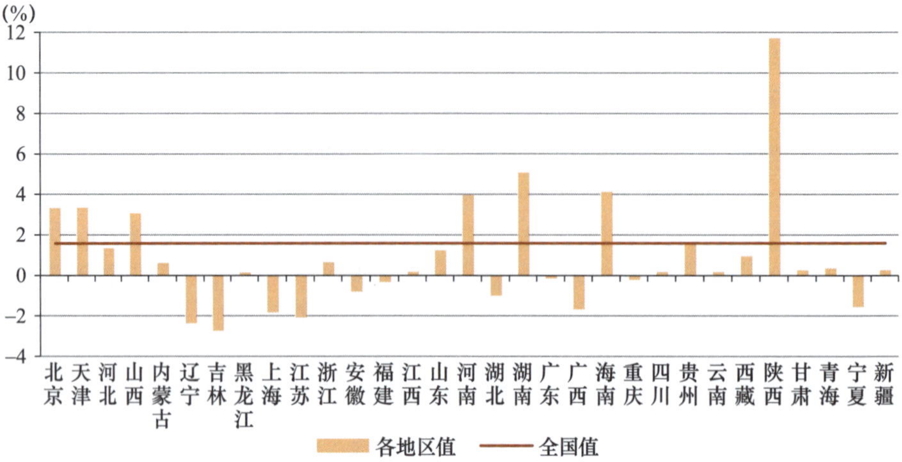

图 7.34　城乡中学校区 1 千米服务半径覆盖率变化

2. 服务半径 4 千米

实践经验表明，中学生骑行自行车 20～30 分钟的路程一般不超过 4 千米，4 千米是中学就学可承受的交通距离。按照交通距离 4 千米服务半径统计的 2019 年全国中学校区服务覆盖率见表 7.8。

表 7.8　全国中学校区 4 千米交通距离服务覆盖率　　单位:%

城镇居住小区	行政村	城乡居民地
92.50	37.62	68.09

按照 4 千米交通距离服务半径计算，2019 年各地区中学校区服务覆盖率见图 7.35。

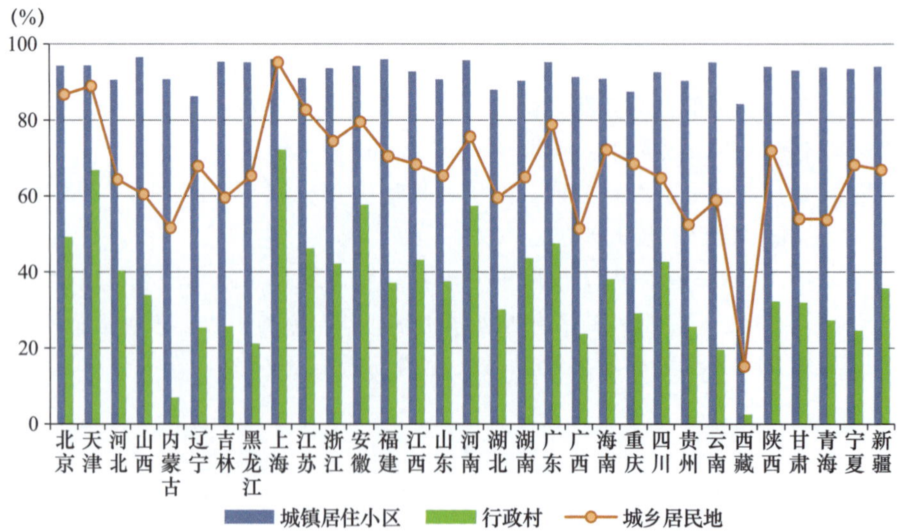

图 7.35　中学校区 4 千米交通距离服务覆盖率

从城镇居住小区看，中学校区 4 千米交通距离服务覆盖率最高的是山西，有近 96%的居住小区位于中学校区 4 千米交通距离服务范围内，上海、贵州等 26 个省份覆盖率大于 90%；最低的为西藏，有 84%数量的居住小区可以在 4 千米以内到达一所中学；辽宁、重庆、湖北覆盖率低于 90%。数据表明，全国各地区绝大多数城镇居住小区至中学校区就学距离在可承受范围内。

与 2015 年相比，全国中学校区 4 千米交通距离服务半径对城镇居住小区的覆盖率整体稳定，减少约 0.02 个百分点。各地区的变化情况见图 7.36。从图中可以看到，11 个省份覆盖率不同程度增加，其中西藏覆盖率增加最多；20 个省份覆盖率不同程度减少，其中辽宁覆盖率减少最多。

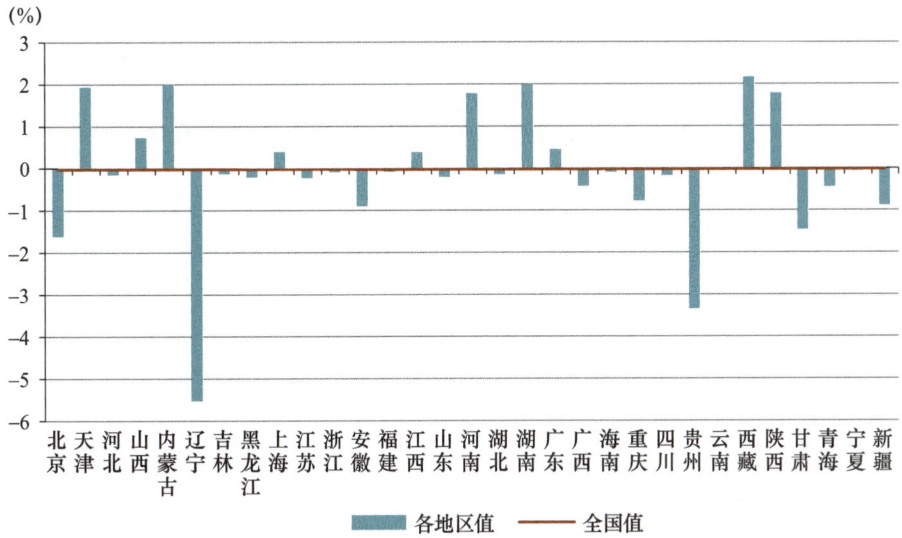

图 7.36 城镇中学校区 4 千米服务半径覆盖率变化

从行政村看，中学校区 4 千米交通距离服务覆盖率最高的是上海，有 72%数量的行政村位于中学校区 4 千米交通距离服务范围内；最低的为西藏，仅有不足 3%数量的行政村可以在 4 千米以内到达一所中学；其余地区中，天津、安徽、河南等 3 个省份覆盖率高于 50%，北京、河北等 8 个省份覆盖率在 40%～50%，内蒙古覆盖率低于 10%。按照 4 千米交通距离服务半径分析，全国六成多的行政村至中学校区就学距离超出可承受范围，且地区之间差距较大。

与 2015 年相比，全国中学校区 4 千米交通距离服务半径对乡村地区行政村的覆盖率减少 0.77 个百分点。各地区的变化情况见图 7.37。从图中可以看到，7 个省份覆盖率增加，其中湖南覆盖率增加最多；24 个省份覆盖率减少，其中上海覆盖率减少最多。

从城乡居民地整体覆盖率看，中学校区 4 千米交通距离服务覆盖率最高的为上海，95%以上数量的城乡居民地位于中学校区 4 千米交通距离服务范围内；最低的为西藏，仅有 15%的城乡居民地可以在 4 千米以内到达一所中学；其余地区中，天津、北京、江苏等 3 个省份覆盖率高于 80%，安徽、福建等 7 个省份覆盖率在 70%～80%，而吉林、广西等 8 个省份覆盖率不足 60%。全国大部分地区城乡居民地至中学校区的覆盖率超过 50%，居住这些城乡居民地的中学生在可承受距离内实现中学就学。

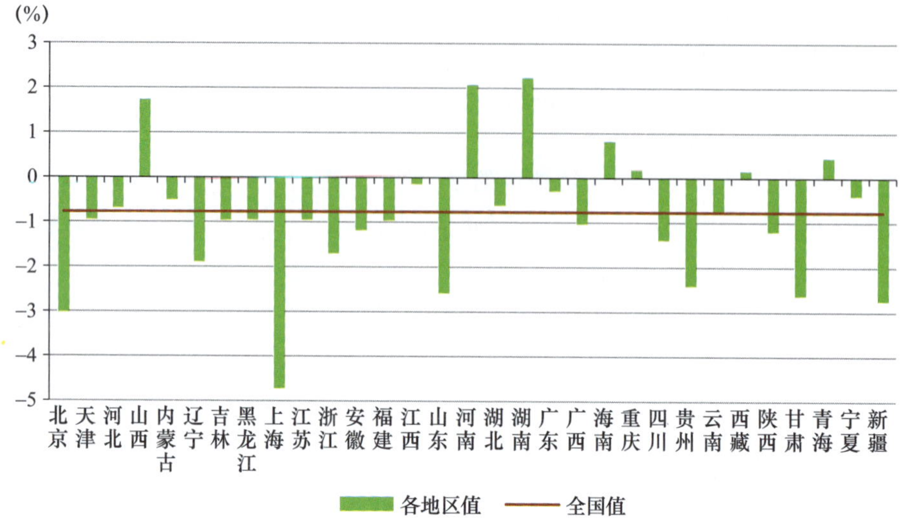

图 7.37　乡村中学校区 4 千米服务半径覆盖率变化

与 2015 年相比，全国中学校区 4 千米交通距离服务半径对城乡居民地的覆盖率增加近 4 个百分点。各地区的变化情况见图 7.38。从图中可以看到，30 个省份覆盖率增加，其中陕西覆盖率增加最多；仅辽宁覆盖率小幅降低不足 1 个百分点。

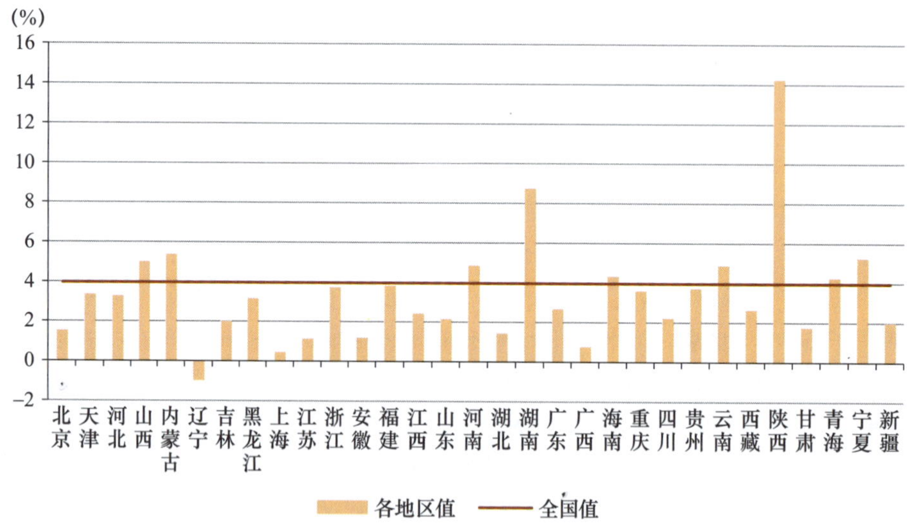

图 7.38　城乡中学校区 4 千米服务半径覆盖率变化

3. 服务半径 8 千米

实践经验表明，8 千米是中学生上学的极限距离，作为中学校区服务半径可以考察极限距离范围内居民地覆盖率情况。按照交通距离 8 千米服务半径统计的 2019 年全国中学校区服务覆盖率见表 7.9。

表7.9 全国中学校区8千米交通距离服务覆盖率　　单位：%

城镇居住小区	行政村	城乡居民地
97.5	72.71	86.47

按照8千米交通距离服务半径计算，2019年各地区中学校区服务覆盖率见图7.39。

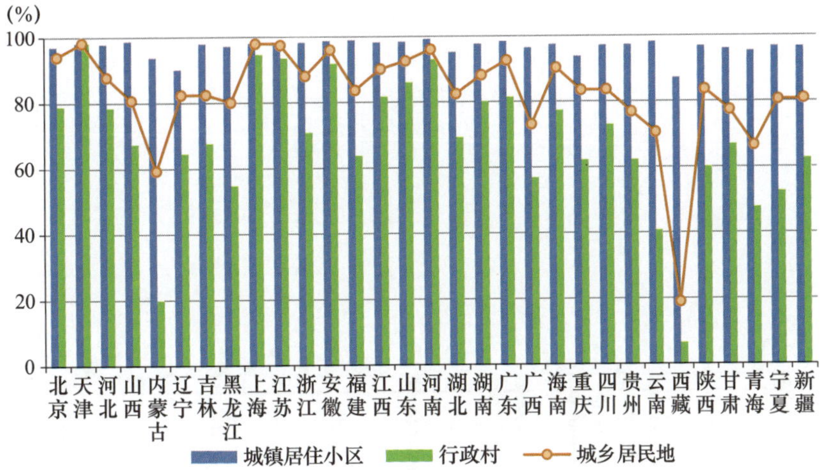

图7.39 中学校区8千米交通距离服务覆盖率

从城镇居住小区看，中学校区8千米交通距离服务覆盖率除西藏外各地区覆盖率均超过90%，反映各地区绝大多数的城镇居住小区位于中学校区8千米服务半径内，全国仅有不足3%的城镇居住小区存在中学超极限距离就学的现象。

与2015年相比，全国中学校区8千米交通距离服务半径对城镇居住小区的覆盖率微减0.14个百分点。各地区的变化情况见图7.40。从图中可以看到，14个省份覆盖率增加，其中西藏覆盖率增加最多；17个省份覆盖率减少，其中辽宁覆盖率减少最多。

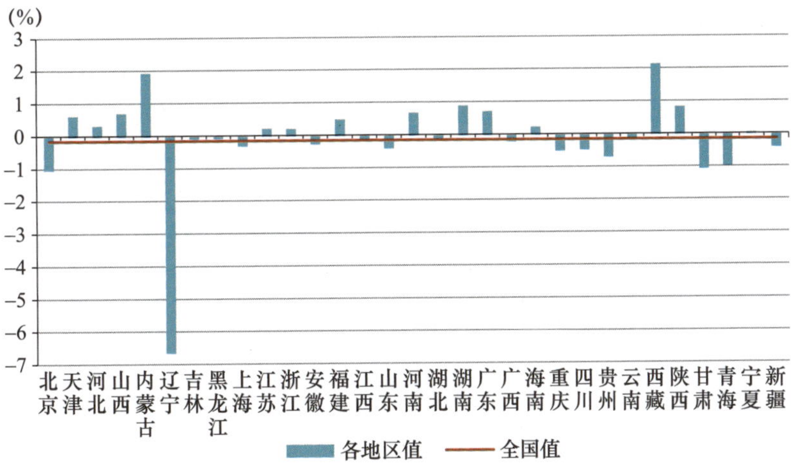

图7.40 城镇中学校区8千米服务半径覆盖率变化

从行政村看，中学校区 8 千米交通距离服务覆盖率最高的是天津，有 98%数量的行政村位于中学校区 8 千米交通距离服务范围内；最低的为西藏，仅有 6.65%数量的行政村可以在 8 千米以内到达一所中学；其余地区中，上海、安徽等 4 个省份覆盖率在 90%以上，山东、浙江等 9 个省份覆盖率在 70%～90%，青海、云南、内蒙古覆盖率小于 50%。全国仍有 27%的行政村处于中学超极限距离就学，空间可达性过低的状况亟待改善。

与 2015 年相比，全国中学校区 8 千米交通距离服务半径对乡村地区行政村的覆盖率减少 0.33 个百分点。各地区的变化情况见图 7.41。从图中可以看到，15 个省份覆盖率为增加或持平，其中山西覆盖率增加最多；16 个省份覆盖率减少，其中新疆覆盖率减少最多。

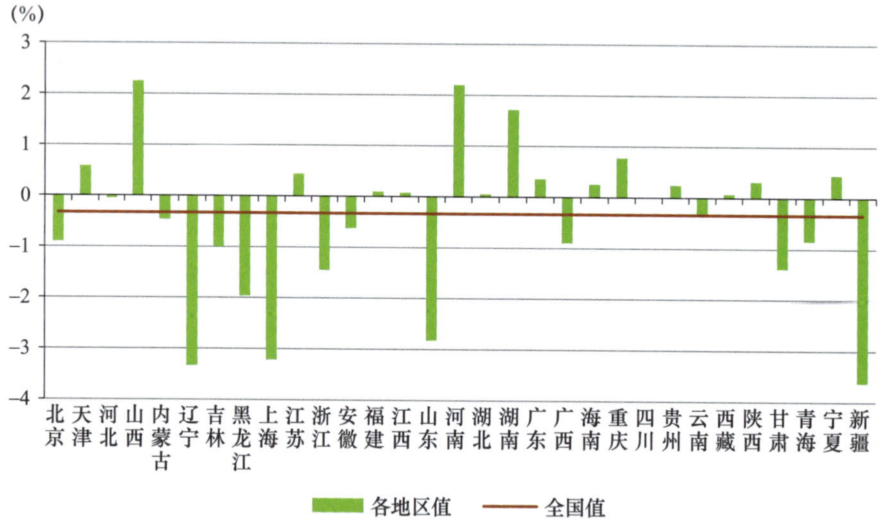

图 7.41　乡村中学校区 8 千米服务半径覆盖率变化

从城乡居民地整体覆盖率看，中学校区 8 千米交通距离服务覆盖率最高的为天津，覆盖率达到 97%，尚有 3%城乡居民地超过中学就学极限值；最低的为西藏，仅有 19%的城乡居民地可以在 8 千米以内到达一所中学；其余地区中，上海、江西等 9 个省份覆盖率高于 90%，湖南、黑龙江等 14 个省份覆盖率在 80%～90%，甘肃、云南等 4 个省份覆盖率在 70%～80%。全国有近 14%的城乡居民地处于超极限距离中学就学状况。

与 2015 年相比，全国中学校区 8 千米交通距离服务半径对城乡居民地的覆盖率增加约 1.75 个百分点。各地区的变化情况见图 7.42。从图中可以看到，28 个省份覆盖率为增加或持平，其中陕西覆盖率增加最多；上海、山东、辽宁覆盖率减少，其中辽宁覆盖率减少最多。

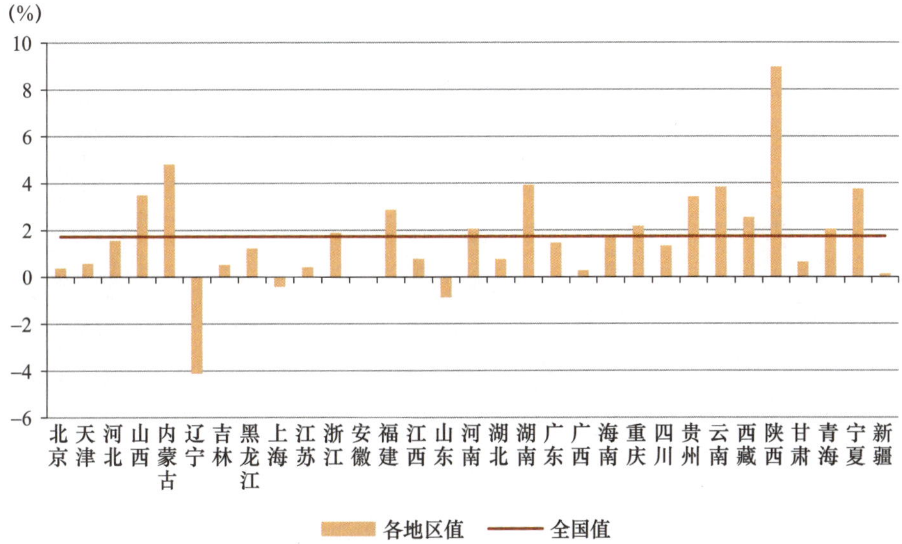

图 7.42 城乡中学校区 8 千米服务半径覆盖率变化

按照 1 千米、4 千米、8 千米交通距离服务半径计算，2019 年五大国家战略区中学校区服务覆盖状况见表 7.10。从表中数据可以看到，粤港澳大湾区的中学校区服务覆盖能力总体好于其他 4 个区域，黄河流域城镇中学 1 千米服务半径达标较好，京津冀地区城乡中学 1 千米服务半径达标较低。

表 7.10 五大国家战略区中学校区服务覆盖率 单位：%

地区	1 千米服务半径			4 千米服务半径			8 千米服务半径		
	城镇居住小区	行政村	城乡居民地	城镇居住小区	行政村	城乡居民地	城镇居住小区	行政村	城乡居民地
长江经济带	45.55	6.13	29.15	92.04	39.28	70.09	97.61	73.25	87.47
长江三角洲	44.57	5.65	35.14	93.13	46.08	81.73	98.43	81.36	94.29
京津冀地区	42.39	3.90	26.09	92.13	42.47	71.10	97.90	79.89	90.28
粤港澳大湾区	49.09	8.94	42.18	95.39	49.19	87.44	98.57	82.95	95.88
黄河流域	49.94	4.23	27.29	94.00	36.81	65.66	97.87	71.42	84.76

2015 年至 2019 年，五大国家战略区中学校区不同半径对城乡居民地服务覆盖率变化情况见图 7.43，各区域的覆盖率均有所增加。

2019 年全国及各地区中学校区服务覆盖率及变化情况见图 7.44。

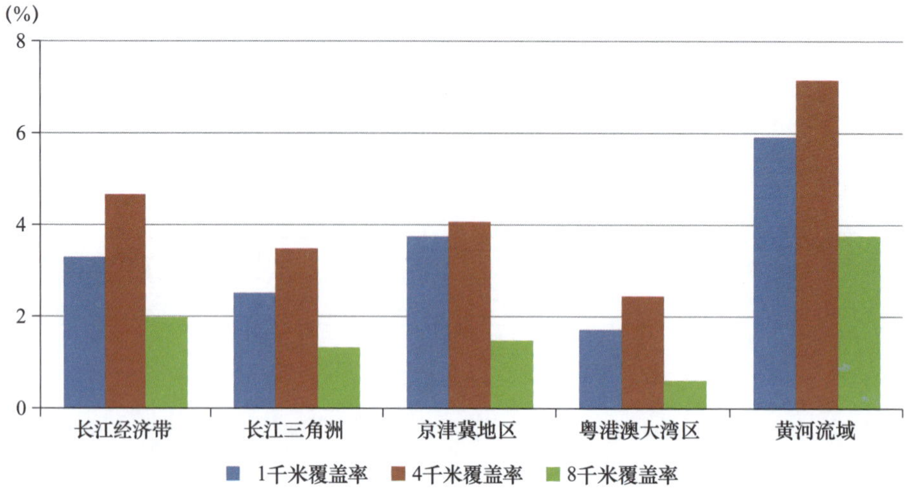

图 7.43　五大国家战略区中学校区对居民地服务覆盖率变化

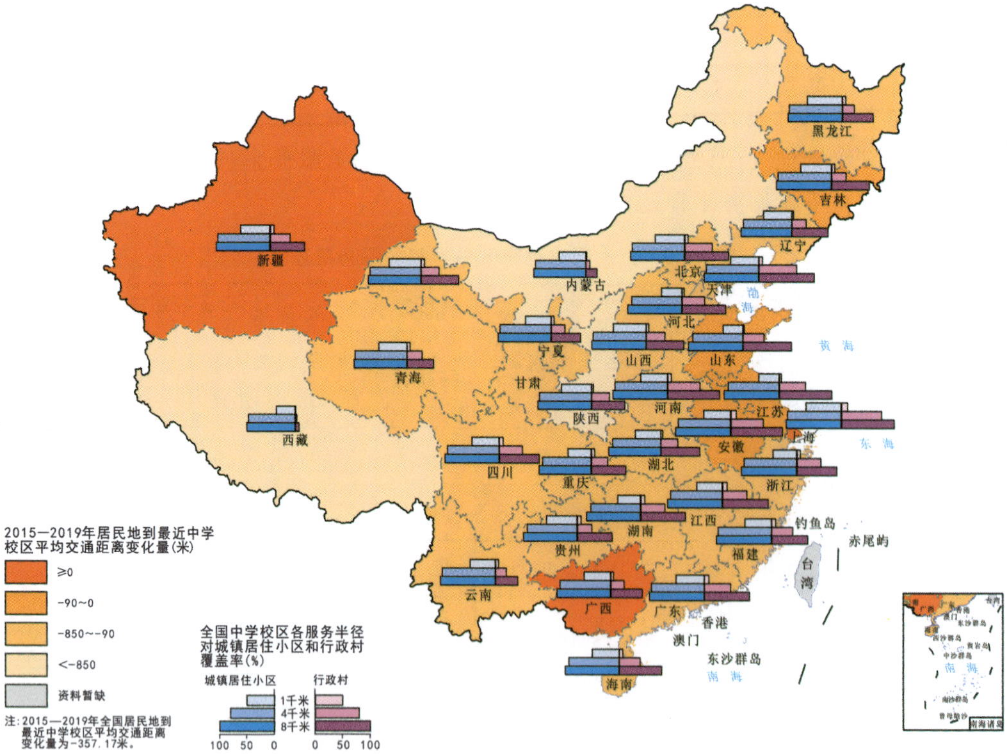

图 7.44　全国及各地区中学校区服务覆盖情况

7.2.7　中小学校区服务覆盖重叠率

中小学校区服务覆盖重叠率指按照指定服务半径获得一所以上中学或小学校区服务区覆盖的城乡居民地数量占比。本小节依据中小学入学距离的国家标准，采用了 500 米、

1 千米交通距离两个指标值，对小学校区、中学校区的服务覆盖重叠率进行统计，对比居民地与学校校区的空间匹配特征。

1. 小学校区服务覆盖重叠率

按照 500 米交通距离服务半径统计的 2019 年全国小学校区服务覆盖重叠率见表 7.11。

表 7.11 全国小学校区 500 米服务覆盖重叠率 单位:%

居住小区	行政村	城乡居民地
3.75	0.54	2.32

按照 500 米交通距离计算，2019 年各地区小学校区服务覆盖重叠率见图 7.45。

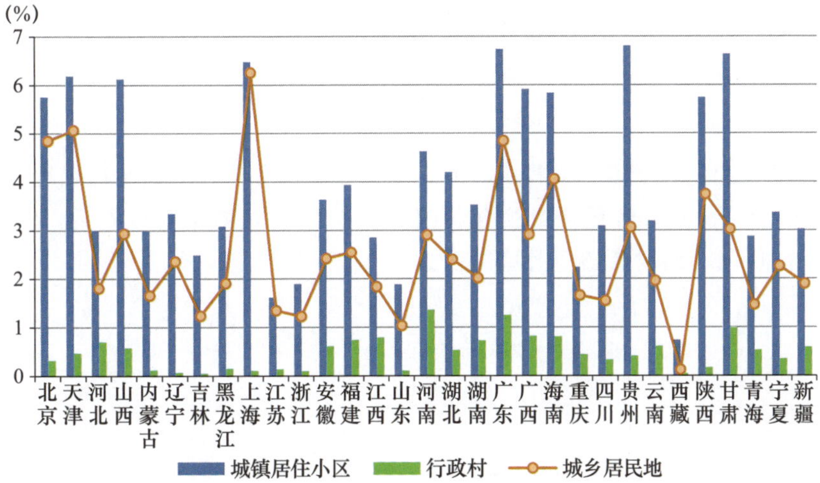

图 7.45 小学校区 500 米服务覆盖重叠率

从城镇居住小区看，小学校区 500 米交通距离服务覆盖重叠率最高的为贵州，达到 6.81%；最低的为西藏，覆盖重叠率是 0.74%；其余地区，广东、山西等 5 个省份覆盖重叠率在 6%～7%，青海、江苏等 7 个省份覆盖重叠率不足 3%。

与 2015 年相比，全国小学校区 500 米交通距离服务半径对城镇居住小区的覆盖重叠率微增 0.19 个百分点。各地区的变化情况见图 7.46。从图中可以看到，18 个省份覆盖重叠率增加，13 个省份覆盖重叠率减少。

从行政村看，小学校区 500 米交通距离服务覆盖重叠率较高的为河南、广东、甘肃，在 1%～2%；其余地区覆盖重叠率均不足 1%。覆盖重叠现象不明显。

与 2015 年相比，全国小学校区 500 米交通距离服务半径对行政村的覆盖重叠率，由于绝对量较小，不论是增加还是减少均呈微量变化。

从城乡居民地看，小学校区 500 米交通距离服务覆盖重叠率最高的为上海，达到 6.26%；最低的为西藏，覆盖重叠率仅有 0.13%；其余地区中，天津覆盖重叠率大于 5%，北京、甘肃等 6 个省份覆盖重叠率在 3%～5%，云南、山东等 13 个省份覆盖重

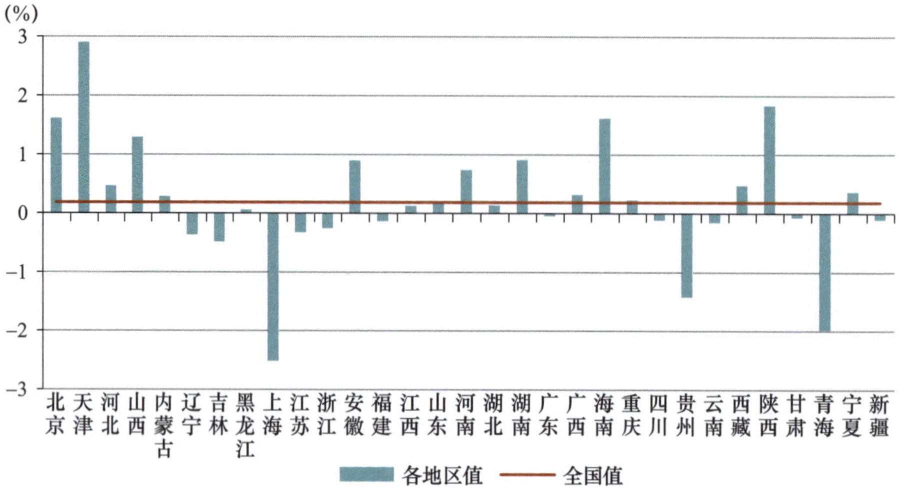

图 7.46　城镇小学校区 500 米服务覆盖重叠率变化

叠率不足 2%。

与 2015 年相比，全国小学校区 500 米交通距离服务半径对城乡居民地的覆盖重叠率微增 0.36 个百分点。各地区的变化情况见图 7.47。从图中可以看到，26 个省份覆盖重叠率增加，5 个省份覆盖重叠率减少。

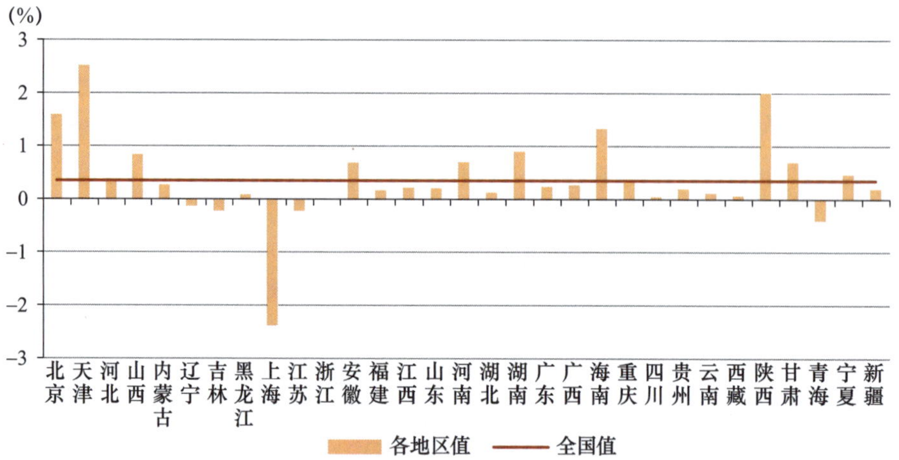

图 7.47　城乡小学校区 500 米服务覆盖重叠率变化

2. 中学校区服务覆盖重叠率

按照 1 千米交通距离服务半径统计的 2019 年全国中学校区服务覆盖重叠率见表 7.12。

表 7.12　全国中学校区 1 千米服务覆盖重叠率　　单位：%

居住小区	行政村	城乡居民地
15.60	0.21	8.75

按照 1 千米交通距离计算，2019 年各地区中学校区服务覆盖重叠率见图 7.48。

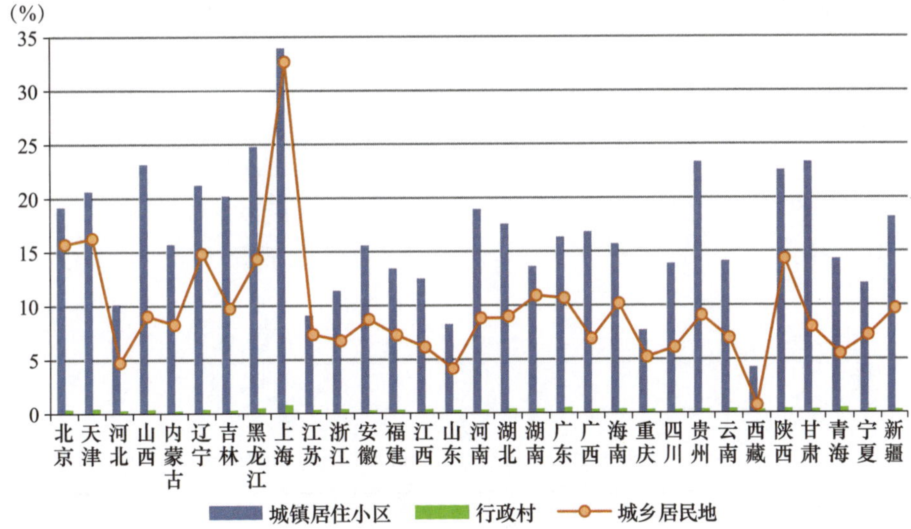

图 7.48　中学校区 1 千米服务覆盖重叠率

从城镇居住小区看，中学校区 1 千米交通距离服务覆盖重叠率最高的为上海，达到 33.54%；最低的为西藏，覆盖重叠率是 5.81%；其余地区中，山西、辽宁等 8 个省份覆盖重叠率在 20%～30%，河南、河北等 18 个省份覆盖重叠率在 10%～20%，而江苏、山东、重庆覆盖重叠率不足 10%。

与 2015 年相比，全国中学校区 1 千米交通距离服务半径对城镇居住小区的覆盖重叠率减少 5.33 个百分点。各地区的变化情况见图 7.49。从图中可以看到，31 个省份覆盖重叠率均减少，其中北京覆盖重叠率减少最少，吉林覆盖重叠率减少最多。

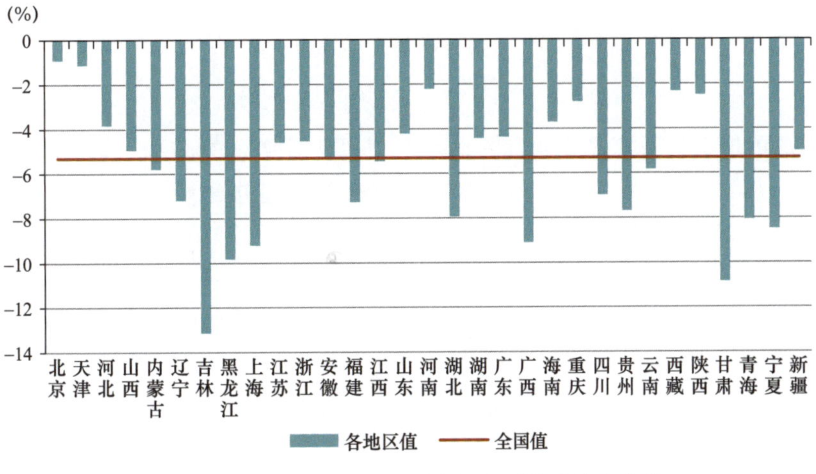

图 7.49　城镇中学校区 1 千米服务覆盖重叠率变化

从行政村看，中学校区 1 千米交通距离服务覆盖重叠率最高的为上海，达到 3.57%；其他地区覆盖重叠率均不足 1%。乡村中学校区服务覆盖重叠现象不明显。

与 2015 年相比，全国中学校区 1 千米交通距离服务半径对行政村的覆盖重叠率基本无变化。各地区覆盖重叠率由于绝对量较小，其间变化也不明显。

从城乡居民地看，中学校区 1 千米交通距离服务覆盖重叠率最高的为上海，达到 32%；最低的为西藏，覆盖重叠率仅为 0.95%；其余地区中，北京、海南等 8 个省份覆盖重叠率在 10%～20%，河北、山东覆盖重叠率不足 5%。

与 2015 年相比，全国中学校区 1 千米交通距离服务半径对城乡居民地的覆盖重叠率减少 1.56 个百分点。各地区的变化情况见图 7.50。从图中可以看到，5 个省份覆盖重叠率增加或持平，其中陕西增加最多；26 个省份覆盖重叠率减少，其中上海减少最多。

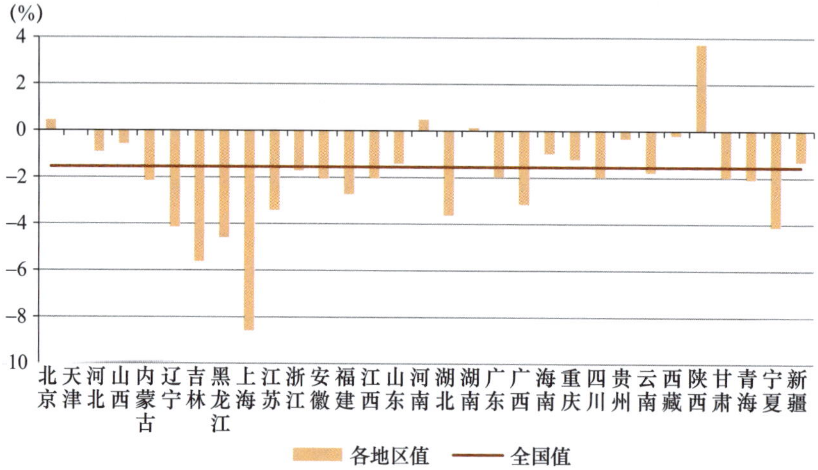

图 7.50　城乡中学校区 1 千米服务覆盖重叠率变化

7.3　医院配置均等化

医院是承担基本医疗服务职责的重要医疗机构。医院划分为一级、二级、三级及未定级医院，等次分为甲、乙、丙、未定等，均提供基本医疗、预防、保健和康复服务等基本医疗服务。按照地理国情要素采集要求，一所医院拥有的每个相对独立的院区均作为单独医院实体进行采集，因此获得的医院数量一般多于统计年鉴中的医院数量。为便于描述，书中仍使用“医院”一词表示地理国情监测采集的医院院区。本节以 2015 年地理国情普查与 2019 年基础性监测获得的医院数据（不包括基层卫生机构）为基础，开展居民地到医院就医空间可及性均等化现状和变化分析。

7.3.1　医院数量

2019 年，全国医院总数超过 3.8 万所。各地区医院数量及构成见图 7.51。山东医院总量最多，超过 3000 所；四川、河南、河北、江苏等 4 个省份医院总量较多，均超过 2000 所；湖南、江西等 12 个省份医院总量在 1000～2000 所；宁夏、上海、青海、海南医院总量较少，不足 300 所；西藏最少，不足 200 所。从三级医院数量看，全国总量超过 3000 所，山东、四川、江苏属于较多行列，均超过 200 所，其次为辽宁、湖北、广东、浙江、黑龙江等省份；西藏、海南、青海、宁夏等属于较少行列。山东、四川、河北二级医院较多，山东、河北一级医院较多。

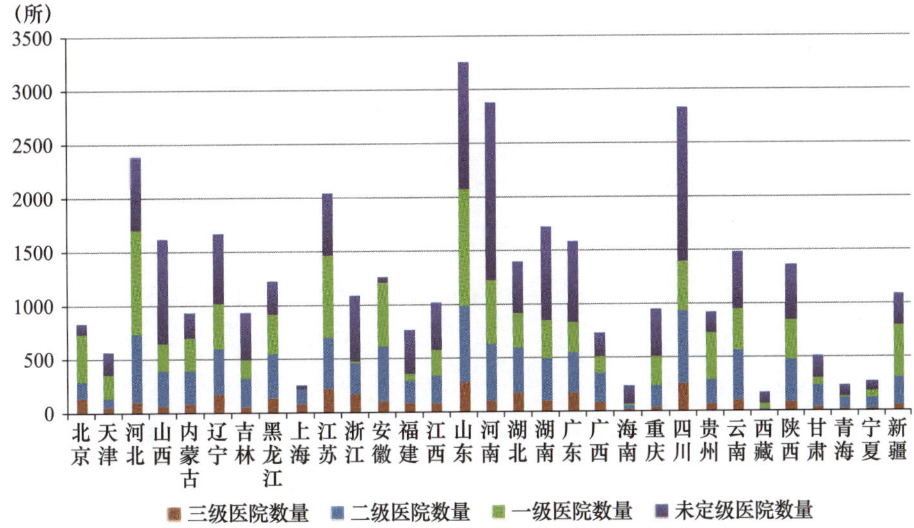

图 7.51 医院数量及构成

2015—2019 年，全国医院总量呈现增加状态，增加幅度为 23.91%。各地区医院数量变化见图 7.52。从图中可以看到，30 个省份医院数量增加，其中山东增加量最大，广东增加幅度最大；仅山西医院数量减少。

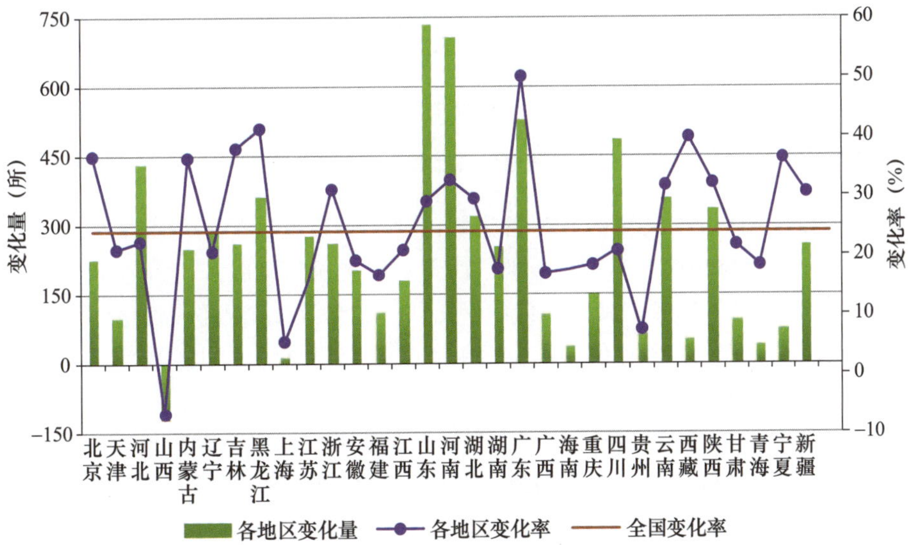

图 7.52 医院数量变化

7.3.2 居民地至医院距离

原卫生部《医疗机构设置规划指导原则》规定，各级医院服务半径的规划、确定要适宜，交通便利，布局合理，易于群众得到服务。本小节基于城镇居住小区和行政村位置数据，结合道路网络数据，分析城镇居住小区、行政村、城乡居民地就近就医距离，反映城乡居民地就医可及性。

2019 年，全国居民地到最近医院平均交通距离见表 7.13。

表 7.13 全国居民地到最近医院平均交通距离 单位：千米

城镇居住小区	行政村	城乡居民地
3.96	19.79	10.99

2019 年，各地区居民地到最近医院就医的平均交通距离见图 7.53。

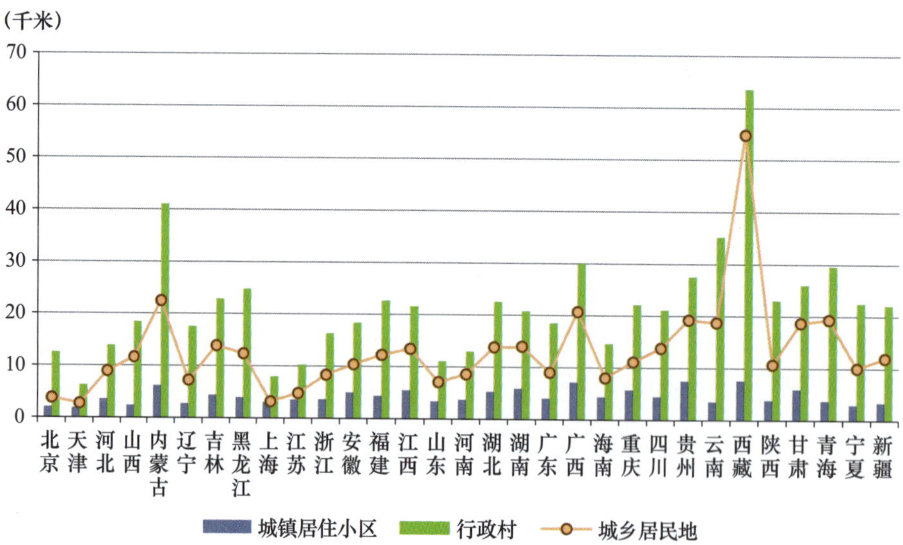

图 7.53 居民地到最近医院平均交通距离

从城镇居住小区看，天津的城镇居住小区就近医院就医的平均交通距离最小，约为 1.78 千米，其次为北京，不足 2 千米；西藏平均交通距离最大，为 7.55 千米，其次为广西、贵州，超过 7 千米。其余地区中，山西、宁夏等 4 个省份平均交通距离在 2～3 千米，山东、广东等 11 个省份平均交通距离在 3～4 千米，湖北、内蒙古等 6 个省份平均交通距离大于 5 千米。

与 2015 年相比，全国城镇居住小区到最近医院平均交通距离呈现减少态势，减少幅度近 15%。各地区城镇居住小区到最近医院平均交通距离变化见图 7.54。从图中可以看到，3 个省份平均交通距离增加，其中甘肃增加量最大，增加幅度也最大；28 个省份平均交通距离减少，陕西减少量最大，减少幅度也最大。

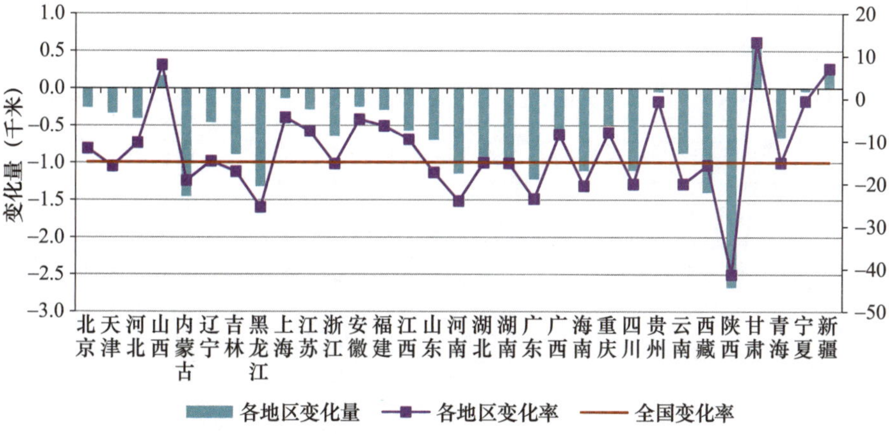

图 7.54　城镇居住小区到最近医院平均交通距离变化

从行政村看，天津的行政村就近医院就医的平均交通距离最小，为 6.25 千米，其次为上海，接近 8 千米；西藏平均交通距离最大，超过 63 千米。其余地区中的行政村就近医院就医的平均交通距离均大于 8 千米。

与 2015 年相比，全国行政村到最近医院平均交通距离呈现减少态势，减少幅度为 5.71%。各地区行政村到最近医院平均交通距离变化见图 7.55。从图中可以看到，3 个省份平均交通距离增加，但增幅均不足 2%；28 个省份平均交通距离减少，其中云南减少量最大，减少幅度也最大。

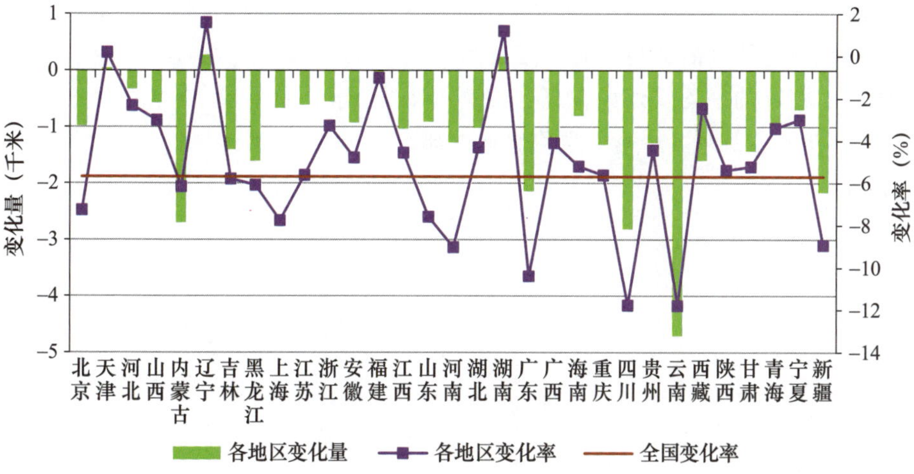

图 7.55　行政村到最近医院平均交通距离变化

从城乡居民地看，天津就近医院就医的平均交通距离最小，不足 3 千米；西藏最大，为 54 千米；上海、北京、江苏的平均交通距离在 3～5 千米；其余地区平均交通距离大于 7 千米。

与 2015 年相比，全国城乡居民地到最近医院平均交通距离呈现减少状态，减少幅度为 16.29%。各地区城乡居民地到最近医院平均交通距离变化见图 7.56。从图中可以看到，只有山西的平均交通距离增加；其余 30 个省份平均交通距离均减少，其中陕西减少量最大，减少幅度也最大。

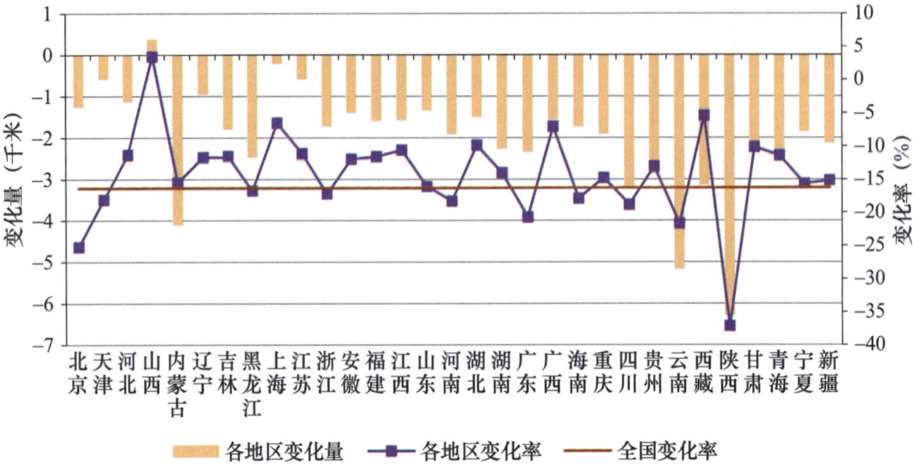

图 7.56　城乡居民地到最近医院平均交通距离变化

7.3.3　城乡居民地至二级医院距离

二级医院面向数十万人口提供医疗为主，服务范围包括整个县级区域的城乡居民。2019 年，全国城乡居民地到最近二级医院平均交通距离为 14.91 千米。

各地区城乡居民地到最近二级医院就医的平均交通距离见图 7.57。上海的城乡居民地就近二级医院就医的平均交通距离最小，为 4.05 千米；西藏最大，达到 29 千米；北京、天津、江苏的平均交通距离低于 10 千米，辽宁、湖南等 20 个省份平均交通距离在 10～20 千米，其余 6 个省份平均交通距离在 20～29 千米。

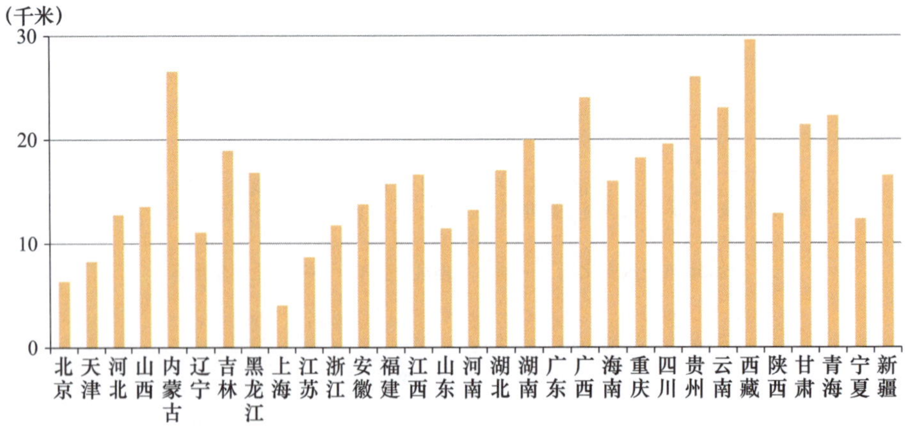

图 7.57　城乡居民地到最近二级医院平均交通距离

与 2015 年相比，全国城乡居民地到最近二级医院平均交通距离减少较为明显，减少幅度为 12.81%。各地区城乡居民地到最近二级医院平均交通距离变化见图 7.58。从图中可以看到，31 个省份平均交通距离均减少，其中陕西减少量最大，减少幅度也最大，青海减少幅度最小。

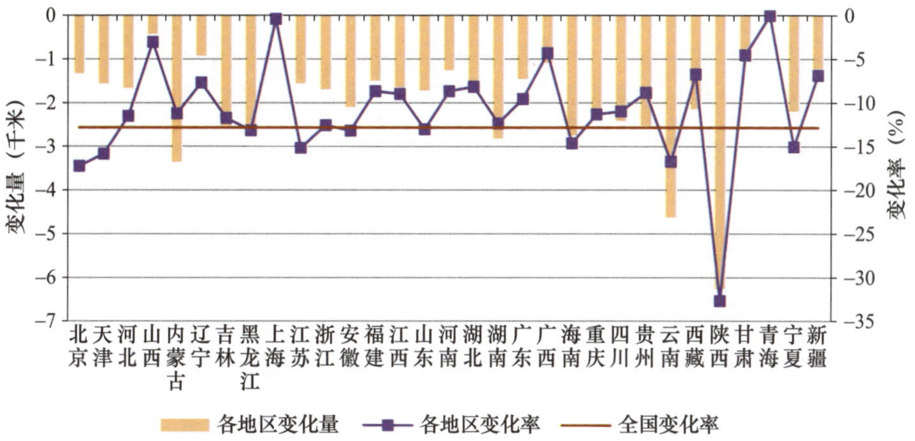

图 7.58　城乡居民地到最近二级医院平均交通距离变化

7.3.4　医院服务覆盖率

世界卫生组织认为，居民地到最近医疗点的距离超过 5 千米，就不能获得及时的医疗服务；国家卫生服务调查就医可及性指标确定为 1 千米、2 千米、3 千米、4 千米、5 千米等 5 个就医地理距离。考虑城镇居住小区和行政村占有一定空间范围，适当扩大研究空间粒度，本小节按照 1 千米、3 千米、5 千米（交通距离）不同服务半径考察城镇、乡村、城乡合计三类居民地获得的医院服务覆盖状况。

1. 服务半径 1 千米

按照 1 千米交通距离服务半径统计的 2019 年全国医院服务覆盖率见表 7.14。

表 7.14　全国医院 1 千米交通距离服务覆盖率　　单位：%

城镇居住小区	行政村	城乡居民地
41.72	0.76	23.50

按照 1 千米交通距离计算，2019 年各地区医院服务覆盖率见图 7.59。

从城镇居住小区看，医院 1 千米交通距离服务覆盖率最高的为陕西，达到 58.51%；最低的为浙江，不足 29%；其余地区中，云南、北京等 11 个省份覆盖率超过 50%，四川、贵州等 7 个省份覆盖率在 40%～50%，安徽、广东等 10 个省份覆盖率在 30%～40%，上海覆盖率不足 30%。

与 2015 年相比，全国医院 1 千米交通距离服务半径对城镇居住小区的覆盖率增加 4.31 个百分点。各地区的变化情况见图 7.60。从图中可以看到，28 个省份覆盖率增加，其中陕西覆盖率增加最多；3 个省份覆盖率减少，其中贵州覆盖率减少最多。

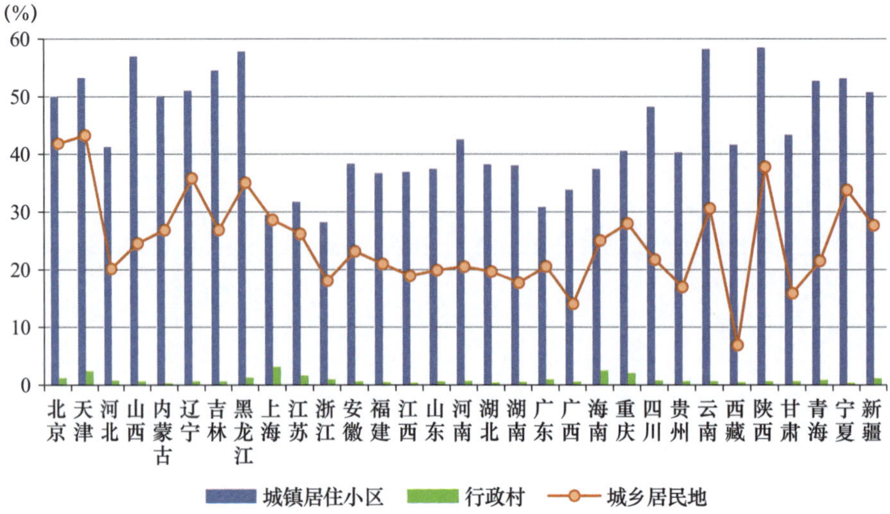

图 7.59　医院 1 千米交通距离服务覆盖率

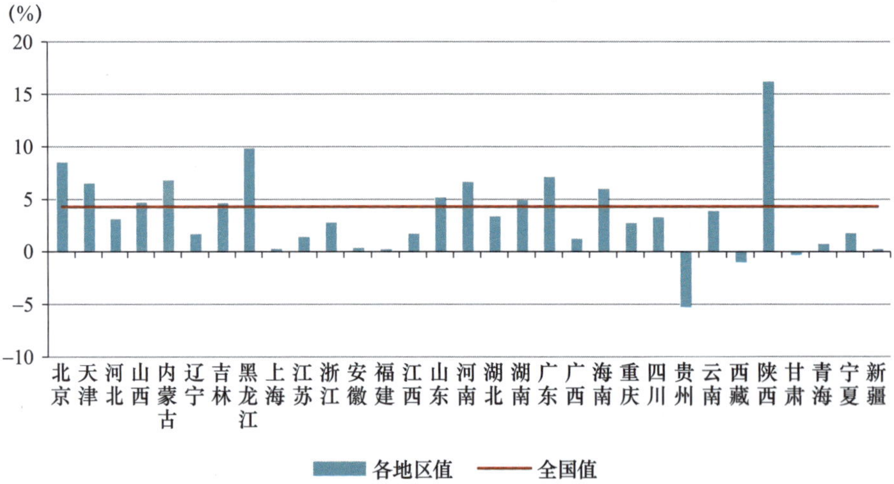

图 7.60　城镇医院 1 千米服务覆盖率变化

从行政村看，医院 1 千米交通距离服务覆盖率最高的是上海，但只有 3.2%，其余地区覆盖率均不到 3%，反映行政村 1 千米范围内代表高水平服务能力的医院配置极为缺乏。

与 2015 年相比，全国医院 1 千米交通距离服务半径对行政村的覆盖率微量增加，增幅仅为 0.15 个百分点。各地区的变化情况见图 7.61。从图中可以看到，28 个省份覆盖率增加，3 个省份覆盖率减少，但增减变化幅度均不大。

从城乡居民地看，医院 1 千米交通距离服务覆盖率最高的为天津，为 43.36%；最低的为西藏，近 7%；其余地区中，北京、云南等 6 个省份超过 30%，上海、河北等 15 个省份覆盖率在 20%～30%，山东、广西等 8 个省份覆盖率在 10%～20%。

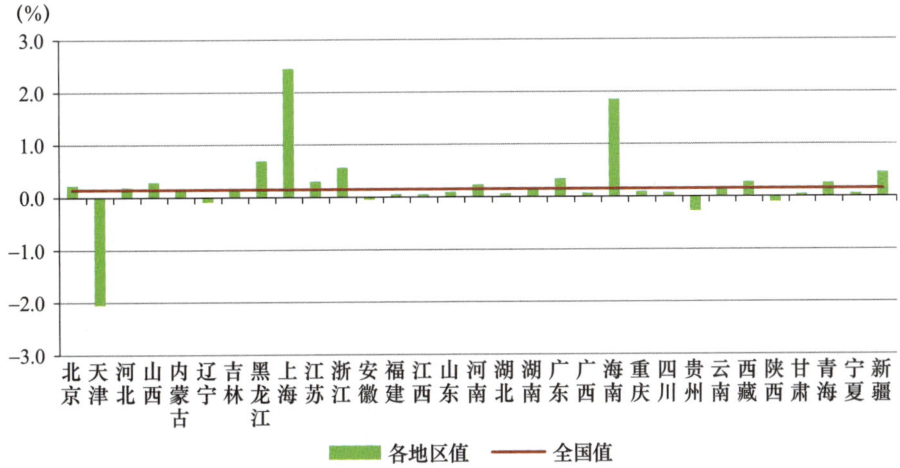

图 7.61　乡村医院 1 千米服务覆盖率变化

与 2015 年相比，全国医院 1 千米交通距离服务半径对城乡居民地的覆盖率增加 5.4 个百分点。各地区的变化情况见图 7.62。从图中可以看到，31 个省份覆盖率均增加，其中陕西覆盖率增加最多，上海覆盖率增加最少。

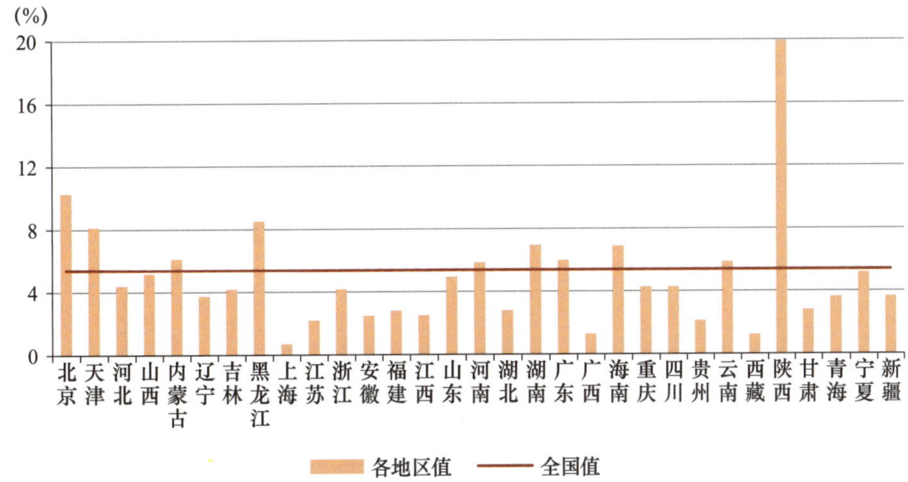

图 7.62　城乡医院 1 千米服务覆盖率变化

2. 服务半径 3 千米

按照 3 千米交通距离服务半径统计的 2019 年全国医院服务覆盖率见表 7.15。

表 7.15　全国医院 3 千米交通距离服务覆盖率　　单位：%

城镇居住小区	行政村	城乡居民地
72.74	4.78	42.51

按照 3 千米交通距离计算，2019 年各地区医院服务覆盖率见图 7.63。

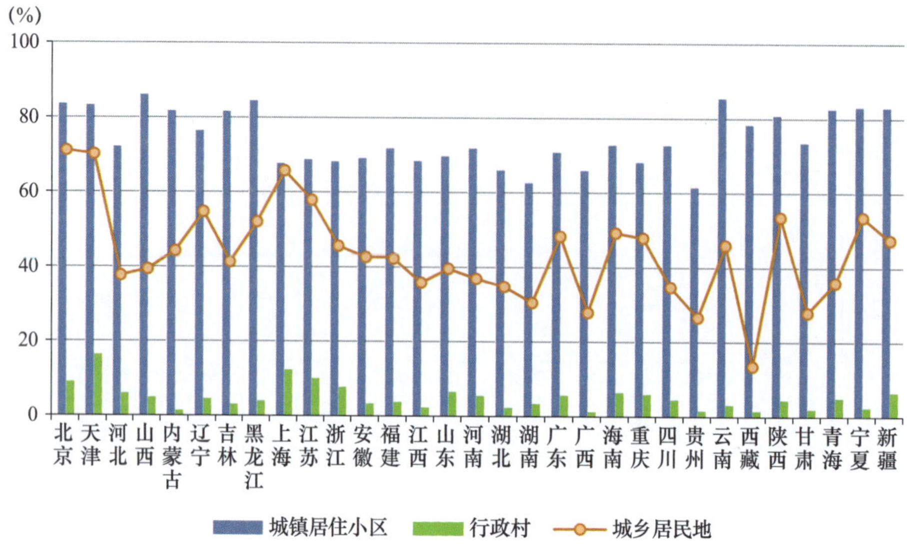

图 7.63　医院 3 千米交通距离服务覆盖率

从城镇居住小区看，医院 3 千米交通距离服务覆盖率最高的为山西，达到 86%；最低的为贵州，达到 61%；其余地区中，云南、陕西等 10 个省份覆盖率超过 80%，西藏、广东等 9 个省份覆盖率在 70%～80%，山东、湖南等 10 个省份覆盖率不足 70%。

与 2015 年相比，全国医院 3 千米交通距离服务半径对城镇居住小区的覆盖率增加 4.29 个百分点。各地区的变化情况见图 7.64。从图中可以看到，27 个省份覆盖率增加，其中陕西覆盖率增加最多；4 个省份覆盖率减少，其中贵州覆盖率减少最多。

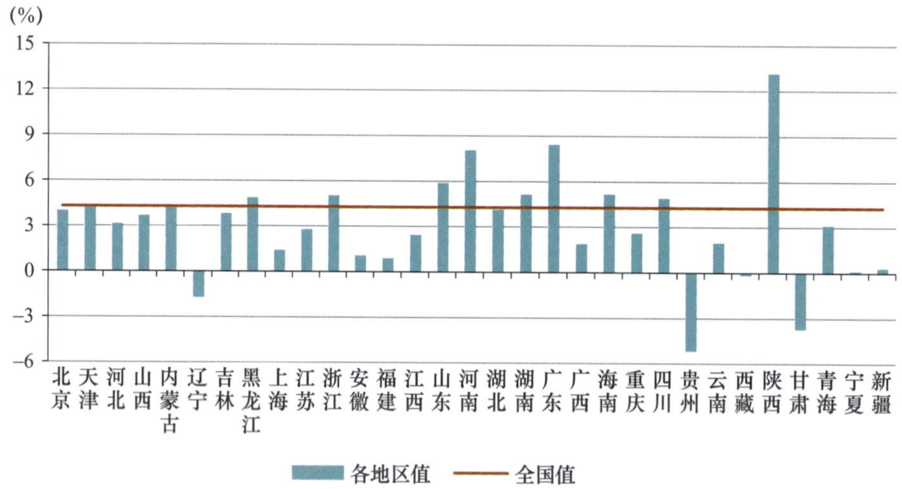

图 7.64　城镇医院 3 千米服务覆盖率变化

从行政村看，医院 3 千米交通距离服务覆盖率最高的是天津，达到 16%；其次为上海、江苏，覆盖率超过 10%；其余地区覆盖率均不到 10%，反映行政村 3 千米范围内医院配置仍极为缺乏。

与 2015 年相比，全国医院 3 千米交通距离服务半径对行政村的覆盖率小幅增加，约为 0.86 个百分点。各地区的变化情况见图 7.65。从图中可以看到，27 个省份覆盖率增加，增加量均不超 6 个百分点；4 个省份覆盖率下降，下降量未超过 4 个百分点。

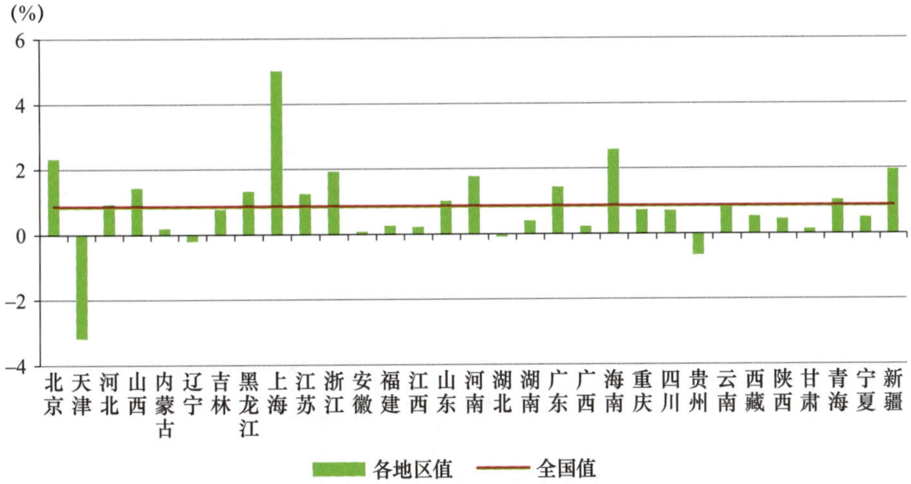

图 7.65　乡村医院 3 千米服务覆盖率变化

从城乡居民地看，医院 3 千米交通距离服务覆盖率最高的为北京，达到 71%；最低的为西藏，仅有 13%；其余地区中，天津、上海覆盖率超过 65%，江苏、黑龙江等 5 个省份覆盖率在 50%～60%，海南、吉林等 10 个省份覆盖率在 40%～50%，甘肃、广西、贵州等 3 个省份覆盖率低于 30%。

与 2015 年相比，全国医院 3 千米交通距离服务半径对城乡居民地的覆盖率增加 7.91 个百分点。各地区的变化情况见图 7.66。从图中可以看到，全国 31 个省份覆盖率均增加，其中陕西覆盖率增加最多，上海增加最少。

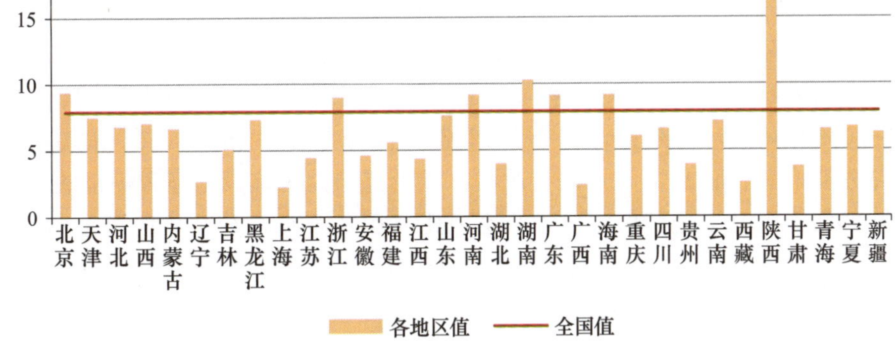

图 7.66　城乡医院 3 千米服务覆盖率变化

3. 服务半径 5 千米

按照 5 千米交通距离服务半径统计的 2019 年全国医院服务覆盖率见表 7.16。

表 7.16　全国医院 5 千米交通距离服务覆盖率　　单位：%

城镇居住小区	行政村	城乡居民地
80.58	12.78	50.42

按照 5 千米交通距离计算，2019 年各地区医院服务覆盖率见图 7.67。

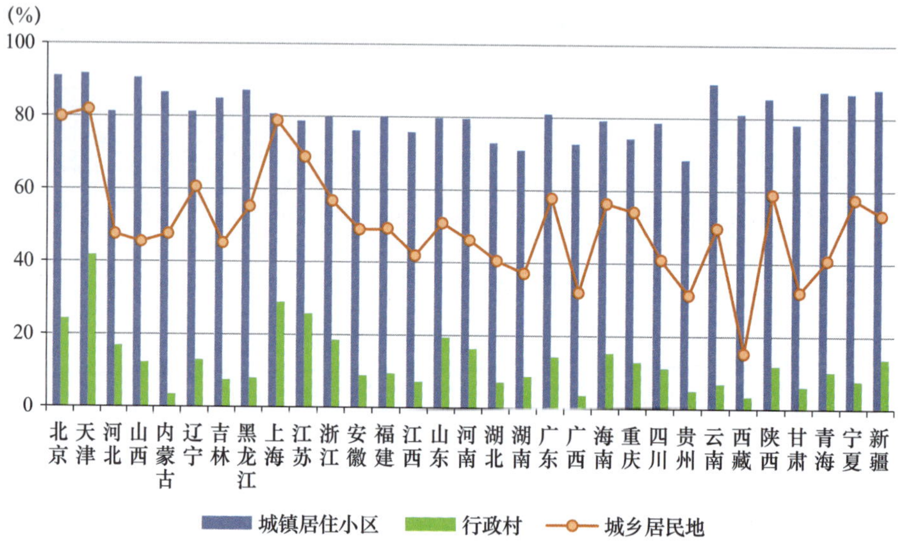

图 7.67　医院 5 千米交通距离服务覆盖率

从城镇居住小区看，医院 5 千米交通距离服务覆盖率最高的为天津，达到 91%；最低的为贵州，覆盖率为 68%；其余地区中，北京、山西覆盖率超过 90%，云南、福建等 14 个省份覆盖率超过 80%，浙江、湖南等 13 个省份覆盖率在 70%～80%。

与 2015 年相比，全国医院 5 千米交通距离服务半径对城镇居住小区的覆盖率增加 3.71 个百分点。各地区的变化情况见图 7.68。从图中可以看到，25 个省份覆盖率增加，其中陕西覆盖率增加最多；6 个省份覆盖率减少，其中贵州覆盖率减少最多。

从行政村看，医院 5 千米交通距离服务覆盖率最高的是天津，约为 42%；较低的是西藏、内蒙古、广西，覆盖率均不足 4%；其余地区中，上海、江苏、北京的覆盖率在 20%～30%，山东、青海等 13 个省份覆盖率在 10%～20%，福建、贵州等 11 个省份覆盖率不足 10%，反映行政村 5 千米范围内医院设施配置仍很缺乏。

与 2015 年相比，全国医院 5 千米交通距离服务半径对行政村的覆盖率有小幅增加，增加 1.88 个百分点。各地区的变化情况见图 7.69。从图中可以看到，28 个省份覆盖率增加，其中北京覆盖率增加最多；3 个省份覆盖率略有减少，减幅不到 2 个百分点。

从城乡居民地看，医院 5 千米交通距离服务覆盖率最高的为天津，达 81%；最低

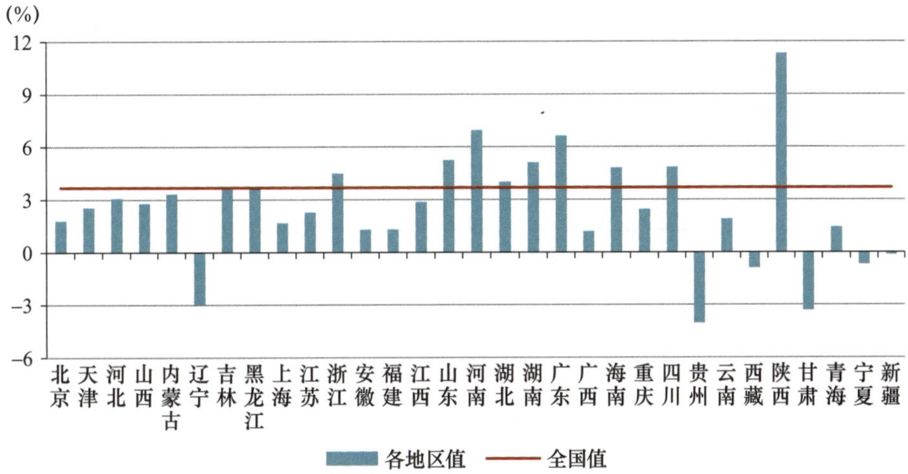

图 7.68　城镇医院 5 千米服务覆盖率变化

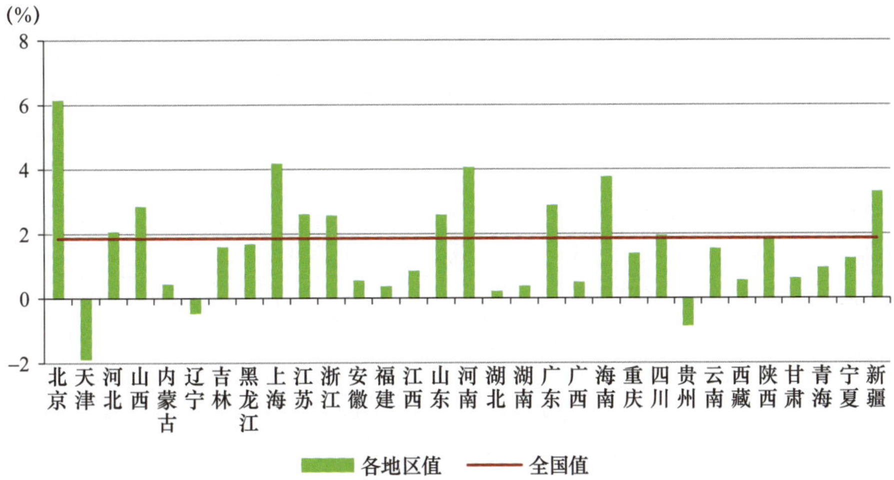

图 7.69　乡村医院 5 千米服务覆盖率变化

的为西藏，为 15%；其余地区中，上海、北京超过 70%，江苏、山东等 11 个省份覆盖率超过 50%，云南、湖北等 12 个省份覆盖率在 40%～50%，湖南、贵州等 4 个省份覆盖率不足 40%。

与 2015 年相比，全国医院 5 千米交通距离服务半径对城乡居民地的覆盖率增加 8.16 个百分点。各地区的变化情况见图 7.70。从图中可以看到，全国 31 个省份覆盖率均增加，其中陕西覆盖率增加最多，辽宁覆盖率增加最少。

按照 1 千米、3 千米、5 千米交通距离服务半径计算，2019 年五大国家战略区医院服务覆盖状况见表 7.17。从表中数据可以看到，粤港澳大湾区的医院服务覆盖能力总体好于其他 4 个区域，黄河流域、京津冀地区城镇医院 1 千米服务覆盖能力较强，5 个区域城乡医院服务差距明显，乡村远低于城镇。

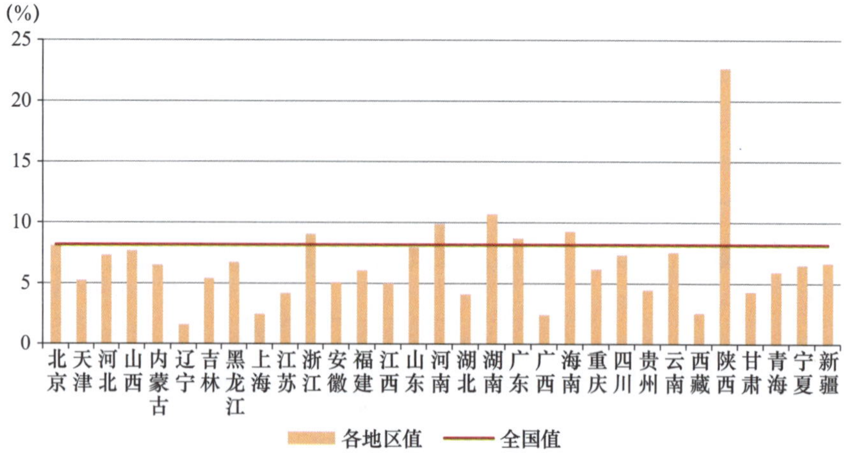

图 7.70　城乡医院 5 千米服务覆盖率变化

表 7.17　五大国家战略区医院服务覆盖率　　单位：%

地区	1 千米服务半径			3 千米服务半径			5 千米服务半径		
	城镇居住小区	行政村	城乡居民地	城镇居住小区	行政村	城乡居民地	城镇居住小区	行政村	城乡居民地
长江经济带	37.53	0.79	22.25	68.97	4.36	42.08	77.54	11.03	49.87
长江三角洲	31.08	1.21	23.84	8.40	7.80	53.71	79.28	19.42	64.77
京津冀地区	45.48	0.97	26.63	6.73	6.76	47.10	85.35	18.84	57.19
粤港澳大湾区	30.94	1.75	25.92	75.08	8.78	63.67	86.60	21.27	75.36
黄河流域	48.71	0.59	24.86	77.34	4.38	41.18	84.00	12.05	48.35

2015 年至 2019 年，五大国家战略区医院不同半径对城乡居民地服务覆盖率变化情况见图 7.71，各区域的覆盖率均有 3%以上的增长。

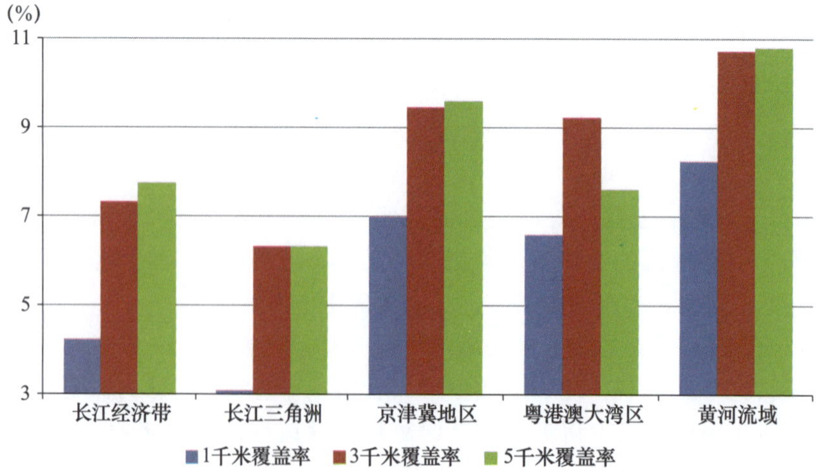

图 7.71　五大国家战略区医院对居民地服务覆盖率变化

2019 年全国及各地区医院服务覆盖率及变化情况见图 7.72。

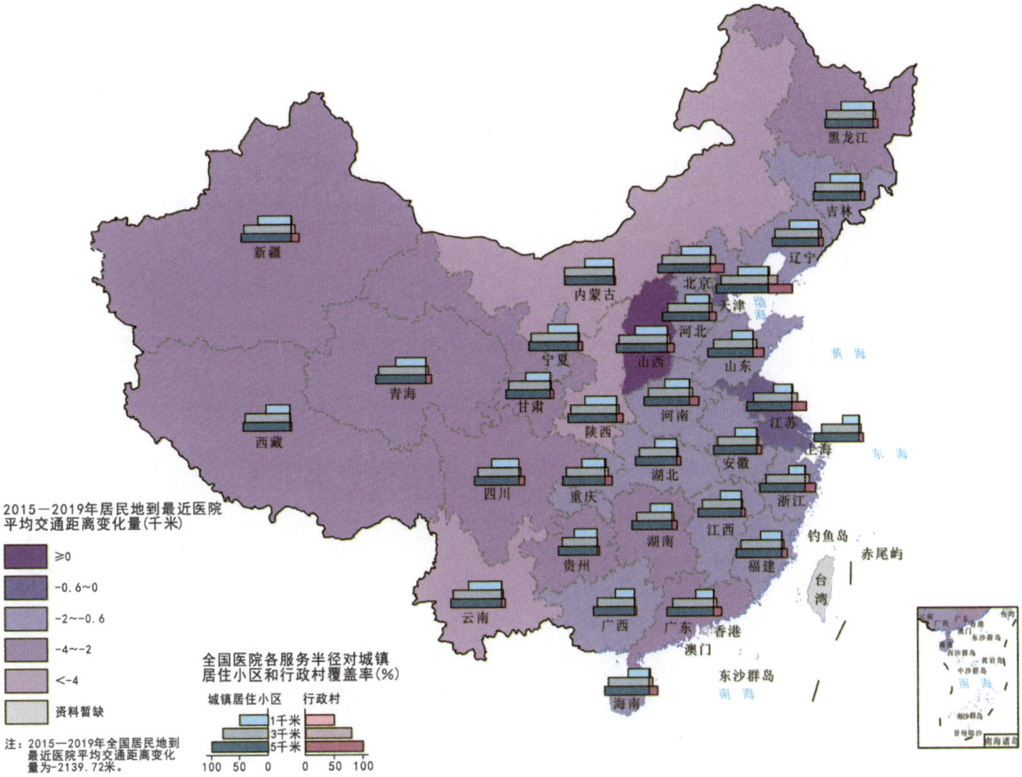

图 7.72 全国及各地区医院服务覆盖情况

7.3.5 二级医院服务覆盖率

二级医院服务范围主要覆盖多个社区或整个县区的医疗机构，是农村三级医疗卫生服务网的龙头，对于县域的医疗卫生服务具有承上启下的作用。本小节按照 15 千米、30 千米（交通距离）不同服务半径考察城乡居民地的二级医院服务覆盖状况。

1. 服务半径 15 千米

按照 15 千米交通距离服务半径统计的全国城乡居民地获得的二级医院服务覆盖率达到 61%。各地区二级医院服务区对城乡居民地的覆盖率见图 7.73。二级医院的 15 千米交通距离服务覆盖率最高的是上海，超过 94%；最低的是西藏，仅为 9.4%；其余地区中，北京、安徽等 14 个省份覆盖率在 60%～90%，黑龙江、青海等 10 个省份覆盖率在 50%～60%，广西、贵州覆盖率不足 40%。

与 2015 年相比，全国医院 15 千米交通距离服务半径对城乡居民地的覆盖率增加 6.75 个百分点。各地区的变化情况见图 7.74。从图中可以看到，30 个省份覆盖率增加，其中陕西覆盖率增加最多，西藏增加最少；仅有上海覆盖率略微减少，减幅不足 0.3 个百分点。

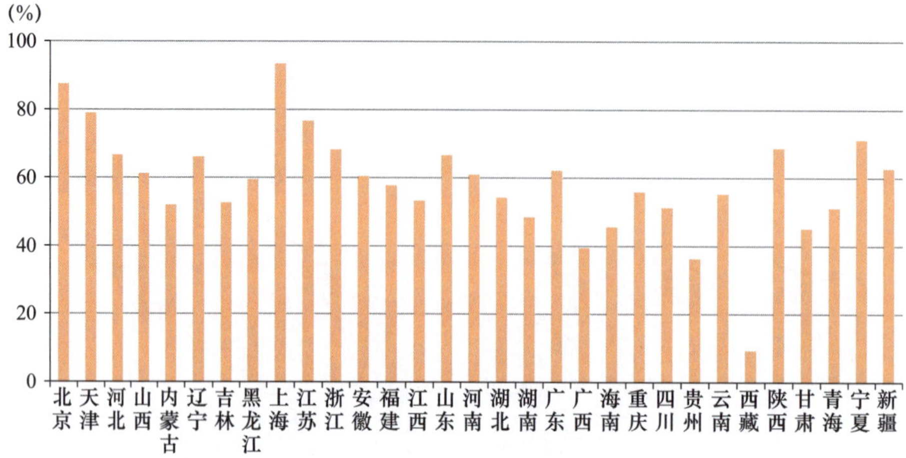

图 7.73　城乡二级医院 15 千米交通距离服务覆盖率

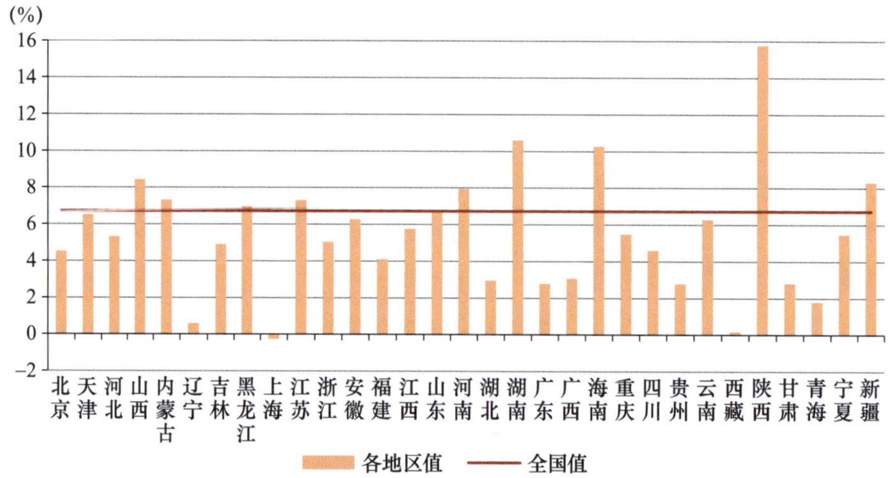

图 7.74　城乡二级医院 15 千米交通距离服务覆盖率变化

2. 服务半径 30 千米

按照 30 千米交通距离服务半径统计，全国城乡居民地获得的二级医院服务覆盖率达到 81%。各地区二级医院服务区对城乡居民地的覆盖率见图 7.75。二级医院的 30 千米交通距离服务覆盖率最高的是上海，达到 97%；最低的是西藏，为 10%；其余地区中，北京、河北等 5 个省份覆盖率超过 90%，河南、安徽等 6 个省份覆盖率在 80%～90%，广东、吉林等 12 个省份覆盖率在 70%～80%，甘肃、广西等 5 个省份覆盖率在 60%～70%。

与 2015 年相比，全国医院 30 千米交通距离服务半径对城乡居民地的覆盖率增加 4.21 个百分点。各地区的变化情况见图 7.76。从图中可以看到，27 个省份覆盖率增加，其中新疆覆盖率增加最多；4 个省份覆盖率减少，其中辽宁覆盖率减少最多。

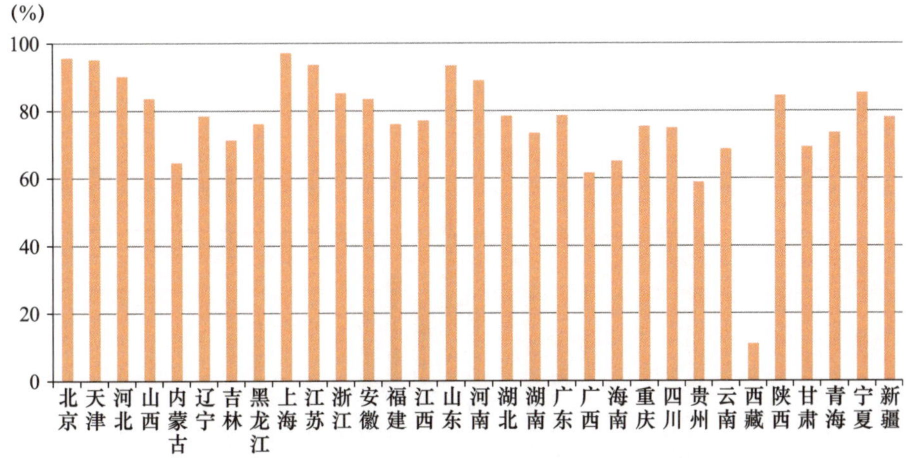

图 7.75　城乡二级医院 30 千米交通距离服务覆盖率

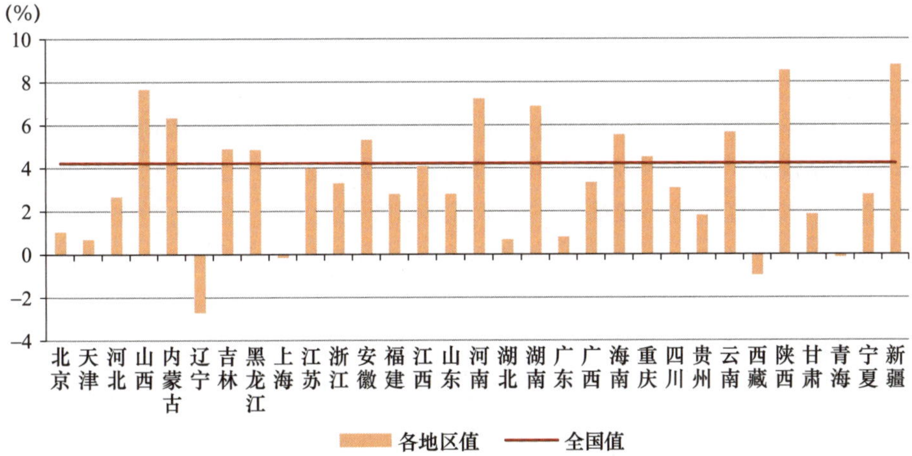

图 7.76　城乡二级医院 30 千米交通距离服务覆盖率变化

7.4　社会福利机构均等化

社会福利机构是指国家、社会组织和个人举办的，为老年人、残疾人、孤儿和弃婴提供养护、康复、托管等服务的机构。本节根据有等级的社会福利机构数据和城乡居民地数据，分析全国及地方社会福利机构设施配置的可达性和空间均等化程度。为便于描述，本书将社会福利机构简称为福利机构。

7.4.1　福利机构数量

依据对有等级的社会福利机构院落统计，2019 年全国总体数量超过 3.6 万所。从区域分布看，见图 7.77，四川的福利机构数量最多，超过 3200 所；其次为山东，超过

3100 所；上海最少，不足 100 所。其他地区中，安徽、广东等 12 个省份福利机构数量均超过千所，宁夏、青海等 4 个省份福利机构数量不到 200 所。

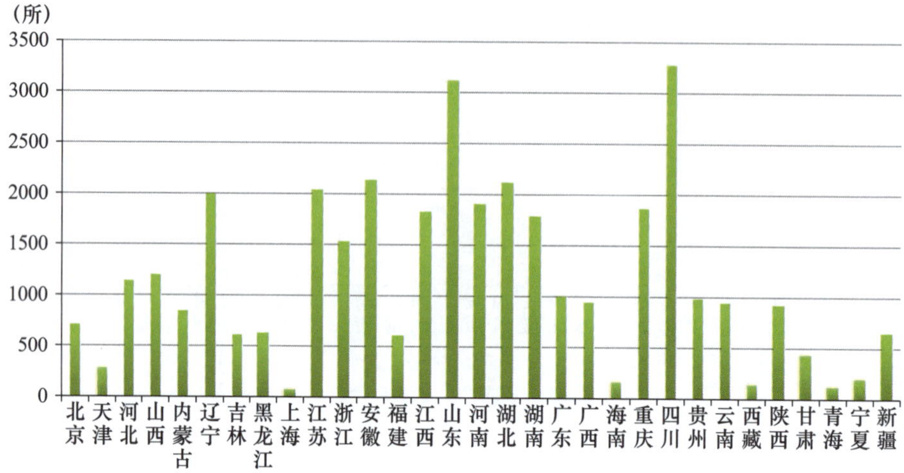

图 7.77　福利机构数量分布

与 2015 年相比，全国福利机构数量增加了 5000 多所，增加幅度为 17.71%。各地区的变化情况见图 7.78。从图中可以看到，除吉林没有变化外，30 个省份福利机构数量均增加，其中辽宁增加量最大，天津增加幅度最大。

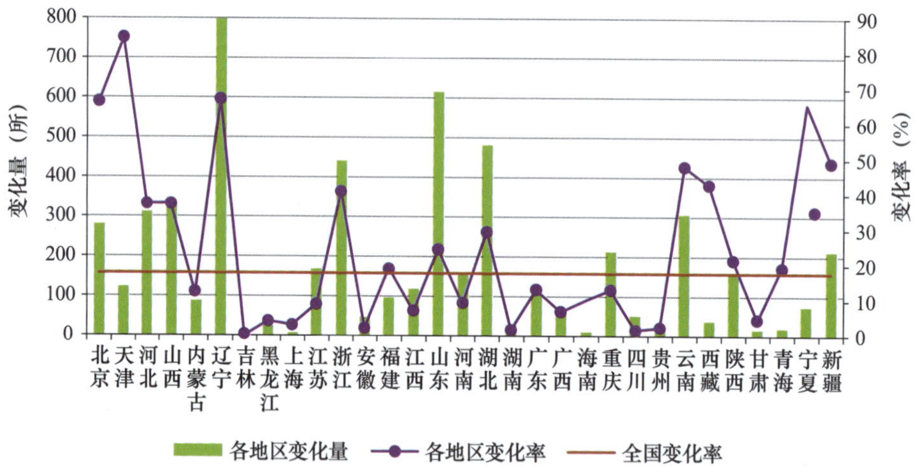

图 7.78　福利机构数量变化

7.4.2　居民地至福利机构距离

本小节基于城镇居住小区和行政村位置数据，结合道路网络数据，分析从居民地到福利机构的空间远近关系。2019 年全国居民地到最近福利机构的平均交通距离见表 7.18。

表 7.18 全国居民地到最近福利机构平均交通距离 单位：千米

城镇居住小区	行政村	城乡居民地
4.13	12.06	7.67

2019 年各地区居民地到最近福利机构的平均交通距离见图 7.79。

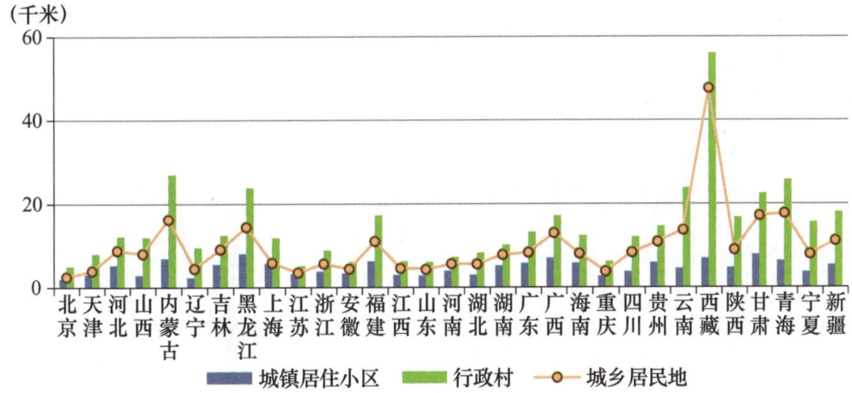

图 7.79 居民地到最近福利机构平均交通距离

从城镇居住小区看，北京的城镇居住小区到最近福利机构平均交通距离最小，为 1.96 千米；黑龙江最远，距离超过 7 千米；其余地区中，辽宁、天津等 7 个省份平均交通距离在 2～3 千米，江苏、陕西等 8 个省份平均交通距离在 3～5 千米，湖南、贵州等 8 个省份平均交通距离在 5～6 千米，福建、甘肃等 6 个省份平均交通距离超过 6 千米。

与 2015 年相比，全国城镇居住小区到最近福利机构平均交通距离呈现明显减少态势，减少幅度达到 12%。各地区城镇居住小区到最近福利机构平均交通距离变化见图 7.80。从图中可以看到，4 个省份平均交通距离增加，其中西藏增加量最大，增加幅度也最大；27 个省份平均交通距离减少，其中天津减少量最大，减少幅度也最大。

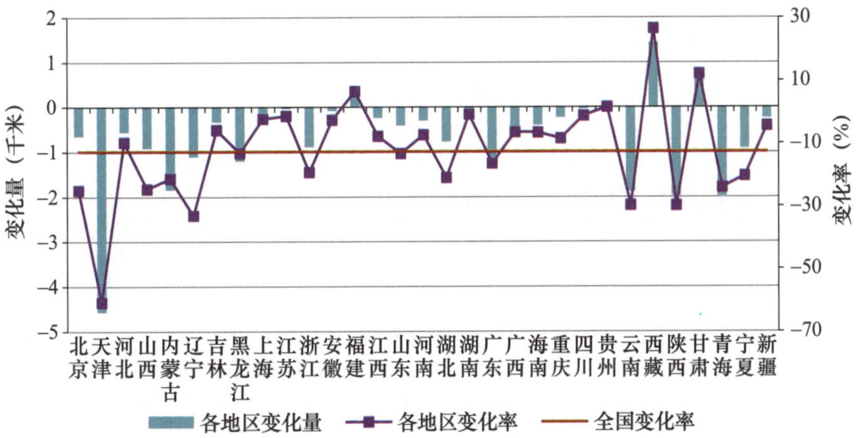

图 7.80 城镇居住小区到最近福利机构平均交通距离变化

从行政村看，北京的行政村到最近的福利机构平均交通距离最小，为 4.88 千米；

西藏最远，达 55 千米；其余地区中，江苏、山东、安徽的距离小于 6 千米，重庆、辽宁等 7 个省份平均交通距离在 6～10 千米，湖南、新疆等 4 个省份平均交通距离在 10～20 千米，甘肃、内蒙古等 5 个省份平均交通距离在 20～30 千米。

与 2015 年相比，全国行政村到最近福利机构平均交通距离呈现减少态势，降幅为 5.6%。各地区行政村到最近福利机构平均交通距离变化见图 7.81。从图中可以看到，6 个省份平均交通距离增加，其中西藏增加量最大，内蒙古增加幅度最大；25 个省份平均交通距离减少，其中新疆减少量最大，天津减少幅度最大。

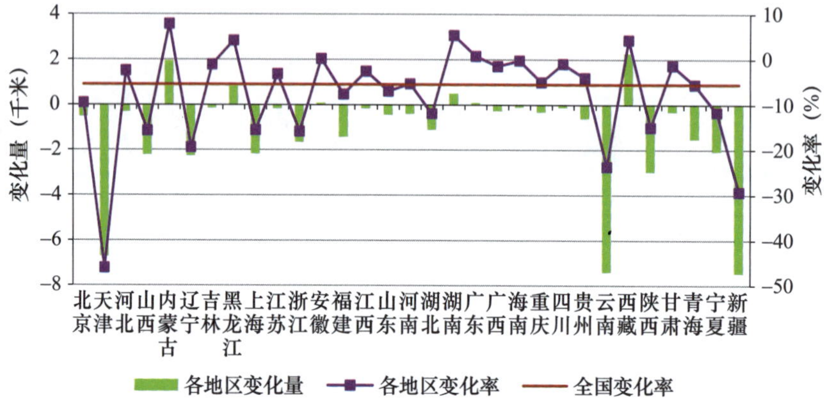

图 7.81　行政村到最近福利机构平均交通距离变化

从城乡居民地看，北京的城乡居民到最近的福利机构平均交通距离最小，为 2.62 千米，西藏最远，达 47 千米。其余地区中，江苏、江西等 7 个省份平均交通距离在 3～5 千米，湖北、吉林等 13 个省份平均交通距离在 5～10 千米，内蒙古、甘肃、青海等 3 个省份平均交通距离超过 15 千米。

与 2015 年相比，全国城乡居民地到最近福利机构平均交通距离呈现减少态势，减少幅度达到 14%。各地区城乡居民地到最近福利机构平均交通距离变化见图 7.82。从图中可以看到，仅有西藏平均交通距离少量增加，增加幅度不到 1%；30 个省份平均交通距离减少，云南减少量最大，天津减少幅度最大。

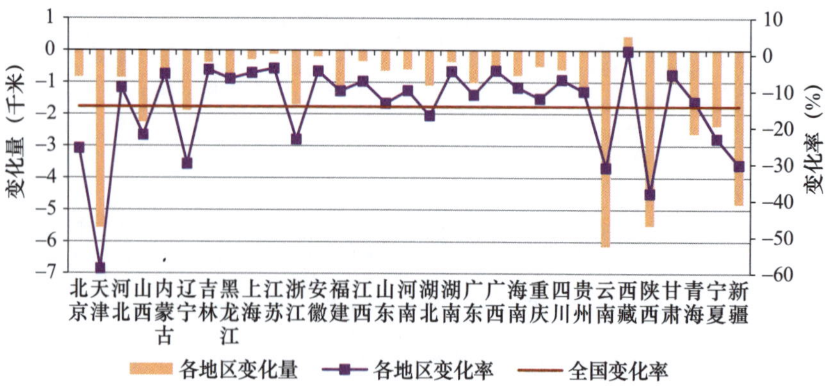

图 7.82　城乡居民地到最近福利机构平均交通距离变化

7.4.3 福利机构服务覆盖率

本小节按照 1 千米（社区级服务距离）、5 千米（区县级服务距离）、15 千米（市域级服务距离）作为福利机构的服务半径，考察城镇、乡村、城乡合计三类居民地获得的福利机构服务覆盖状况。

1. 服务半径 1 千米

1 千米是老人、儿童徒步 15～30 分钟的距离，是适合社区养老服务的空间距离。按照 1 千米交通距离服务半径统计的 2019 年全国福利机构服务覆盖率见表 7.19。

表 7.19 全国福利机构 1 千米交通距离服务覆盖率 单位：%

城镇居住小区	行政村	城乡居民地
17.87	3.08	11.29

按照 1 千米交通距离计算，2019 年各地区福利机构服务覆盖率见图 7.83。

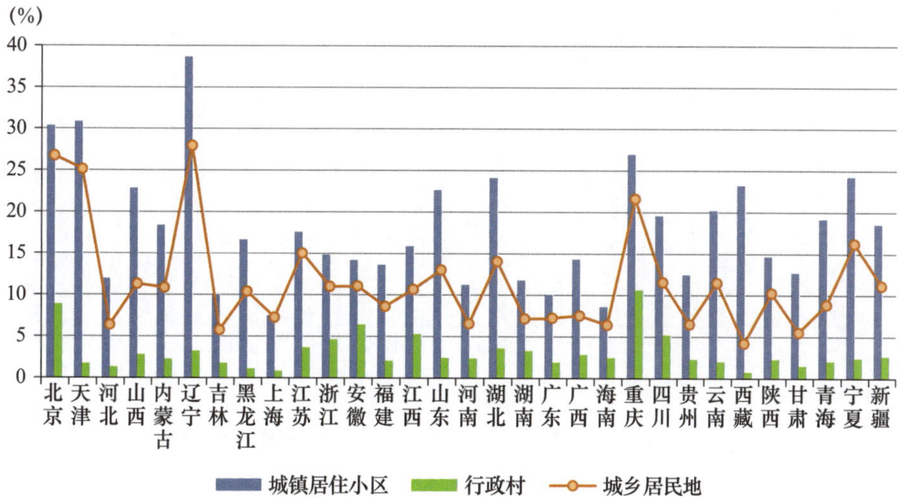

图 7.83 福利机构 1 千米交通距离服务覆盖率

从城镇居住小区看，福利机构 1 千米交通距离服务覆盖率最高的是辽宁，达到 38.68%；最低的是上海，仅为 7.53%；其余地区中，天津、北京覆盖率约为 30%，重庆、云南等 7 个省份覆盖率均超过 20%，四川、吉林等 19 个省份覆盖率在 10%～20%，海南覆盖率低于 10%。

从行政村看，福利机构 1 千米交通距离服务覆盖率最高的是重庆，覆盖率达到 10% 以上；最低的为西藏，覆盖率不足 1%；其余地区中，北京、安徽、江西、四川覆盖率超过 5%，浙江、黑龙江等 24 个省份覆盖率在 1%～5%，上海覆盖率低于 1%。

从城乡居民地看，福利机构 1 千米交通距离服务覆盖率最高的是辽宁，接近 28%；最低的是西藏，覆盖率仅有 4%；其余地区中，北京、天津、重庆 3 个直辖市覆盖率超过 20%，宁夏、陕西等 14 个省份覆盖率在 10%～20%，青海、甘肃等 12 个省份覆盖率大于 5%。

因缺少 2015 年福利机构 1 千米服务半径覆盖率数据，未进行该指标变化分析。

2. 服务半径 5 千米

5 千米是区级养老机构配置时的参考半径，也是乘车、公交出行 15～30 分钟的空间距离。按照 5 千米交通距离服务半径统计的 2019 年全国福利机构服务覆盖率见表 7.20。

表 7.20　全国福利机构 5 千米交通距离服务覆盖率　　单位：%

城镇居住小区	行政村	城乡居民地
75.82	31.24	55.99

按照 5 千米交通距离计算，2019 年各地区福利机构服务覆盖率见图 7.84。

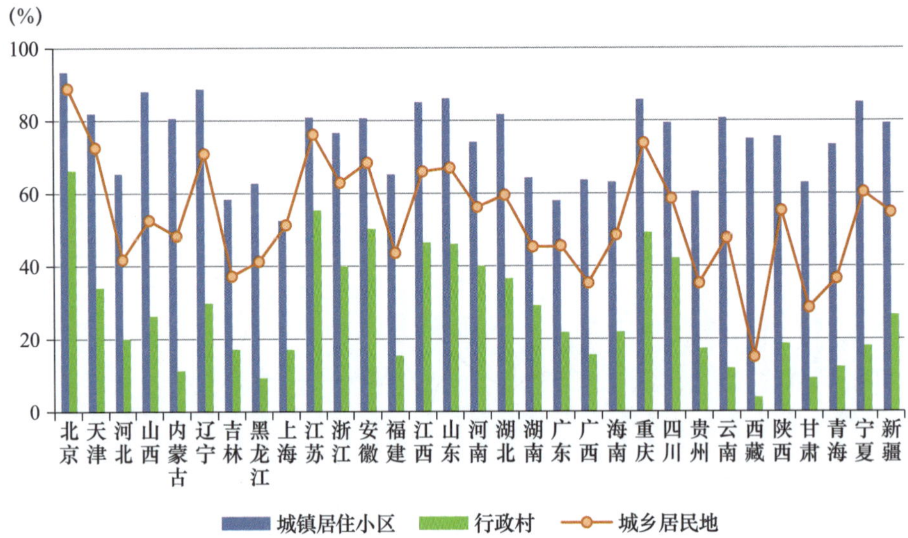

图 7.84　福利机构 5 千米交通距离服务覆盖率

从城镇居住小区看，福利机构 5 千米交通距离服务覆盖率最高的是北京，达到 93%；最低的为上海，覆盖率为 52%；其余地区中，辽宁、内蒙古等 12 个省份覆盖率均超过 80%，四川、青海等 7 个省份覆盖率在 70%～80%，吉林、广东覆盖率低于 60%。

与 2015 年相比，全国福利机构 5 千米交通距离服务半径对城镇居住小区的覆盖率增加约 5 个百分点。各地区的变化情况见图 7.85。从图中可以看到，27 个省份覆盖率增加，其中天津覆盖率增加量最大；4 个省份覆盖率减少，其中福建覆盖率减少量最大。

从行政村看，福利机构 5 千米交通距离服务覆盖率最高的是北京，覆盖率达到 66%；最低的是西藏，覆盖率仅为 4%；其余地区中，江苏、安徽覆盖率超过 50%，重庆、天津等 8 个省份覆盖率在 30%～50%，黑龙江、甘肃覆盖率低于 10%。

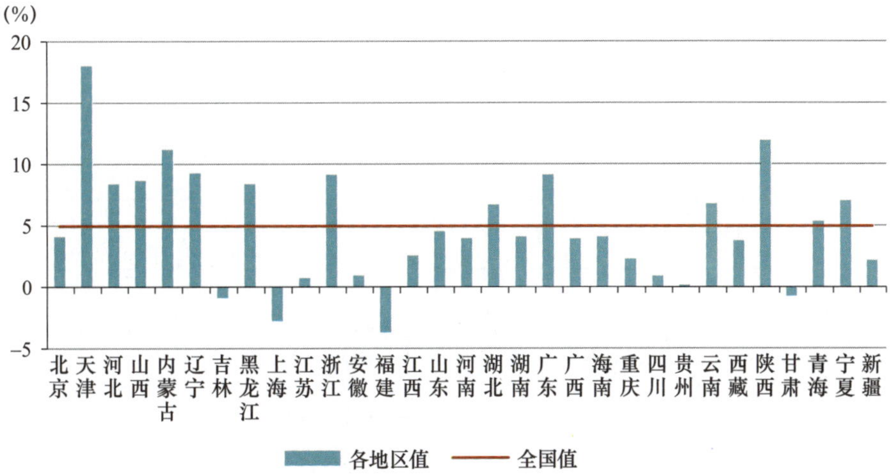

图 7.85 城镇福利机构 5 千米服务覆盖率变化

与 2015 年相比，全国福利机构 5 千米交通距离服务半径对行政村的覆盖率增加 3.31 个百分点。各地区的变化情况见图 7.86。从图中可以看到，29 个省份覆盖率增加，其中天津覆盖率增加最大；贵州、甘肃等 2 个省份覆盖率减少，但减少不明显，均未超过 1 个百分点。

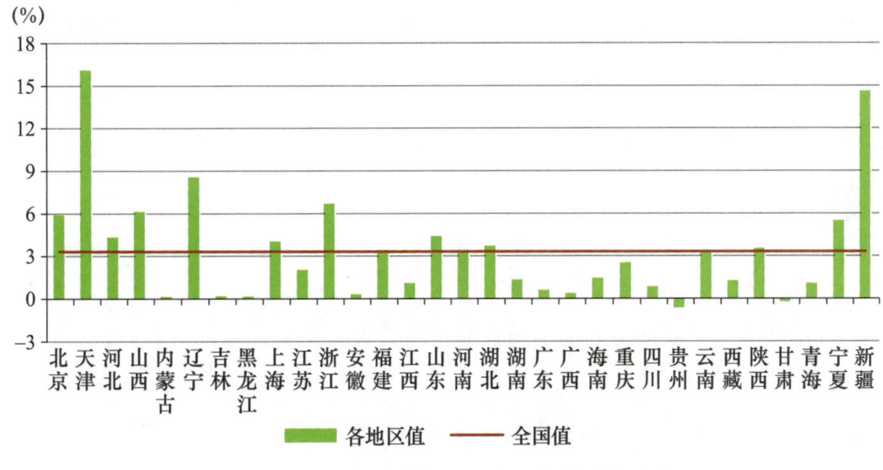

图 7.86 乡村福利机构 5 千米服务覆盖率变化

从城乡居民地看，福利机构 5 千米交通距离服务覆盖率最高的为北京，约为 89%；最低的为西藏，覆盖率仅有 15%；其余地区中，江苏、宁夏等 9 个省份覆盖率在 60%～80%，湖北、上海等 7 个省份覆盖率在 50%～60%，吉林、甘肃等 5 个省份覆盖率小于 40%。

与 2015 年相比，全国福利机构 5 千米交通距离服务半径对城乡居民地的覆盖率增加 7.66 个百分点。各地区的变化情况见图 7.87。从图中可以看到，30 个省份覆盖率增加，其中天津覆盖率增加最多；仅上海的覆盖率少量减少，降幅不足 2%。

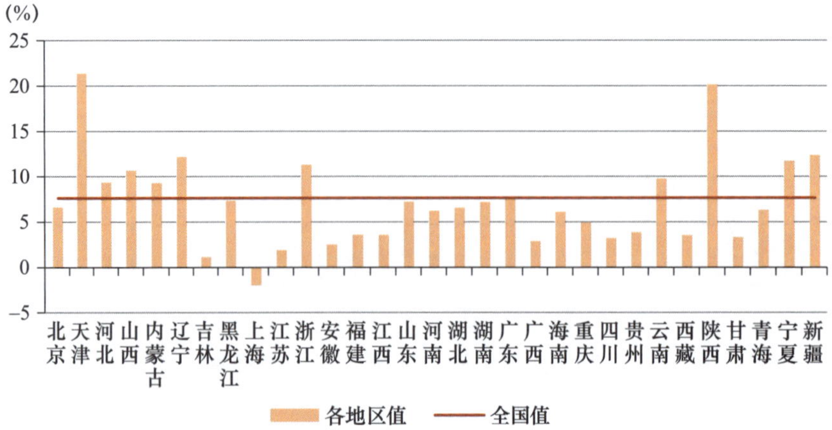

图 7.87　城乡福利机构 5 千米服务覆盖率变化

3. 服务半径 15 千米

市级养老服务设施类型包括大型养老院、老年护理院等福利机构，通常位于郊区或市区边界，距离 10～20 千米不等。按照 15 千米交通距离服务半径统计的 2019 年全国福利机构服务覆盖率见表 7.21。

表 7.21　全国福利机构 15 千米交通距离服务覆盖率　　单位：%

城镇居住小区	行政村	城乡居民地
93.94	76.80	86.32

按照 15 千米交通距离计算，2019 年各地区福利机构服务覆盖率见图 7.88。

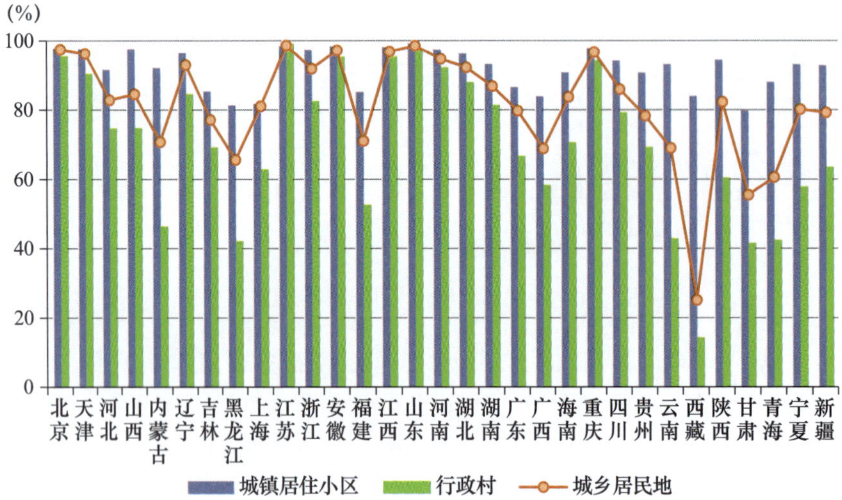

图 7.88　福利机构 15 千米交通距离服务覆盖率

从城镇居住小区看，福利机构 15 千米交通距离服务覆盖率最高的是山东，达到 99%；其余地区中，江苏、贵州等 21 个省份覆盖率均超过 90%，青海、黑龙江等 8 个省份覆盖率在 80%～90%，仅甘肃覆盖率低于 80%。

与 2015 年相比，全国福利机构 15 千米交通距离服务半径对城镇居住小区的覆盖率增加 2.83 个百分点。各地区的变化情况见图 7.89。从图中可以看到，26 个省份覆盖率增加，其中天津覆盖率增幅最大；5 个省份覆盖率减少，其中吉林覆盖率降幅最大。

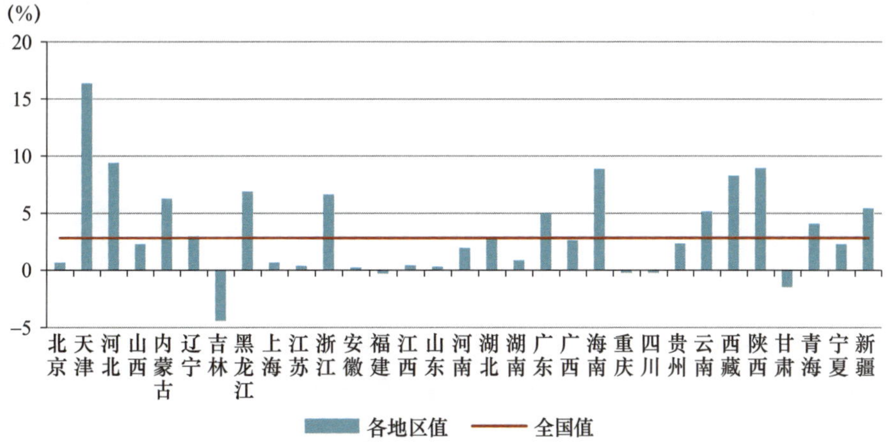

图 7.89 城镇福利机构 15 千米服务覆盖率变化

从行政村看，福利机构 15 千米交通距离服务覆盖率最高的是江苏，覆盖率达到 99%；最低的为西藏，覆盖率仅有 14%；其余地区中，山东、天津等 7 个省份覆盖率超过 90%，湖北、陕西等 14 个省份覆盖率在 60%～90%，内蒙古、甘肃等 5 个省份覆盖率低于 50%。

与 2015 年相比，全国福利机构 15 千米交通距离服务半径对行政村的覆盖率增加 4.19 个百分点。各地区的变化情况见图 7.90。从图中可以看到，29 个省份覆盖率增加，其中天津覆盖率增加最多；黑龙江、吉林等 2 个省份覆盖率微量减少，降幅不足 1%。

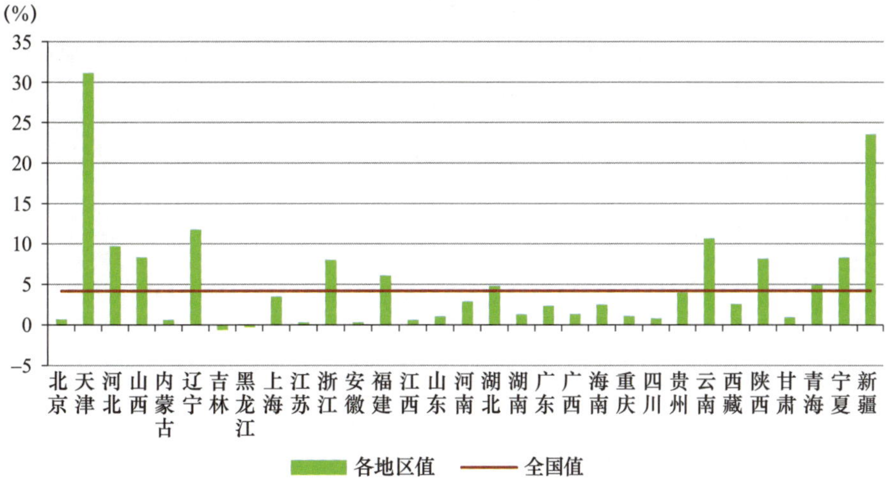

图 7.90 乡村福利机构 15 千米服务覆盖率变化

从城乡居民地看，福利机构 15 千米交通距离服务覆盖率最高的为江苏、山东，达到 98%；最低的为西藏，覆盖率仅有 25%；其余地区中，北京、浙江等 9 个省份覆盖率大于 90%，湖南、内蒙古等 14 个省份覆盖率在 70%～90%，甘肃的覆盖率小于 60%。

与 2015 年相比，全国福利机构 15 千米交通距离服务半径对城乡居民地的覆盖率增加近 5 个百分点。各地区的变化情况见图 7.91。从图中可以看到，30 个省份覆盖率增加，其中天津覆盖率增加最多；仅有吉林覆盖率出现减少，降幅不到 2%。

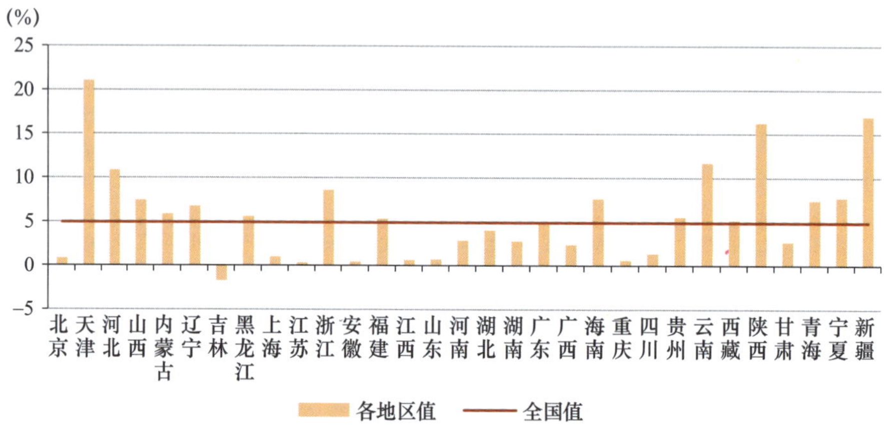

图 7.91　城乡福利机构 15 千米服务覆盖率变化

按照 1 千米、5 千米、15 千米交通距离服务半径计算，2019 年五大国家战略区福利机构服务覆盖状况见表 7.22。从表中数据可以看到，5 个区域的城镇福利机构服务覆盖能力均好于乡村地区；京津冀地区城镇福利机构 1 千米服务覆盖能力较强，高于全国均值；长江三角洲城乡福利机构服务差距较小。

表 7.22　五大国家战略区福利机构服务覆盖率　　单位：%

地区	1 千米服务半径			5 千米服务半径			15 千米服务半径		
	城镇居住小区	行政村	城乡居民地	城镇居住小区	行政村	城乡居民地	城镇居住小区	行政村	城乡居民地
长江经济带	16.94	4.53	11.77	76.16	37.76	60.19	94.99	82.07	89.62
长江三角洲	14.39	4.54	12.01	73.69	45.27	66.80	94.71	89.08	93.34
京津冀地区	19.57	1.83	12.06	74.92	23.98	53.35	94.20	77.10	86.96
粤港澳大湾区	9.14	1.80	7.88	56.77	24.53	51.22	87.75	73.16	85.24
黄河流域	17.17	2.29	9.80	80.06	27.23	53.88	95.02	72.98	84.10

2015 年至 2019 年，五大国家战略区福利机构不同半径（1 千米服务半径为本书新增指标，未做变化计算）对城乡居民地服务覆盖率变化情况见图 7.92，各区域的覆盖

率均有 3%以上的增长。

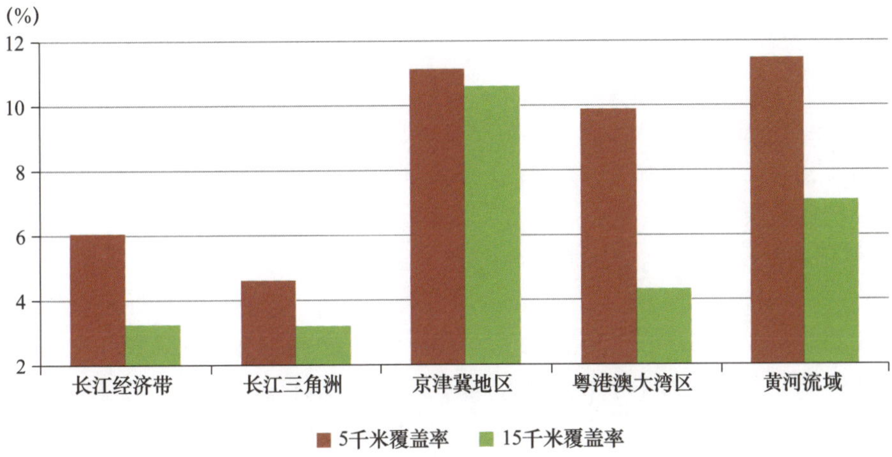

图 7.92 五大国家战略区福利机构对居民地服务覆盖率变化

2019 年全国及各地区福利机构服务覆盖率及变化情况见图 7.93。

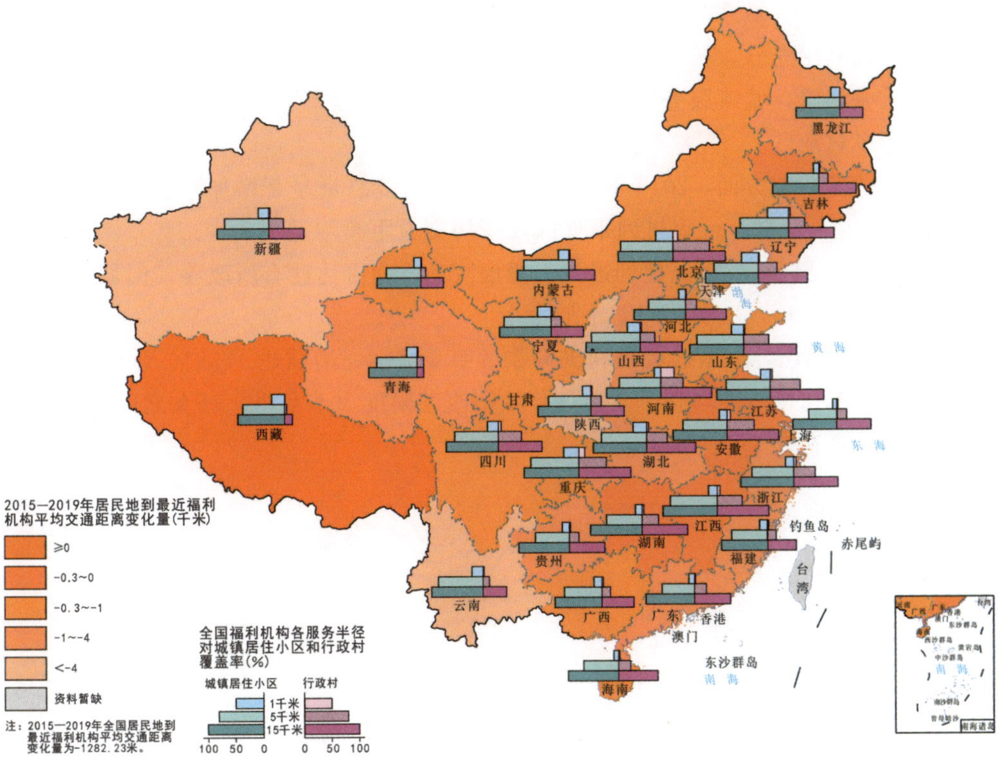

图 7.93 全国及各地区福利机构服务覆盖情况

7.5 本章小结

2015 年至 2019 年，全国居民地数量增加明显，增幅约 10%，但城乡之间差异显著，城镇居住小区总量增加 28%，行政村数量下降近 7%，基本公共服务设施配置均等化状况依然复杂多样。

在教育基础设施方面，与 2015 年相比，全国小学校区总量小幅增加 1.46%，其中 20 个省份增加，11 个省份减少。全国城镇居住小区、行政村到最近小学校区平均交通距离均有所减少（降幅分别为 5.15%、1.41%），获得的小学校区服务覆盖率都小幅增加。按国家标准要求的小学校区 500 米服务半径统计，城乡服务覆盖率差距最小；按可承受的服务距离 2 千米、小学就学极限距离 3 千米服务半径统计，城镇覆盖率仍明显高于乡村地区，差距明显，乡村地区小学就学过远状况亟待解决。与 2015 年相比，全国中学校区总量减少了 9.5%，且有 30 个省份出现减少，导致全国城镇居住小区和行政村到最近中学校区平均交通距离有所增加。城镇中学校区服务覆盖率明显高于乡村地区覆盖率，城乡差距较大。小学校区 500 米半径服务覆盖重叠率总体不高，小学校区资源利用充分，城乡小学校区重复建设现象不明显；从中学校区 1 千米半径服务覆盖重叠率看，城镇服务覆盖重叠率较高，乡村服务覆盖重叠率很低，城镇地区仍明显高于乡村地区。

在医疗基础设施方面，2015 年至 2019 年全国医院总量显著增加，增幅达 23.91%，使得全国城镇居住小区、行政村到最近医院平均交通距离均呈现减少态势，医院服务覆盖率相应增加。全国城乡居民地到最近二级医院的空间可达性有所改善，但城镇地区增幅大于乡村地区增幅，城乡之间差距加大。

与 2015 年相比，全国社会福利机构数量明显增加，增幅达 17.71%，使得城乡地区的社会福利机构可达性均有所改善，且城镇改善幅度大于乡村，城乡之间差距加剧，省际差距依然存在。

第 8 章　城市发展空间格局

城市是我国经济、政治、文化、社会等方面活动的中心，是各类要素资源和经济社会活动最集中的地方。城市发展是农村人口向城市集聚、农业用地按相应规模转化为城市建设用地的过程。城市人口和用地要匹配，城市规模要同资源、生态环境承载能力相适应，以及城市地表空间、产业布局、公共服务、基础设施、生态环境等方面要一体化综合发展。

中共十九届五中全会提出，优化国土空间布局，推进区域协调发展和新型城镇化。坚持实施区域重大战略、区域协调发展战略、主体功能区战略，健全区域协调发展体制机制，完善新型城镇化战略，构建高质量发展的国土空间布局和支撑体系。

城市发展空间格局是指与城市发展相关的自然和人文要素的空间分布与配置、空间关系和地域差异等。本章基于两期地理国情数据，结合社会经济统计数据，聚焦“不同类型城市”和“超大城市个体”，以市辖区为统计计算单元，对我国及重要战略区地级及以上城市市辖区（以下简称城市）地表利用经济效益、交通基础设施配置、公共服务设施配置、生态空间状况、人工环境的现状和变化状况进行综合统计分析，以期为城市产业结构调整、公共服务设施建设和交通基础设施建设、生态环境保护等方面的政策制定、业务管理和科学研究提供参考。全国不同规模城市分布情况见图 8.1。关于城市规模等级具体划分见 1.2 节中“分析单元”的说明。

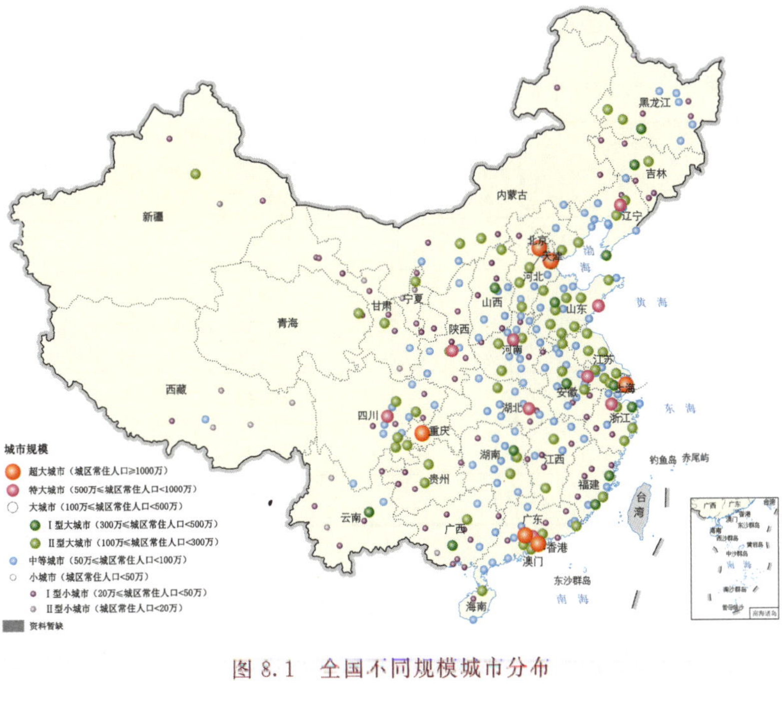

图 8.1　全国不同规模城市分布

8.1 城市地表利用经济效益

城市发展离不开地表资源。合理利用城市地表资源，在有限的城市国土空间，要发挥其最大的利用效益，以促进城市均衡发展和综合协调效益。地理国情普查与监测采集了房屋建筑（区）、铁路与道路、构筑物、人工堆掘地、工矿企业等与人类活动和开发建设相关的地表。一般来说，城市地表开发强度越高，经济效益越高。本节基于地理国情数据的可支撑情况，对全国不同规模城市地表利用经济效益现状和变化情况进行分析，具体指标包括地表开发强度、国内生产总值（GDP）地理集中度、工矿企业分布指数、多层及以上独立房屋建筑构成比。

8.1.1 地表开发强度

地表开发强度是指区域内人工地表面积与该区域陆地国土面积之比。人工地表包括房屋建筑（区）、铁路与道路、构筑物、人工堆掘地。在一般情况下，地表开发强度越高，国土空间地表经济效益就越高；而地表开发强度不足，也就是国土空间利用不充分。

利用全国城市 2015—2019 年地理国情普查与监测数据，对全国地级及以上城市的地表开发强度进行计算。全国城市人工地表面积为 11.36 万平方千米，地表开发强度为 11.82%。从五大战略区看，见表 8.1 和图 8.2，长江三角洲、京津冀地区、粤港澳大湾区城市地表开发强度均高于 20%，高出全国城市平均水平 2 倍以上。其中，粤港澳大湾区最高，高达 25.64%；京津冀地区次之，城市地表开发强度为 22.25%。长江经济带与黄河流域城市地表开发强度相当，前者略高出后者约 1 个百分点。

表 8.1 全国城市及五大国家战略区城市地表开发强度及变化统计　　单位：%

地区	地表开发强度		变化量
	2019 年	2015 年	
全国城市	11.82	12.60	−0.78
长江经济带	13.88	13.11	0.77
长江三角洲	21.63	21.46	0.16
京津冀地区	22.25	25.48	−3.23
粤港澳大湾区	25.64	24.00	1.64
黄河流域	12.76	11.76	1.00

从各类规模城市看，见图 8.3 和图 8.4，城市人口规模越大，城市地表开发强度总体上越大。大规模及以上城市地表开发强度均高于 15%。其中，特大城市地表开发强度最大，为 26.31%，逼近 30%的国际公认宜居标准。

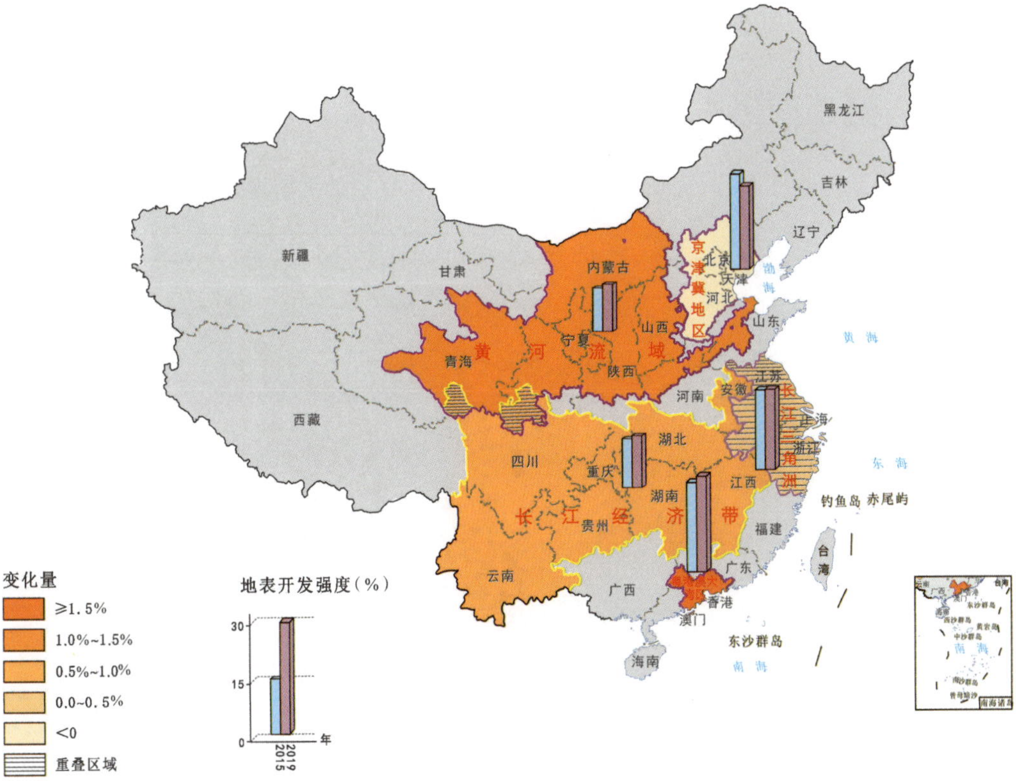

图 8.2 五大国家战略区城市地表开发强度及变化分布

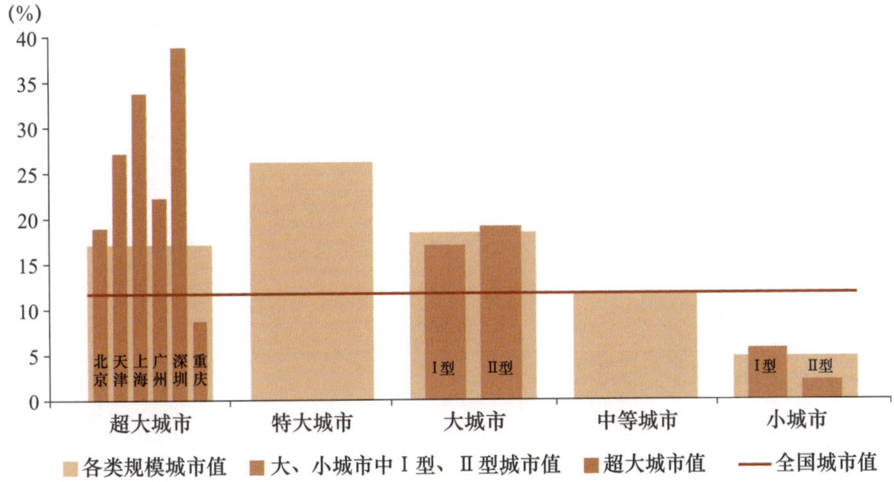

图 8.3 不同规模城市地表开发强度

从各超大城市看，深圳、上海城市地表开发强度超过国际公认的土地开发强度临界点 30%。其中，深圳地表开发强度最大，已达 38.96%。重庆地表开发强度远低于超大城市整体水平。天津开发强度逼近 30%的国际公认宜居标准。

2015—2019 年，全国城市市辖区地表开发强度处于下降阶段，由 2015 年的

12.60%下降到 2019 年的 11.82%，下降约 0.8 个百分点。从五大战略区看，京津冀地区城市地表开发强度有所减少，其余四大战略区城市地表开发强度均在增加，其中粤港澳大湾区城市地表开发强度增加最明显。

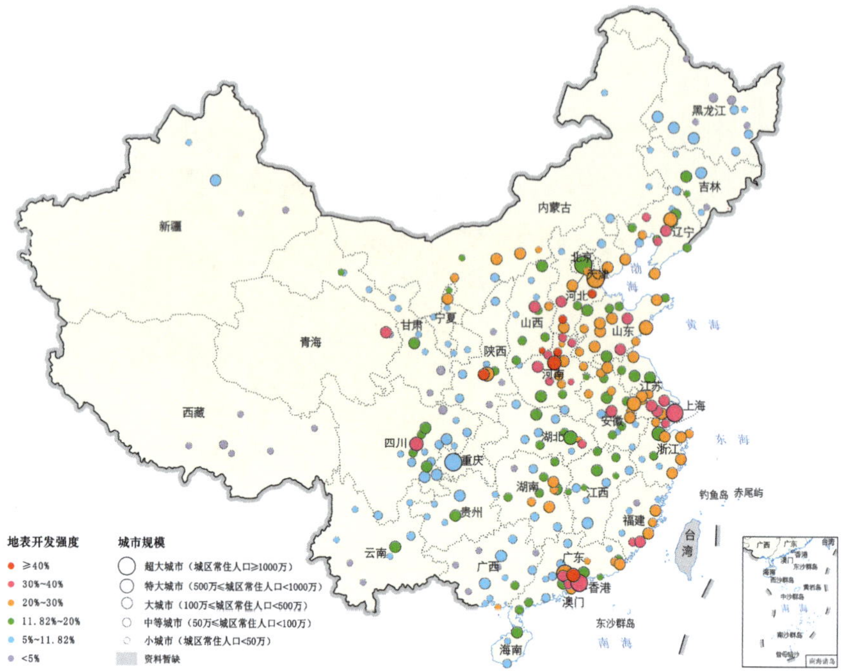

图 8.4　不同规模城市地表开发强度分布

从各类规模城市看，见图 8.5，超大、大、中等城市的地表开发强度在增加，其中超大城市地表开发强度最大，大城市和中等城市地表开发强度相当；特大城市、小城市地表开发强度在下降，其中特大城市地表开发强度下降幅度最大。

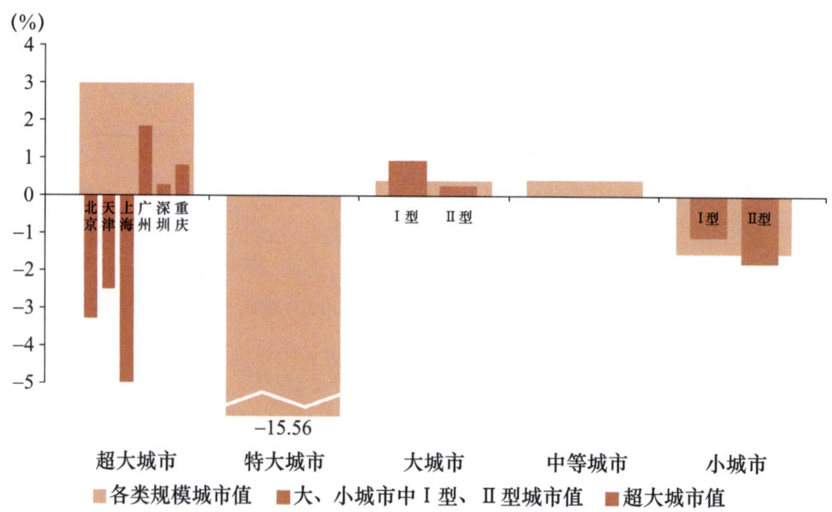

图 8.5　不同规模城市地表开发强度变化

经统计，2015—2019 年，全国城市的市辖区陆地国土面积由 2015 年的 72.74 万平方千米增长到 2019 年的 96.10 万平方千米，增加 23.36 万平方千米，而人工地表面积由 2015 年的 9.17 万平方千米增长到 2019 年的 11.36 万平方千米，增加 2.19 万平方千米。总体来看，2015—2019 年城市市辖区陆地国土面积增长率大于人工地表面积增长率，尤其是特大城市，其市辖区陆地国土面积增长率高达 92.40%，而人工地表面积增长率为 20.89%，导致了特大城市地表开发强度下降了 15.56%。

8.1.2 GDP 地理集中度

国内生产总值（GDP）地理集中度是指下级区域内 GDP 产值占上级区域内 GDP 产值的比值与下级区域陆地国土面积占上级区域陆地国土面积的比值之比。GDP 地理集中度可以反映产值密度及经济发达水平，比人均 GDP、地均 GDP 更能反映城市地区发展程度和经济集中程度。该指标全面考虑了经济总量与区域陆地国土面积的要素，是反映经济空间格局的有效指标之一。

当 GDP 地理集中度等于 1 时，经济效益处于绝对平均状态，表明该单元占用 1% 的地表面积能创造 1%的经济效益；当 GDP 地理集中度大于 1 时，经济效益处于溢出状态，表明该单元占用 1%的地表面积能创造超过 1%的经济效益；当 GDP 地理集中度小于 1 时，经济效率低下，表明该单元占用 1%的地表面积却产出了不足 1%的经济效益。

总体来看，城市人口规模越大，城市 GDP 地理集中度相对越高，地表经济效益产出越高，集中程度越明显。大规模及以上城市 GDP 地理集中度均高于 1，经济产出效益较高，其中特大城市 GDP 地理集中度最高，比超大城市高出 0.26。中、小城市 GDP 地理集中度较低，均不到 1，其中小城市 GDP 地理集中度最低，仅为 0.15。不同规模城市 GDP 地理集中度统计情况见图 8.6。

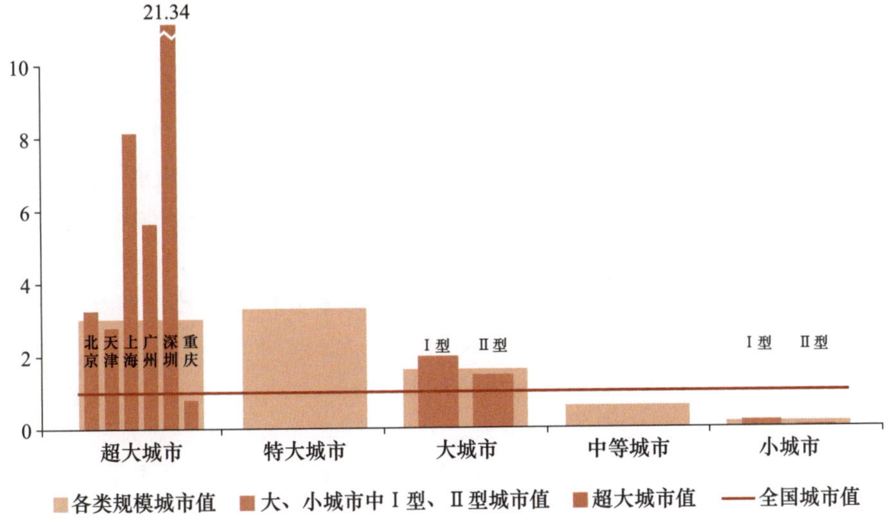

图 8.6 不同规模城市 GDP 地理集中度

从各超大城市看，深圳、上海、广州 GDP 地理集中度位居前三，地表经济效益产出较高。其中，深圳 GDP 地理集中度最高，远超超大城市整体水平，高达 21.34。北京接近超大城市整体水平。重庆 GDP 地理集中度最低，经济效益产出不高。

从各类规模城市看，见图 8.7，超大城市、大城市和中等城市 GDP 地理集中度呈增加趋势，其中超大城市的 GDP 地理集中度增加幅度最大。特大城市、小城市 GDP 地理集中度均有所降低。从各超大城市看，北京、上海、广州、深圳、重庆 GDP 地理集中度在增加，其中深圳 GDP 地理集中度增加幅度最高。天津 GDP 地理集中度在降低。

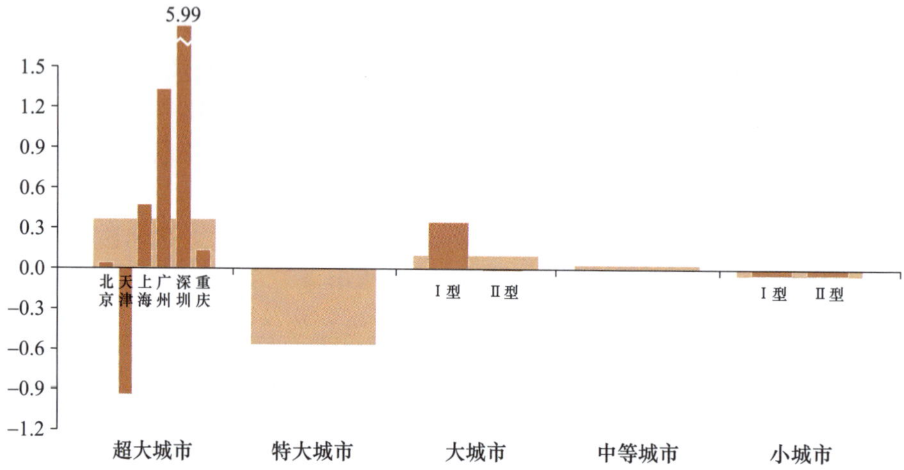

图 8.7 不同规模城市 GDP 地理集中度变化

8.1.3 工矿企业分布指数

地理国情普查与监测采集了城市地区工矿企业范围线。该类工矿企业指主要从事工业、矿产等生产性活动的企业，所属或长期使用管理的具有一定规模、权属相对独立的空间范围。工矿企业分布指数是指下级区域内工矿企业面积占上级区域内工矿企业总面积的比重与下级区域陆地国土面积占上级区域陆地国土面积的比重之比。该指标可以反映工矿企业在整个城市区域的空间集聚程度。工矿企业分布指数越大，说明工矿企业相对集聚优势明显。当数值大于 1，聚集程度显著。

工矿企业分布指数大小与城市人口规模大小总体上相对一致，即城市规模越大，工矿企业分布指数相对越高，工矿企业面积较大。2019 年全国城市工矿企业面积为 3316.83 平方千米，占全国工矿企业总面积的 87.25%。

从各类规模城市看，见图 8.8，特大、大城市工矿企业分布指数大于 1，其中特大城市最大，高达 3.01。其余规模城市工矿企业分布指数小于 1，其中小城市工矿企业分布指数最小，仅为 0.29。在大、小城市两种类型中，城市规模越大，城市工矿企业分布指数越高。从各超大城市看，深圳、上海、广州工矿企业分布指数高于超大城市整体水平。其中，深圳工矿企业分布指数最大，远高于超大城市整体水平，高达 5.52。北京工矿企业分布指数最低，为 0.17，其工矿企业用地分布较少。

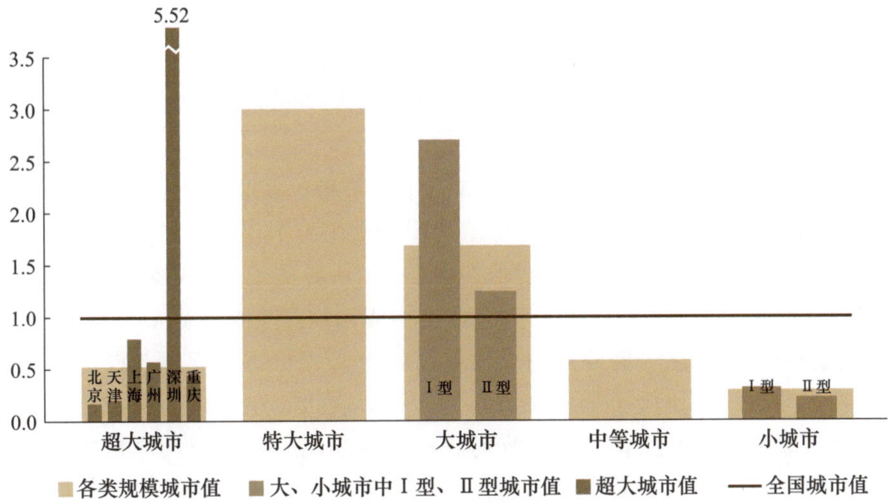

图 8.8　不同规模城市工矿企业分布指数

与 2015 年相比，全国城市工矿企业分布指数均值增加了 0.11。从各类规模城市看，见图 8.9，大规模及以上城市的工矿企业分布指数呈增加趋势，其中特大城市工矿企业分布指数增加幅度最大，增加了 0.48。中、小城市工矿企业分布指数均有所降低，其中，中等城市工矿企业分布指数下降幅度最大，减少了 0.18。从各超大城市看，北京、广州、重庆工矿企业分布指数在增加，其中北京、重庆工矿企业分布指数增加幅度略低于广州。上海、深圳工矿企业分布指数在降低，其中深圳工矿企业分布指数下降幅度大于上海。

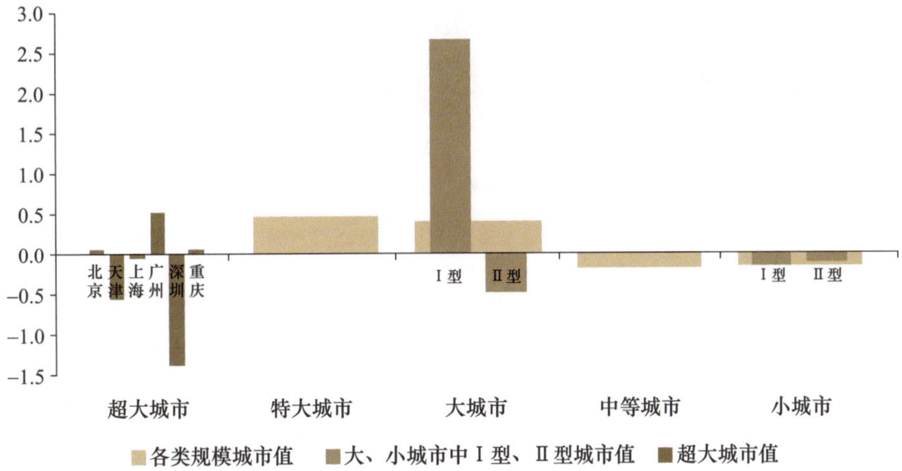

图 8.9　不同规模城市工矿企业分布指数变化

8.1.4 多层及以上独立房屋建筑构成比

地理国情普查与监测采集了各类房屋建筑（区）的范围边界线。多层及以上独立房屋建筑构成比是指区域内多层及以上独立房屋建筑与该区域内房屋建筑（区）总面积的比值。该指标可以反映多层及以上独立房屋建筑分布优势，可从侧面测度城市地表利用经济效益。

全国城市房屋建筑（区）面积为 5.03 万平方千米，多层及以上独立房屋建筑面积为 940.07 平方千米，多层及以上独立房屋建筑构成比为 1.87%。总体来看，城市人口规模越大，多层及以上独立房屋建筑构成比越高。从各类规模城市看，见图 8.10，特大规模及以上城市的多层及以上独立房屋建筑构成比均高于全国城市平均水平。其中，超大城市多层及以上独立房屋建筑构成比最高，为 3.27%。大规模及以下城市多层及以上独立房屋建筑构成比低于全国城市平均水平。在大、小城市两种类型中，城市规模越大，城市多层及以上独立房屋建筑构成比相对越高。从各超大城市看，广州、深圳、天津多层及以上独立房屋建筑构成比高于超大城市平均水平，其中深圳多层及以上独立房屋建筑构成比最高，高达 13.16%。上海多层及以上独立房屋建筑构成比最低。

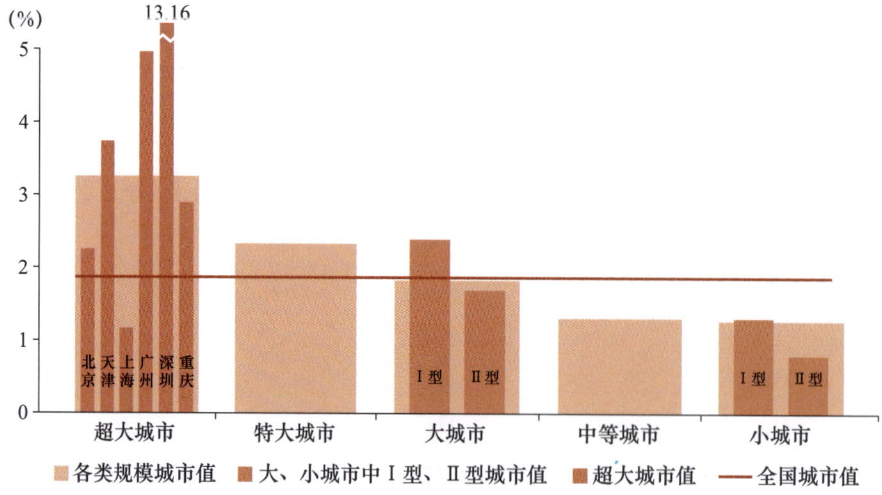

图 8.10 不同规模城市多层及以上独立房屋建筑构成比

与 2015 年相比，全国城市多层及以上独立房屋建筑构成比下降了 0.1 个百分点。从各类规模城市看，见图 8.11，除了特大城市外，其余类型城市多层及以上独立房屋建筑构成比均呈现增加趋势，其中超大城市多层及以上独立房屋建筑构成比增加幅度最大，增加了 0.38 个百分点。特大城市多层及以上独立房屋建筑构成比下降 0.30 个百分点。从各超大城市看，除天津外，其余 5 个超大城市多层及以上独立房屋建筑构成比均在增加，其中北京多层及以上独立房屋建筑构成比增加幅度最大，增加了 0.61 个百分点。

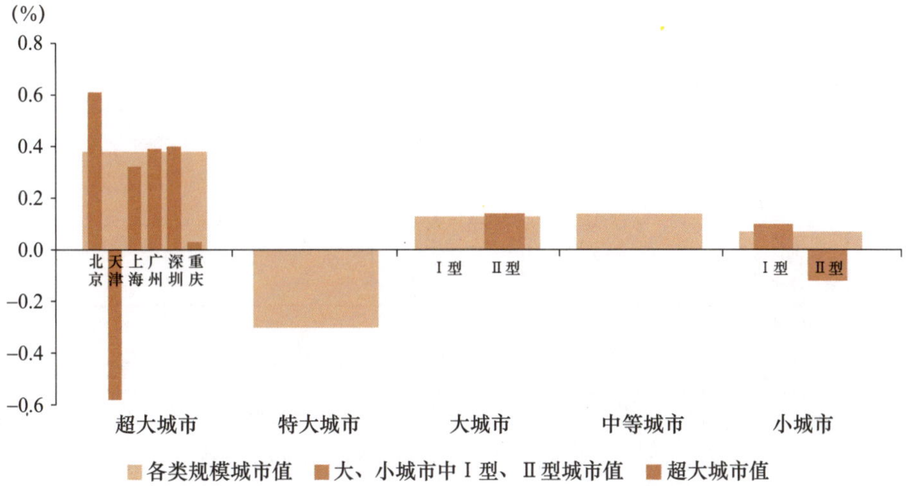

图 8.11　不同规模城市多层及以上独立房屋建筑构成比变化

8.2　城市交通基础设施配置

交通是连接城市的重要纽带，对生产要素流动、人口迁移、产业布局、城镇体系、国民经济发展等方面起到重要的引导、支撑和保障作用。地理国情普查与监测从地表覆盖角度采集了有轨和无轨的道路路面覆盖的地表、露天停车场，从地理要素实体角度采集了城市道路等数据。本节基于全国城市交通设施数据，分析全国城市道路覆盖情况和交通设施配置水平。具体指标包括道路占地比重、城市道路网密度、城市道路配比。

8.2.1　道路占地比重

道路占地比重是指区域内有轨和无轨的道路路面覆盖的地表面积与该区域陆地国土面积的比值。该指标是反映城市区域道路发展水平的重要经济指标。

全国城市的道路路面面积为 1.98 万平方千米，占地比重为 2%。从各类规模城市看，见图 8.12，大规模及以上城市的道路占地比重高于全国城市平均水平。其中，特大城市道路占地比重最高，为 4.60%。中等城市的道路占地比重接近全国城市平均水平。小城市的道路占地比重最低。总体来看，城市规模越大，其道路占地比重相对越高。从各超大城市看，除重庆道路占地比重低于超大城市平均水平外，其余 5 个城市的道路占地比重均高于超大城市平均水平。其中，深圳道路占地比重最高，为 7.69%。

与 2015 年相比，特大、小城市道路占比重均在下降，前者下降幅度大于后者。其他 3 类城市道路占比重在增加，见图 8.13。超大城市道路占比重增加幅度略高于大、中城市。从各超大城市看，北京、天津、上海 3 个城市的道路占地比重在下降，下降幅度相差不大。广州、深圳、重庆 3 个城市的道路占地比重在增加，增加幅度相当。

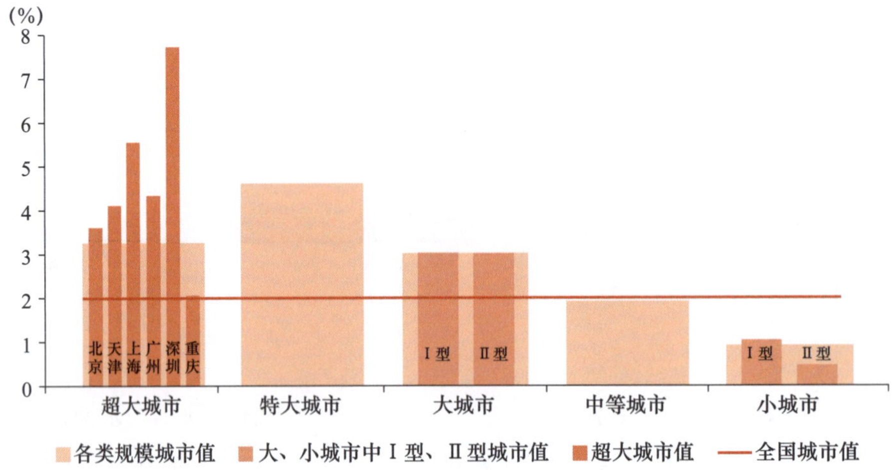

图 8.12　不同规模城市道路占地比重

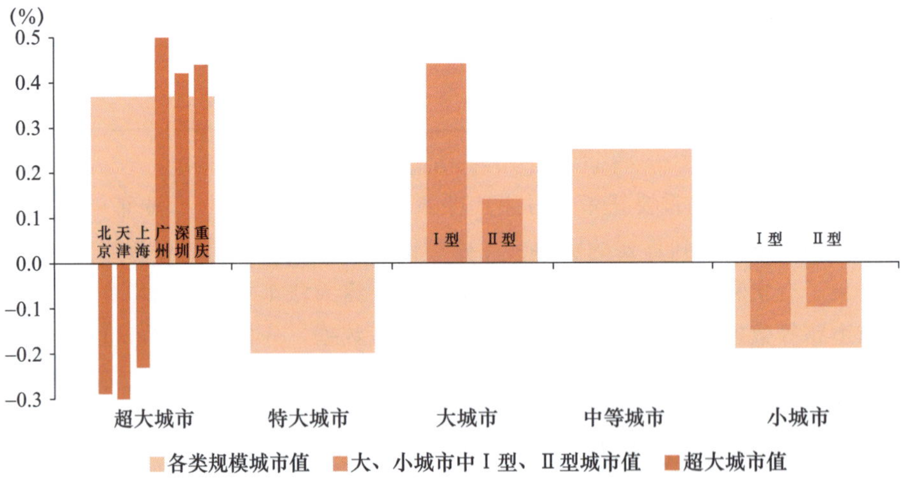

图 8.13　不同规模城市道路占地比重变化

8.2.2　城市道路网密度

根据地理国情要素采集要求，将连接城市内部空间单元的道路，且面积大于 1 平方千米的居民地范围内的道路算作城市道路。城市道路网密度是指某区域内城市道路总长度与该区域陆地国土总面积之比，可以反映区域城市道路网络密集程度。一般来说，数值越大，单位面积区域内所拥有的城市道路总长越长。城市道路网越密集，对区域发展支撑力度越大。

全国城市的城市道路网密度为 268.68 米/平方千米。从五大战略区看，见表 8.2，粤港澳大湾区、长江三角洲、京津冀地区城市道路网密度均高出全国城市平均水平 2 倍以上。其中，粤港澳大湾区城市道路网密度最高，高达 858.57 米/平方千米，长江三角洲次之，城市道路网密度为 697.59 米/平方千米。黄河流域城市道路网密度略低于全国城市平均水平。

表 8.2 全国城市及五大国家战略区城市道路网密度及变化统计

单位：米/平方千米

地区	城市道路网密度		变化量
	2019 年	2015 年	
全国城市	268.68	300.00	−31.32
长江经济带	373.76	354.63	19.13
长江三角洲	697.59	685.32	12.27
京津冀地区	502.04	640.68	−138.64
粤港澳大湾区	858.57	777.22	81.35
黄河流域	224.82	210.17	14.65

总体来看，全国大规模及以上城市的城市道路网密度明显高于中、小城市。从各类规模城市看，见图 8.14 和图 8.15，大规模及以上城市的城市道路网密度高于全国城市整体水平，其中特大城市的城市道路网密度最高，为 758.26 米/平方千米。中、小城市的城市道路网密度低于全国城市整体水平，其中小城市的城市道路网密度最低，为 64.17 米/平方千米，仅为全国城市整体水平的 1/4。从各超大城市看，除重庆外，其他 5 个城市的城市道路网密度均高于平均水平，其中上海、深圳的城市道路网密度远高于平均值。与其他城市相比，深圳处于较高水平，其城市道路网密度高达 3438.33 米/平方千米，是全国整体水平的约 13 倍。重庆城市道路网密度远低于其他超大城市。

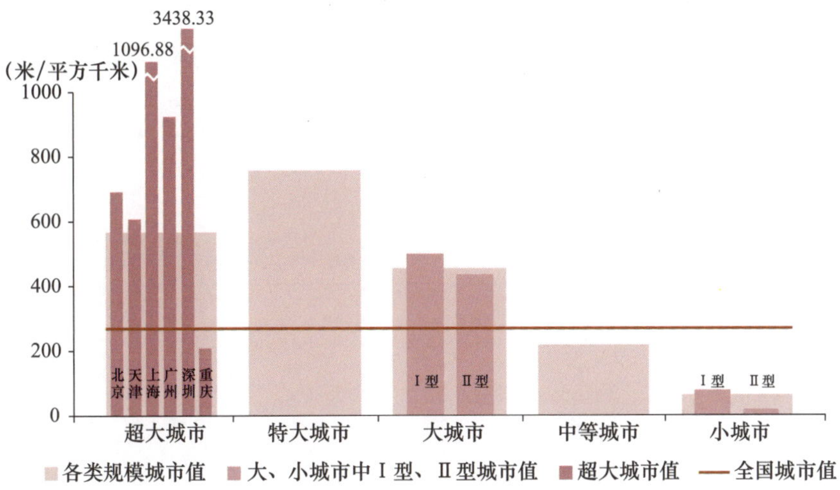

图 8.14 不同规模城市城市道路网密度

与 2015 年相比，全国城市的城市道路网密度降低了 11.66%。从五大战略区看，

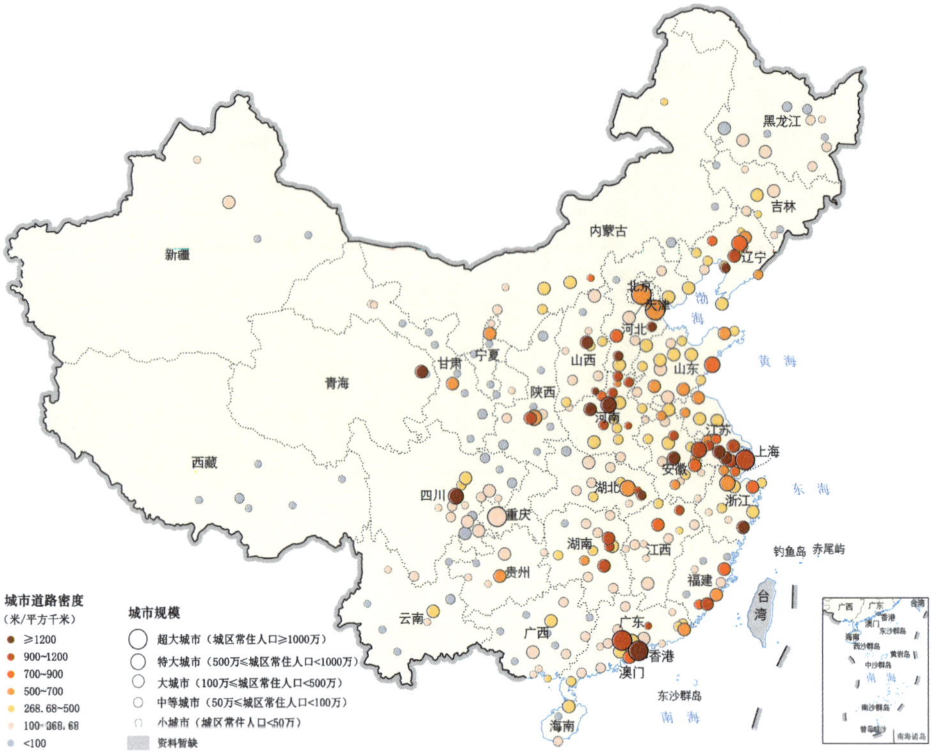

图 8.15 全国不同规模城市城市道路网密度分布

京津冀地区城市道路网密度有所减少，其余四大战略区城市道路网密度均在增加，其中粤港澳大湾区城市道路网密度增加最明显。

全国各类规模城市的城市道路网密度总体均在下降，见图 8.16。其中，特大城市的城市道路网密度下降幅度最大，减少了 111.03 米/平方千米。中等城市的城市道路网密度下降幅度最小。从各超大城市看，北京、天津、上海的城市道路网密度在减小，其中上海的城市道路网密度降低幅度大于北京、天津，减少了 158.61 米/平方千米。广

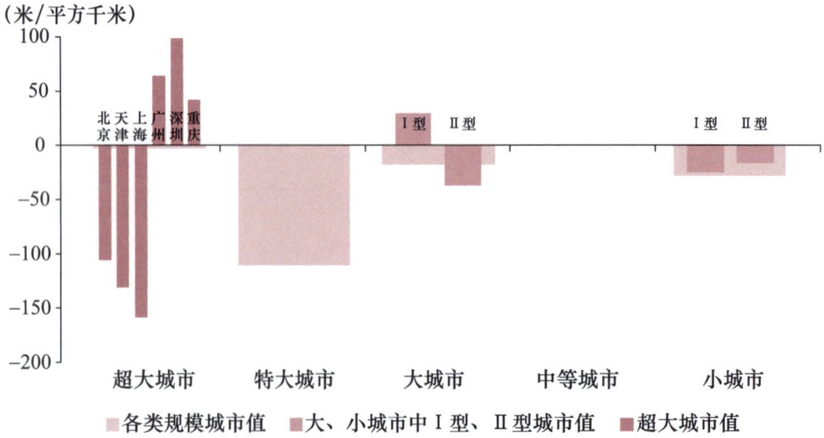

图 8.16 不同规模城市城市道路网密度变化

州、深圳、重庆的城市道路网密度均在增加，其中深圳的城市道路网密度增加幅度远大于广州和重庆，增加了 98.42 米/平方千米。

8.2.3 城市道路配比

根据地理国情要素采集要求，城市地区采集路宽大于 3 米的所有道路的中心线。地铁线路采用地铁站之间的连线。城市道路配比是区域内各类城市道路长度与该区域内城市道路总长之比。城市道路包含快速路、主干路、次干路、支路、地铁、地面轨道等类别。一般来说，城市道路主要以快速路、主干路、次干路、支路 4 种为主。快速路应为城市中大量、长距离、快速交通服务。主干路应为连接城市各主要分区的干路，以交通功能为主。次干路应与主干路结合组成道路网，起集散交通的作用，兼有服务功能。支路是次干路与街坊路的连接线，解决局部地区交通，以服务功能为主。

全国城市的各类城市道路配比为 2.69%（快速路）、28.47%（主干路）、32.81%（次干路）、34.00%（支路）、1.45%（地铁）、0.51%（地面轨道）和 0.07%（其他），见图 8.17。不同规模城市的城市道路配比情况见图 8.18。

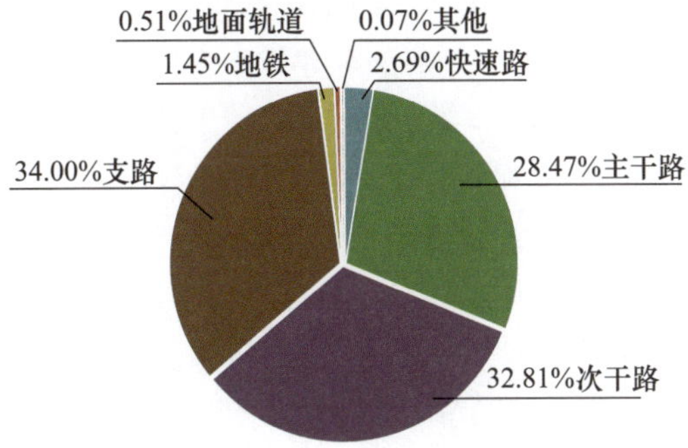

图 8.17 全国城市的城市道路配比

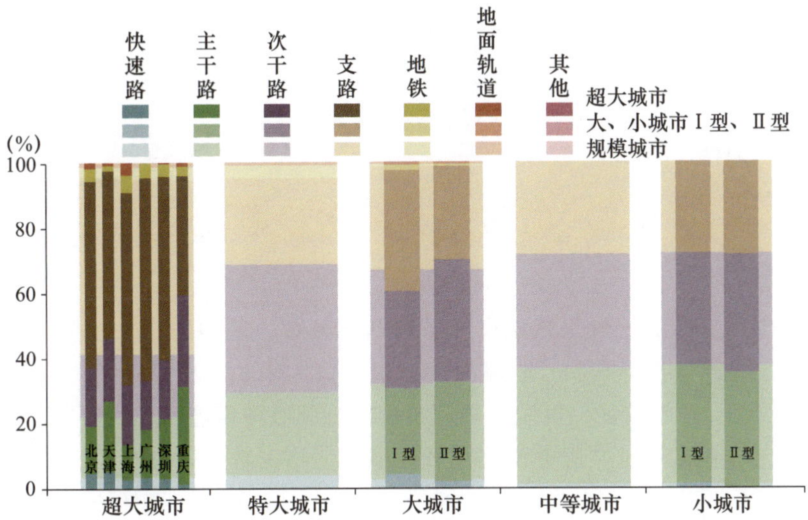

图 8.18 不同规模城市的城市道路配比

从快速路来看，全国城市的城市道路中快速路配比为 2.69%。大规模及以上城市的快速路配比高于全国城市平均水平，特大城市快速路配比最高，为 4.12%。中、小城市的快速路配比低于全国城市平均水平，其中中等城市快速路配比最低，为 1.14%。从各超大城市看，北京、天津、广州 3 个超大城市的快速路配比高于超大城市平均水平，上海、深圳和重庆的快速路配比低于超大城市平均水平。

从主干路来看，全国城市的城市道路中主干路配比为 28.47%。大规模及以下城市的主干路配比高于全国城市平均水平，其中小城市的主干路配比最高，为 36.21%。大规模以上城市的主干路配比低于全国城市平均水平，其中超大城市主干路配比最低，为 18.19%。从各超大城市看，天津、重庆和深圳的主干路配比高于超大城市平均水平。北京、上海、广州的主干路配比低于平均水平。

从次干路来看，全国城市的城市道路中次干路配比为 32.81%。特大规模及以下城市的次干路配比高于全国城市平均水平，其中特大城市的次干路配比最高，为 39.46%。超大城市的次干路配比低于全国城市平均水平，为 19.53%。从各超大城市看，除了重庆的次干路配比高于超大城市平均水平，其余 5 个超大城市的次干路配比均低于超大城市平均水平，其中广州次干路配比最低，为 14.78%。

从地铁来看，只有大规模及以上城市有地铁。总体来看，城市规模越大，地铁的配比也相对越高。从各超大城市看，北京、上海、广州、深圳 4 个超大城市的地铁配比高于超大城市平均水平。天津和重庆的地铁配比低于超大城市平均水平。其中，天津地铁配比明显低于其他 4 个超大城市，为 1.53%。

与 2015 年相比，全国城市快速路配比总体下降了 0.10 个百分点。从各类规模城市看，除了中等城市的快速路配比在增加外，其余各类城市的快速路配比在降低。其中，特大城市的快速路配比下降幅度最大，减少了 0.94 个百分点。超大城市的快速路配比均在下降，其中天津的快速路配比下降幅度最大，减少了 0.93 个百分点。

与 2015 年相比，全国城市主干路配比总体下降了 1.19 个百分点。从各类城市看，特大规模及以上城市的主干路配比在增加。其中，特大城市的主干路配比增加幅度大于超大城市，增加了 0.64 个百分点。从各超大城市看，北京、天津的主干路配比在增加，上海、广州、深圳、重庆的主干路配比在下降。

8.3 城市公共服务设施配置

城市公共服务设施配置是指城市区域内基础教育、基本医疗、社会福利等公共服务设施的服务覆盖和匹配关系。地理国情普查与监测采集了全国具有一定规模和空间范围的小学校区、中学校区、医院、福利机构等公共服务设施所在的院落。

本节基于全国城市公共服务设施、居住小区、路网数据，分析全国城市公共服务设施配置的可及性以及与居住小区的空间匹配关系。具体指标包括小学校区服务覆盖率、中学校区服务覆盖率、医院服务覆盖率等。值得注意的是，由于中小学校的分校、医院的分院、福利机构的分院具有独立完整的院落，以上设施的分校或分院作为独立的统计对象均纳入公共服务设施总量中计算。

8.3.1 小学校区服务覆盖率

小学校区服务覆盖率是指距小学校区一定服务半径范围内居住小区数量总和与该区域内所有居住小区数量之比，可以反映区域小学校区的配置水平和基础教育服务水平。国家标准《城市普通中小学校校舍建设标准》（建标〔2002〕102 号）确定了配套教育设施建设规划标准，要求城市小学服务半径宜为 500 米。据此，按照 500 米交通距离服务半径统计全国城市小学校区服务覆盖率。

全国城市居住小区总量为 32.88 万个，小学校区为 7 万余所，有 31.69%的居住小区位于小学校区 500 米交通距离服务范围内。从五大战略区看，见表 8.3，黄河流域、粤港澳大湾区、京津冀地区城市小学校区服务覆盖率均高于全国平均水平。其中，黄河流域、粤港澳大湾区城市小学校区服务覆盖率高达 35%，好于其他区域。长江经济带与长江三角洲小学校区服务覆盖率均低于全国城市平均水平，前者略高于后者。

表 8.3 全国城市及五大国家战略区城市小学校区服务覆盖率及变化统计

单位：%

地区	小学校区服务覆盖率		变化量
	2019 年	2015 年	
全国城市	31.69	32.08	−0.39
长江经济带	29.22	30.05	−0.83
长江三角洲	27.71	28.46	−0.75
京津冀地区	32.95	30.99	1.96
粤港澳大湾区	35.02	36.60	−1.58
黄河流域	35.09	33.46	1.63

总体来看，全国不同类型城市的小学校区服务覆盖率差距不大。从各类规模城市看，超大城市、小城市的小学校区服务覆盖率高于全国城市平均水平，且略高于其他类型城市，见图 8.19 和图 8.20。从大、小城市分档看，大、小城市中人口规模越大，其小学校区服务覆盖率相对越高。从各超大城市看，广州、深圳小学校区服务覆盖率明显高于超大城市整体水平，其中深圳小学校区服务覆盖率最高，为 45.49%。北京、天津、重庆小学校区服务覆盖率与超大城市整体水平尚有差距。重庆小学校区服务覆盖率不及全国城市整体水平。

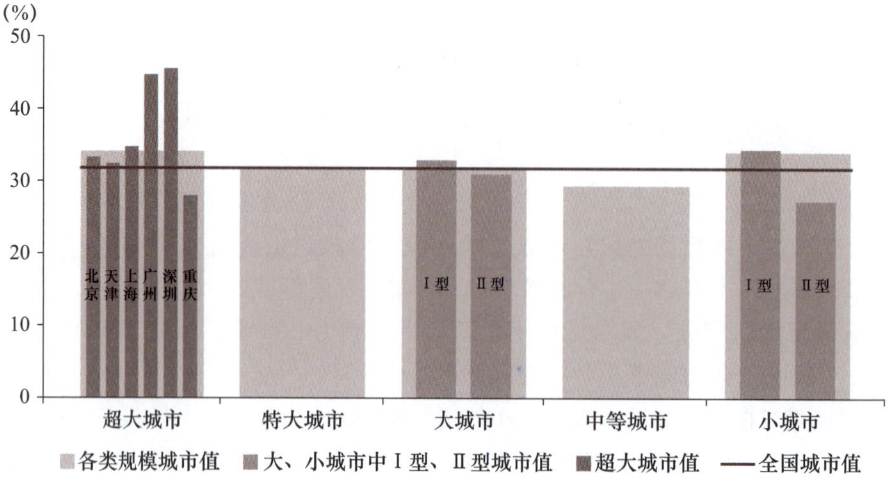

图 8.19　不同规模城市小学校区服务覆盖率

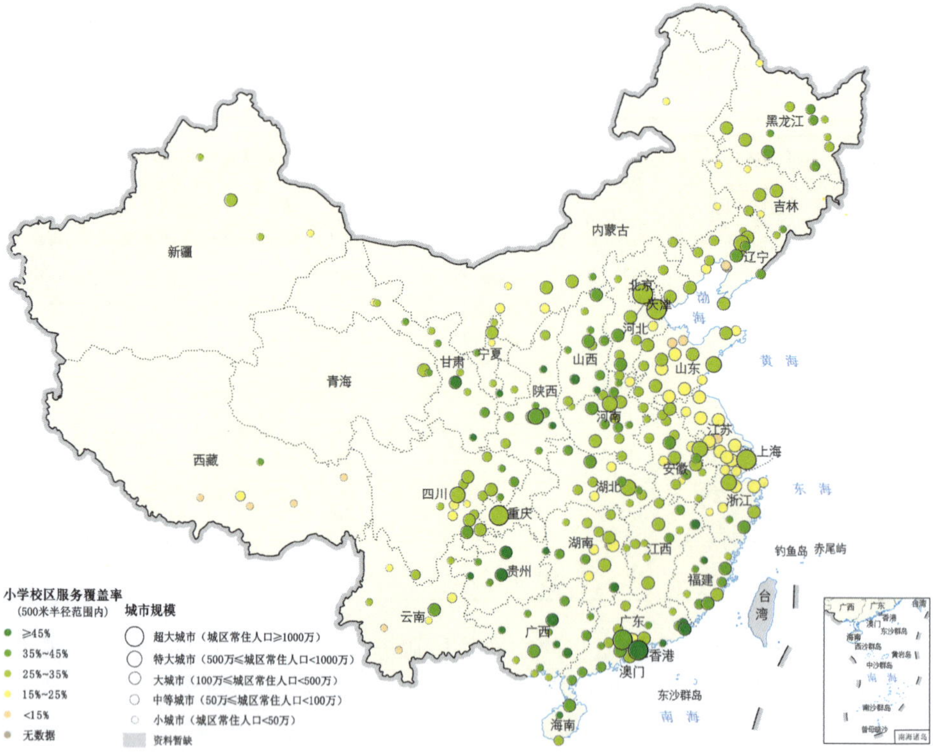

图 8.20　全国不同规模城市小学校区服务覆盖率分布

与 2015 年相比，全国城市市辖区居住小区总量增加 9.2 万个，小学校区增加 9000 余所，位于小学校区 500 米交通距离服务半径内的居住小区增加 2.8 万个，小学校区 500 米交通距离服务半径对居住小区的覆盖率略降 0.39 个百分点。从五大战略区看，长江经济带、长江三角洲、粤港澳大湾区城市小学校区服务覆盖率均有所下降。京津冀地区、黄河流域城市小学校区服务覆盖率在增加。其中京津冀地区城市小学校区服务覆盖率增加幅度最大。

从各类规模城市看，见图 8.21，特大城市、小城市小学校区服务覆盖率在增加，其他类型城市均在下降。小城市小学校区服务覆盖率增加幅度明显大于特大城市。中等城市小学校区服务覆盖率下降幅度最大。从各超大城市看，除上海、广州外，其余 4 个超大城市小学校区服务覆盖率均在增加。其中，天津小学校区服务覆盖率增加最多，增加了 4.15 个百分点。

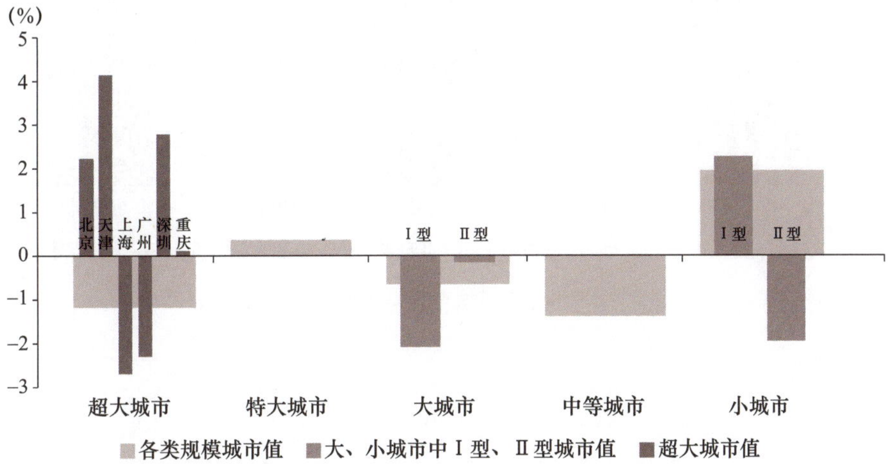

图 8.21 不同规模城市小学校区服务覆盖率变化

8.3.2 中学校区服务覆盖率

中学校区服务覆盖率是指距中学校区一定服务半径范围内居住小区数量总和与该区域内所有居住小区数量总和之比，用于反映区域中学校区的配置水平和基础教育服务水平。国家标准《城市普通中小学校校舍建设标准》（建标〔2002〕102 号）确定了配套教育设施建设规划标准，要求城市中学服务半径宜为 1000 米。据此，按照 1000 米交通距离服务半径统计全国城市中学校区服务覆盖率。

全国城市居住小区总量为 32.88 万个，中学校区为 2.6 万所，有 49.35%的居住小区位于中学校区 1000 米交通距离服务范围内。总体来看，城市中学生在距离上入学可及性较好。与小学校区服务覆盖率相似，全国各类规模城市的中学校区服务覆盖率整体差距也不大。从各类规模城市看，见图 8.22 和图 8.23，超大、小城市中学校区服务覆盖率高于其他三类城市，前者高于后者，且均高于全国城市平均水平。特大、大、中等城市的中学校区服务覆盖率略低于全国城市平均水平，这三类城市数值相差不大。从大、小城市分档看，高档类型的大、小城市中学校区服务覆盖率均略高于低档类型，即大、小城市的人口规模越大，中学校区服务覆盖率相对越高。从各超大城市看，除重庆外，其余 5 个城市的中学校区服务覆盖率均高于超大城市平均水平，均高于 50%。其中，上海、深圳中学校区服务覆盖率高于超大城市平均值。深圳中学校区服务覆盖率最高，高达 69.31％。重庆中学校区服务覆盖率与其他超大城市相比有较大差距，为 42.27％。

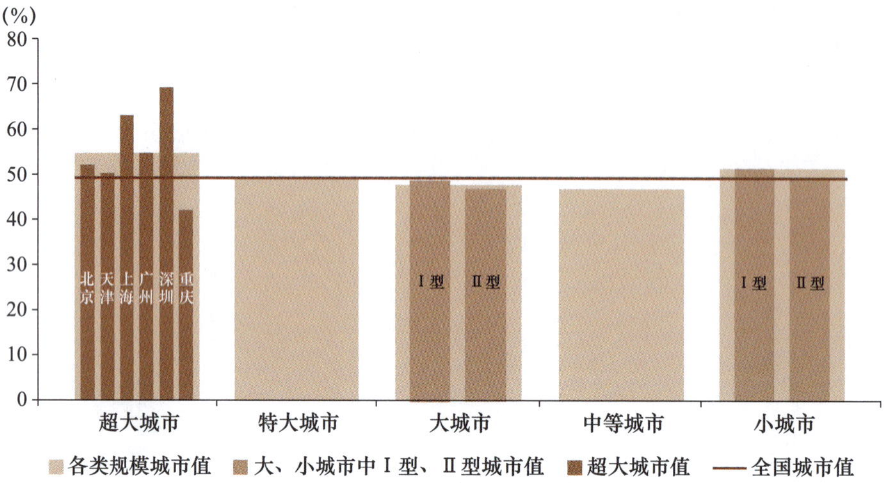

图 8.22　不同规模城市中学校区服务覆盖率

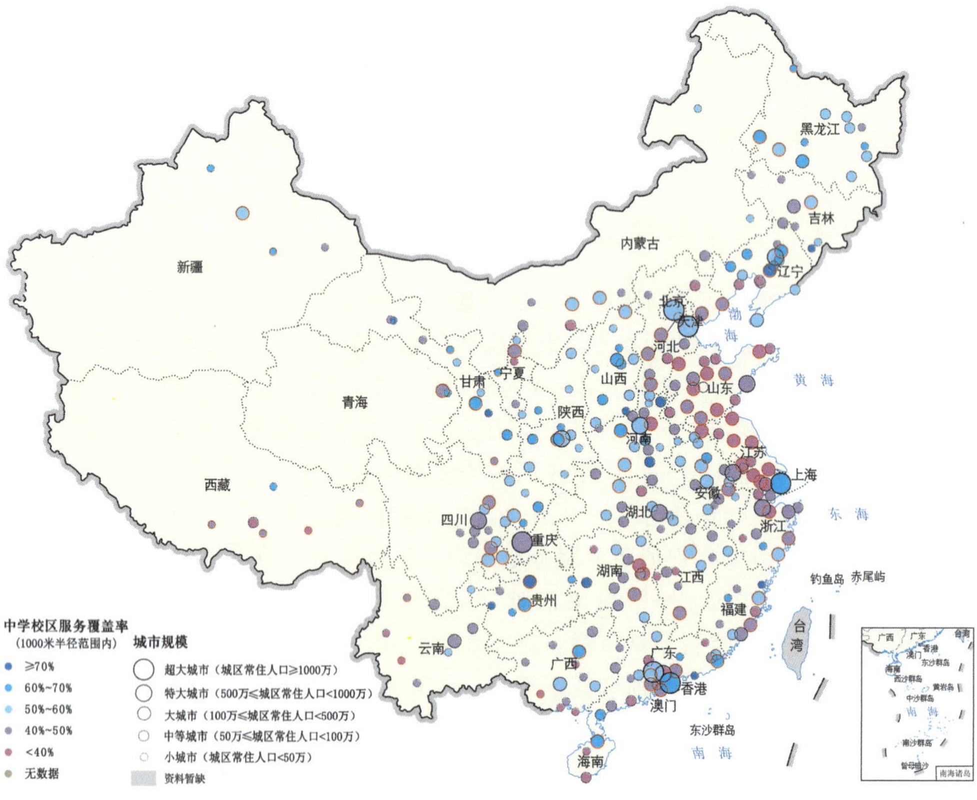

图 8.23　全国不同规模城市中学校区服务覆盖率分布

与 2015 年相比，全国城市市辖区居住小区总量增加 9.2 万个，中学校区增加

3000 余所，位于中学校区 1000 米交通距离服务半径的居住小区数量增加 4.5 万个，中学校区 1000 米交通距离服务半径对居住小区的覆盖率略降 0.12 个百分点。

从各类规模城市看，见图 8.24，大、小城市中学校区服务覆盖率在增加，其中小城市增加幅度明显大于大城市，增加了 0.78 个百分点。超大、特大、中等城市中学校区服务覆盖率在下降，其中特大城市下降幅度最大，下降了 1.21 个百分点。从各超大城市看，上海、广州中学校区服务覆盖率在下降，上海下降幅度明显大于广州，减少了 2.19 个百分点。北京、天津、深圳、重庆 4 个超大城市中学校区服务覆盖率在增加，其中深圳增加幅度明显高于其他 3 个城市，约增加 6 个百分点。

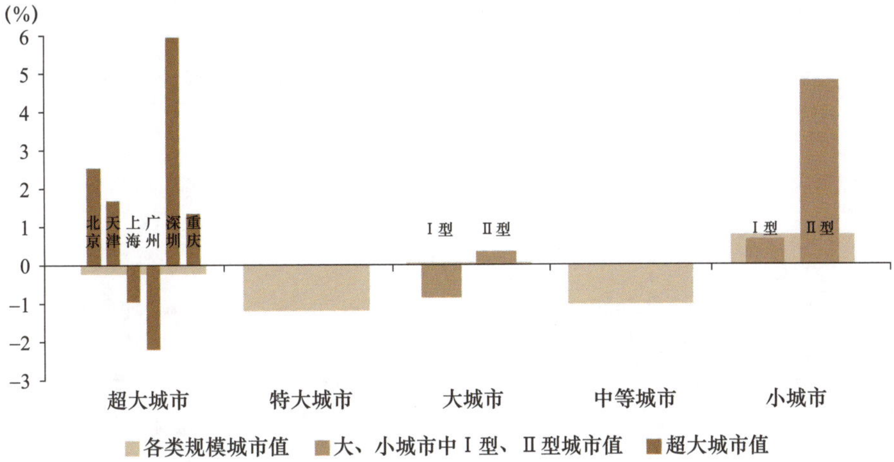

图 8.24 不同规模城市中学校区服务覆盖率变化

8.3.3 医院服务覆盖率

医院是承担医疗卫生服务职责的重要公共服务机构。城市医院服务覆盖率是指区域内距医院一定交通服务半径范围内居住小区数量总和与该区域内所有居住小区数量之比，可以用于反映区域医疗设施的配置水平和医疗服务可及性。

参考国家卫生服务调查分析报告和联合国世界卫生组织对卫生医疗服务半径的划分，认为到最近医疗点的距离超过 1000 米，就不能获得及时的医疗服务。据此，按照城市社区 1000 米交通距离服务半径统计全国城市医院服务覆盖率。

全国城市居住小区总量为 32.88 万个，医院总数为 2 万余所，有 45.99%的居住小区位于医院 1000 米交通距离服务范围内。从各类规模城市看，见图 8.25 和图 8.26，特大城市、中等城市和小城市的医院服务覆盖率高于全国城市平均水平。其中，小城市医院服务覆盖率最高，为 49.86%。超大城市、大城市的医院服务覆盖率低于全国城市平均水平。其中，超大城市的城市医院服务覆盖率最低，为 40.23%。

与 2015 年相比，全国城市市辖区居住小区总量增加 9.2 万个，医院院落增加 4000 余所，医院 1000 米交通距离服务半径对居住小区的覆盖率增加 3.61 个百分点。

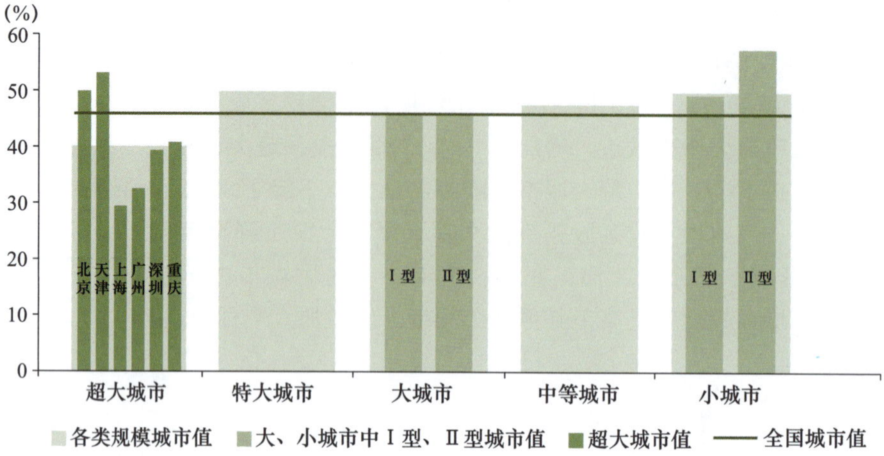

图 8.25 不同规模城市医院服务覆盖率

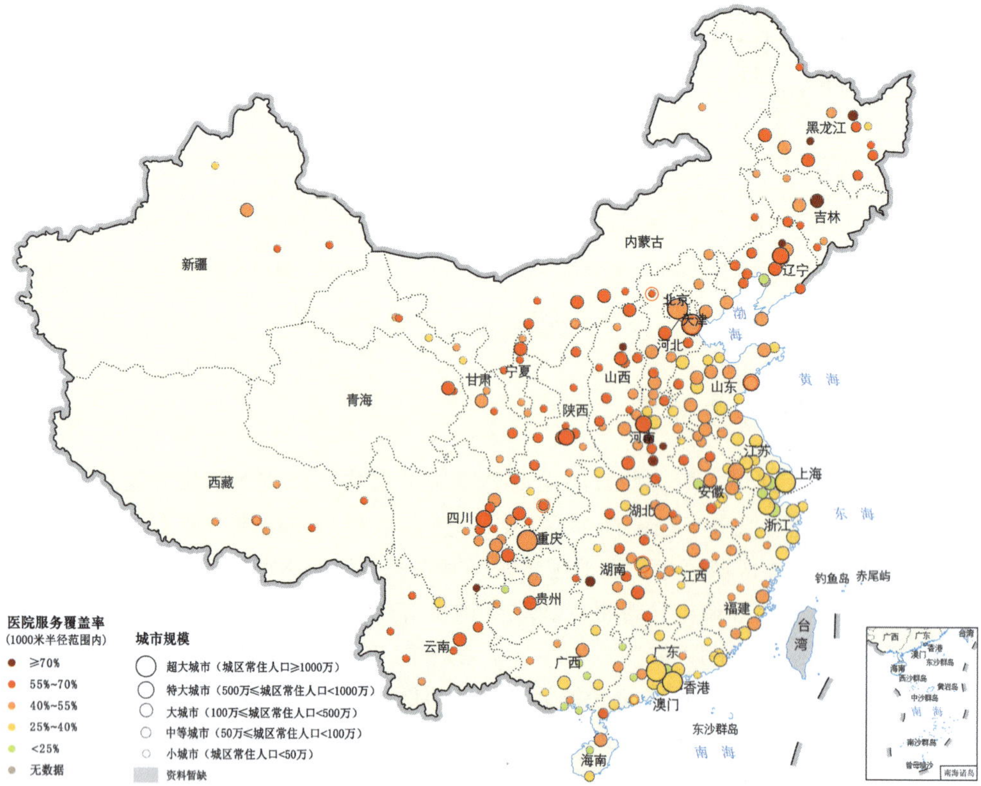

图 8.26 全国不同规模城市医院服务覆盖率分布

总体来看，城市人口规模越大，城市医院服务覆盖率增加幅度越大。从各类规模城市看，见图 8.27，各类城市医院服务覆盖率均在增加。其中，超大城市医院服务覆盖率增加幅度最大，比 2015 年增加了 6.76 个百分点。大城市医院服务覆盖率增加幅度最小，增加了 2.54 个百分点。从各超大城市看，北京、天津、深圳、重庆 4 个超大城市医院服务覆盖率在增加。其中，深圳医院服务覆盖率增加幅度最大，增加了约 15 个百分点。上海、广州 2 个超大城市的医院服务覆盖率在降低。其中，广州医院服务覆盖率降低幅度大于上海，降低了 3.83 个百分点。

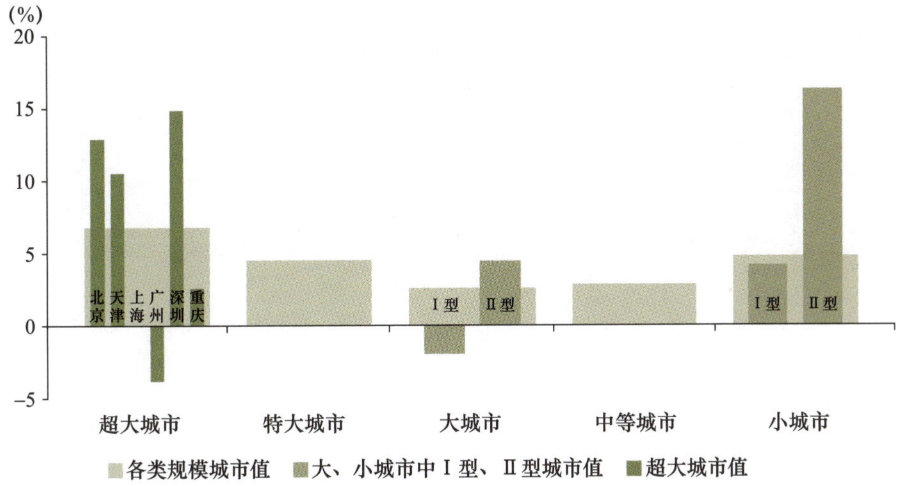

图 8.27 不同规模城市医院服务覆盖率变化

8.3.4 福利机构服务覆盖率

福利机构是指国家、社会组织和个人举办的，为老年人、残疾人、孤儿和弃婴提供养护、康复、托管等服务的机构，主要包括养老院、福利院、孤儿院等。城市福利机构服务覆盖率是指区域内距福利机构一定交通服务半径范围内居住小区数量总和与该区域内所有居住小区数量之比，可以用于反映区域福利机构的服务覆盖情况，以及居住小区与福利机构之间的空间匹配关系。参考日本生活圈的定义，按照第一次生活圈边界 5000 米交通距离作为福利机构的服务半径。

全国城市居住小区总量为 32.88 万个，福利机构院落总数为 1.3 万所，有 78.27%的居住小区位于福利机构院落 5000 米交通距离服务范围内。从各类规模城市看，见图 8.28 和图 8.29，特大规模及以下城市的福利机构服务覆盖率高于全国城市平均水平。其中，特大城市福利机构服务覆盖率最高，为 82.12%。超大城市福利机构服务覆盖率低于全国城市平均水平。从大、小城市分档看，大、小城市的人口规模越小，福利机构服务覆盖率相对越高。从各超大城市看，除上海、深圳外，其余 4 个城市的福利机构服务覆盖率均高于 50%。与其他城市相比，北京福利机构服务覆盖率处于最高水平，高达 93.44%。深圳福利机构服务覆盖率与其他城市相比有较大差距，为 31.21%。

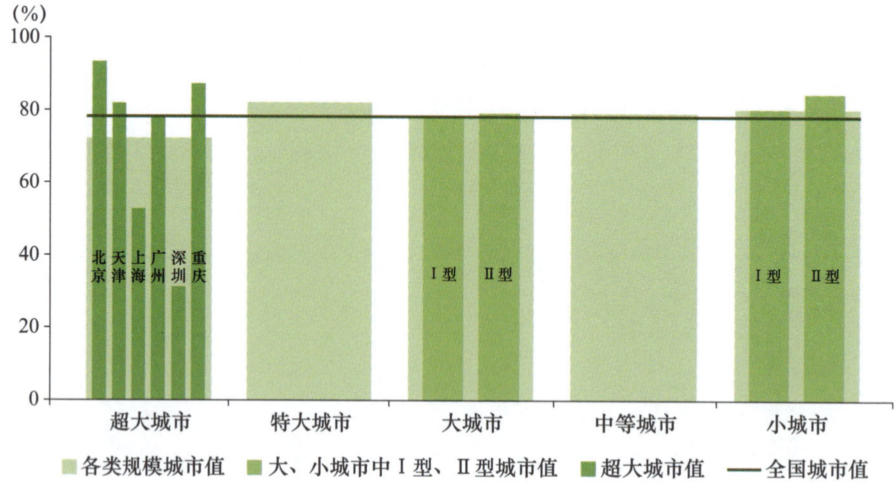

图 8.28　不同规模城市福利机构服务覆盖率

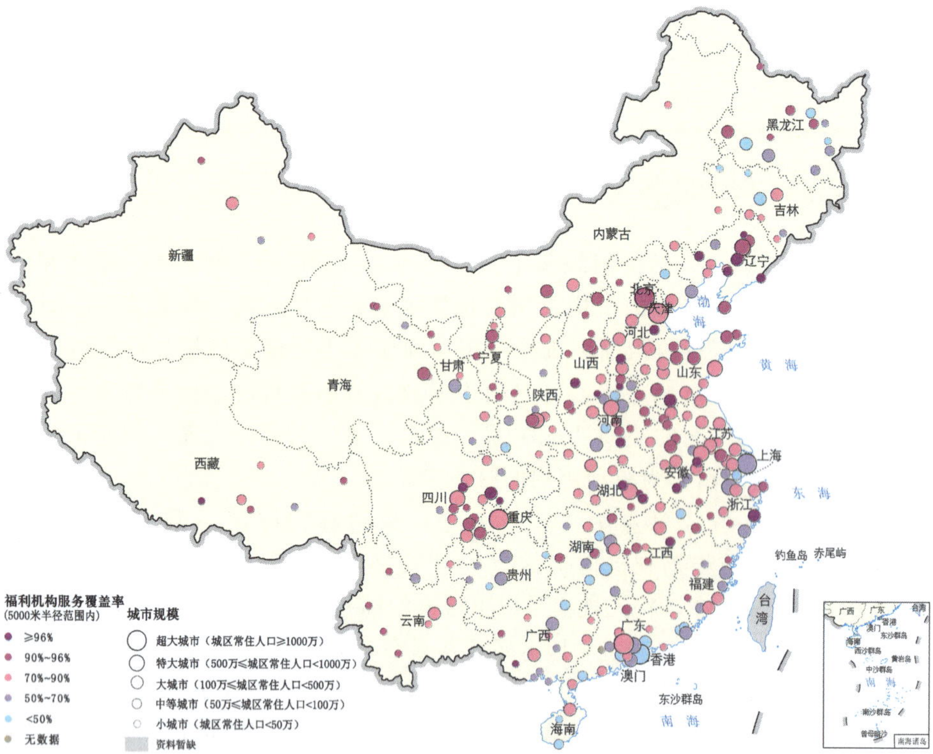

图 8.29　全国不同规模城市福利机构服务覆盖率分布

与 2015 年相比，全国城市居住小区总量增加 9.2 万个，福利机构院落增加 3000 余所，位于福利机构 5000 米交通距离服务半径内的居住小区增加 8 万余个，福利机构 5000 米交通距离服务半径对居住小区的覆盖率较 2015 年增加了 3.6 个百分点。从各类规模城市看，福利机构服务覆盖率均在增加。超大、小城市福利机构服务覆盖率增加幅度大于其他类型城市，见图 8.30。其中，超大城市增加幅度最大，增加了 6.36 个百分点。从大、小城市分档看，大、小城市的人口规模越大，福利机构服务覆盖率增加幅度相对越大。

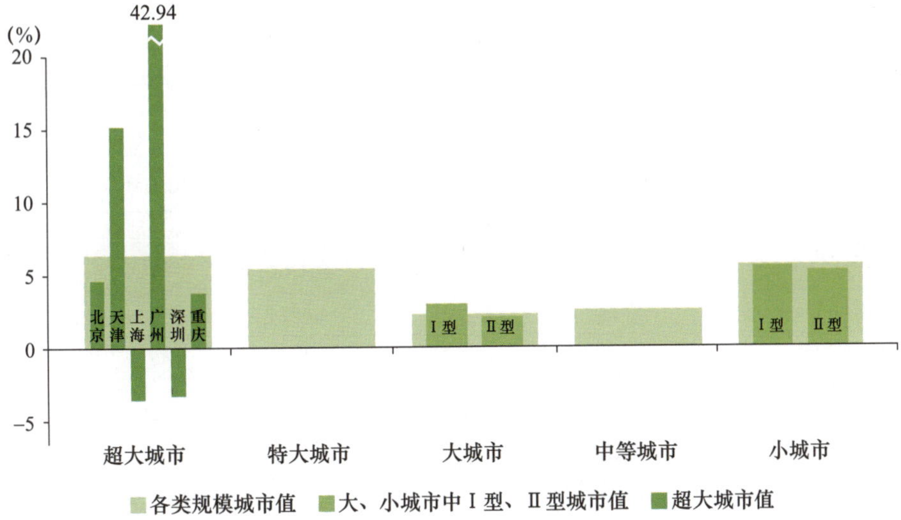

图 8.30 不同规模城市福利机构服务覆盖率变化

8.4 城市生态空间状况

城市生态空间为城市提供生态系统服务，是保障城市生态安全、提升居民生活质量不可或缺的城市空间。中国共产党的十八大报告提出，建设生态文明，实现“生产空间集约高效、生活空间宜居适度、生态空间山清水秀”。此外，《国家新型城镇化规划(2014—2020 年)》指出了“合理划定生态保护红线，扩大城市生态空间……在城镇化地区建设绿色生态廊道”。新型城镇化和“三生”空间协调发展战略的实施，对城市生态空间的理论和政策研究提出了新的要求。林草覆盖和水域是城市生态空间的重要自然生态要素。本节从林草、水域和原生态地表等要素的覆盖程度等方面对城市生态空间现状和变化进行分析。

8.4.1 林草覆盖率

林草是城市生态空间中不可缺少的主体要素。地理国情普查与监测采集了林草覆盖要素。林草覆盖是指实地被树木和草连片覆盖的地表，包括乔木林、灌木林、乔灌混合林、竹林、疏林、绿化林地、人工幼林、灌草丛、天然草地、人工草地等 10 个二级类。林草覆盖率是指区域内林草覆盖面积与该区域陆地国土面积的比值，是反映区域绿色空间占有情况或者植被资源丰富程度的重要指标，也是衡量居住区环境质量的重要标志。一般来说，林草覆盖率越高，说明城市自然生态空间状况越好。

全国城市林草覆盖率为 48.14%，低于全国平均水平 14.42 个百分点。从五大战略区看，见表 8.4，黄河流域城市林草覆盖率最高，高达 55.39%，高于全国平均水平。其余四大战略区林草覆盖率低于全国平均水平。长江三角洲城市林草覆盖率最低，为 30.06%。五大战略区城市林草覆盖率最高值与最低值相差 25 个百分点。黄河流域城市林草覆盖类型中天然草地面积占林草覆盖总面积的 23.78%；在天然草地中，低覆盖度草地面积占 17.49%。

表 8.4　全国城市及五大国家战略区城市林草覆盖率及变化统计　　单位：%

地区	林草覆盖率		变化量
	2019 年	2015 年	
全国城市	48.14	50.71	−2.57
长江经济带	44.00	44.40	−0.40
长江三角洲	30.06	29.73	0.34
京津冀地区	40.61	37.17	3.44
粤港澳大湾区	43.88	44.71	−0.83
黄河流域	55.39	56.49	−1.10

总体来看，不同类型城市林草覆盖率差异悬殊。除超大城市外，城市规模越小，城市林草覆盖率相对越高。从各类规模城市看，见图 8.31 和图 8.32，中、小城市地区的林草覆盖率明显高于其他类型城市，均高于全国城市平均水平。其中，小城市林草覆盖率最高，高达 54.36%。超大城市林草覆盖率略接近全国城市平均水平，为 50.36%。特大城市林草覆盖率最低，为 32.76%，仅为全国同期平均水平的 1/2。从各超大城市看，北京林草覆盖率最高，高达 62.76%。除北京、重庆外，其余 4 个超大城市林草覆盖率均低于超大城市平均水平。其中，上海林草覆盖率最低，为 16.01%。

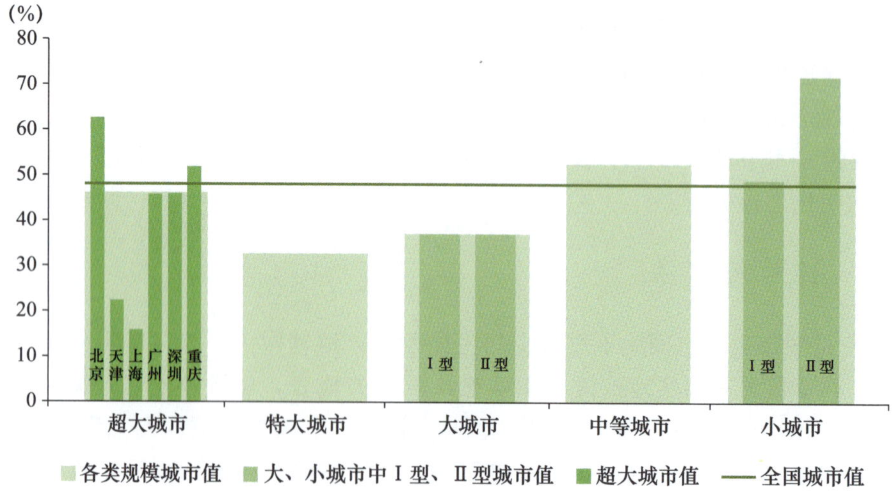

图 8.31　不同规模城市林草覆盖率

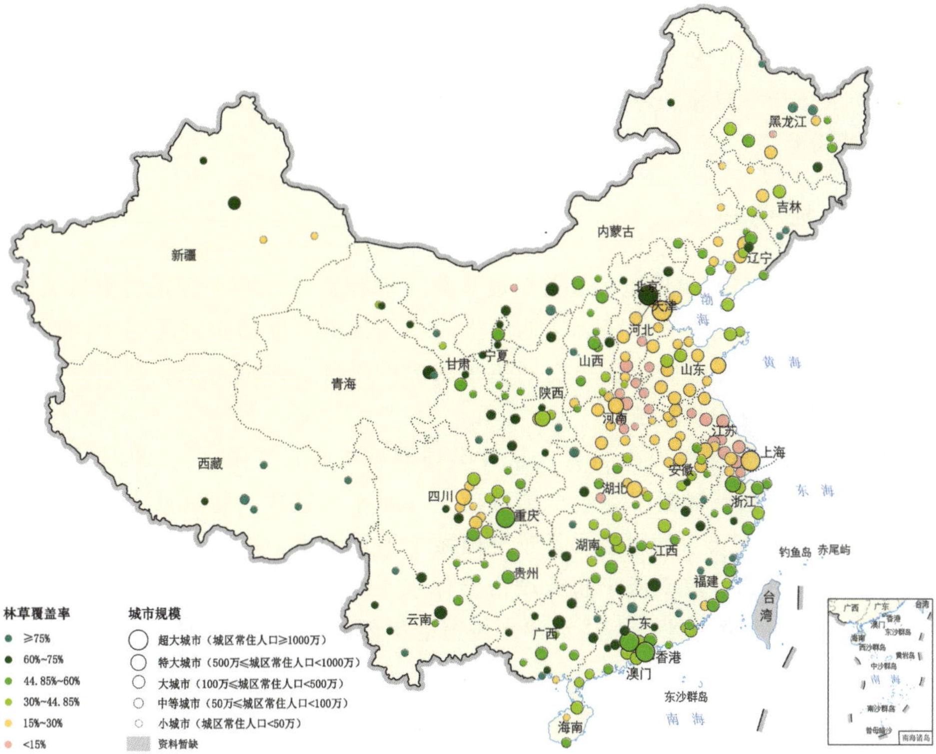

图 8.32　全国不同规模城市林草覆盖率分布

与 2015 年相比，全国城市林草覆盖率总体降低了 2.57 个百分点。长江经济带、黄河流域、粤港澳大湾区城市林草覆盖率在下降，黄河流域城市林草覆盖率下降幅度最大；长江三角洲、京津冀地区城市林草覆盖率在增加，后者增加幅度高于前者。

从各类规模城市看，见图 8.33，超大城市、小城市林草覆盖率在下降，其中后者

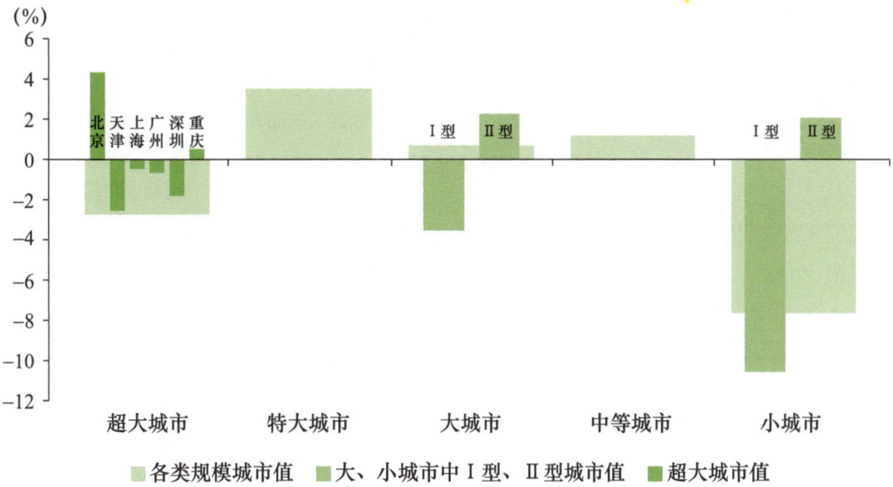

图 8.33　不同规模城市林草覆盖率变化

下降幅度大于前者。特大、大、中等城市林草覆盖率在增加，其中特大城市林草覆盖率增加幅度大于大城市和中等城市。从各超大城市看，北京、重庆林草覆盖率在增加，其余 4 个超大城市林草覆盖率在下降。北京林草覆盖率增加幅度明显大于重庆，增加了 4.33 个百分点。

8.4.2 水域覆盖率

地理国情普查与监测从地表覆盖角度采集了面积大于 400 平方米的水域。水域覆盖率是指区域内水域面积与该区域陆地国土面积的比值。城市水域覆盖率的高低影响城市生态环境，可以反映城市生态空间覆盖状况的好坏。水域覆盖率越高，一般说明城市自然生态空间覆盖状况越好。

全国城市水域覆盖率为 4.62%。从各类规模城市看，见图 8.34 和图 8.35，中等规模及以上城市的水域覆盖率高于全国城市平均水平。其中，特大城市水域覆盖率最高，为 9.57%。小城市水域覆盖率低于全国城市平均水平，为 1.71%。从各超大城市看，北京、重庆水域覆盖率低于超大城市整体水平，天津、上海、广州、深圳水域覆盖率高于超大城市整体水平，其中天津水域覆盖率最高，为 12.53%。

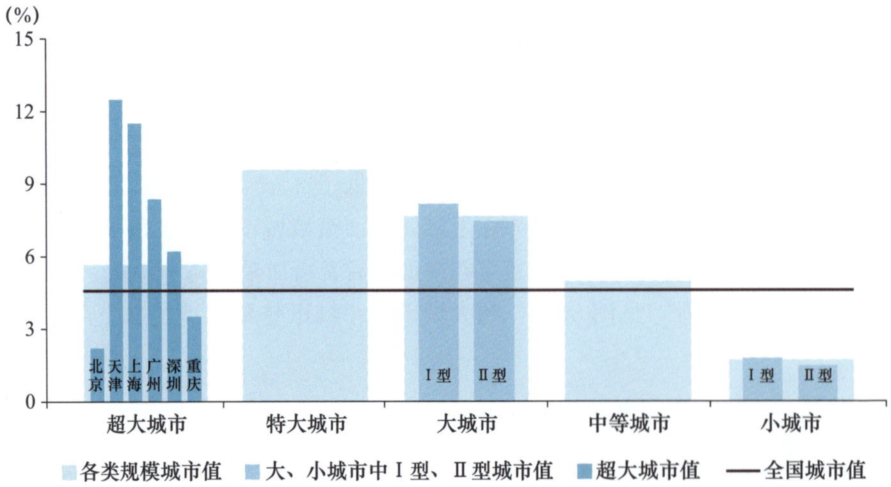

图 8.34 不同类型城市水域覆盖率

与 2015 年相比，全国城市水域覆盖率总体降低了 0.28 个百分点。从各类规模城市看，见图 8.36。超大城市、中等城市水域覆盖率在增加，超大城市水域覆盖率增加幅度大于中等城市，增加了 1.4 个百分点。其余规模城市水域覆盖率在下降，其中特大城市水域覆盖率下降幅度最大，减少了 1.7 个百分点。从各超大城市看，天津、重庆水域覆盖率在下降，天津水域覆盖率下降幅度远大于重庆。北京、上海、广州、深圳 4 个超大城市水域覆盖率均在增加。其中，深圳水域覆盖率增加幅度最大，增加了 2.44 个百分点。

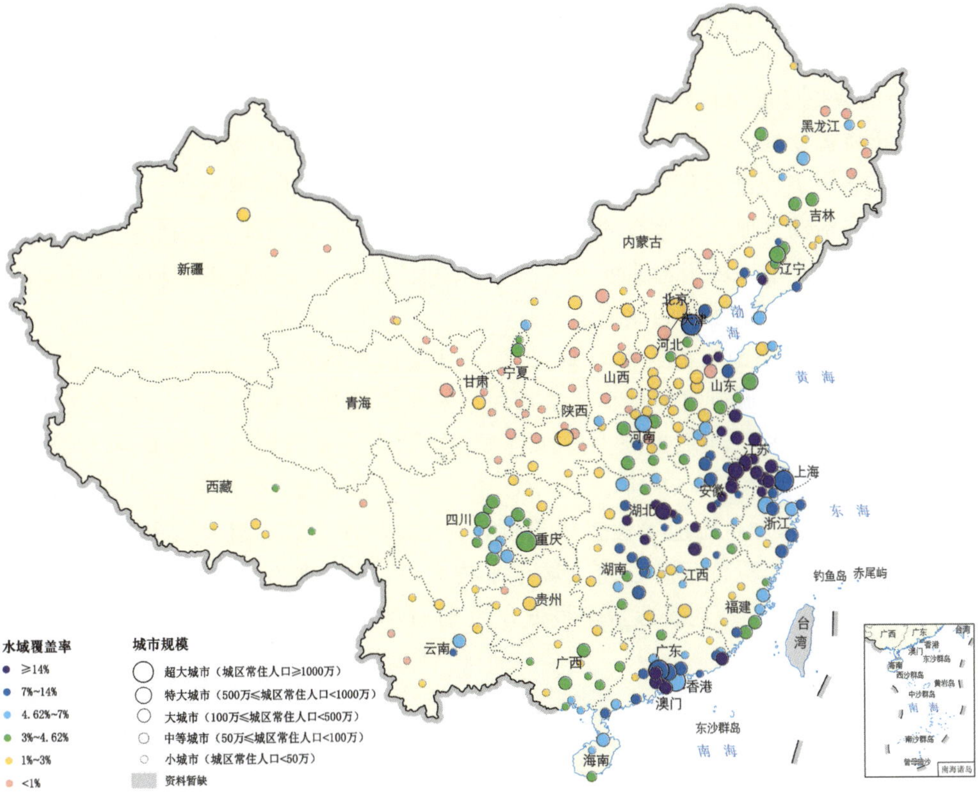

图 8.35 全国不同规模城市水域覆盖率分布

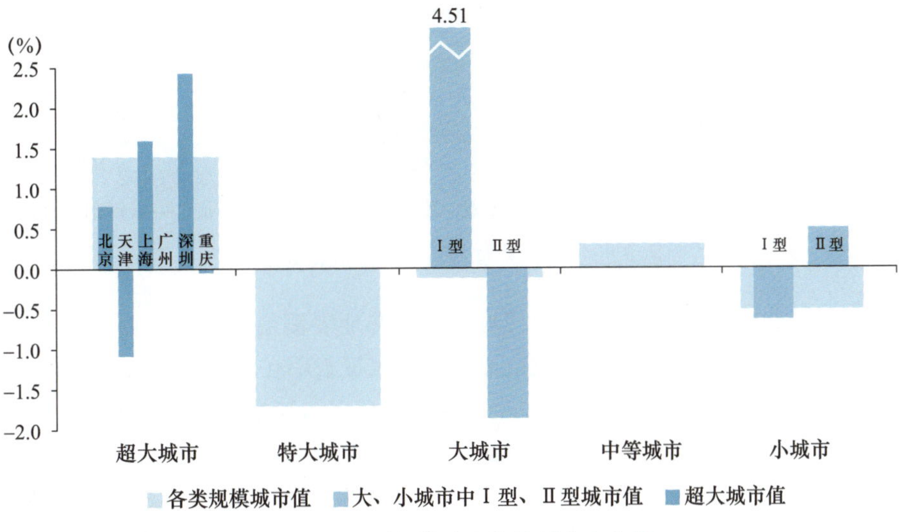

图 8.36 不同规模城市水域覆盖率变化

8.4.3 原生态地表覆盖率

城市的快速发展对自然环境带来了直接性或建设性的干扰。在人类活动范围不断扩张、城市资源紧缺、生态环境恶化的情况下，原生态地表不断受到挤压和侵占。摸清城市原生态地表数量和分布情况，可为充分保护、利用和改善城市生态环境，综合评价城市人类活动对原生态地表的影响提供基础支撑。原生态地表包括各类天然林地、天然草地、天然水域、冰川与常年积雪等。原生态地表覆盖率是指区域内原生态地表面积与该区域陆地国土面积的比值。

全国城市原生态地表覆盖率为 50.20%，比全国平均水平（64.33%）低 14.13 个百分点。总体来看，城市规模越小，城市原生态地表覆盖率相对越大。从各类规模城市看，见图 8.37，中、小城市原生态地表覆盖率均高于全国城市平均水平，大型及以上城市低于全国城市平均水平。其中，中等城市原生态地表覆盖率最高，高达 55.34%。特大城市原生态地表覆盖率最低，为 38.77%。从各超大城市看，北京、广州、重庆原生态地表覆盖率高于超大城市平均水平。北京原生态地表覆盖率最高，高达 59.25%。上海原生态地表覆盖率最低，为 21.17%。

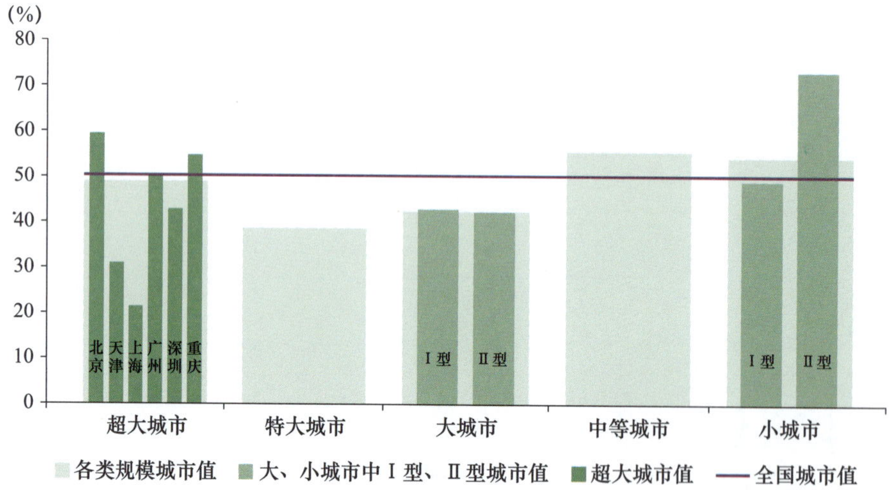

图 8.37 不同规模城市原生态地表覆盖率

与 2015 年相比，见图 8.38，全国城市原生态地表覆盖率总体降低 3.5 个百分点。从各类规模城市看，超大城市、小城市原生态地表覆盖率在降低，其余三类城市原生态地表覆盖率在增加。其中，特大城市原生态地表覆盖率增加幅度最大，增加了 2.22 个百分点。小城市原生态地表覆盖率下降幅度最大，减少了 8.27 个百分点。从各超大城市看，天津、广州原生态地表覆盖率在下降，其余 4 个超大城市原生态地表覆盖率在增加。其中，北京原生态地表覆盖率增加幅度最大，增加了 4.38 个百分点。

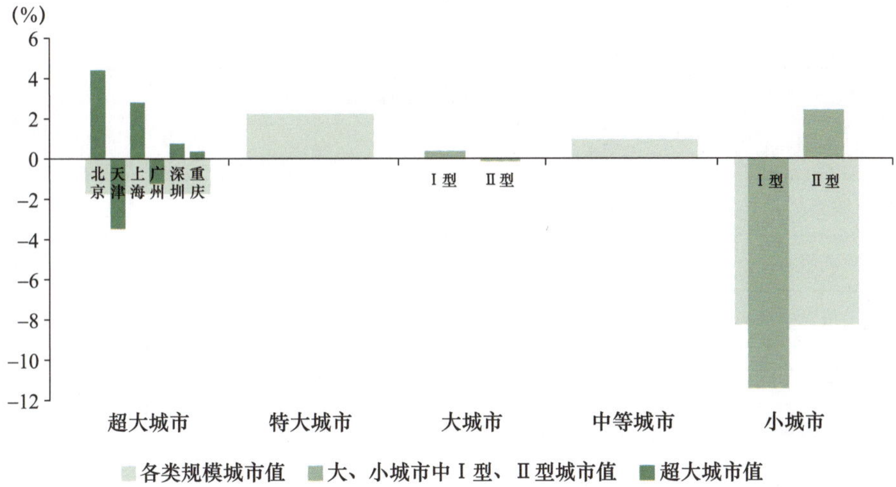

图 8.38　不同规模城市原生态地表覆盖率变化

8.5　城市人工环境状况

城市人工环境状况是指由于人类活动而形成的城市环境要素情况。基于地理国情数据的可支撑情况，本书中的城市人工环境包括城市不透水地表、垃圾堆放物、扬尘地表等要素。本节从城市不透水地表占地比重、垃圾堆放物分布指数、扬尘地表占地比重等指标对城市人工环境现状和变化进行分析。

8.5.1　不透水地表占地比重

不透水地表是能阻止水分向土壤渗透的人工地表。快速城市化影响下的不透水地表大面积增加，直接影响城市生态系统服务功能，还与城市内涝多发、热岛效应有密切关系。地理国情普查与监测采集了道路覆盖路面、房屋建筑（区）、停车场、广场等不透水地表。不透水地表占地比重是指区域内不透水地表面积与该区域陆地国土面积的比值。该指标数值越大，说明人类活动对自然生态空间的干扰强度越大，地表渗透能力越差。

全国城市不透水地表占地比重为 10.25%，高于全国整体水平 7.01 个百分点。总体来看，城市规模越大，不透水地表占地比重越高。从五大战略区看，见表 8.5，除了黄河流域，其余四大战略区城市不透水地表占地比重均高于全国平均水平。其中，粤港澳大湾区城市不透水地表占地比重最高，高达 21.98%，约是黄河流域的 2 倍。

表 8.5　全国城市及五大国家战略区城市不透水地表占地比重及变化统计

单位:%

地区	不透水地表占地比重		变化量
	2019 年	2015 年	
全国城市	10.25	10.83	0.58
长江经济带	13.18	12.44	0.74
长江三角洲	20.01	19.95	0.06
京津冀地区	18.77	19.58	−0.81
粤港澳大湾区	21.98	20.62	1.36
黄河流域	10.81	9.78	1.03

从各类规模城市看，见图 8.39 和图 8.40，中等规模及以上城市不透水地表占地比重构成比均高于全国城市平均水平。其中，特大城市不透水地表占地比重最高，高达 23.46%。小城市不透水地表占地比重低于全国城市平均水平。

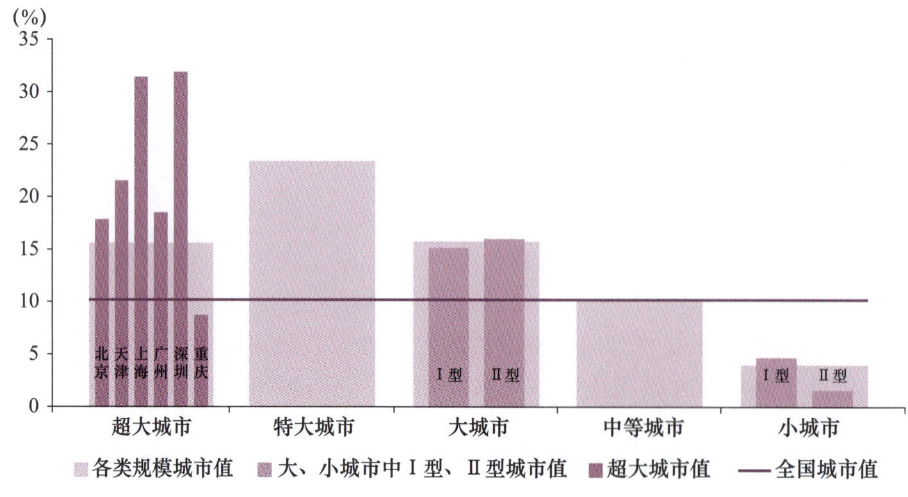

图 8.39　不同规模城市不透水地表占地比重

与 2015 年相比，全国城市不透水地表占地比重总体下降 0.58 个百分点。从五大战略区看，京津冀地区城市不透水地表占地比重在下降，其余四大战略区城市不透水地表占地比重均在增加，其中粤港澳大湾区城市不透水地表占地比重增加幅度最大。

从不同规模城市看，超大、大、中等城市的不透水地表占地比重在增加，见图 8.41。其中，超大城市增加幅度最大，增加了 1.22 个百分点。特大、小城市的不透水地表占地比重在下降。其中，特大城市不透水地表占地比重下降幅度最大，减少了 1.63 个百分点。从各超大城市看，除北京、上海外，其余 4 个超大城市的不透水地表占地比重均在增加。其中，深圳、广州不透水地表占地比重增加幅度略高于天津、重

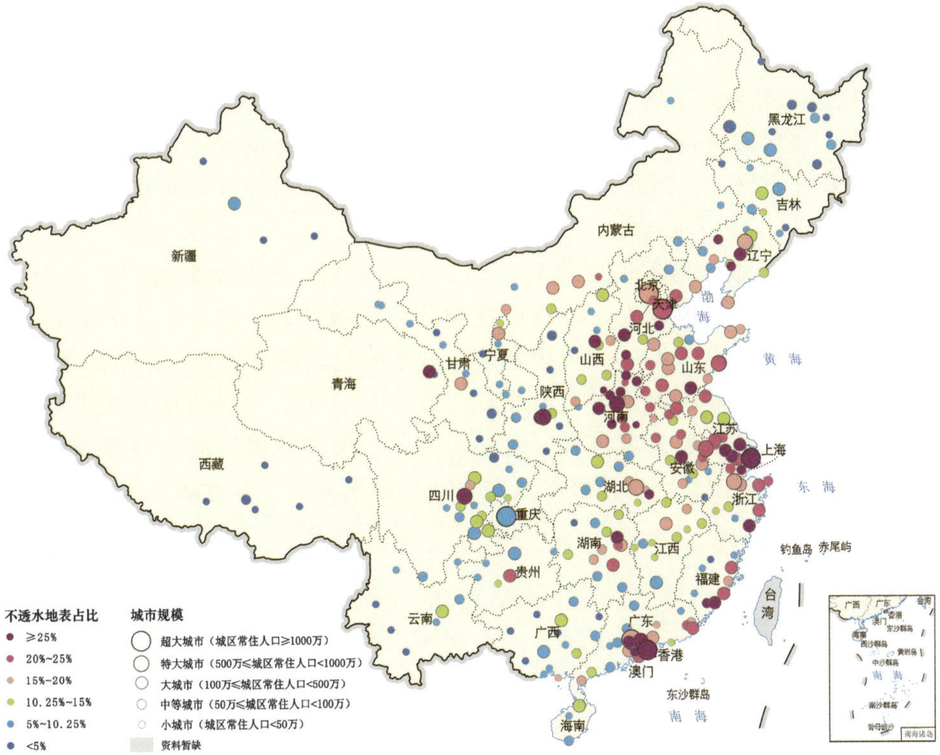

图 8.40　全国不同规模城市不透水地表占地比重分布

庆。上海不透水地表占地比重下降幅度大于北京，比 2015 年下降了 5.04 个百分点。

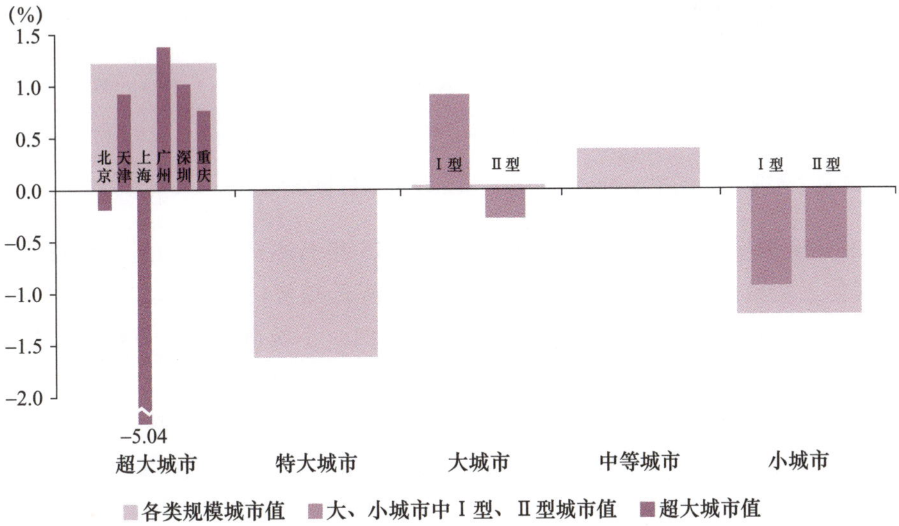

图 8.41　不同规模城市不透水地表占地比重变化

8.5.2 垃圾堆放物分布指数

城市垃圾一般来源于居民生活与消费。垃圾堆放物分布指数是指区域内垃圾堆放物面积占上级区域内垃圾堆放物总面积比重与该区域陆地国土面积占上级区域陆地国土总面积比重之比。垃圾堆放物分布指数越高，表明该区域垃圾堆放物多且分布集中。

全国城市垃圾堆放物占地面积为 68.92 平方千米，分布指数的均值约为 1.22。总体来看，城市人口规模越大，垃圾堆放物分布指数越高，垃圾分布相对越多。从各类规模城市看，见图 8.42，大规模及以上城市的垃圾堆放物分布指数高于该均值。其中，超大城市垃圾堆放物分布指数最高，为 1.69。中、小城市的垃圾堆放物分布指数低于该均值。从各超大城市看，上海、广州、深圳垃圾堆放物分布指数高于超大城市整体水平。其中，深圳垃圾堆放物分布指数明显高于其他超大城市。

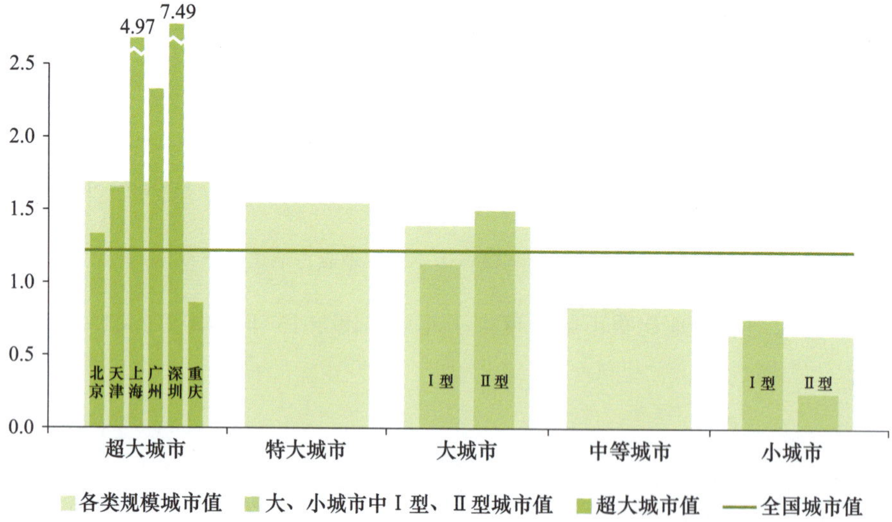

图 8.42　不同规模城市垃圾堆放物分布指数

2019 年全国城市垃圾堆放物分布指数与 2015 年基本持平。除超大城市、中等城市外，其他三类城市的垃圾堆放物分布指数均呈降低趋势，见图 8.43。其中，特大城市垃圾堆放物分布指数下降幅度最大，减少了 0.21。小城市垃圾堆放物分布指数变化不大。

从各超大城市看，北京、天津、深圳垃圾堆放物分布指数在减小，上海、广州、重庆垃圾堆放物分布指数在增加。其中，上海垃圾堆放物分布指数增加幅度明显高于其他城市。

314

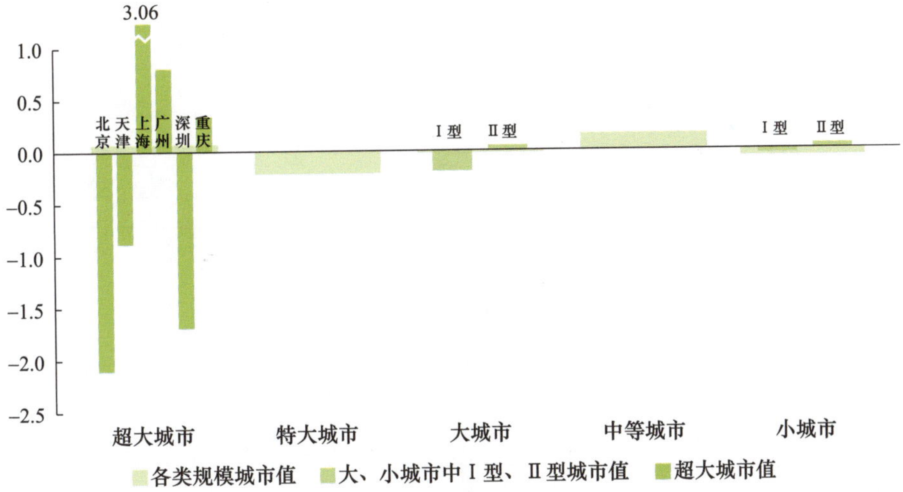

图 8.43 不同规模城市垃圾堆放物分布指数变化

8.5.3 扬尘地表占地比重

随着工业化、城市化的快速推进，扬尘地表成为影响城市空间质量、危害居民身体健康的重要污染源之一。地理国情普查与监测采集了碾压踩踏地表、露天采掘场、堆放物、建筑工地、荒漠与裸露地等地表类型。本书将以上类型地表归为扬尘地表。扬尘地表占地比重是指区域内扬尘地表面积与该区域陆地国土总面积之比。

全国城市扬尘地表面积为 10.61 万平方千米，占地比重为 10.84%。总体看，城市人口规模越小，扬尘地表占地比重越高。从各类规模城市看，见图 8.44 和图 8.45，小城市扬尘地表占地比重高于全国城市平均水平，明显高于其他类型城市。从各超大城市看，天津、深圳、北京、上海扬尘地表占地比重高于超大城市整体水平。其中，天津扬尘地表占地比重最大，为 8.84%。

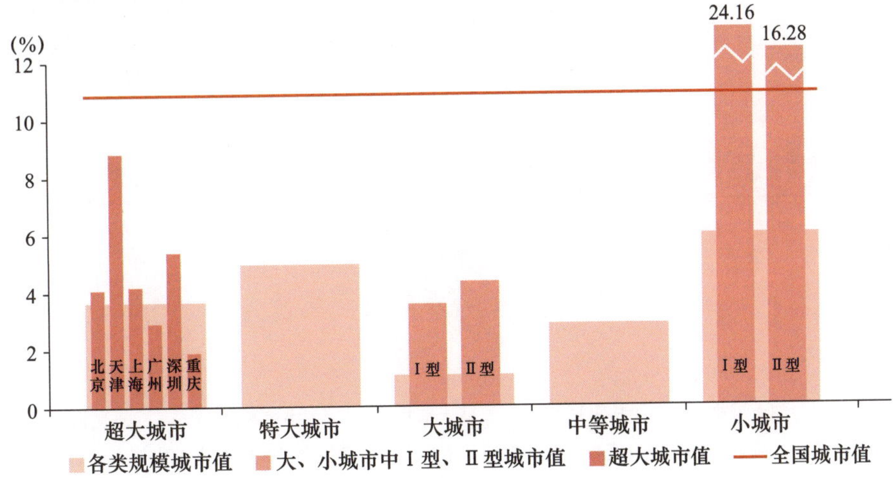

图 8.44 不同规模城市扬尘地表占地比重

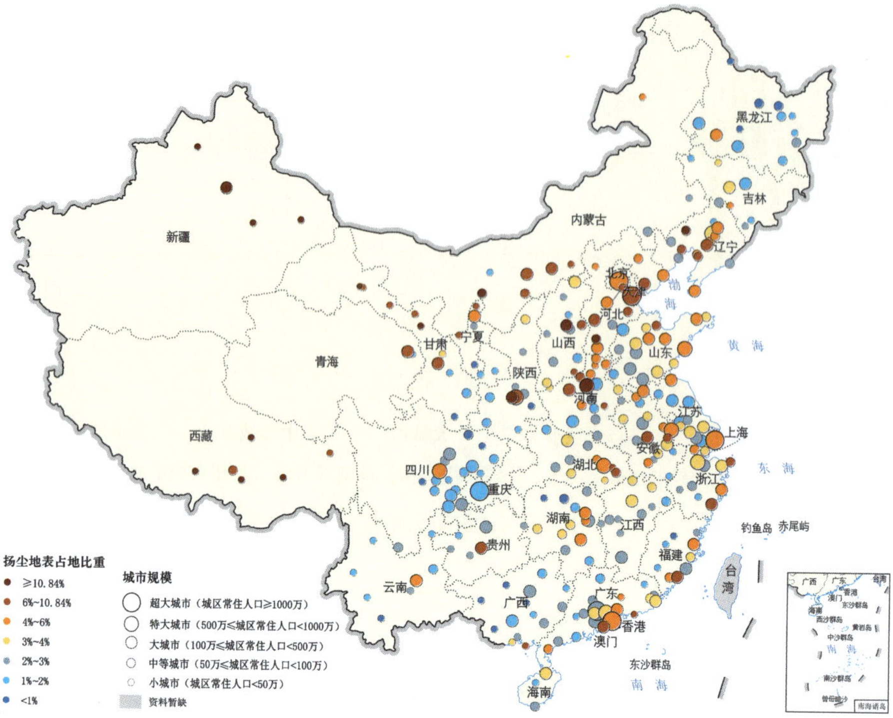

图 8.45　全国不同规模城市扬尘地表占地比重分布

与 2015 年相比，全国城市扬尘地表占地比重增加了 7.56 个百分点。从各类规模城市看，见图 8.46，超大城市和中、小城市扬尘地表占地比重在增加。特大、大城市的扬尘地表占地比重在下降。其中，大城市扬尘地表占地比重下降幅度最大，减少了 3.11 个百分点。从各超大城市看，全国 3 个超大城市的扬尘地表占地比重均在下降。其中，上海扬尘地表占地比重下降幅度大于其他超大城市。

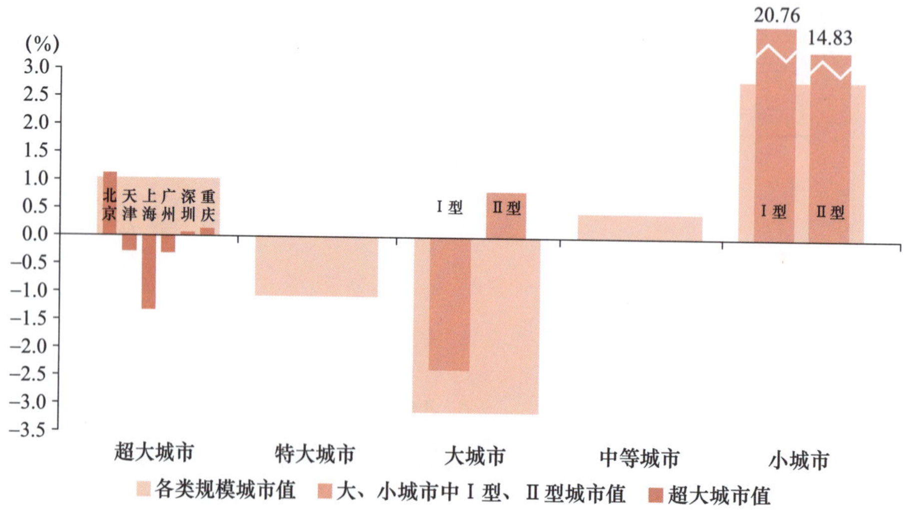

图 8.46　不同规模城市扬尘地表占地比重变化

8.6 本章小结

本章从城市地表利用经济效益、交通基础设施配置、公共服务设施配置、生态空间状况和人工环境状况等方面通过相关指标对城市发展空间格局现状和变化情况进行了综合分析，分析结果表明：

在地表利用经济效益方面，2019 年全国地级及以上城市市辖区人工地表面积为 11.36 万平方千米，地表开发强度为 11.82%，多层及以上独立房屋建筑占房屋建筑（区）总面积比重为 1.87%。与 2015 年相比，全国城市市辖区陆地国土面积增加 23.36 万平方千米，人工地表面积增加 2.19 万平方千米，地表开发强度下降 0.8 个百分点，多层及以上独立房屋建筑构成比下降 0.1 个百分点。

在交通基础设施配置方面，2019 年全国城市的道路占地比重为 2%，城市道路网密度为 268.68 米/平方千米。全国城市道路中快速路、主干路、次干路、支路配比分别为 2.69%、28.47%、32.81%、34.00%。与 2015 年相比，全国城市的道路占地比重在增加，城市道路网密度总体下降且快速路、主干路配比也在下降，次干路、支路、地铁配比在增加。

在公共服务设施配置方面，2019 年全国城市小学校区 7 万余所，中学校区 2 万余所，医院 2 万余所，福利机构设施 1 万余所。结合国家标准《中小学校设计规范》《医疗机构设置规划指导原则》等设置指定交通距离服务半径进行统计，全国城市的居住小区位于小学校区（500 米）、中学校区（1000 米）、医院（1000 米）、福利机构（5000 米）交通距离服务范围内的比例分别为 31.69%、49.35%、45.99%、78.27%。与 2015 年相比，小、中学校区服务覆盖率在下降，分别减少 0.39 个百分点、0.12 个百分点；医院服务覆盖率、福利机构服务覆盖率在增加，分别增加 3.61、3.60 个百分点。全国超大城市、中等城市的中、小学校区服务覆盖率均有所降低，而小城市公共服务设施覆盖率整体均在提高。

在生态空间状况方面，2019 年全国城市林草覆盖率为 48.14%，水域覆盖率为 4.62%，原生态地表覆盖率为 50.20%。总体来看，除超大城市外，城市林草覆盖率、原生态地表覆盖率随着城市规模增大而提高，城市水域覆盖率随着城市规模增大而下降。与 2015 年相比，全国城市林草覆盖率、水域覆盖率、原生态地表覆盖率均在降低。小城市林草覆盖率、原生态地表覆盖率下降幅度最大，特大城市水域覆盖率下降幅度最大。

在人工环境状况方面，2019 年全国城市不透水地表占地比重为 10.25%，垃圾堆放物分布指数为 1.22，扬尘地表占地比重为 10.84%。与 2015 年相比，全国城市不透水地表占地比重下降 0.58 个百分点，垃圾堆放物分布指数与 2015 年基本持平，扬尘地表占地比重增加了 7.56 个百分点。总体来看，城市规模越小，城市不透水地表占地比重、垃圾堆放物分布指数相对越高。特大城市不透水地表占地比重下降幅度较大，小城市扬尘地表占地比重增加幅度较大。